特進

最高水準問題集

中3数学

文英堂

本書のねらい

いろいろなタイプの問題集が存在する中で，トップ層に特化した問題集は意外に少ないといわれます。本書はこの要望に応えて，難関高校をめざす皆さんの実力練成のための良問・難問をそろえました。

本書を大いに活用して，どんな問題にぶつかっても対応できる最高レベルの実力を身につけてください。

本書の特色と使用法

国立・私立難関高校をめざす皆さんのための問題集です。
実力強化にふさわしい，質の高い良問・難問を集めました。

▸ 本書は，最高水準の問題を解いていくことによって，各章の内容を確実に理解するとともに最高レベルの実力が身につくようにしてあります。

▸ 二度と出題されないような奇問は除いたので，日常学習と並行して，学習できます。もちろん，入試直前期に，ある章を深く掘り下げて学習するために本書を用いることも可能です。

▸ 各問題には[タイトル]をつけて，どんな内容の問題であるかがひと目でわかるようにしてあります。

▸ 中学での履修内容の応用として出題されることもある，難問・超難問も掲載しました。私立難関高校では頻出の項目ばかりを網羅してありますので，挑戦してください。

各章末にある「実力テスト」で実力診断ができます。
巻末の「総合問題」で多角的に考える力が身につきます。

▸ 各章末にある実力テストで，実力がついたか点検できます。各回ごとに定められた時間内に合格点をとることを目標としましょう。

▸ 巻末の総合問題では，複数の章にまたがった内容の問題を掲載しました。学校ではこのレベルまでは学習できないことが多いので，本書でよく学習してください。

時間やレベルに応じて，学習しやすいようにさまざまな工夫をしています。

▸ 重要な問題には <頻出 マークをつけました。時間のないときには，この問題だけ学習すれば短期間での学習も可能です。

▸ 各問題には１～３個の★をつけてレベルを表示しました。★の数が多いほどレベルは高くなります。学習初期の段階では★１個の問題だけを，学習後期では★３個の問題だけを選んで学習するということも可能です。

▸ 特に難しい問題については 難▸ マークをつけました。果敢にチャレンジしてください。

▸ 欄外にヒントとして 着眼 を設けました。どうしても解き方がわからないとき，これらを頼りに方針を練ってください。

くわしい 解説 つきの別冊「解答と解説」。どんな難しい問題でも解き方が必ずわかります。

▸ 別冊の**解答と解説**には，各問題の考え方や解き方がわかりやすく解説されています。わからない問題は，一度解答を見て方針をつかんでから，もう一度自分１人で解いてみるといった学習をお勧めします。

▸ 必要に応じて ***トップコーチ*** を設け，他の問題にも応用できる力を養えるようなくわしい解説を載せました。

もくじ

1 式の展開と因数分解

解答 別冊 p. 1

★1 [式の展開] <頻出

次の計算をしなさい。

(1) $2(x-3y)-3(-2x+y)$ (茨城県)

(2) $3(5a+b)-(7a-4b)$ (東京都)

(3) $2(-3x+4)+(5x-2)$ (山口県)

(4) $4(2x-5y)-3(x-4y-1)$ (愛媛県)

★2 [乗法公式] <頻出

次の計算をしなさい。

(1) $(x+4)(2x-1)$ (沖縄県)

(2) $(x+1)(x-2)-(x-1)^2$ (神奈川県)

(3) $9(a+1)^2-(3a+2)^2$ (大阪・清風高)

(4) $(x+3)(x+6)-(x-4)^2$ (愛媛県)

(5) $(2x-3y)^2-2x(x-6y)$ (群馬県)

(6) $2(a+3b)(2a-b)-(a+b)(a-b)$ (神奈川・横浜翠嵐高)

(7) $(x^2+3x-2)(2x^2-5x)$ (東京・芝浦工大高)

(8) $(x-y-2)^2-(x-y)(x-y+3)$ (東京・日本大三高)

★★3 [乗法公式と分数計算]

次の問いに答えなさい。

(1) $\left(\dfrac{3x+4y}{5}\right)^2+\left(\dfrac{4x-3y}{5}\right)^2$ を計算せよ。 (京都・洛南高)

(2) 次の等式が成り立つように，[ア]～[ウ] に適切な数を入れよ。

$$\left(\frac{x-2}{3}\right)^2+\frac{1}{12}\left(1-\frac{8}{3}x\right)+\left(\frac{1}{2}x-\frac{1}{3}\right)^2=\boxed{ア}\,x^2-\boxed{イ}\,x+\boxed{ウ}$$

(神奈川・法政大女子高 改)

着眼

1 「計算しなさい」「簡単にしなさい」「展開しなさい」は同じ指示である。かっこをはずして同類項をまとめる。

2 多項式×多項式の計算は $(a+b)(c+d)=ac+ad+bc+bd$ が基本。乗法公式としては次の 4 つがある。$(x+a)(x+b)=x^2+(a+b)x+ab$,
$(a\pm b)^2=a^2\pm 2ab+b^2$ (複号同順)，$(a+b)(a-b)=a^2-b^2$

★★4 [特定次数の係数を求める] 頻出

次の問いに答えなさい。

(1) $(x^2-2x+5)(-3x^2+x+5)$ を展開し，整理したときの x^2 の係数を求めよ。

(東京・日本大三高)

(2) $(1+x)(1+x+x^2+x^3+x^4)(5x^4+4x^3+3x^2+2x+1)$ を展開したときの x^4 の係数を求めよ。

(京都・西京高)

★★5 [乗法公式の利用]

次の問いに答えなさい。

(1) 次の □ にあてはまる数や式を入れよ。

$(a+b)(a-b)$ を展開すると，[ア]

これを利用すると

$202\times198=$ [イ] $-$ [ウ] $=$ [エ] となる。

(東京・明治学院高)

(2) 次の計算をせよ。

$2498\times2497-5002\times2496+2502\times2493$

(埼玉・立教新座高)

★★6 [因数分解の意味]

次の問いに答えなさい。

(1) $axy(x-$[ア]$y)(x+$[イ]$y)$ を展開すると，$ax^3y-ax^2y^2-6axy^3$ である。

□ に適当な数を入れよ。

(茨城・土浦日本大高)

(2) x^2+3x+m を因数分解すると，$(x+5)(x-a)$ となる。m の値を求めよ。

(大阪桐蔭高)

着眼

5 (2) $A=2500$ とおいて，A についての文字式に書きかえる。

6 (1) 「展開」を花びんをこわす行為にたとえると，「因数分解」は破片を集めて花びんを再生する行為である。

★7 [因数分解] <頻出

次の式を因数分解しなさい。

(1) $x^2-7x-30$ (大阪府)

(2) $x^2-54-3x$ (石川県)

(3) $9x^2-45x+54$ (香川県)

(4) xy^2-4x (京都府)

(5) $(x-3)^2-25$ (東京・国分寺高)

(6) $(x-5)^2-16x$ (東京・国立高)

(7) $(x-4)(x+4)+6x$ (神奈川県)

(8) $3(x+2)^2-x(x+4)-6$ (神奈川・小田原高)

(9) $3(x-3)^2-48$ (神奈川・法政大二高)

(10) $x^2y+5xy-14y$ (大阪・清風高)

★★8 [やや高度な因数分解] <頻出

次の式を因数分解しなさい。

(1) $x^2-y^2-2x+2y$ (東京・郁文館高)

(2) x^2-y^2-2x+1 (高知学芸高)

(3) x^2-y^2+2y-1 (東京・専修大附高)

(4) $x^2+2xy-9x+y^2-9y+20$ (千葉・日本大習志野高)

(5) $p(p+1)-q(q+1)$ (兵庫・白陵高)

(6) $(a+3)^2-(a+3)-2$ (神奈川・日本女子大附高)

(7) $ma^2-m(b-1)^2$ (東京・共立女子高)

(8) $(x^2-3x)^2-2(x^2-3x)-8$ (東京・芝浦工大高)

(9) $(x^2+7x+9)(x^2+7x+11)+1$ (大阪星光学院高)

(10) $x^2-2xz+2xy-4yz$ (東京・法政大高)

着眼

7 (3) まず共通因数でくくる。

8 (3) x^2 の項と他の項に分けて因数分解する。

(9) $x^2+7x+9=A$ とおいて展開してみる。

★★★ 9 [高度な因数分解]

次の式を因数分解しなさい。

(1) $(a-b)^2-(b-2)^2-2(a-2)$ (東京・成蹊高)

(2) $x^3-xy^2-x^2-y^2-x+1$ (奈良・東大寺学園高)

(3) $(x-2y)(x+2y)(x^2+4y^2)-15x^2y^2$ (鹿児島・ラ・サール高)

(4) $a^2b-b^2c-b^3+ca^2$ (兵庫・関西学院高)

難 (5) $(2x^2+3)^2-2x(2x^2+3)-35x^2$ (兵庫・灘高)

難 (6) $a^2-b^2-c^2-2a+2bc+1$ (東京・中央大附高)

難 (7) $x^2+(a+7)x-6(a-2)(a+1)$ (福岡・久留米大附設高)

難 (8) x^4+4

★★ 10 [因数分解の利用]

次の問いに答えなさい。

(1) $214^2-2\times214\times89+89^2-181^2-2\times181\times94-94^2$ を計算せよ。 (東京・早稲田実業学校高等部)

(2) $\dfrac{86^2-2\times86\times77+77^2}{15^2}+\dfrac{15^2+2\times15\times13+13^2}{35^2}$ を計算せよ。 (東京・慶應女子高)

(3) $x=5.75$, $y=3.25$ のとき, x^2-y^2の値を求めよ。 (大阪・清風高)

(4) $x=2.74$, $y=0.37$ のとき, $x^2+4y^2-4xy+4$ の値を求めよ。 (広島・修道高)

(5) 次の □ に適当な数をうめよ。 (北海道・函館ラ・サール高)

① $1+2+3+4+\cdots+80$ を計算すると □ になる。

② $(1^2-2^2)+(3^2-4^2)+\cdots+(79^2-80^2)$ を計算すると □ になる。

着眼

9 (5) たすきがけの因数分解。
例えば, $2x^2-x-1$ は右の図より,
$(2x+1)(x-1)$ となる。

$$\begin{array}{ccc} 2x & 1 \to & x \\ x & -1 \to & -2x \\ \hline 2x^2 & -1 & -x \end{array}$$

(7) かけて $-6(a-2)(a+1)$, たして $(a+7)$ となる 2 式は？

10 (5) ②は, 因数分解を利用して①の結果が使えるように工夫する。

★★ 11 [式の値]

次の問いに答えなさい。

(1) $x=121$, $y=131$ のとき, $x^2-xy-2x+2y$ の値は □ である。空欄に適当な数をうめよ。 (神奈川・慶應高)

(2) $a+b=2$, $ab=-1$ のとき, $(a^2-1)(b^2-1)$ の値を求めよ。 (東京・海城高)

(3) $x-y=5$ のとき, $\dfrac{x^2+y^2}{6}-\dfrac{xy}{3}$ の値を求めると □ となる。空欄に適当な数をうめよ。 (東京・法政大高)

(4) $x+y=-2$, $x^2y+xy^2+xy+3x+3y-9=0$ のとき, x^2+y^2 の値を求めよ。 (茨城・江戸川学園取手高)

(5) $a+\dfrac{1}{a}=3$ のとき, $a^2+\dfrac{1}{a^2}$ および $a^4+\dfrac{1}{a^4}$ の値を求めよ。 (東京・芝浦工大高)

★★★ 12 [因数分解と不定方程式の自然数解]

次の問いに答えなさい。

(1) xy^2-x-3y^2+3 を因数分解せよ。

難▶(2) $xy^2-x-3y^2-12=0$ を満たす正の整数 x, y の組 (x, y) をすべて求めよ。 (千葉・渋谷教育学園幕張高)

着眼

11 (5) $a+\dfrac{1}{a}=3$ の両辺を 2 乗する。

12 (2) 左辺を(1)に合わせて因数分解する。

第1回 実力テスト

時間 45 分
合格点 70 点

得点 /100

解答 別冊 p. 7

1 次の計算をしなさい。

（各3点×6）

(1) $2(a+3)-(a-2)$ （岩手県）

(2) $3(x+y+1)+4(x-2y-1)$ （山梨県）

(3) $4x-\frac{2}{3}y-3\left(x-\frac{1}{4}y\right)$ （長野県）

(4) $(a+2b)(3a-4b)-2a(a+b)$ （東京・墨田川高）

(5) $(x+3y)^2-6xy$ （和歌山県）

(6) $(3x-1)(3x+1)-(x-2)^2$ （大阪府）

2 次の式を因数分解しなさい。

（各3点×10）

(1) $2x^2-18$ （千葉県）

(2) $x^2-2x-24$ （三重県）

(3) $3x^2-42x+144$ （東京工業大附科学技術高）

(4) $\frac{1}{2}xy^2-\frac{3}{2}xy-9x$ （東京・西高）

(5) x^2-4y^2-2x+1 （東京・郁文館高）

(6) $4x^2-y^2-2y-1$ （東京・日本大三高）

(7) $a^2+ab-bc-ac$ （千葉・和洋国府台女子高）

(8) $ab^2c-4ac+3abc$ （福岡大附大濠高）

(9) $2x(x+3)-(x^2+5x+6)$ （東京・戸山高）

(10) $x(x+1)-(x+1)(2x+1)+2(x+1)(x-1)$ （東京・国分寺高）

3 次の等式が成り立つとき，ア～ウにあてはまる適切な数を求めなさい。

（神奈川・法政大女子高改）（完答3点）

$$\frac{(x-1)^2}{3}+\frac{(3-2x)^2}{2}+\frac{4x+2}{5}=\frac{\boxed{\text{ア}}\,x^2-\boxed{\text{イ}}\,x+\boxed{\text{ウ}}}{30}$$

4 a, b, c を定数とする。$x(bx+8y)(x-cy)$ を展開したら $x^3+6x^2y-axy^2$ となった。定数 a の値を求めなさい。

（東京・早稲田実業学校高等部）（3点）

5 次の式を因数分解しなさい。 （各４点×10）

(1) $(2x-3)^2-3(x-2)(x-6)-81$ （京都・同志社高）

(2) $(2x-7)^2-3(x-1)(x+1)$ （神奈川・慶應高）

(3) $(x^2-2x)^2-7(x^2-2x)-8$ （東京・芝浦工大高）

(4) $ab+bc+ca+ad+db+b^2$ （長崎・青雲高）

(5) $axy-2ax-3ay+6a$ （埼玉・早稲田大本庄高）

(6) $x^3y-2x^2y+xy-xy^3$ （愛媛・愛光高）

(7) $x^2y-2xy^2+y^3-xy+y^2$ （京都・立命館高）

(8) $2x^2y+xy-2xy^2+4x-4y+2$ （広島・修道高）

(9) $(m^2+n^2)^2-4m^2n^2$ （兵庫・白陵高）

(10) $(x+2y)^2-(x^2-4y^2)-12(x-2y)^2$ （奈良・東大寺学園高）

6 ２次式の因数分解について，次の問いに答えなさい。

（千葉・渋谷教育学園幕張高） （(1)各１点×４ (2)２点）

(1) ２次式$x^2-2x-15$の因数分解を次のように行った。［ア］～［エ］にあてはまる正の整数を答えよ。

$x^2-2x-15=x^2-2x+1-$［ア］

$=(x-1)^2-$［イ］^{2}

$=(x-1+$［イ］$)(x-1-$［イ］$)$

$=(x+$［ウ］$)(x-$［エ］$)$

(2) ２次式x^2-2x-aで，aを３けたの正の整数とする。(1)のように，［オ］と［カ］がともに正の整数で，因数分解$x^2-2x-a=(x+$［オ］$)(x-$［カ］$)$ができるのは全部で何通りあるか答えよ。

2 整数の性質

解答 別冊 p. 9

★★13 [数の周期性] ＜頻出

次の問いに答えなさい。

(1) 3^{2005} の一の位の数を求めよ。 (東京・海城高)

(2) ① 2^{10}の値を求めよ。

② 2^{100} の一の位の数を求めよ。

③ 各位の数が 1 または 2 である 4 けたの数の中で，16 の倍数を求めよ。

(愛知・東海高)

(3) $\dfrac{1}{7}$ を小数に直すとき，小数第 2004 位の数を求めよ。 (広島・修道高)

★14 [素因数分解] ＜頻出

次の数を素因数分解し，約数の個数と約数の総和をそれぞれ求めなさい。

(1) 28　(2) 36　(3) 210　(4) 720　難▶(5) 9991

★★15 [素因数分解の利用]

次の問いに答えなさい。

(1) 2 から 50 までの自然数の積は2^k (k は自然数)で割り切れる。このような k は［　］個ある。［　］にあてはまる数を入れよ。 (東京・國學院大久我山高)

(2) 120 の約数をすべてかけ合わせると120^a となる。このとき，$a=$［　］である。［　］にあてはまる数を入れよ。 (神奈川・慶應高)

(3) ある整数 N を素因数分解すると，$N=2^4\times3^8\times5^3\times7$ となった。この整数 N の正の約数のうち，一の位の数が 9 であるものは何個あるか求めよ。

(京都・立命館高)

着眼

13 (1) $3^1=3$，$3^2=9$，$3^3=27$，$3^4=81$，$3^5=243$，… 一の位の数に着目すると 3，9，7，1 がくり返し現れる。

14 p，q，r を素数，a，b，c を自然数とする。整数 N が，$N=p^aq^br^c$ と素因数分解されたとき，整数 N の約数の個数は $(\boldsymbol{a}+1)(\boldsymbol{b}+1)(\boldsymbol{c}+1)$ 個であり，整数 N の約数の総和は $(1+\boldsymbol{p}+\boldsymbol{p}^2+\cdots+\boldsymbol{p}^a)(1+\boldsymbol{q}+\boldsymbol{q}^2+\cdots+\boldsymbol{q}^b)(1+\boldsymbol{r}+\boldsymbol{r}^2+\cdots+\boldsymbol{r}^c)$ である。

★16 [倍数の個数]

3けたの自然数について，次の(1)～(4)にあてはまる数の個数を求めなさい。

(1) 3の倍数であり，かつ4の倍数である数

(2) 3の倍数，または4の倍数である数

(3) 3の倍数ではあるが，4の倍数ではない数

(4) 3の倍数でも，4の倍数でもない数

★★17 [条件を満たす整数を求める] 頻出

次の問いに答えなさい。

(1) 1以外に公約数をもたない2つの数を「互いに素」という。例えば，6と19は互いに素であるが，15と36は互いに素ではない。aを100以下の自然数とするとき，次の問いに答えよ。 (埼玉・立教新座高)

① 12とaが互いに素であるような数aは何個あるか求めよ。

難▶② aと$a^2+13a+30$が互いに素であるような数aは何個あるか求めよ。

(2) 2005より小さい正の整数の中で，2005との最大公約数が1であるものは何個あるか求めよ。なお，401は素数である。 (東京・開成高)

(3) 135にできるだけ小さい自然数をかけて，ある自然数の2乗にするには，□をかければよい。□にあてはまる数を入れよ。 (千葉・日本大習志野高)

難▶(4) xとyがともに0以上9以下の整数のとき，$xy-3x-2y+6$の値が素数となるxとyの組は何通りあるか求めよ。 (東京・慶應女子高)

(5) $x^2-y^2=200$を満たす自然数の組$(x,\ y)$をすべて求めよ。

(埼玉・早稲田大本庄高)

着眼

17 (1) ② $a^2+13a+30$を因数分解し，各因数とaとの差からどんな約数をもたないか吟味する。

(3) 平方数(ある自然数を2乗した数)は素因数分解すると各素数が偶数乗になっている。

(4) 素数は1とその数以外に約数をもたないことを利用する。

★★18 [最大公約数と最小公倍数] <頻出

次の問いに答えなさい。

(1) 2つの数 $\frac{75}{14}$ と $\frac{45}{8}$ のどちらにかけても，その積がともに自然数になる数の中で，最も小さい数を求めよ。 (東京・桐朋高)

(2) 28と自然数 a との最大公約数は7で，最小公倍数は196である。a を求めよ。 (東京・郁文館高)

(3) 最大公約数が3で，和が24となる2つの自然数の積のうち，最も大きいものを求めよ。 (東京電機大高)

(4) 最大公約数が3で，最小公倍数が210である2つの自然数がある。この2数の和が51であるとき，この2数を求めよ。 (東京・青山学院高)

(5) 和が182，最大公約数が13であるような2つの正の整数は［ア］組あり，そのうち，2つの数の差が最小のものは［イ］と［ウ］である。［　］にあてはまる数を入れよ。(ただし，イ<ウとする。) (愛媛・愛光高)

★★19 [整数の剰余]

次の問いに答えなさい。

(1) 2つの整数124，77を自然数 n で割ったとき，余りがそれぞれ4，5となる最大の自然数 n を求めよ。 (東京・青山高)

(2) 60以下の自然数のうち，その数を2乗して60で割った余りが1であるような自然数は［　］個ある。［　］にあてはまる数を入れよ。

(大阪星光学院高)

(3) 連続する3つの自然数 n，$n+1$，$n+2$ のそれぞれの平方の和を M とする。千の位の数が a，百の位の数が $a-1$，十の位の数が $a-1$，一の位の数が a である4けたの自然数を N とする。 (兵庫・甲陽学院高)

① 自然数 M を3で割ったときの余り b はいくらか求めよ。

難▶② 自然数 N を3で割ったときの余りが①の b に一致するときの N をすべて求めよ。

着眼

18 2つの自然数 A，B の最大公約数を p，最小公倍数を q とすると，$A=ap$，$B=bp$ (a，b は互いに素)と表すことができ，$q=abp$ が成り立つ。

19 自然数 A を自然数 B で割ったときの商が Q で余りが R のとき，$A=BQ+R$ が成り立つ。

★★★ 20 [約数の個数に関する難問題]

自然数 n に対して，n の約数の個数を $f(n)$ で表す。例えば，$f(7)=2$，$f(8)=4$，$f(9)=3$ である。次の問いに答えなさい。 (奈良・東大寺学園高)

(1) ① $f(243)$ の値を求めよ。
　　② $f(245)$ の値を求めよ。

(2) 自然数 a について，$f(a)=6$ のとき，$f(a^3)$ の値をすべて求めよ。

(3) 自然数 b，c について，$f(b)=5$，$f(c)=7$ のとき，$f(b^2c^2)$ の値をすべて求めよ。

★★★ 21 [約数の総和に関する難問題]

200 の正の約数 1，2，4，…，100，200 について考える。次の問いに答えなさい。 (鹿児島・ラ・サール高)

(1) 約数すべての和を

$$S=1+2+4+\cdots+100+200$$

とおく。S を素因数分解せよ。

(2) 約数すべての 2 乗の和を

$$T=1^2+2^2+4^2+\cdots+100^2+200^2$$

とおく。T を素因数分解せよ。

難▶(3) 約数すべての逆数の和を

$$U=\frac{1}{1}+\frac{1}{2}+\frac{1}{4}+\cdots+\frac{1}{100}+\frac{1}{200}$$

とおく。U を求めよ。

(4) 約数すべての逆数の 2 乗の和を

$$V=\left(\frac{1}{1}\right)^2+\left(\frac{1}{2}\right)^2+\left(\frac{1}{4}\right)^2+\cdots+\left(\frac{1}{100}\right)^2+\left(\frac{1}{200}\right)^2$$

とおく。V を求めよ。

着眼

20 $f(p)=2$ ならば p は素数であるから $f(p^2)=3$，$f(p^3)=4$ である。

21 (1) $200=2^3\times5^2$ から S の値を求める。

★★★22 [整数の剰余に関する難問題]

2つの整数 a, b と自然数 c は常に等式 $a^2-7ab+12b^2=c$ …(＊)
を満たすとする。次の問いに答えなさい。 (東京・早稲田大高等学院)

(1) 4で割ったら2余り，5で割ったら4余るような自然数のうち，最小のものを求めよ。

(2) c が(1)で求めた値であるとき，等式（＊）を満たす a, b の組 $(a,\ b)$ の個数を求めよ。また，そのうち a, b がともに自然数となるような組 $(a,\ b)$ の個数を求めよ。

難▶(3) c は4で割ったら2余り，5で割ったら4余るような自然数とする。このうち，等式（＊）を満たす組 $(a,\ b)$ の個数が10個以上であるような最小の c を求めよ。

(4) 4で割ったら2余り，5で割ったら4余り，そして7で割ったら2余るような自然数のうち，最小のものを c とする。このとき，等式（＊）を満たす組 $(a,\ b)$ の個数を求めよ。

★★23 [有効数字・誤差・真の値の範囲]

次の問いに答えなさい。

(1) 149600000を，有効数字5けたで，$a\times10^n$ $(1\leqq a<10)$ の形で表せ。

(2) $\dfrac{22}{7}$ の近似値を3.14としたとき，誤差はいくらか。小数第5位を四捨五入して答えよ。

(3) 1mmまではかれる身長計ではかると168.7cmである人の，身長の真の値 x はどのような範囲にあるか，不等号を使って表せ。

着眼

22 (2) $a^2-7ab+12b^2=(a-3b)(a-4b)=c$ であるから，c を2整数の積にした因数の数だけ $(a,\ b)$ の組ができる。

★★★ 24 [$n!$(nの階乗)問題]

(1) nを自然数とするとき，1からnまでのすべての自然数の積を$n!$で表す。例えば，$1!=1$，$2!=1\times2$，$3!=1\times2\times3$，$4!=1\times2\times3\times4$である。このとき，$1!+2!+3!+4!+5!+\cdots\cdots+18!+19!+20!$を計算した結果の末尾2けたの数を求めよ。ただし，末尾2けたの数とは，1234の場合は34，108の場合は08，のことである。 (東京・巣鴨高)

(2) 自然数nについて，1からnまでのすべての自然数の積を，$n!$で表すことにする。

また，$n!$を素因数分解したときの素数2の指数を≪$n!$≫で表す。

すなわち，自然数$n!$は2でちょうど≪$n!$≫回割り切れる。例えば，$5!=1\times2\times3\times4\times5=2^3\times3\times5$であるから，≪$5!$≫$=3$である。

① ≪$6!$≫，≪$8!$≫，≪$9!$≫をそれぞれ求めよ。

② ≪$212!$≫を求めよ。

③ ≪$n!$≫$=212$を満たすすべての自然数nを求めよ。

④ ≪$n!$≫$=n-1$を満たす自然数nを5つ答えよ。 (東京・開成高)

着眼

24 (1) 具体的に計算してみると，$5!=1\times2\times3\times4\times5=120$で一の位は0である。したがって，$6!$以降一の位はすべて0である。

第2回 実力テスト

時間 50 分
合格点 70 点

得点 ／100

解答 別冊 p. 17

1 n を正の整数とする。このとき，$1\times2\times3\times\cdots\times29\times30$ が 3^n で割り切れるような最も大きい n の値を求めなさい。

（神奈川・法政大女子高）（5点）

2 $<1>=1$，$<2>=1\times2=2$，$<3>=1\times2\times3=6$，
$<4>=1\times2\times3\times4=24$ のように1から n までの n 個の自然数の積を $<n>$ で表すとする。このとき，$<50>$ は一の位から0が連続して□個続き，次の位から0以外の数字が初めて現れる数になる。□にあてはまる数を求めなさい。

（東京・日本大二高）（6点）

3 $\dfrac{33}{34}a$ と $\dfrac{11}{51}a$ がともに正の整数となるとき，a の最小の値は□である。□にあてはまる数を求めなさい。

（千葉・日本大習志野高）（6点）

4 和が352，最大公約数が16である2つの自然数のうち，その差が一番小さいのは，ア，イである。
□にあてはまる数を求めなさい。ただし，ア＜イとする。

（東京・日本大二高）（完答6点）

5 $<x>$ は，x の約数の個数を表すものとし，$\{x\}$ は x を素因数分解したときの素因数の個数を表すものとする。例えば，12の約数の個数は6個なので，$<12>=6$ となる。また，$12=2^2\times3$ なので，$\{12\}=3$ となる。このとき，$<24>-2\{24\}+<18>-2\{18\}$ の値を求めなさい。

（京都・立命館高）（6点）

6 $[a]$ は a の正の約数のうち1と a を除いたものの和を表す記号とする。ただし，a は2以上の整数とする。例えば，$[12]=2+3+4+6=15$ である。

（広島・修道高）（各6点×3）

(1) $[24]$ を求めよ。
(2) 2から20までの整数 a のうち，$[a]=0$ となるものはいくつあるか答えよ。
(3) $[a]=7$ となる整数 a をすべて求めよ。

7 次の [　] にあてはまる数を求めなさい。

（東京・成城高）（各6点×3 (1)完答）

(1) 1けたの自然数 a, b が $10a+b=3(a+b)$ を満たすとき，a, b の値を求めると $a=$ [ア], $b=$ [イ] である。

(2) 1けたの自然数 a, b が $10a+b=4(a+b)$ を満たすとき，a, b の値の組は全部で [ウ] 組ある。

(3) 一の位の数が0でない2けたの自然数のうち，十の位の数と一の位の数の和が，その数自身の約数になっている数は全部で [エ] 個である。

8 連続した5つの自然数において，3番目の数の2乗の値に，他の4つの数の積を加えたものを P とする。

例えば，1，2，3，4，5の場合，$P=3^2+1\times2\times4\times5=49$ となり，平方の形で表すと $P=7^2$ となる。

このとき，次の問いに答えなさい。（東京・法政大高）（各6点×3）

(1) 3，4，5，6，7の場合，P の値を平方の形で答えよ。

(2) 3番目の自然数を x とおいて，P を x の式の平方の形で表せ。

(3) $P=167^2$ となるとき，連続した5つの自然数の最も小さい数を求めよ。

9 3けたの自然数 A, B があり，$A>B$ とする。A と B の最小公倍数が最大公約数の24倍であり，2数の和 $A+B$ の約数の個数が6個のとき，この2数 A, B を求めなさい。（5点）

10 $N=n^4-5n^3+6n^2-105n+441$ を考える。次の問いに答えなさい。

（奈良・東大寺学園高）（各6点×2）

(1) $n+\frac{21}{n}=t$ とおくとき，$\frac{N}{n^2}$ を t の2次式で表せ。

(2) N を因数分解せよ。

3 平方根

解答 別冊 p. 19

★25 [平方根の大小関係] ＜頻出

次の数を大きい順に並べ，記号で答えなさい。

(1) ア $\sqrt{12}$ イ 3.5 ウ $\sqrt{7}$ エ 3 オ $\sqrt{18}$ (奈良・西大和学園高)

(2) ア $\dfrac{3}{5}$ イ $\dfrac{3}{\sqrt{5}}$ ウ $\dfrac{\sqrt{3}}{5}$ エ $\sqrt{\dfrac{3}{5}}$ (京都・立命館宇治高)

★26 [平方根の計算] ＜頻出

次の計算をしなさい。

(1) $6\sqrt{3}-\sqrt{27}+\sqrt{12}$ (岡山県)

(2) $\sqrt{21}\times\sqrt{3}-\sqrt{7}$ (広島県)

(3) $\dfrac{6}{\sqrt{2}}+\sqrt{50}$ (静岡県)

(4) $\sqrt{3}(\sqrt{6}+\sqrt{3})-\sqrt{8}$ (佐賀県)

(5) $\sqrt{20}\left(\sqrt{50}-\dfrac{1}{\sqrt{2}}\right)$ (熊本県)

(6) $(\sqrt{75}-\sqrt{48})\times\sqrt{6}\div\sqrt{2}$ (京都府)

★★27 [乗法公式を用いる平方根の計算] ＜頻出

次の計算をしなさい。

(1) $(\sqrt{13}+\sqrt{5})(\sqrt{13}-\sqrt{5})$ (千葉県)

(2) $\sqrt{2}(2\sqrt{3}-\sqrt{2})+(\sqrt{3}-\sqrt{2})^2$ (長崎県)

(3) $(\sqrt{8}+4)(\sqrt{8}-3)+\dfrac{8}{\sqrt{2}}$ (愛媛県)

(4) $(\sqrt{3}+\sqrt{7})(\sqrt{3}-\sqrt{7})+(\sqrt{3}+1)^2$ (大阪府)

(5) $(2\sqrt{3}-1)(\sqrt{3}+4)$ (茨城県)

(6) $(\sqrt{18}+1)^2-(\sqrt{18}+1)+\dfrac{1}{\sqrt{3}}$ (茨城・土浦日本大高)

(7) $\dfrac{(\sqrt{3}+2\sqrt{2})(3\sqrt{3}-\sqrt{2})}{\sqrt{5}}$ (東京・日本大三高)

(8) $(\sqrt{48}-\sqrt{12}+\sqrt{6})\left(\sqrt{3}-\sqrt{\dfrac{3}{2}}\right)$ (神奈川・小田原高)

着眼

25 (1) a，b を 0 以上の数として，$a<b$ のとき $\sqrt{a}<\sqrt{b}$ である。

(2) $\dfrac{3}{\sqrt{5}}=\dfrac{3\times\sqrt{5}}{\sqrt{5}\times\sqrt{5}}=\dfrac{3\sqrt{5}}{5}$

分数の分母から無理数をなくすことを「**分母の有理化**」という。

★★28 [やや複雑な平方根の計算] <頻出

次の計算をしなさい。

(1) $(2\sqrt{2}-\sqrt{3})^2+\dfrac{\sqrt{18}-\sqrt{3}}{\sqrt{2}}$ (京都・同志社高)

(2) $(2\sqrt{3}-4)(2\sqrt{3}+4)-(\sqrt{2}+3)(\sqrt{2}-2)$ (福岡大附大濠高)

(3) $\sqrt{75}-\sqrt{27}-\dfrac{\sqrt{-12^2+(-13)^2}}{\sqrt{3}}$ (東京・日本大三高)

(4) $\sqrt{0.0009}-\sqrt{\dfrac{36}{225}}-\sqrt{(-5)^2}$ (答えは小数で表せ。) (東京・西高)

(5) $\dfrac{5\sqrt{24}}{\sqrt{27}+\sqrt{12}}-\dfrac{(\sqrt{2}-1)^2}{\sqrt{2}}$ (東京・芝浦工大高)

(6) $\dfrac{8\sqrt{3}-4}{2\sqrt{8}}-\dfrac{6\sqrt{2}+3\sqrt{6}}{2\sqrt{3}}$ (兵庫・関西学院高)

(7) $(\sqrt{2}-\sqrt{3}+\sqrt{6})^2$ (神奈川・法政大女子高)

(8) $3\sqrt{48}-\dfrac{12}{\sqrt{3}}+\dfrac{(\sqrt{2}-2\sqrt{3})^2}{\sqrt{2}}$ (東京・日本大三高)

(9) $(1+\sqrt{2}-\sqrt{3})(1-\sqrt{2}+\sqrt{3})+2(\sqrt{2}-\sqrt{3})^2$ (東京・明治大付明治高)

(10) $(\sqrt{6}+\sqrt{2}-\sqrt{3})(\sqrt{6}+\sqrt{2}+\sqrt{3})-\dfrac{9}{\sqrt{3}}$ (東京・日本大二高)

(11) $\dfrac{8-3\sqrt{2}}{\sqrt{2}}-\dfrac{3\sqrt{14}+\sqrt{7}}{\sqrt{7}}+2\sqrt{(-2)^2}-\dfrac{12}{\sqrt{18}}$ (福岡・久留米大附設高)

(12) $\sqrt{8}\{(2\sqrt{3}+\sqrt{2})^2-(\sqrt{3}+2\sqrt{2})^2\}-\sqrt{450}$ (鹿児島・ラ・サール高)

(13) $\left(\sqrt{\dfrac{5}{2}}-\dfrac{5}{\sqrt{90}}\right)\times(-\sqrt{2})^3\div\dfrac{10}{\sqrt{405}}$ (愛媛・愛光高)

難➤(14) $(\sqrt{5}+2)^{17}(\sqrt{5}-2)^{15}+(\sqrt{5}+2)^{15}(\sqrt{5}-2)^{17}$ (東京・海城高)

着眼

28 (4) $\sqrt{0.0009}=\sqrt{\dfrac{9}{10000}}=\dfrac{\sqrt{3^2}}{\sqrt{100^2}}=\dfrac{3}{100}$ である。

(7) $\sqrt{2}-\sqrt{3}=A$ とおくと，与式 $=(A+\sqrt{6})^2$ で乗法公式が使える。

(14) $a^nb^n=(ab)^n$ を利用する。

★★29 [平方根を含んだ因数分解]

次の問いに答えなさい。

(1) x^4-5x^2+6 を因数分解すると，$(x^2-\boxed{ア})(x^2-\boxed{イ})$ となる。ただし，ア＜イとする。このように因数分解は整数の範囲で行うのがふつうであるが，用いる数の範囲を実数，すなわち分数や無理数の範囲にまで拡大して因数分解を行うと，上の式は，$(x+\boxed{ウ})(x-\boxed{ウ})(x+\boxed{エ})(x-\boxed{エ})$ と因数分解されることになる。ただし，ウ＜エとする。$\boxed{ア}$～$\boxed{エ}$ にあてはまる数を入れよ。

(2) 次の式を因数分解せよ。（神奈川・法政大女子高）

$x^2y-4\sqrt{3}xy^2+12y^3$

★★30 [係数が無理数の連立方程式]

次の問いに答えなさい。(2)，(3)は $\boxed{ア}$，$\boxed{イ}$ にあてはまる数を入れなさい。

(1) 次の連立方程式を解け。

$\sqrt{2}x+\sqrt{3}y=3\sqrt{2}x-2\sqrt{3}y=5$ （東京・中央大杉並高）

(2) 連立方程式 $\begin{cases}\sqrt{2}x-\sqrt{3}y=10\\ \sqrt{3}x+\sqrt{2}y=5\end{cases}$ の解は $x=\boxed{ア}$，$y=\boxed{イ}$ である。

（北海道・函館ラ・サール高）

(3) 連立方程式 $\begin{cases}(\sqrt{5}-1)x+y=\sqrt{5}-1\\ x+(\sqrt{5}+1)y=\sqrt{5}+1\end{cases}$ の解は，$(x,\ y)=(\boxed{ア},\ \boxed{イ})$ である。

（愛知・東海高）

★★31 [根号のはずし方]

次の問いに答えなさい。

(1) $\boxed{}$ にあてはまる数を求めよ。ただし，π は円周率とする。

（千葉・渋谷教育学園幕張高）

① $\sqrt{(-4)^2}=\boxed{}$　② $\sqrt{(\pi-3)^2}=\boxed{}$

③ $\sqrt{(\pi-5)^2}+\sqrt{(3-\pi)^2}=\boxed{}$

(2) $a>0$ とする。$x=\dfrac{1}{2}\left(a^2-\dfrac{1}{a^2}\right)$ のとき，$\sqrt{1+x^2}$ を a を用いて表せ。

（東京・青山学院高）

着眼

29 (2) $12=(\sqrt{12})^2=(2\sqrt{3})^2$ である。

30 (1) 係数をそろえて加減法で1文字消去する。

31 (1) $a\geqq0$ のとき $\sqrt{a^2}=a$，$a<0$ のとき $\sqrt{a^2}=-a$ である。

★★32 [根号がはずれて整数となる条件] <頻出

次の問いに答えなさい。

(1) m, n は，$m<n$ である自然数とする。$\sqrt{3mn}$ が整数となる $(m,\ n)$ の組のうち，$m+n$ の値を小さい順に並べて 4 番目となる組を求めよ。 (山口県)

(2) $\sqrt{24n}$ が自然数となるような，最も大きい 2 けたの自然数 n の値を求めよ。
(神奈川・小田原高)

(3) n を自然数とする。$\sqrt{\dfrac{224n}{135}}$ が分母と分子がともに自然数である分数となる最も小さい n の値を求めよ。 (東京・西高)

(4) 自然数 n は 4 の倍数である。$\sqrt{196-n}$ が自然数となる n は全部で何個あるか答えよ。 (愛知県)

(5) n を自然数とする。$\sqrt{28n-28}$ が自然数となる最も小さい n の値を求めよ。
(東京・立川高)

(6) $2005=\sqrt{1995^2+a^2}$ を満たす正の整数 a の値を求めよ。 (兵庫・甲陽学院高)

難▶(7) $\sqrt{n^2+96}$ が整数となるような自然数 n をすべて求めよ。 (埼玉・立教新座高)

難▶(8) 自然数 k が与えられたとき，$\sqrt{n^2-10^k}$ が整数になるような自然数 n を考える。

$k=3$ のとき，n の値をすべて求めると，$n=$ □ である。$k=4$ のとき，n の値の個数は □ 個である。□ にあてはまる数を求めよ。
(兵庫・甲陽学院高)

★★33 [平方根の整数部分]

n, N を自然数とするとき，次の問いに答えなさい。 (愛知・東海高)

(1) $2\leqq\sqrt{n}<3$ を満たす n の値は何個あるか求めよ。

(2) $N<\sqrt{2003}<N+1$ を満たす N の値を求めよ。

(3) $N\leqq\sqrt{n}<N+1$ を満たす n が 27 個あるとき，N の値を求めよ。

着眼

32 (3) $224=2^5\times7$, $135=3^3\times5$ 条件を満たすために必要な n の値は根号内の素因数をすべて平方の形にするものであればよい。

(7) $\sqrt{n^2+96}=a$ とおいて両辺を 2 乗する。

33 (3) 自然数 N と $N+1$ の間にある $\sqrt{n}$ (n は自然数) の n の個数は N の式によって表すことができる。

★★34 [平方根の小数部分] <頻出

次の問いに答えなさい。

(1) $\sqrt{7}$ の小数部分を a とするとき，a^2+4a+7 の値を求めよ。

(東京・明治学院高)

(2) $\sqrt{10}$ の小数部分を a とするとき，$a+\frac{2}{a}$ の値を求めよ。 (東京・芝浦工大高)

(3) $\sqrt{15}$ の小数部分を a とするとき，a^2+6a の値を求めよ。

(東京・早稲田実業学校高等部)

(4) $\sqrt{2}$ の小数部分を x とするとき，$x(x+1)(x+2)$ の値を求めよ。

(千葉・市川高)

(5) $(1+\sqrt{2})(\sqrt{2}+2)$ の小数部分を a とするとき，a^2+8a の値を求めよ。

(福岡・久留米大附設高)

(6) $\sqrt{2}+\sqrt{3}$ の整数部分を a，小数部分を b とする。$a-b$ の小数部分を求めよ。

(鹿児島・ラ・サール高)

★35 [式の値①文字が 1 つの場合] <頻出

次の問いに答えなさい。

(1) $x=2+\sqrt{3}$ のとき，x^2-4x の値を求めよ。 (茨城県)

(2) $x=\sqrt{6}-1$ のとき，x^2+2x+1 の値を求めよ。 (北海道)

(3) $a=\sqrt{7}+3$ のとき，a^2-6a+5 の値を求めよ。 (香川県)

(4) $x=\sqrt{5}-3$ のとき，x^2+6x+6 の値を求めよ。 (東京・芝浦工大高)

(5) $x=\frac{3+\sqrt{13}}{2}$ のとき，x^2-3x+5 の値を求めよ。 (京都・堀川高)

(6) $x=\sqrt{3}+1$ のとき，x^4 の値を求めよ。 (東京・海城高)

着眼

34 (1) $\sqrt{4}<\sqrt{7}<\sqrt{9}$ より $2<\sqrt{7}<3$　よって $\sqrt{7}$ の整数部分は 2，小数部分は $\sqrt{7}-2$ と表される。

(2) $\frac{c}{\sqrt{a}-\sqrt{b}}$ の分母の有理化は $\frac{c(\sqrt{a}+\sqrt{b})}{(\sqrt{a}-\sqrt{b})(\sqrt{a}+\sqrt{b})}=\frac{c(\sqrt{a}+\sqrt{b})}{a-b}$ である。

35 (1) $x^2-4x=x(x-4)$ に $x=2+\sqrt{3}$ を代入してもよいが，
$x=2+\sqrt{3}$ より $x-2=\sqrt{3}$ だから，$x^2-4x=(x-2)^2-4$ と変形して代入する方法もある。

★★36 [式の値②文字が 2 つの代入型] <頻出

次の問いに答えなさい。

(1) $a=\dfrac{\sqrt{3}+1}{\sqrt{2}}$, $b=\dfrac{\sqrt{3}-1}{\sqrt{2}}$ のとき，$15a^5b^4\div5a^3b^2$ の値を求めよ。

(東京・日本大豊山高)

(2) $a=\sqrt{3}$, $b=\sqrt{2}-1$ のとき，$ab-\dfrac{2a}{\sqrt{2}}+\dfrac{b^2}{\sqrt{3}}$ の値を求めよ。 (大阪・清風高)

(3) 2 つの数 x, y が $\begin{cases} x+y=\sqrt{3} \\ x-2y=1 \end{cases}$ を満たすとき，x^2+2y^2 の値を求めよ。

(東京・筑波大附高)

(4) $x=\dfrac{1}{\sqrt{2}}+\dfrac{1}{\sqrt{3}}$, $y=\dfrac{1}{\sqrt{2}}-\dfrac{1}{\sqrt{3}}$ のとき，$(1-x)(1-y)$ の値を求めよ。

(東京・日比谷高)

(5) $x=1+\sqrt{2}+\sqrt{3}$, $y=1+\sqrt{2}-\sqrt{3}$ であるとき $xy-x-y+1$ の値を求めよ。

(埼玉・早稲田大本庄高)

★★37 [式の値③ xy, $x+y$, $x-y$ の値の利用型] <頻出

次の問いに答えなさい。

(1) $x=\sqrt{7}+1$, $y=\sqrt{7}-1$ のとき，x^2y-xy の値を求めよ。 (秋田県)

(2) $x=\sqrt{6}+\sqrt{3}$, $y=\sqrt{6}-\sqrt{3}$ のとき，x^2-y^2 の値を求めよ。

(神奈川・平塚江南高)

(3) $a=\sqrt{5}+\sqrt{3}$, $b=\sqrt{5}-\sqrt{3}$ のとき，a^2+b^2+2ab の値を求めよ。

(東京・青山高)

(4) $x=\dfrac{\sqrt{2}-2}{\sqrt{2}}$, $y=\dfrac{\sqrt{2}+2}{\sqrt{2}}$ のとき，x^2y-y^2x の値を求めよ。

(東京・中央大杉並高)

(5) $x=\sqrt{7}+\sqrt{5}$, $y=\sqrt{7}-\sqrt{5}$ のとき，$\dfrac{x^6y^4+2x^5y^5+x^4y^6}{x^3y^2-x^2y^3}$ の値を求めよ。

(北海道・函館ラ・サール高)

(6) $a+b=2\sqrt{3}+\sqrt{2}$, $a-b=\sqrt{6}-2$ のとき，$(2a-b)^2-(a-2b)^2$ の値を求めよ。 (奈良・東大寺学園高)

着眼

36 与えられた式を簡単な形にしてから数値を代入する。

37 (1) $x^2y-xy=xy(x-1)$ であるから，xy と $x-1$ の値を求めてから代入する。

★★ 38 [式の値④ $x^2+y^2=(x+y)^2-2xy$ の利用型] 頻出

次の問いに答えなさい。

(1) $x=\sqrt{3}+\sqrt{2}$, $y=\sqrt{3}-\sqrt{2}$ のとき，$x+y=$ ア ，$xy=$ イ である。
$x^2+y^2=($ ウ $)^2-$ エ と変形できることから，x^2+y^2 の値は オ となる。
□ にあてはまる数や式を求めよ。 (東京・明治学院高)

(2) $x=\sqrt{3}-\sqrt{2}$, $y=\sqrt{3}+\sqrt{2}$ のとき，$\dfrac{x^2+y^2}{xy}$ の値を求めよ。 (大阪桐蔭高)

(3) $x=3+\sqrt{2}$, $y=3-\sqrt{2}$ のとき，$x^2-3xy+y^2$ の値を求めよ。 (京都・洛南高)

(4) $x=\dfrac{\sqrt{17}+\sqrt{13}}{8}$, $y=\dfrac{\sqrt{17}-\sqrt{13}}{8}$ のとき，$3x^2-13xy+3y^2$ の値を求めよ。

(兵庫・白陵高)

(5) $x=\dfrac{\sqrt{7}+\sqrt{3}}{\sqrt{7}-\sqrt{3}}$, $y=\dfrac{\sqrt{7}-\sqrt{3}}{\sqrt{7}+\sqrt{3}}$ のとき，$x+y=$ ア ，$5x^2+2xy+5y^2=$ イ である。□ にあてはまる数を求めよ。 (大阪星光学院高)

★★★ 39 [式の値⑤変則型]

次の問いに答えなさい。

(1) $a>0$, $b>0$ で，$a^2=\dfrac{\sqrt{7}+2}{\sqrt{2}}$, $b^2=\dfrac{\sqrt{7}-2}{\sqrt{2}}$ のとき，次の値を求めよ。

① ab　　② $\dfrac{b}{a}-\dfrac{a}{b}$ (埼玉・立教新座高)

(2) $a=1-\sqrt{2}$, $b=\dfrac{3-5\sqrt{2}}{2}$ のとき，
$(2a+3b)(a-5b)+(2a+3b)^2-(a-5b)(3a-2b)=$ □ である。□ にあてはまる数を求めよ。 (大阪星光学院高)

難 (3) $x=\dfrac{\sqrt{5}+\sqrt{2}+\sqrt{3}}{\sqrt{5}+\sqrt{2}-\sqrt{3}}$, $y=\dfrac{\sqrt{5}+\sqrt{2}-\sqrt{3}}{\sqrt{5}+\sqrt{2}+\sqrt{3}}$ のとき，x^2+y^2 の値は □ となる。
□ にあてはまる数を求めよ。 (神奈川・慶應高)

着眼

38 (4) $3x^2-13xy+3y^2$ を $3(x+y)^2-19xy$ か $3(x-y)^2-7xy$ と変形する。

39 (1) $a^2b^2=(ab)^2$ を利用する。

(3) $\dfrac{c}{\sqrt{a}+\sqrt{b}}$ の分母の有理化は $\dfrac{c(\sqrt{a}-\sqrt{b})}{(\sqrt{a}+\sqrt{b})(\sqrt{a}-\sqrt{b})}=\dfrac{c(\sqrt{a}-\sqrt{b})}{a-b}$ である。

★★40 ［平方根と場合の数・確率］

次の問いに答えなさい。

(1) 6枚のカード $\boxed{\sqrt{3}}$, $\boxed{2\sqrt{3}}$, $\boxed{3}$, $\boxed{\sqrt{2}}$, $\boxed{\sqrt{6}}$, $\boxed{2\sqrt{2}}$ がある。

このカードのうち3枚を選ぶ。$\boxed{}$ に適当な数を入れよ。（愛知・東海高）

① 3枚のカードの選び方は全部で $\boxed{}$ 通りである。

② 選んだカードの数値を3辺の長さとして直角三角形(3辺を a, b, c とすると $a^2+b^2=c^2$ が成り立つ)をつくることのできる選び方は $\boxed{}$ 通りである。

③ 選んだカードの数の積が整数となる選び方は $\boxed{}$ 通りである。

(2) $\sqrt{2}$, $\sqrt{3}$, $\sqrt{5}$, $\sqrt{6}$, $\sqrt{7}$, $\sqrt{8}$, $\sqrt{10}$, $\sqrt{12}$, $\sqrt{18}$, $\sqrt{20}$ の数が書かれたカードが1枚ずつある。この10枚のカードから2枚を取り出したとき，次の問いに答えよ。（千葉・渋谷教育学園幕張高）

① 取り出した2枚のカードに書かれている2つの数の積が整数になる場合がある。その整数をすべて答えよ。

② 取り出した2枚のカードに書かれている2つの数のうち，大きい数が小さい数の2倍になる2数の組合せを，大小の順にすべて書け。

難➤③ 取り出した2枚のカードに書かれている2つの数の和が $\sqrt{20}$ より小さくなる確率を求めよ。

(3) A，B 2つのさいころを同時に投げ，Aのさいころの出た目の数を a，Bのさいころの出た目の数を b とする。このとき，次の問いに答えよ。（鳥取県）

① $ab=12$ となる場合は，何通りあるか求めよ。

② $\sqrt{3(a+b)}$ が整数となる確率を求めよ。

(4) 大小2つのさいころを同時に投げる。大きいさいころの出た目の数を a，小さいさいころの出た目の数を b とするとき，$\sqrt{a(b+3)}$ が整数になる確率を求めよ。

ただし，さいころの1から6までの目の出る確率はすべて等しいものとする。（東京・日比谷高）

着眼

40 (1) ② 直角三角形では斜辺の長さを c，他の2辺の長さを a，b とすると $a^2+b^2=c^2$ が常に成り立っている。これを**「三平方の定理」**という。「三平方の定理」は中3後半の単元で習う。(82ページ参照)

(2) ③ $\sqrt{20}=2\sqrt{5}=\sqrt{5}+\sqrt{5}$ であることから排除できるものを考える。

第3回 実力テスト

時間45分　合格点70点

得点 ／100

解答 別冊 p. 31

1 次の数を小さい方から順に左から右へ並べなさい。（京都成章高）（4点）

$\sqrt{7}$, 2.7, $\dfrac{6}{\sqrt{5}}$, $\dfrac{8}{3}$

2 次の計算をしなさい。（各4点×4）

(1) $\sqrt{18}-\sqrt{3}+\sqrt{8}+\sqrt{12}$（青森県）

(2) $2\sqrt{75}-\sqrt{2}(\sqrt{6}-\sqrt{24})$（岡山朝日高）

(3) $\dfrac{\sqrt{15}+\sqrt{5}}{\sqrt{20}}-\sqrt{3}$（和歌山・桐蔭高）

(4) $\dfrac{4}{\sqrt{2}}-3\sqrt{10}\div\sqrt{\dfrac{1}{5}}$（東京・國學院大久我山高）

3 次の計算をしなさい。（各4点×6）

(1) $(\sqrt{6}+1)^2+(\sqrt{3}-\sqrt{2})^2$

(2) $(\sqrt{6}+5)^2-(3\sqrt{2}-2\sqrt{3})^2-1$（広島大附高）

(3) $\left(\dfrac{1}{\sqrt{3}}+\dfrac{1}{\sqrt{5}}\right)^2+\left(\dfrac{1}{\sqrt{15}}-1\right)^2$（奈良・帝塚山高）

(4) $40\div\left\{\left(\dfrac{\sqrt{5}+\sqrt{2}}{\sqrt{3}}\right)^2-\left(\dfrac{\sqrt{5}-\sqrt{2}}{\sqrt{3}}\right)^2\right\}$（大阪・四天王寺高）

(5) $\dfrac{(\sqrt{3}-1)(2\sqrt{2}+\sqrt{6})}{\sqrt{2}}-\dfrac{(\sqrt{3}+3)^2}{6}$（東京学芸大附高）

(6) $(1+\sqrt{2}-\sqrt{3})(\sqrt{3}+\sqrt{6}+3)-(1-\sqrt{2}+\sqrt{3})(\sqrt{2}+2+\sqrt{6})$

（鹿児島・ラ・サール高）

4 次の連立方程式を解きなさい。（各4点×2）

(1) $\begin{cases}\sqrt{2}x+\sqrt{3}y=1\\ \sqrt{3}x+\sqrt{2}y=2\end{cases}$（京都女子高）

(2) $\begin{cases}x-y=\sqrt{3}\\ x^2-y^2=9\end{cases}$（千葉・渋谷教育学園幕張高）

5 次の問いに答えなさい。

（各4点×2）

(1) $2.5<\sqrt{a}<\dfrac{10}{3}$ を満たす正の整数 a をすべて求めよ。（東京・桐朋高）

(2) 次の式の根号と絶対値記号｜　｜をはずして簡単にすると，
$\sqrt{(3-\pi)^2}+|3-\sqrt{7}|=$ □ となる。□ にあてはまる数を求めよ。

（兵庫・白陵高）

6 次の問いに答えなさい。

（各4点×3）

(1) $\sqrt{100-3n}$ が整数となるような正の整数 n をすべて求めよ。（広島・修道高）

(2) $\sqrt{120n}$ が整数となるような正の整数 n のうち，4番目に小さいものを求めよ。（東京・早稲田実業学校高等部）

(3) $\sqrt{n^2+45}$ が整数となる自然数 n をすべて求めよ。（広島大附高）

7 次の問いに答えなさい。

（(1)(2)各4点×2　(3)各4点×2）

(1) $\sqrt{7}$ の整数部分を a，小数部分を b とする。a^2+b^2+4b の値を求めよ。

（大阪・近畿大附高）

(2) $2\sqrt{15}$ の小数部分を a とするとき，a^2+14a の値を求めよ。

（北海道・函館ラ・サール高）

(3) $\sqrt{11}$ の小数部分を a とし，$\sqrt{1100}$ の小数部分を b とする。このとき $10a-b$ の値は [ア] であり，$a(b+63)$ の値は [イ] である。□ にあてはまる数を求めよ。（愛媛・愛光高）

8 次の問いに答えなさい。

（各4点×3）

(1) $a=\dfrac{1+\sqrt{3}}{2}$，$b=\dfrac{3-\sqrt{3}}{2}$ のとき，a^2b+ab^2 の値を求めよ。（東京・日本大三高）

(2) $x=\dfrac{3+\sqrt{11}}{2}$，$y=\dfrac{3-\sqrt{11}}{2}$ のとき，$\dfrac{x^4-y^4}{12}$ の値を求めよ。（大阪星光学院高）

(3) $x=2\sqrt{3}-1$，$y=\sqrt{3}+2$ のとき，$2(x+y)^2+3(x+y)(x-y)-2(x-y)^2$ の値を求めよ。（神奈川・慶應高）

4 2次方程式

解答 別冊 p. 34

★41 [2次方程式の解法①因数分解の利用] <頻出

次の2次方程式を解きなさい。

(1) $x^2+5x+6=0$ (茨城県)

(2) $x^2-x-6=0$ (岩手県)

(3) $x^2+7x-18=0$ (栃木県)

(4) $x^2-13=11+2x$ (静岡県)

(5) $(x+3)^2=2(x+3)$ (岡山朝日高)

(6) $x(x+3)=5x+15$ (福岡県)

(7) $(x+2)^2=-2(x-10)$ (国立高専)

(8) $(x+2)^2-31=2x-3$

(9) $(x+8)^2+2(x+8)-15=0$ (城北埼玉高)

(10) $(x-2)^2+\sqrt{2}(x-2)=0$ (東京・海城高)

★42 [2次方程式の解法②平方根をとる] <頻出

次の2次方程式を解きなさい。

(1) $(x+1)^2=7$ (京都府)

(2) $(x-3)^2=2$ (沖縄県)

(3) $(x+5)^2-7=0$ (愛知県)

(4) $(2x+1)^2-3=0$ (京都・同志社高)

★★43 [2次方程式の解法③平方完成] <頻出

$x^2+6x+3=0$ を $(x+m)^2=n$ の形にすると $(x+\boxed{ア})^2=\boxed{イ}$ となるから

$$x+\boxed{ア}=\pm\sqrt{\boxed{イ}}$$

よって，2次方程式 $x^2+6x+3=0$ の解は

$$x=-\boxed{ア}\pm\sqrt{\boxed{イ}}$$

である。このとき，ア，イの値を求めなさい。 (大阪教育大附高平野)

着眼

41 $(x-a)(x+b)=0$ のとき，2数の積が0となるのは $x-a=0$ または $x+b=0$ のときであるから，$x=a$，$-b$ と解が決まる。2次方程式の解はふつう2つあるが，$(x-a)^2=0$ の形のときのみ，解は $x=a$ の1つだけになる。これを重解という。

42 $x^2=a$ ならば $x=\pm\sqrt{a}$ である。

43 $x^2+6x+3=x^2+6x+9-6$ である。

★★44 [2次方程式の解法④解の公式] 頻出

$ax^2+bx+c=0(a\neq0)$ を $(x+m)^2=n$ の形にすると $(x+\boxed{ア})^2=\boxed{イ}$ となるから $\boxed{イ}$ の値が負にならないときには

$x+\boxed{ア}=\pm\sqrt{\boxed{イ}}$

よって，このとき，2次方程式 $ax^2+bx+c=0$ の解は $x=\boxed{ウ}$ である。このとき，ア，イ，ウを最も適切なものでうめなさい。 (大阪教育大附高平野)

★★45 [2次方程式を解く] 頻出

次の2次方程式を解きなさい。

(1) $x^2-3x+1=0$

(2) $x^2+5x-24=0$

(3) $x^2-6x-1=0$ (大阪・近畿大附高改)

(4) $x^2-8x+5=0$ (福岡大附大濠高)

(5) $(4x-1)^2=x(15x+4)$ (北海道・函館ラ・サール高)

(6) $(x-3)(x+2)+20=(3x+2)(x+3)$ (千葉・市川高)

★★46 [複2次方程式を解く]

次の問いに答えなさい。

(1) $x^2-2x=X$ とおきかえることによって，
方程式 $(x^2-2x)^2-(x^2-2x)-2=0$ を解け。 (高知学芸高)

(2) 方程式 $(x^2-1)^2=2x^2-2$ を満たす x の値をすべて求めよ。
(福岡・久留米大附設高)

★★47 [重解条件]

次の問いに答えなさい。

(1) 2次方程式 $x^2+5x-\frac{5}{4}(a+3)=0$ の解が1つしかないとき，定数 a の値は $\boxed{ア}$ である。また，そのときの解は $\boxed{イ}$ である。$\boxed{}$ に適当な数を入れよ。 (千葉・日本大習志野高)

(2) 2次方程式 $x^2+ax+a=0$ の解がただ1つしかないとき，a の値を求めよ。
(埼玉・早稲田大本庄高)

着眼

44 $x=\boxed{ウ}$ を2次方程式 $ax^2+bx+c=0(a\neq0)$ の**解の公式**という。この式に，a，b，c の値を代入すれば，自動的に解を求めることができる。

45 因数分解できなければ「**平方完成**」か「**解の公式**」を用いて解く。

★★48 [解が与えられた2次方程式の問題] <頻出

(1) 2次方程式 $x^2+ax-2=0$ の解の1つが -1 のとき，a の値と他の解を求めよ。 (東京・日本大豊山高)

(2) x についての2次方程式 $x^2+2ax+a^2-4=0$ の解の1つが2であるとき，a の値をすべて求めよ。 (佐賀県)

(3) 2次方程式 $\sqrt{3}x^2+ax-24\sqrt{3}=0$ の解の1つが -6 であるとき，定数 a の値を求めよ。また，他の解を求めよ。 (京都・同志社高)

(4) 2次方程式 $x^2+ax+b=0$ の2つの解が，$x=\frac{1}{2}$，-1 のとき，a の値は [ア] であり，b の値は [イ] である。[　] に適当な数を入れよ。 (福岡大附大濠高)

(5) 連立方程式 $\begin{cases} ax+by=6 \\ 3ax+2by=6 \end{cases}$ の解が，$x=2$，$y=3$ であるとき，t の2次方程式 $(a+4)t^2+bt+a+b=0$ を解け。 (奈良・東大寺学園高)

★★49 [解と係数の関係] <頻出

(1) 2次方程式 $x^2+ax+b=0$ の解が -3，5となるように a，b の値を定めよ。 (千葉・和洋国府台女子高)

(2) 2次方程式 $x^2+6x+1=0$ の2つの解を a，b とするとき，積 ab の値を求めよ。 (高知学芸高)

(3) 2次方程式 $x^2-6x+4=0$ の2つの解を a，b とするとき，$\frac{1}{a}+\frac{1}{b}=$ [　] である。[　] に適当な数を入れよ。

(4) 2次方程式 $(x-1)^2=12$ の2つの解を p，q とするとき，$\frac{(p+q)^2}{pq}$ の値を求めよ。 (埼玉・早稲田大本庄高)

難▶(5) x についての2次方程式 $x^2+4px+4p^2-1=0$ の2つの解はともに正で，一方の解が他方の解の2倍である。このとき，定数 p の値を求めよ。 (東京・早稲田実業学校高等部)

着眼

49 $x^2+mx+n=0$ の解を $x=p$，q とすると $(x-p)(x-q)=0$　この式を展開すると，$x^2-(p+q)x+pq=0$ となるから，係数を比較して，$p+q=-m$，$pq=n$ となる。

★★★ 50 [条件を満たす数値を求める]

次の問いに答えなさい。□が設定されているものについては，適当な数をうめなさい。

(1) x の2次方程式 $x^2+ax+24=0$ の2つの解が正の整数になる a の値は□個である。 (東京・國學院大久我山高)

(2) x, y が $x^2+\sqrt{2}x=y^2+\sqrt{2}y=5$ を満たすとき，x^2+y^2 の値は□である。ただし，x と y は異なる数とする。 (東京・明治大付明治高)

(3) 2次方程式 $x+3x^2+5x^2+7x^2+9x^2+11x^2+13x^2+15x^2+17x^2=2005$ を満たす整数 x は□である。 (千葉・日本大習志野高)

(4) $x^2+x-5=2x+1=3x^2+4x-7$ を満たす x の値を求めよ。 (広島・修道高)

難(5) $\begin{cases} x^2-4ax+4a^2-6x+12a-16=0 \\ x-3a=1 \end{cases}$ のとき，$a=$□である。(大阪星光学院高)

★★★ 51 [条件付き2次方程式]

(1) p を整数の定数とする。2つの x についての2次方程式

$x^2-2px+p+1=0$ …①

$x^2-5x+6=0$ …②

について，②の方程式の解の1つが①の方程式の解になっている。このとき，①の方程式の解を求めよ。 (東京・西高)

難(2) x と z に関する式㋐について，次の問いに答えよ。ただし，$x \neq 0$, $z \neq 0$ とする。 (千葉・東邦大付東邦高)

$x^2+(2z-1)x+z(z+2)=0$ …㋐

① ㋐を，z を定数とする x の方程式と考えたとき，その解の1つが $x=1$ である。このとき，z の値を求めよ。

② ㋐を，x を定数とする z の方程式と考えたとき，その解の1つが $z=-2$ である。このとき，z の他の解を求めよ。

③ ①のときの x の他の解を a とし，②のときの z の他の解を b とする。

$p=\dfrac{\sqrt{a}+b}{2}$, $q=\dfrac{\sqrt{a}-b}{2}$ とするとき，$\dfrac{p^2-q^2}{(p+5)^2+(q-5)^2}$ の値を求めよ。

着眼

50 (2) $x^2+\sqrt{2}x=5$, $y^2+\sqrt{2}y=5$, $x^2+\sqrt{2}x=y^2+\sqrt{2}y$ として $x+y$ の値から x^2+y^2 の値を求める。

★52 [2次方程式の応用①整数の問題] ＜頻出

(1) 2つの数について，和が8，積が10のとき，これら2つの数を求めよ。
(東京・芝浦工大高)

(2) 連続する3つの自然数がある。最も小さい数と2番目に小さい数の積は，最も大きい数の19倍より25だけ大きいという。最も小さい数は □ である。□ に適当な数を入れよ。
(東京・日本大二高)

(3) 連続する2つの奇数がある。大きい方の2乗から小さい方の2乗を引いた数は，小さい方の5倍から9を引いた数に等しい。このとき，小さい方の奇数を求めよ。
(千葉・東邦大付東邦高)

(4) 36を素因数分解すると，$36=2^2\times3^2$ となる。36の約数を表のようにすべて書くと，約数の総和は91と求められる。次の問いに答えよ。
(東京・海城高)

1	2	4
3	6	12
9	18	36

① 432の約数の総和を求めよ。

② 自然数 A を素因数分解したところ，$A=3^3\times a^2$ となり，その約数の総和は2280となった。素数 a を求めよ。

難 ③ 自然数 B を素因数分解したところ，$B=2^2\times m\times n$ となり，その約数の総和は392となった。素数 m，n を求めよ。ただし，$2<m<n$ とする。

★★53 [2次方程式の応用②割合の問題]

(1) 原価5000円で仕入れた品物を x 割の利益を見込んで定価をつけたが，売れなかったので，定価の x 割引きで売ったら原価より200円損をした。x の値を求めよ。
(大阪・近畿大附高)

(2) A君とB君の2年前にもらったお年玉は，同じ金額だった。A君がもらったお年玉は，昨年は2年前より2割増え，今年は昨年より5割増えた。B君がもらったお年玉は，昨年は2年前より，今年は昨年より同じ割合で減ったため，今年のB君のお年玉は今年のA君のお年玉の $\frac{1}{5}$ であった。B君の今年のお年玉は，昨年より何割減ったかを求めよ。
(東京・城北高)

着眼

52 (4) ② 約数の総和を求める式(**14** の着眼参照)を利用して a の2次方程式をつくる。

53 (1) 実際の売価は $5000\left(1+\frac{x}{10}\right)\left(1-\frac{x}{10}\right)$ 円である。**利益 ＝ 売価 － 原価** となる。

★54 [2次方程式の応用③図形の面積の問題] <頻出

縦が30m，横が40mの長方形の土地がある。この土地に幅xmの通路を，図のように縦，横につくり，残りを畑にしたところ畑の面積が864m²になった。方程式をつくり，計算過程を書いてxの値を求めなさい。

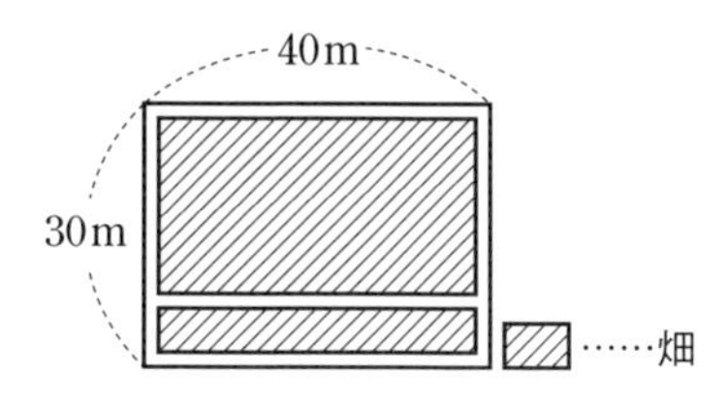

（東京電気大附高）

★★55 [2次方程式の応用④ 1次関数の問題]

次の問いに答えなさい。

(1) 右の図のように，点A，Bの座標を，それぞれA(0, 6)，B(11, 4)とし，x軸上に点Cを，∠ACBが直角となるようにとるとき，点Cのx座標を求めよ。ただし，線分BCは，線分ACより長いものとする。（埼玉県）

(2) 右の図において，点A，Eは直線$y=ax+2$（ただし，aは正の定数）上の点であり，点B，C，Gはx軸上の点である。四角形ABCD，四角形ECGFはともに正方形で，点B，Gはx座標がそれぞれ2，42であるとき，aの値を求めよ。（広島大附高）

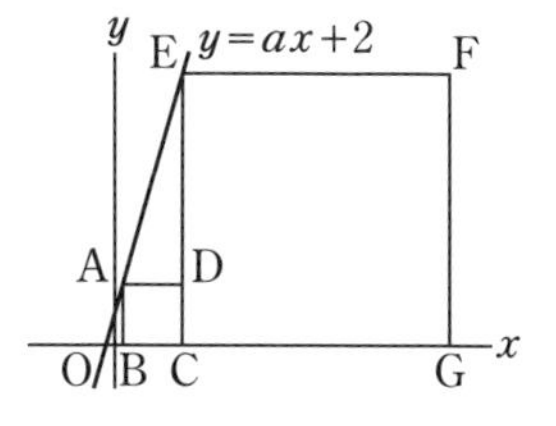

難 (3) □に適当な数または式を入れよ。

点Oを原点とする座標平面がある。点Pは直線L：$y=\frac{1}{2}x-\frac{1}{2}$上を動き，時刻$t$における$y$座標が$t$である。また，点Qは直線$M$：$y=3x+1$上を動き，時刻$t$における$x$座標が$t$である。ただし，$t \geqq 0$とする。

① 直線PQの傾きが$-\frac{7}{5}$に等しくなるときの時刻は$t=$[ア]である。

② 時刻tにおける三角形OPQの面積をSとする。Sをtの式で表すと$S=$[イ]，また，$S=8$となるときの時刻は$t=$[ウ]である。

（兵庫・甲陽学院高）

着眼

54 斜線部分を片側に寄せて，白い部分を1つの長方形として考える。

55 (1) AC⊥BCであるから(直線ACの傾き)×(直線BCの傾き)＝−1が成り立つ。

(3) 点P，Qの座標をtを用いて表し，条件より等式をつくる。

★★★ 56 [2次方程式の応用⑤落下の問題]

次の問いに答えなさい。

難 (1) 井戸の口から石を落とす。その石を落としてから水面に着いた音が返ってくるまでの時間は $\frac{35}{17}$ 秒であった。物が落下するとき，落下距離は時間の2乗に比例し，その比例定数は5である。音速が毎秒340mであるとき，井戸の口から水面までの距離を求めよ。 (東京・海城高)

(2) 初速度毎秒 a m で真上に投げ上げられた物体が，t 秒後に，はじめの位置から h m の高さにあるとすると，$h=at-5t^2$ が成り立っている。今，初速度毎時108 km の速さで真上に投げ上げられたボールについて考える。

次の問いに答えよ。

① ボールの初速度は毎秒何 m か求めよ。

② ボールがはじめの位置にもどってくるのは何秒後か求めよ。

③ ボールが最も高い地点に到達したとき，ボールは，はじめの位置から何 m の高さにあるか求めよ。

★★★ 57 [2次方程式の応用⑥道のりの問題]

A さんは車に乗って P 町から Q 町まで，B さんはオートバイに乗って Q 町から P 町まで行く。2人は同時に出発し，A さんが2つの町の真ん中まで来たとき，B さんは P 町の手前 24km の地点にいた。また，B さんが2つの町の真ん中まで来たとき，A さんは Q 町の手前 15km の地点にいた。P 町と Q 町の距離を $2x$ km として，次の問いに答えなさい。 (愛媛・愛光高)

(1) 車とオートバイの速さの比を利用して x についての2次方程式をつくり，x の値を求めよ。

(2) A さんが Q 町に着いたとき，B さんは P 町の手前何 km の地点にいたか求めよ。

着眼

56 (1) 石が水面に着くまでにかかった時間を x 秒とし，井戸の口から水面までの距離を表す式を2つつくる。

57 速さの比は，同一時間内に進む距離の比に等しい。

★★★58 [2次方程式の応用⑦食塩水の問題] 頻出

(1) 濃度10%の食塩水200gが入っている容器がある。この容器から，ある量の食塩水を取り出し，かわりに同じ量の水を加えて200gとし，よくかき混ぜる。このような操作を2回くり返す。ただし，2回目に取り出す食塩水の量は，1回目に取り出す食塩水の量の2倍であるとする。　(大阪・清風高)

① 1回目の操作が終わったときの食塩水の濃度が，もとの$\frac{3}{4}$になった。このとき，2回目の操作後の食塩水に含まれる食塩の量を求めよ。

② 2回目の操作が終わったときの食塩水の濃度が，1.95%になった。このとき，1回目に取り出した食塩水の量を求めよ。

(2) 濃度10%の食塩水をA，濃度16%の食塩水をBとするとき，次の問いに答えよ。　(神奈川・法政大二高)

① 50gの食塩水Aと25gの食塩水Bに含まれる食塩の量は合わせて何gかを求めよ。

② 40gの食塩水Aに20gの食塩水Bを加えてできる食塩水の濃度は何%かを求めよ。

③ 50gの食塩水Aからxgの食塩水を取り出したあと，残された食塩水にxgの水を加えて新しい食塩水をつくる。この新しい食塩水から$2x$gの食塩水を取り出したあと，残された食塩水に$2x$gの水を加えてつくられた食塩水の濃度は2.8%になった。このときのxの値を求めよ。

★★59 [2次方程式の応用⑧動点の問題]

AB＝5，BC＝10の長方形ABCDにおいて，点Pは点Cから辺CD上を点Dに向かって秒速1の速さで，点Qは点Dから辺DA上を点Aに向かって秒速2の速さでそれぞれ進むものとする。点P，Qがそれぞれ C，Dを同時に出発してからt秒後の△BPQの面積をSとする。

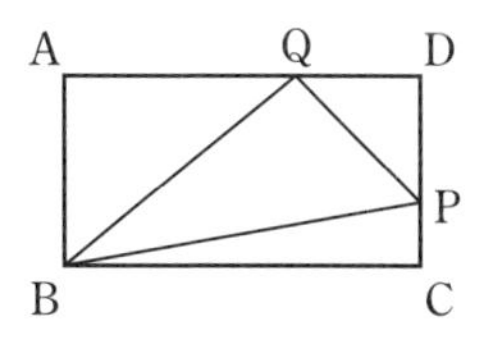

(兵庫・関西学院高)

(1) Sをtを使って，できるだけ簡単な式で表せ。

(2) △BPQの面積が19となるのは点P，QがそれぞれC，Dを同時に出発してから何秒後か求めよ。

着眼

58 食塩水の問題は常に溶けている食塩の量に着目して式をつくるのが鉄則。

第4回 実力テスト

時間45分
合格点70点

得点 / 100

解答 別冊 p. 44

1 次の2次方程式を解きなさい。 ((1)〜(4)各3点×4，(5)〜(8)各4点×4)

(1) $x^2-4x+3=0$ (長崎県)

(2) $x^2+2x-15=0$ (高知県)

(3) $(x-1)(x+6)-6x=0$ (大分県)

(4) $-3(2x+1)=(2x+1)^2+2$ (東京・共立女子高)

(5) $\left(\dfrac{x-2}{2}\right)^2-\dfrac{5}{4}=\dfrac{x+3}{2}$ (千葉・市川高)

(6) $3x(x-6)-(x-2)^2=116$ (東京・立川高)

(7) $(x-7)^2-18=0$ (東京・専修大附高)

(8) $2(x-3)^2=3$ (埼玉・早稲田大本庄高)

2 次の2次方程式を解きなさい。 (各4点×4)

(1) $x^2+4x-3=0$ (東京・佼成学園女子高)

(2) $2x^2-4x+1=0$ (東京女子学院高)

(3) $\dfrac{(x-2)^2}{2}+\dfrac{x}{3}-\dfrac{7}{6}=0$ (東京・桐朋高)

(4) $5x(3-x)-7=(x-2)(x+2)$ (東京・芝浦工大高)

3 $2x^2+2ax-\dfrac{3}{2}a^2=0$ を $(x+p)^2=q$ の形に変形するとき，p，q を a で表しなさい。 (城北埼玉高) (4点)

4 a は定数とする。2次方程式 $x^2-6x+a=0$ について，次の問いに答えなさい。 (神奈川・日本女子大附高) (各4点×2)

(1) 解の1つが $3-\sqrt{6}$ であるとき，定数 a の値と他の解を求めよ。

(2) 解が1つしかないとき，定数 a の値と，その解を求めよ。

5 x についての2つの方程式

$x^2-(a^2-2a)x+a-3=0$ …①　$x^2-(a-3)x-3a(a-1)=0$ …②

がある。

①は $x=1$ を解とし，②の解は2つとも①の解とは異なるものとする。次の問いに答えなさい。ただし，a は定数である。 (千葉・東邦大付東邦高) (各4点×2)

(1) a の値を求めよ。

(2) ②の2つの解を p，$q\,(p<q)$ とし，$t=p+\sqrt{q}$ とするとき，$t^2-2\sqrt{2}\,t-4$ の値を求めよ。

6 初速度毎秒 a m で投げ下ろされた物体の t 秒後の速さを毎秒 v m とするとき，v は $v=a+10t$ で表されるものとする。また，投げ下ろされてから t_1 秒後と t_2 秒後の間に物体が落下した距離は，投げ下ろされてから $\dfrac{t_1+t_2}{2}$ 秒後の速さとその間の経過時間 (t_2-t_1) 秒との積とする。次の問いに答えなさい。

（京都・同志社高）（各４点×４）

⑴ $a=5$ のとき，投げ下ろされて２秒後から３秒後の１秒間に物体が落下した距離を求めよ。

⑵ 投げ下ろされてから t 秒後までの間に物体が落下した距離を S m とする。S を t と a を用いた式で表せ。

⑶ $a=0$ のとき，物体が 80m 落下するのに要する時間を求めよ。

⑷ ある高さから初速度毎秒 0m で落下する物体 A が落下し始めるのと同時に，同じ高さから物体 B が初速度毎秒 30m で投げ下ろされた。B が地表に着いて２秒後に A が地表に着いた。A と B が落下した距離を求めよ。

7 20km 離れた２地点 P，Q がある。A 君は午前９時に P 地点を出発して自転車で Q 地点に向かい，B 君は午前９時 15 分に Q 地点を出発してオートバイで P 地点に向かった。A 君，B 君の進む速さは，一定であるとする。

途中２人は R 地点で出会い，その後 A 君は 30 分で Q 地点に到着し，B 君は 15 分で P 地点に到着した。A 君，B 君が進む速さをそれぞれ毎時 x km，毎時 y km とするとき，次の問いに答えなさい。

（長崎・青雲高）（各４点×３）

⑴ $\dfrac{y}{x}=t$ とおく。t の値を求めよ。

⑵ ２人が R 地点で出会ったときの時刻を求めよ。また，P，R 間の距離を求めよ。

⑶ x，y の値を求めよ。

8 容器 A には濃度 8% の食塩水が 500g，容器 B には濃度 10% の食塩水が 400g 入っている。A から x g くみ上げ B に加え，よく混ぜた。次の問いに答えなさい。

（神奈川・慶應高）（各４点×２）

⑴ このときの容器 B の食塩水の濃度を x を用いて表せ。

⑵ 引き続き B から x g くみ上げ A に加え，よく混ぜたら A の食塩水の濃度は 8.1% になった。x の値を求めよ。

5 関数 $y=ax^2$

解答 別冊 p. 47

★60 [関数 $y=ax^2$ の比例定数を求める] 頻出

(1) 関数 $y=ax^2$において，$x=4$ のとき $y=-8$ である。
a の値を求めよ。 (群馬県)

(2) 2 つの直線 $2x-3y=2$，$x+3y=-1$ の交点が関数 $y=ax^2$ のグラフ上にあるとき，a の値を求めよ。 (東京・日比谷高)

★61 [変化の割合] 頻出

(1) 関数 $y=\frac{1}{2}x^2$ について，x が -2 から 3 まで変化したときの変化の割合を求めよ。 (東京・日本大三高)

(2) 放物線 $y=ax^2$ と直線 $y=bx-3$ は 2 点で交わり，1 つの交点の x 座標は 2 である。また，放物線 $y=ax^2$ において，x が $-\frac{3}{2}$ から 3 まで増加したときの変化の割合は $\frac{1}{2}b$ である。このとき，a，b の値を求めよ。

(東京・早稲田実業学校高等部)

★62 [変域] 頻出

(1) 関数 $y=ax^2$ （a は定数）について，x の変域が $-3 \leqq x \leqq 2$ のとき，y の変域は $0 \leqq y \leqq 6$ である。このときの a の値を求めよ。 (東京・新宿高)

(2) x の変域が $-4 \leqq x \leqq 2$ のとき，2 つの関数 $y=-\frac{1}{2}x^2$ と $y=ax+b(a>0)$ の y の変域が一致するという。このとき，$a=$ ［ア］，$b=$ ［イ］となる。
［　］にあてはまる数を求めよ。 (東京・明治大付明治高)

(3) 関数 $y=x^2$ （$a \leqq x \leqq 1$）の最大値が 5 である。このとき，a の値と y の最小値を求めよ。 (千葉・和洋国府台女子高)

着眼

61 (1) 関数 $y=ax^2$ において，x の値が p から q まで変化するときの変化の割合は，$a(p+q)$ で求められる。

62 (1) 関数 $y=ax^2$ の x の変域が負の数から正の数にわたるとき，y は $x=0$ で，最大値 0 か最小値 0 になる。

★63 [放物線と直線の基本問題] ＜頻出

次の問いに答えなさい。

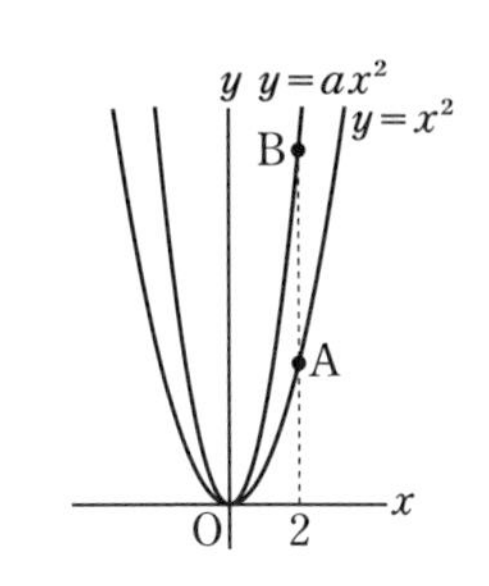

(1) 右の図のように，2つの関数 $y=x^2$，$y=ax^2$ $(a>1)$ のグラフ上の x 座標が2である点をそれぞれA，Bとする。AB=2となるときの a の値を求めよ。（栃木県）

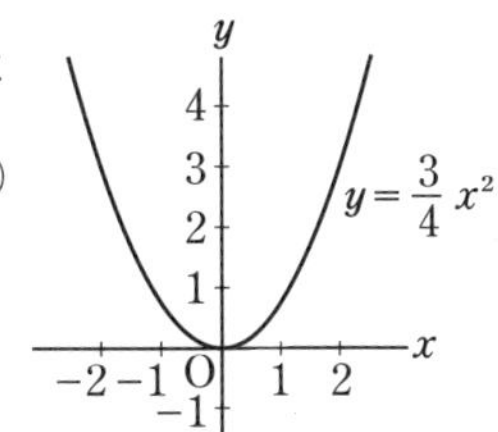

(2) 関数 $y=\frac{3}{4}x^2$ のグラフ上にあり，x 座標と y 座標とが等しくなる点の座標をすべて求めよ。（宮城県）

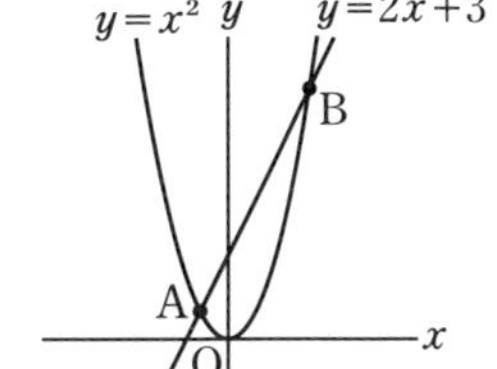

(3) 右の図のように，関数 $y=x^2$ のグラフと直線 $y=2x+3$ との交点をA，Bとする。原点をOとするとき，次の問いに答えよ。（千葉・和洋国府台女子高 改）

① 2点A，Bの座標を求めよ。

② △AOBの面積を求めよ。

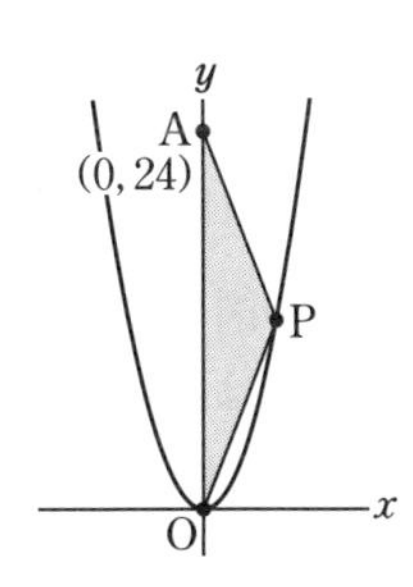

(4) 右の図のように，$y=3x^2$ のグラフ上に点Pをとり，点A(0, 24)，原点Oとでできる△PAOが，PA=POの二等辺三角形になるとき，△PAOの面積を求めよ。（滋賀県）

着眼

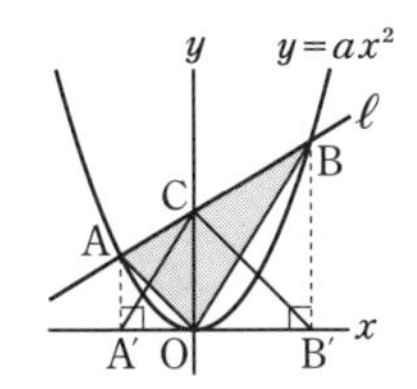

63 (3) 右の図において △AOB＝△A′CB′ である。

(4) 点PからOAに下ろした垂線は，OAの中点を通る。

★★64 [等積変形] <頻出

右の図で，O は原点，A，B，C は関数 $y=2x^2$ のグラフ上の点である。点 A，B，C の x 座標はそれぞれ -2，1，$\dfrac{5}{2}$ である。また，P は y 軸上の点で，その y 座標は正である。 （愛知県）

(1) 直線 AB の式を求めよ。

(2) △PAB の面積と △CAB の面積が等しくなるとき，点 P の座標を求めよ。

★★65 [最短経路] <頻出

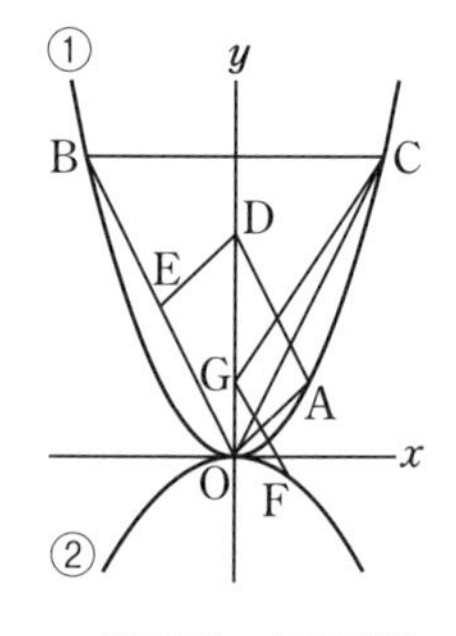

右の図において，曲線①は関数 $y=\dfrac{1}{2}x^2$ のグラフであり，曲線②は関数 $y=-\dfrac{1}{4}x^2$ のグラフである。

A，B，C は曲線①上の点で，点 A の x 座標は 2，点 B の x 座標は -4 であり，線分 BC は x 軸に平行である。

また，点 D は y 軸上の点で，その y 座標は正である。原点を O とするとき，点 E は線分 OB 上の点である。 （神奈川・小田原高）

(1) 四角形 OADE が平行四辺形であるとき，点 E の座標を求めよ。

(2) 点 F は曲線②上の点で，その x 座標は 2 である。y 軸上に点 G をとるとき，CG＋GF の長さが最も短くなるような点 G の座標を求めよ。

★★66 [放物線と x 軸に平行な直線]

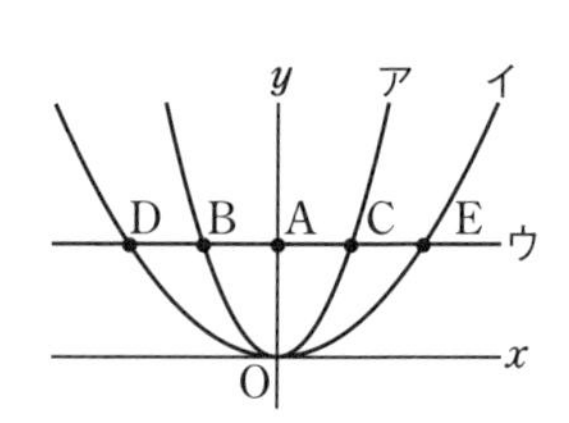

右の図において，曲線アは関数 $y=x^2$ のグラフで，曲線イは関数 $y=ax^2$ $(a>0)$ のグラフである。直線ウは，y 軸上の y 座標が正である点 A を通り，x 軸に平行な直線である。曲線アと直線ウとの 2 つの交点を x 座標が小さい方から順に B，C とする。曲線イと直線ウとの 2 つの交点を x 座標が小さい方から順に D，E とする。

座標の 1 目盛りを 1cm として，次の問いに答えなさい。 （茨城県）

(1) 点 A の y 座標が 2 のとき，△OCB の面積を求めよ。

(2) DE＝2BC のとき，a の値を求めよ。

★★67 [放物線と三角形] ＜頻出

次の問いに答えなさい。

(1) 放物線 $y=\frac{1}{2}x^2$ と直線 $y=x$ と直線 PQ とが，図のように交わっている。このとき，△OPQ の面積を求めよ。 (東京・中央大杉並高)

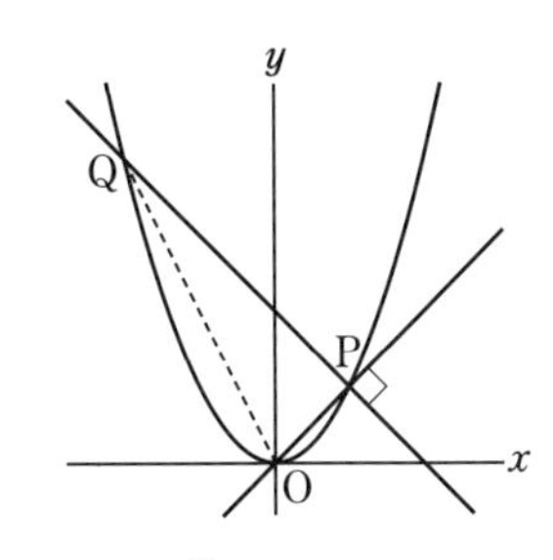

(2) 右の図のように，放物線 $y=x^2$ 上に x 座標がそれぞれ -1，2 である 2 点 A，B をとる。また，点 C は直線 AB と y 軸との交点で，点 D の座標が (4，0) であるとき，次の問いに答えよ。 (東京電機大高)

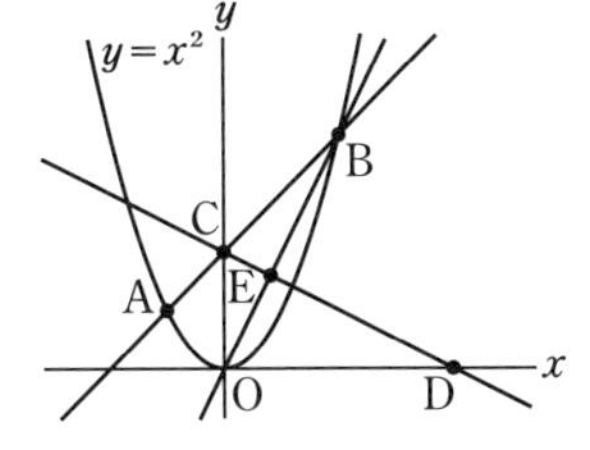

① 直線 AB の式を求めよ。

② 直線 OB と直線 CD との交点を E とする。E の座標を求めよ。

③ (△BCE の面積)：(△ODE の面積) を最も簡単な整数比で表せ。

(3) 放物線 $y=\frac{1}{2}x^2$ 上に点 A(-2，2) をとる。また，y 軸上に点 B(0，4) を，x 軸上に点 C(c，0) をとる。ただし，$c>0$ とする。このとき，次の問いに答えよ。 (東京・成蹊高)

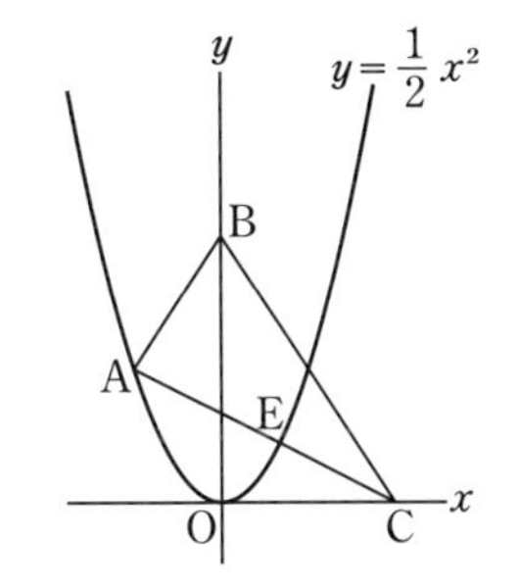

① 平面上に点 D をとり，四角形 BACD が平行四辺形になるようにする。その平行四辺形の対角線の交点が，放物線 $y=\frac{1}{2}x^2$ 上にあるときの，点 D の座標を求めよ。

② $c=2$ のとき

㋐ 直線 AC と放物線 $y=\frac{1}{2}x^2$ との A 以外の交点 E の座標を求めよ。

難▶ ㋑ 点 E を通り，△ABC の面積を 2 等分する直線の式を求めよ。

★★68 [放物線と正方形] <頻出

(1) 正方形 OABC は対角線 OB を y 軸上の線分として，頂点 A，C は放物線 $y=ax^2$ 上にある。また，四角形 OABC の面積は 32cm^2 である。ただし，座標の 1 目盛りは 1cm とする。 (城北埼玉高)

① a の値を求めよ。

② 直線 BC と放物線の交点のうち，C でないものを D とするとき，点 D の座標を求めよ。

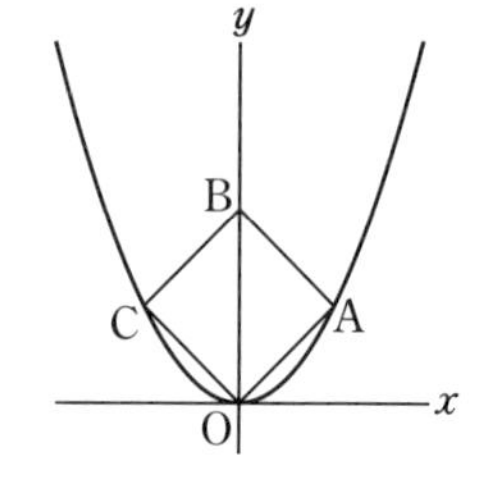

(2) 右の図で，点 A，C は，$y=\dfrac{1}{3}x^2$ のグラフ上の点である。四角形 ABCD は正方形であり，辺 CD は y 軸と点 P で垂直に交わる。

CP：PD＝1：2 であるとき，点 A の座標を求めよ。 (東京・中央大杉並高)

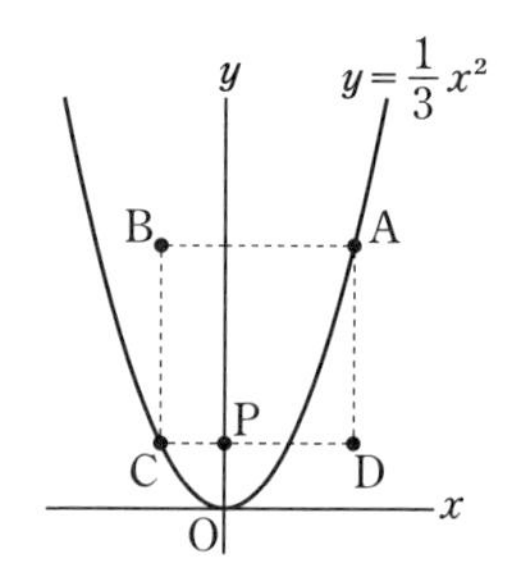

(3) 関数 $y=2x^2$，関数 $y=\dfrac{1}{2}x^2$ のグラフ上に，4 点 A，B，C，D を右の図のようにとり，四角形 ACDB が正方形となるようにする。ただし，AB は x 軸に平行である。

座標軸の単位の長さを 1cm とするとき，正方形 ACDB の面積を求めよ。 (東京・筑波大附高)

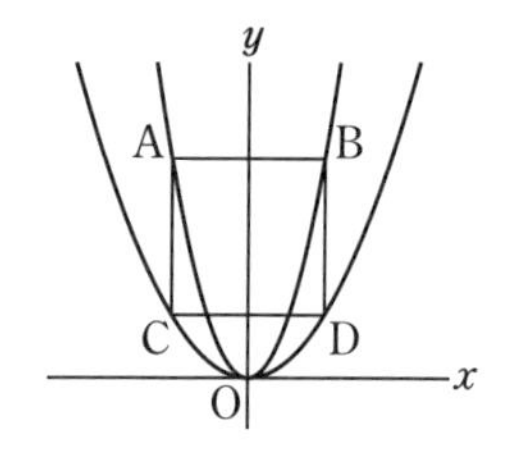

(4) 右の図において，放物線 $y=\dfrac{1}{2}x^2$ 上の x 座標が -2，4 である点を P，Q とする。また，点 P を通り，傾き $-\dfrac{1}{2}$ の直線を ℓ とする。このとき，線分 PQ 上に点 A をとり，点 A から y 軸に平行に引いた直線と直線 ℓ の交点を B，点 B から x 軸に平行に引いた直線と放物線との交点を C として，正方形 ABCD をつくる。次の問いに答えよ。 (千葉・市川高)

① 直線 PQ の方程式を求めよ。

② 点 C の座標を求めよ。

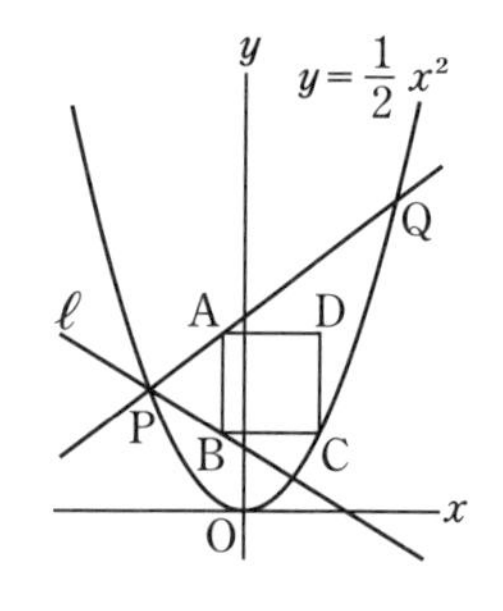

★★69 [放物線と台形・平行四辺形] <頻出

次の問いに答えなさい。

(1) 右の図のように，y 軸上の点 P(0, 16) を通って x 軸に平行な直線と放物線 $y=x^2$ との交点のうち，x 座標が正のものを Q とする。

このとき，点 Q の座標を求めよ。

また，放物線上に 2 点 A, B をとり，四角形 PABQ を平行四辺形となるようにつくる。原点 O を通り，この平行四辺形の面積を 2 等分する直線の式を求めよ。

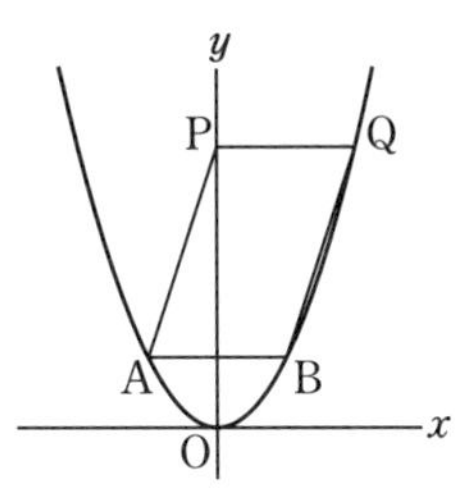

(埼玉県)

(2) 右の図のように，放物線 $y=\frac{1}{2}x^2$ と 2 直線 $y=x$ および $y=x+4$ との交点をそれぞれ O, A, B, C とする。このとき，次の問いに答えよ。

(東京・郁文館高)

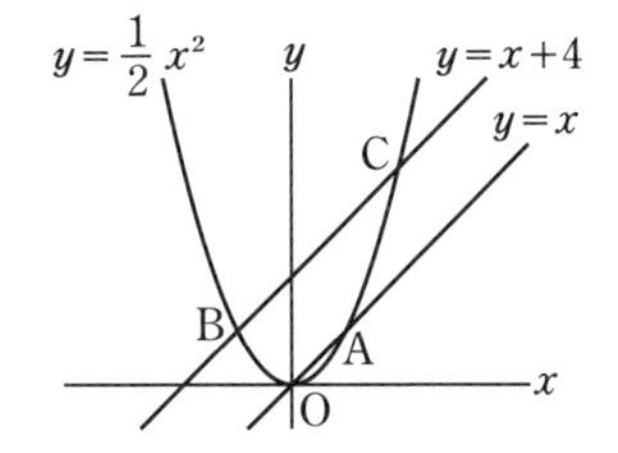

① 点 B の座標を求めよ。

② 点 A を通り直線 OC に平行な直線と，$y=x+4$ との交点の座標を求めよ。

③ 点 B を通り，四角形 OACB の面積を 2 等分する直線の式を求めよ。

(3) 右の図のように，放物線 $y=ax^2$ と直線 $y=bx+3$ が 2 点 A, B で交わり，A, B の x 座標はそれぞれ -6, 2 である。線分 AB 上に A, B とは異なる点 P をとり，B に関して P と対称な点を Q とする。また，P, Q を通り y 軸に平行な直線と放物線との交点をそれぞれ R, S とする。

(東京・桐朋高)

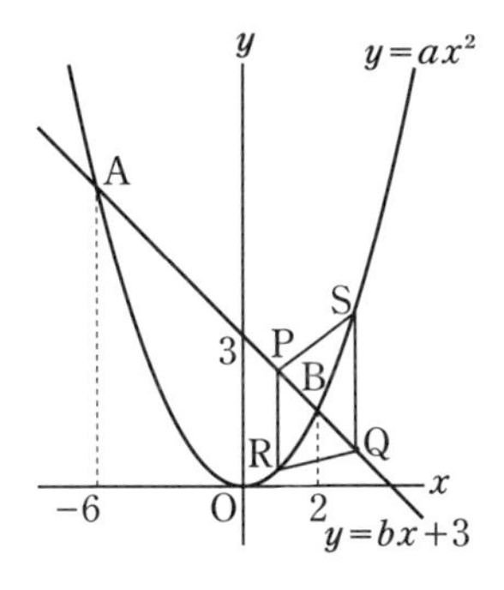

① a, b の値を求めよ。

② 点 P の x 座標を t とする。

㋐ 点 Q の座標を t を用いて表せ。

㋑ 四角形 PRQS の面積が 12 となるときの t の値を求めよ。

着眼

69 (1) 平行四辺形の性質より AB＝PQ　放物線は y 軸に関して対称な図形であるから，線分 AB の中点が y 軸上にある。また，平行四辺形は点対称な図形であるから，対角線の交点を通る直線で面積は 2 等分される。

★★★70 [格子点]

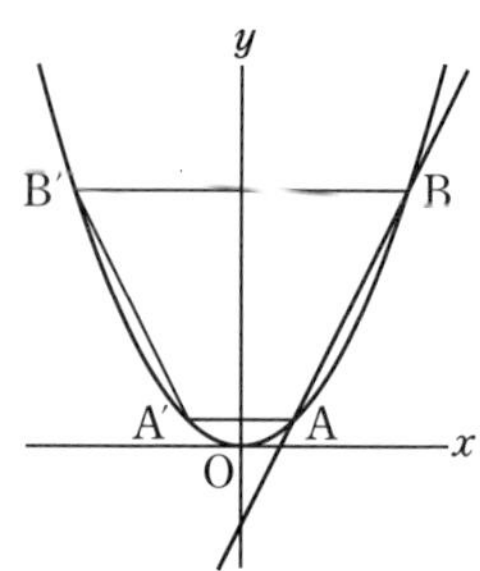

右の図のように，放物線 $y=\frac{1}{4}x^2$ と直線 $y=m(x-2)+1$（m は正の整数）が 2 点 A，B で交わっている。また，y 軸に関して A，B と対称な点をそれぞれ A′，B′ とする。□に適当な数や式を入れなさい。

（大阪星光学院高）

(1) 線分 BB′ の長さを m の式で表すと［ア］となり，台形 B′A′AB の面積 S を m の式で表すと，$S=$［イ］となる。

(2) $S=64$ のとき，台形 B′A′AB の内部または周上に格子点は［ウ］個ある。格子点とは，x 座標も y 座標も整数である点のことである。

★★71 [回転体の体積]

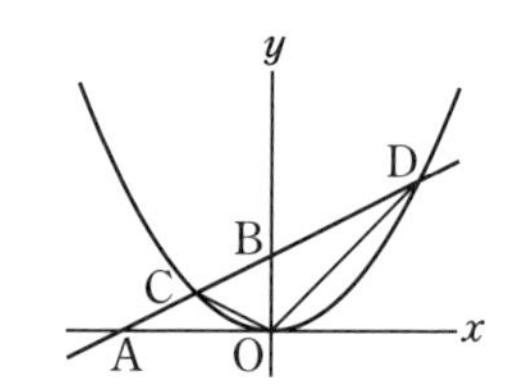

右の図のように，直線 $y=\frac{1}{2}x+2$ が x 軸，y 軸とそれぞれ点 A，B で交わり，放物線 $y=ax^2$ と点 C，D で交わっている。点 C は線分 AB の中点である。円周率を π として，次の問いに答えなさい。

（広島・修道高）

(1) a の値を求めよ。

(2) △OBC を x 軸を軸として 1 回転させてできる立体の体積を求めよ。

(3) 点 D の座標を求めよ。

★★★72 [放物線と動点]

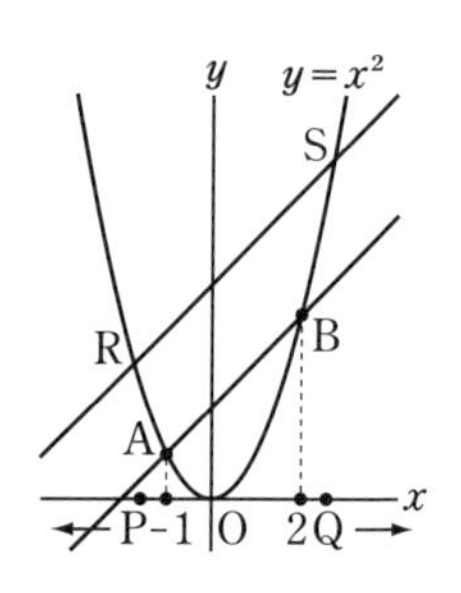

関数 $y=x^2$ のグラフ上の 2 点 A，B の x 座標はそれぞれ -1，2 である。点 P は点 $(-1,\ 0)$ を，点 Q は点 $(2,\ 0)$ を同時に出発し，ともに毎秒 1cm の速さで，x 軸上を図の矢印の向きにそれぞれ動く。$y=x^2$ のグラフ上で，P，Q と x 座標が同じ点をそれぞれ R，S とする。次の問いに答えなさい。ただし，座標の 1 目盛りは 1cm とする。

（東京・筑波大附駒場高）

(1) 出発してから t 秒後の直線 RS の式を求めよ。

(2) △ABR の面積が 405cm^2 になるのは，出発してから何秒後か。

★★73 [放物線図形の面積]

放物線 $y=x^2$ と，2 点 $(a,\ a^2)$，$(-a,\ a^2)$ を結ぶ直線とで囲まれる部分(図 1 のかげの部分。ただし，$a>0$)の面積は $\frac{4}{3}a^3$ で求めることができる。このことを利用して図 2 のかげの部分の面積を求めなさい。

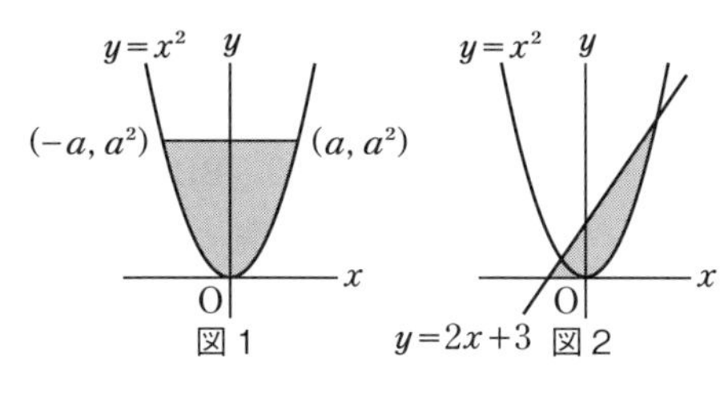

（神奈川・法政大女子高）

★★74 [放物線のグラフを読みとる]

右のグラフ 1 のように，放物線 $y=ax^2$，直線 $y=bx+c$ の交点を A，B とする。点 P が放物線上を点 A から点 B まで動くとき，点 P の x 座標と三角形 APB の面積 S の変化のようすを表したのがグラフ 2 である。　（東京・海城高）

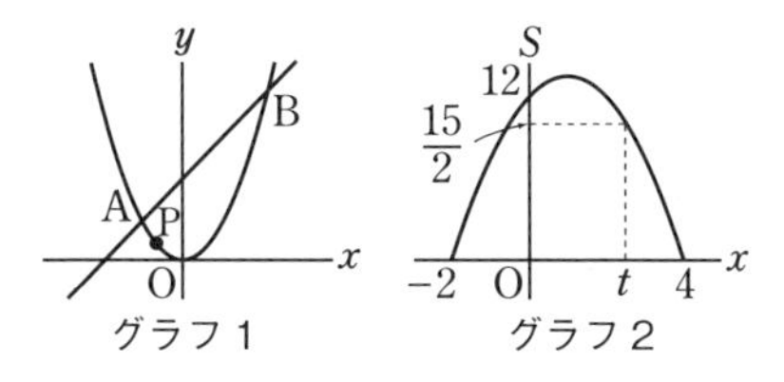

(1)　a，b，c の値を求めよ。

(2)　グラフ 2 の t の値を求めよ。ただし，$t>0$ とする。

★★75 [定数 a，m，n のとり得る値の範囲]

放物線 $y=ax^2$ と直線 $y=mx+n$ と 4 点 A(2，3)，B(2，-2)，C(-2，-3)，D(-3，1) がある。次の空欄をうめなさい。　（大阪星光学院高）

(1)　放物線 $y=ax^2$ が線分 AB，線分 CD の少なくとも一方と交わるとき，a の最大値は □ で，最小値は □ である。

(2)　直線 $y=mx+n$ が線分 AB，線分 CD の両方と交わるとき，m の最大値は □ で，最小値は □ である。

(3)　直線 $y=mx+n$ が線分 AB，線分 CD の両方と交わるとき，$-2m+n$ の最大値は □ で，最小値は □ である。

着眼

75 (3)　$-2m+n$ の最大値，最小値は m と n の最大値どうし，最小値どうしを代入しても得られないことに注意する。

★★★ 76 [放物線と直線が文字設定の問題]

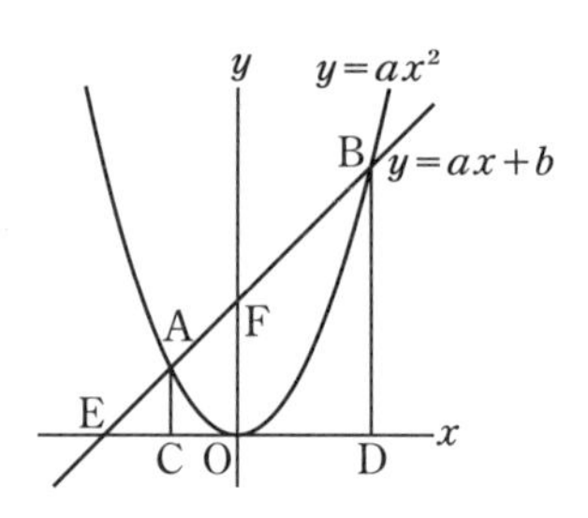

a, b は正の定数とする。放物線 $y=ax^2$ と直線 $y=ax+b$ が 2 点 A, B で交わっている。A, B から x 軸にそれぞれ垂線 AC, BD を下ろす。また, 直線 $y=ax+b$ と x 軸, y 軸との交点をそれぞれ E, F とする。AC：BD＝1：9 のとき, 次の問いに答えなさい。 (奈良・東大寺学園高)

(1) OC：OD を求めよ。

(2) $\dfrac{b}{a}$ の値を求めよ。

(3) 面積比 △OAB：△OEF を求めよ。

★★★ 77 [面積を 2 等分する問題]

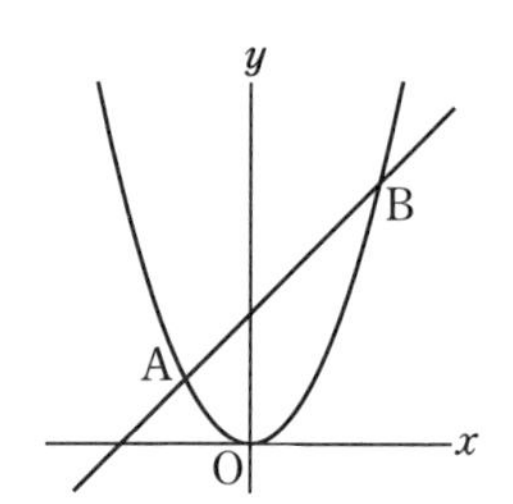

放物線 $y=x^2$ と直線 $y=x+6$ が右の図のように 2 点 A, B で交わっている。点 A を通り傾きが -3 の直線とこの放物線との交点のうち A でない方を C とする。次の問いに答えなさい。 (兵庫・灘高)

(1) 3 点 A, B, C の座標をそれぞれ求めよ。

(2) 直線 BC の式を求めよ。

難 (3) 直線 $y=-x+6k$ が △ABC の面積を 2 等分するとき, k の値を求めよ。

★★★ 78 [放物線の接線がある問題]

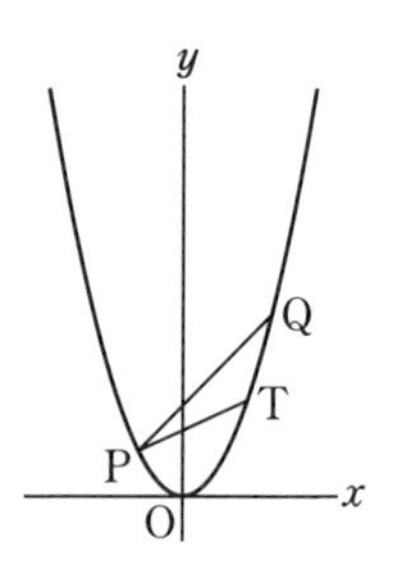

図のように, 関数 $y=ax^2$ のグラフ上に 3 点 P, T, Q があり, それぞれの x 座標は -2, t, 6 である。ただし, $a>0$, $-2<t<6$ である。次の問いに答えなさい。

(東京・開成高)

(1) 直線 PQ の傾きを a を用いて表せ。

(2) △PTQ の面積 S を a, t を用いて表せ。ただし, 結果は因数分解した形で示せ。

(3) 関数 $y=ax^2$ のグラフと直線 $y=2atx-at^2$ とは, 1 点のみを共有する。その点の座標を求めよ。

(4) t が $-2<t<6$ を満たしながら変化するとき, △PTQ の面積 S の最大値を a を用いて表せ。

★★79 [放物線と双曲線]

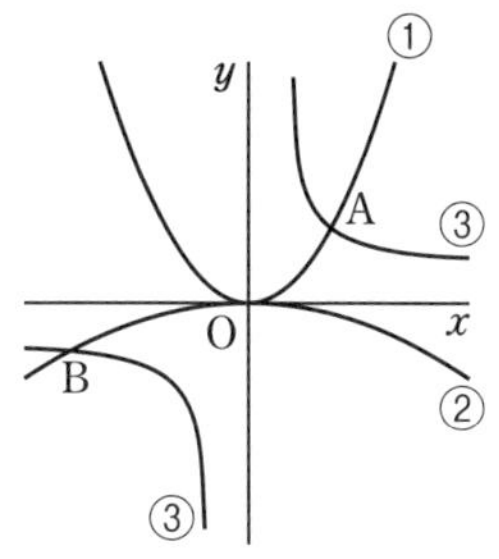

右の図において①，②，③はそれぞれ放物線 $y=ax^2\,(a>0)$，$y=bx^2\,(b<0)$，双曲線 $y=\dfrac{4}{x}$ を表す。①と③の交点 A の x 座標は 2 で，②と③の交点 B の x 座標は -4 である。次の問いに答えなさい。

（大阪教育大附高池田）

(1) a，b の値をそれぞれ求めよ。

(2) 放物線①上に x 座標が負である点 P をとる。△APB の面積が △OAB の面積と等しくなるように点 P の x 座標を定めよ。

(3) 直線 AB に平行な直線と双曲線③が 2 点 C，D で交わり，点 D の x 座標は 4 である。四角形 ABCD の面積は △OAB の面積の何倍であるかを求めよ。

★★80 [動点問題①三角形の辺上を動く 2 点] <頻出

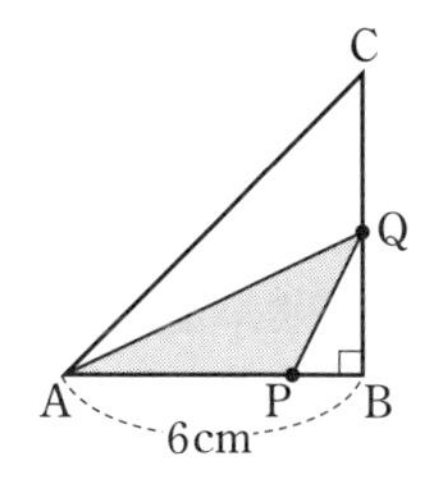

AB＝BC＝6cm の直角二等辺三角形がある。いま，動点 P は A を出発し，毎秒 3cm の速さで辺上を，A→B→C の順に進み，C に到着後停止する。また動点 Q は点 P と同時に B を出発し，毎秒 2cm の速さで辺上を，B→C に向かって進み，C に到着後停止する。2 点 P，Q が出発して x 秒後の △APQ の面積を $y\,\mathrm{cm}^2$ とするとき，次の問いに答えなさい。

（東京・青山学院高）

(1) 辺 AC と辺 PQ が平行になるのは 2 点 P，Q が出発してから何秒後か求めよ。また，そのときの △APQ の面積を求めよ。

(2) 点 P が出発してから停止するまでの y と x の関係を表すグラフを右の図にかき入れよ。

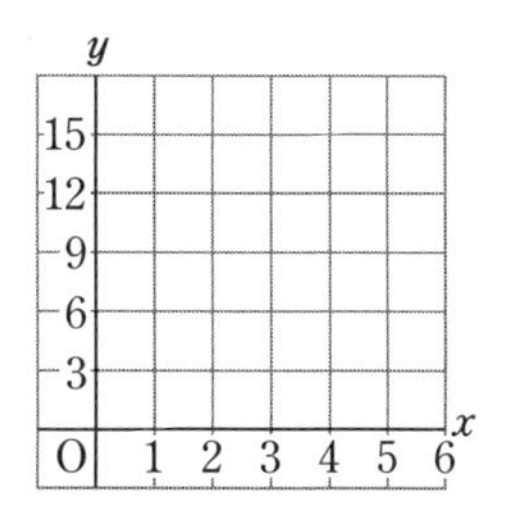

(3) △APQ の面積が △ABC の面積の $\dfrac{1}{3}$ になるのは 2 点 P，Q が出発してから何秒後か求めよ。

★★81 [動点問題②長方形の辺上を動く3点]

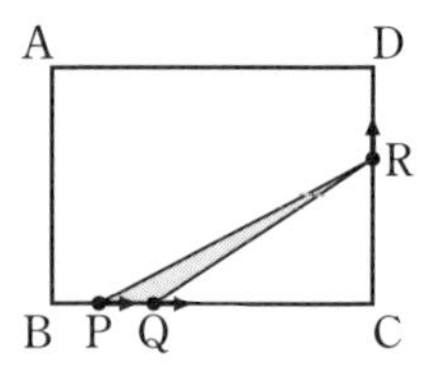

右の図のように，縦 20cm，横 30cm の長方形 ABCD の辺上を動く3点 P，Q，R がある。点 P の速さは毎秒 2cm，点 Q の速さは毎秒 3cm，点 R の速さは毎秒 5cm で，点 P と点 Q は頂点 B から頂点 C まで動き，点 R は頂点 C から頂点 D を通って頂点 A まで動く。いま，3点 P，Q，R が同時に出発し，x 秒後の △PQR の面積を y cm² とするとき，次の問いに答えなさい。

（東京・郁文館高）

(1) 点 R が辺 CD 上にあるとき，y を x の式で表せ。

(2) 点 R が辺 DA 上にあるとき，点 Q が点 C に到着するまでの y を x の式で表せ。

(3) 点 Q が点 C に到着したあと，点 P が点 C に到着するまでの y を x の式で表せ。

(4) $y=60$ となるときの x の値をすべて求めよ。

★★82 [動く図形①正方形と直角三角形の重なる図形] 頻出

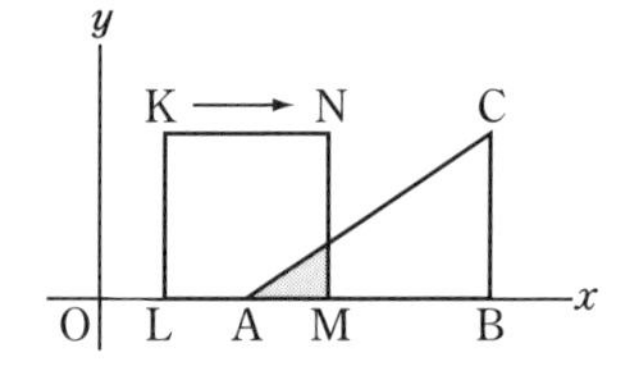

右の図のように3点 A(2，0)，B(6，0)，C(6，2) を頂点とする固定された △ABC がある。また，図の正方形 KLMN は1辺の長さが 2 で，辺 LM は x 軸上にある。

いま，正方形 KLMN を点 L が原点 O にある位置から，毎秒 1 の速さで x 軸にそって右の方向に移動させる。t 秒後の正方形 KLMN と △ABC の重なった部分の面積を s とするとき，次の問いに答えなさい。ただし(3)，(4)は途中経過も記しなさい。

（東京・國學院大久我山高）

(1) $0 \leqq t \leqq 2$ のとき，s を t の式で表せ。

(2) $2 \leqq t \leqq 4$ のとき，s を t の式で表せ。

(3) $4 \leqq t \leqq 6$ のとき，s を t の式で表せ。

(4) $s=\dfrac{7}{4}$ となる t の値を求めよ。

着眼

82 重なった部分の図形は，(1)直角三角形　(2)高さが一定の台形　(3)下底が一定の台形である。

★★83 [動く図形②重なり部分が特殊な図形]

図1のように，図形アとイが直線ℓ上に並んでいる。図形イを固定し，図形アを図1の状態から矢印の方向に動かし，図4の状態になるまで移動させる。図2，図3は，その途中のようすを表したものである。

図形アを図1の状態から$x$cm移動させたとき，図形アとイが重なってできた図形の面積を$y$cm^{2}とする。

次の問いに答えなさい。 (岐阜県)

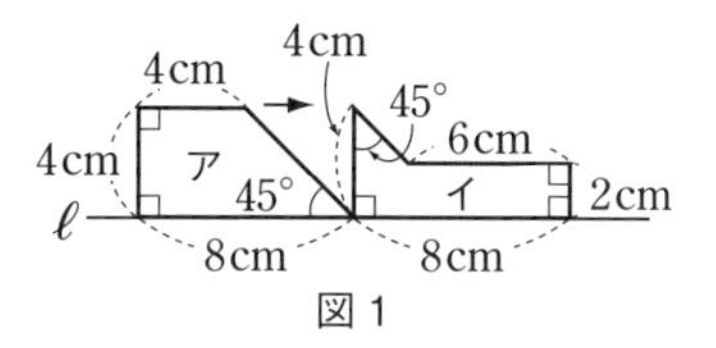

図1

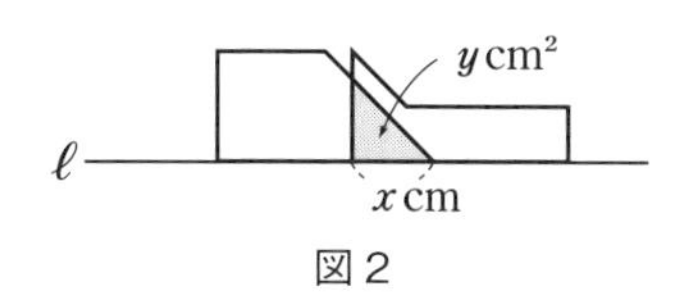

図2

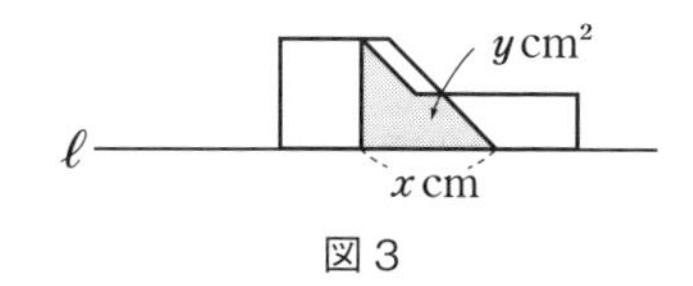

図3

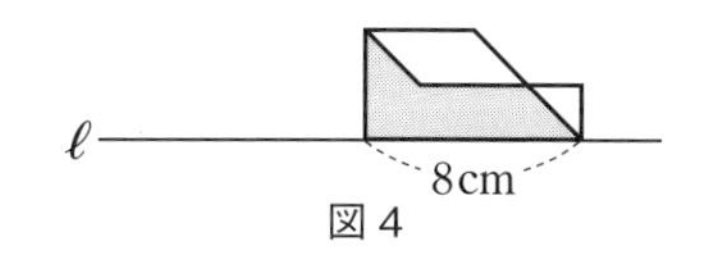

図4

(1) $x=2$のとき，yの値を求めよ。

(2) xの変域を次の㋐，㋑とするとき，xとyとの関係を式で表せ。

㋐ $0 \leqq x \leqq 4$のとき

㋑ $4 \leqq x \leqq 8$のとき

(3) xとyとの関係を表すグラフを右下の図にかけ。$(0 \leqq x \leqq 8)$

(4) 図形アとイが重なってできた図形の面積が，図形イの面積の半分になるのは，図形アを図1の状態から何cm移動させたときかを求めよ。

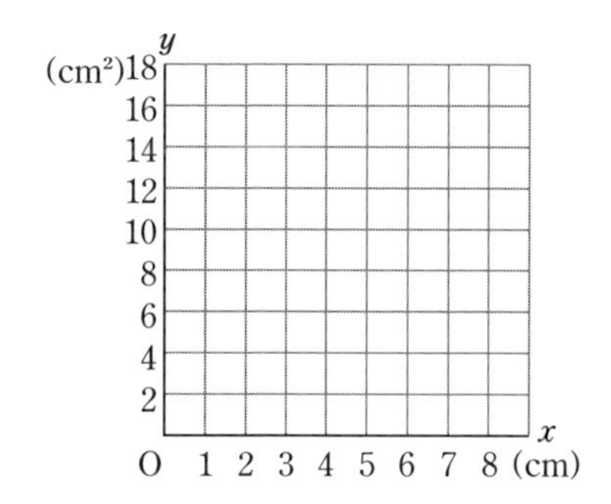

着眼

83 重なってできた図形は直角二等辺三角形と平行四辺形に分割できる形である。

第5回 実力テスト

時間 45 分
合格点 70 点

得点 ／100

解答 別冊 p. 65

1 y が x の2乗に比例する4つの関数ア～エについて書かれた次の説明を読み，あとの問いに答えなさい。

（京都・立命館高）（(1)各6点×4 (2)完答5点）

関数ア：この関数のグラフと，方程式 $x=4$ のグラフの交点の座標は $(4,\ 24)$ である。

関数イ：x の値が -1 から2まで増加するときの変化の割合は負の値で，この関数のグラフ上の3点O，B，Cを頂点とする三角形の面積は4である。ただし，3点O，B，Cの x 座標はそれぞれ0，-1，2である。

関数ウ：x の変域を $-2 \leqq x \leqq 3$ としたときの y の最小値を m とし，x の変域を $-9 \leqq x \leqq -5$ としたときの y の最大値を M としたとき，$m-M$ が12である。

関数エ：x がある値 d から3まで増加したときの変化の割合が2で，-3 から d まで増加したときの変化の割合が -2 である。

(1) 関数ア～エのそれぞれについて，y を x の式で表せ。

(2) 右のグラフ①～④のそれぞれは関数ア～エのグラフのいずれかの概形を表しているものとする。このとき，関数ア～エのグラフは①～④のいずれなのか，それぞれ番号で答えよ。

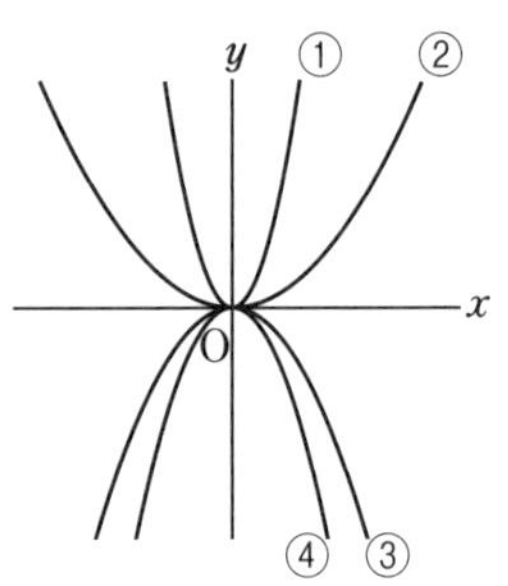

2 右の図で点Oは原点，2点A，Cは放物線 $y=x^2$ 上の点であり，四角形OABCは平行四辺形である。また，辺BCの中点Dは y 軸上にある。点Cの座標が $(-2,\ 4)$ のとき，次の問いに答えなさい。

（東京・郁文館高）（各6点×3）

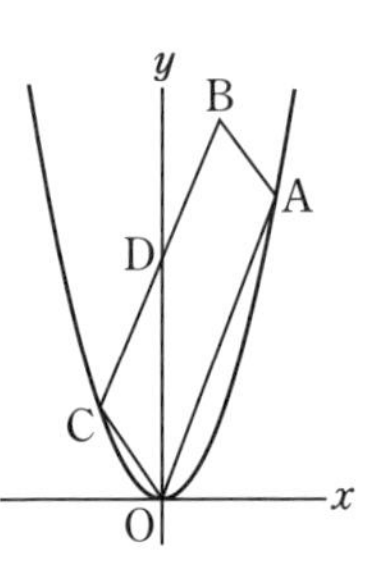

(1) 点Bの座標を求めよ。

(2) 平行四辺形OABCの面積を求めよ。

(3) 点Dを通る直線と辺OAとの交点をEとする。四角形OEDCと四角形ABDEの面積比が2：1であるとき，直線DEの式を求めよ。

3 放物線 $y=ax^2$ 上に2点A，Bがあり，それぞれの x 座標は，-1，2 である。また，直線ABの傾きは $\frac{1}{4}$ である。このとき，次の問いに答えなさい。

(東京・中央大附高)　(各6点×4)

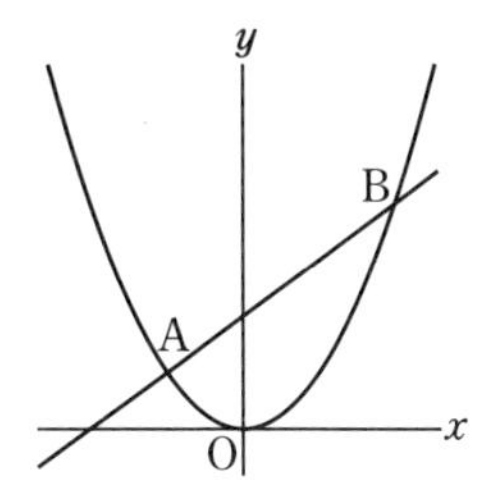

(1) a の値を求めよ。

(2) 直線ABの式を求めよ。

(3) 三角形OABの面積を求めよ。

(4) 放物線 $y=ax^2$ 上に点Cをとったところ，三角形OACの面積が三角形OABの面積の $\frac{1}{3}$ 倍となった。点Cの座標を求めよ。

4 右の図のように，直線 $y=-x+12$ が放物線 $y=x^2$，x 軸とそれぞれ点A，Bで交わっている。ただし，点Aの x 座標は正であるとする。放物線 $y=x^2$ 上の原点Oと点Aの間に点P，x 軸上に点QとR，直線 $y=-x+12$ 上に点Sをとり，四角形PQRSが長方形になるようにする。点Pの x 座標を a として，次の問いに答えなさい。

(東京・成蹊高)　((1)各3点×2，(2)6点)

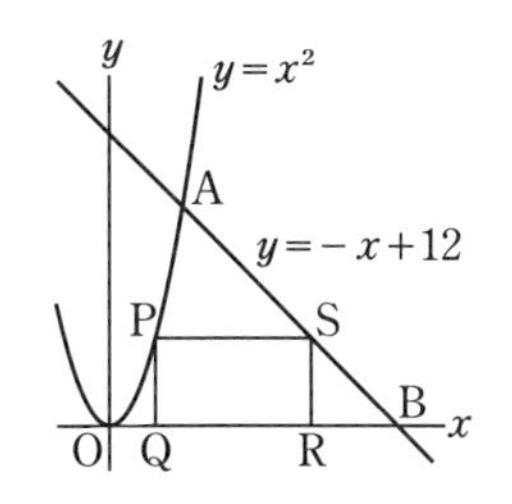

(1) 点A，Bの座標をそれぞれ求めよ。

(2) △AQRの面積が△AORの面積の $\frac{1}{2}$ になるときの a の値を求めよ。

5 右下の図のように，直角をはさむ2辺の長さが4cmである直角二等辺三角形を2つ合わせた図形ABCDECAがある。いま，斜辺の長さが8cmである直角二等辺三角形PQRを直線 ℓ にそって，矢印の方向に毎秒1cmの速さで動かしていく。点Rが点Bに重なってから x 秒後の△PQRと図形ABCDECAの重なった部分の面積を y cm²とする。

(兵庫・白陵高)　((1)完答10点　(2)完答7点)

(1) y を x で表せ。

(2) $y=5$ のときの x の値を求めよ。

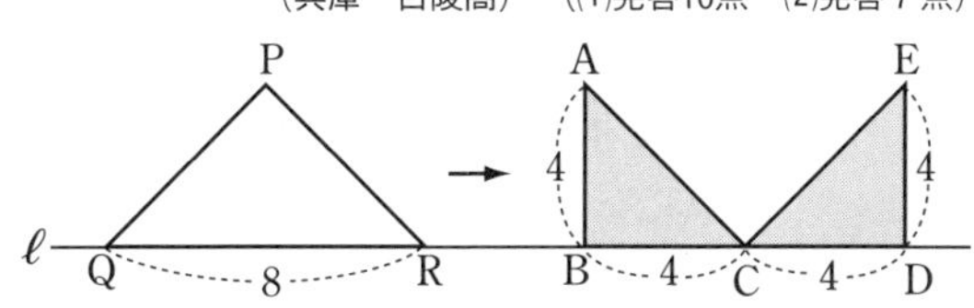

6 相似な図形

解答 別冊 p. 68

★★84 [相似な図形]

下の図ア～エのような形の窓枠を，一定の幅の木でつくった。次の問いに答えなさい。ただし，図は必ずしも正確ではない。 (東京・お茶の水女子大附高)

ア 円

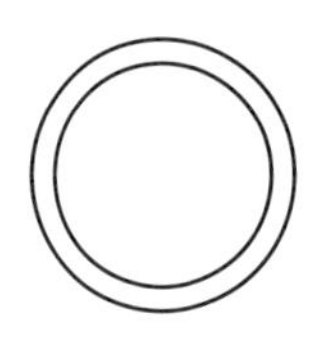

イ 長方形

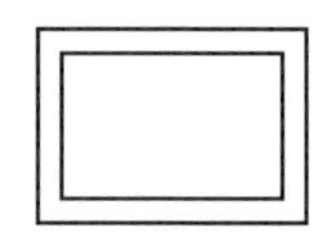

ウ 正方形

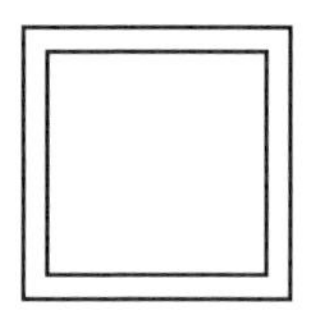

エ ACを対称軸とした線対称な四角形

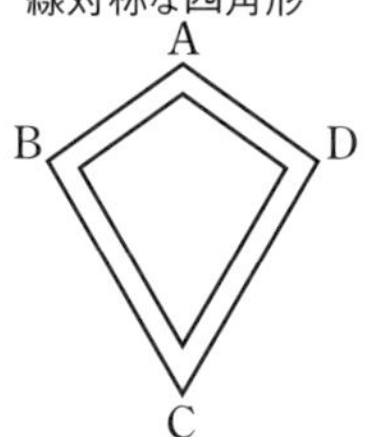

(1) 窓枠の外周と内周の形が相似になるものの記号を答えよ。

(2) 右の図にアの窓枠の外周がかいてある。これに指定された幅(－)で窓枠の内周を作図せよ。なお，作図に使った線を残しておくこと。

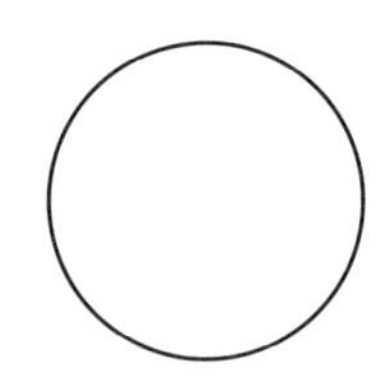

★85 [相似の証明①]

右の図のような1辺の長さが30cmの正三角形OABにおいて，辺OA上に点C，辺OB上に点Dをとる。線分CDを折り目として△OCDを折り返すと，頂点Oは辺AB上の点Eと重なる。OC＝21cm，BE＝6cmのとき，次の問いに答えなさい。 (沖縄県)

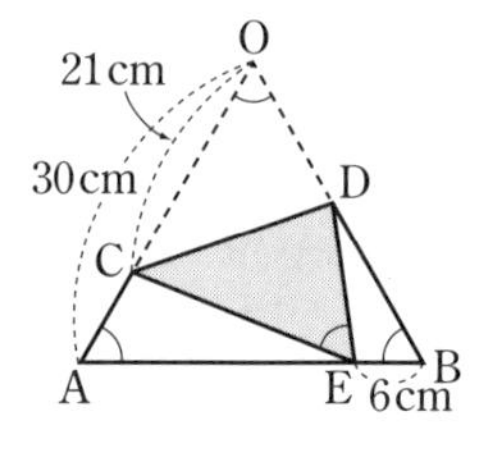

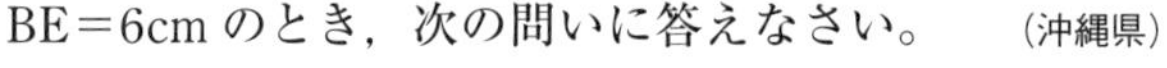

(1) △AEC∽△BDEであることを次のように証明した。

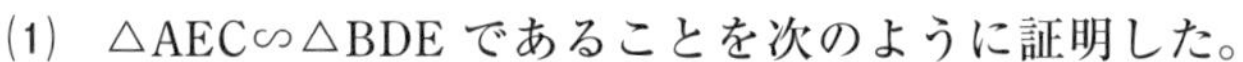

□をうめて証明を完成せよ。

(証明) △AECと△BDEにおいて ∠CAE＝∠EBD（条件） …①

△AECにおいて，∠AECの外角は他の2つの内角の和に等しいので ∠CEB＝[ア]＋∠ECA

また，∠CEB＝∠CED＋∠DEBであり，

[ア]＝∠CEDであるから ∠ECA＝[イ] …②

①，②より三角形の相似条件「[ウ]」が成り立つ。したがって，△AEC∽△BDEである。

(2) 線分DEの長さを求めよ。

★★86 [相似の証明②] 頻出

(1) 右の図のように，△ABC の 2 点 A，C から辺 BC，AB にそれぞれ垂線 AD，CE を引く。AD，CE の交点を F とするとき，△ABD∽△CFD であることを証明せよ。 (栃木県)

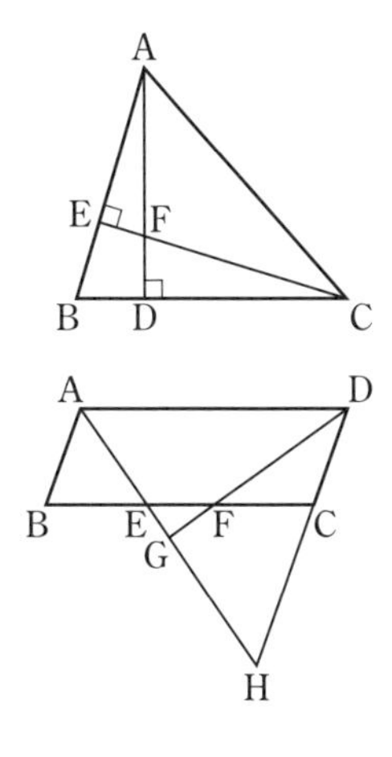

(2) 右の図のような平行四辺形 ABCD がある。∠A の二等分線と辺 BC との交点を E，∠D の二等分線と辺 BC との交点を F，∠A の二等分線と ∠D の二等分線との交点を G とする。また，DC の延長と ∠A の二等分線との交点を H とする。

このとき，△GFE∽△GDH であることを証明せよ。 (茨城県)

★87 [相似な図形の辺の長さ] 頻出

(1) 右の図のように，△ABC の辺 AB，AC 上にそれぞれ点 D，E があり，線分 DE と辺 BC は平行である。AC＝9cm，AE＝6cm，BC＝12cm，DE＝$x$cm のとき，x＝□ である。□ にあてはまる数を入れよ。 (長崎県)

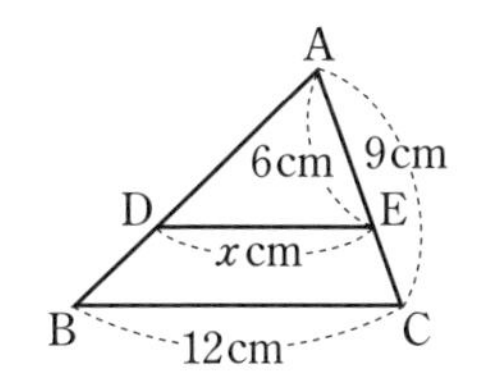

(2) 右の △ABC で，辺 AC，BC 上にそれぞれ点 D，E をとる。∠BAD＝∠CED のとき，EC の長さを求めよ。 (青森県)

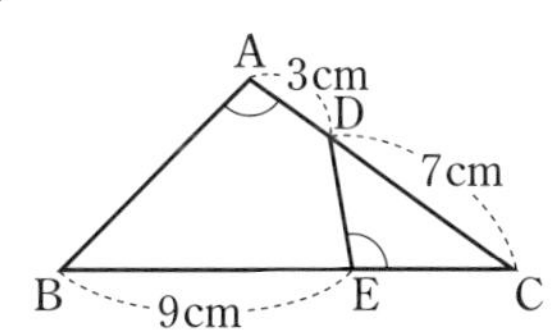

(3) 右の図において，AB∥DC∥FE のとき，EF の長さを求めよ。 (東京・芝浦工大高)

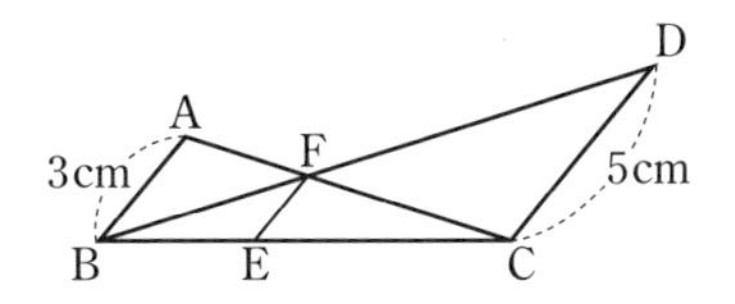

着眼

87 相似な図形の辺の長さには右のような比例関係がある。

〔1〕

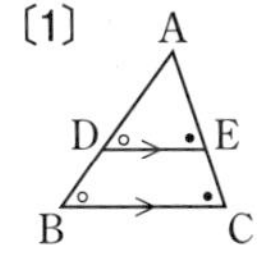

$\frac{AD}{AB}=\frac{AE}{AC}=\frac{DE}{BC}$

$\frac{AD}{DB}=\frac{AE}{EC}$

〔2〕

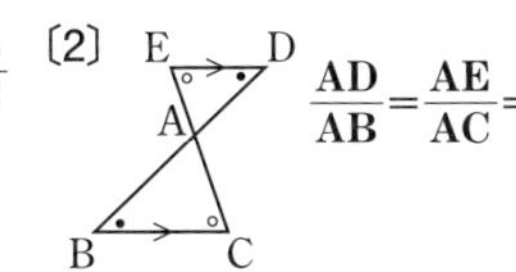

$\frac{AD}{AB}=\frac{AE}{AC}=\frac{DE}{BC}$

★88 [平行四辺形と三角形の相似] <頻出

次の問いに答えなさい。

(1) 右の図の四角形 ABCD は平行四辺形である。辺 CD 上に CE：ED＝1：2 となる点 E をとる。対角線 BD と AE との交点を F とするとき，AF：FE を求めよ。 (群馬県)

(2) 右の図のような平行四辺形 ABCD があり，辺 BC 上に点 E をとり，線分 AE と線分 BD との交点を F とする。

また，辺 BC 上に点 G を AB∥FG となるようにとる。

AD＝6cm，BE＝4cm のとき，線分 EG の長さを求めよ。 (神奈川県)

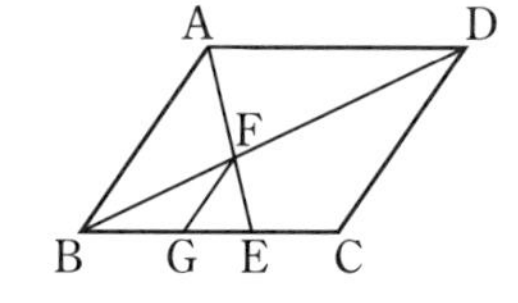

(3) 右の図の平行四辺形 ABCD の辺 AB 上に，点 E を AE：EB＝3：2 となるようにとる。

AC と DE との交点を F，AC と BD との交点を G とする。このとき，AC の長さは FG の長さの何倍になるか。 (国立高専)

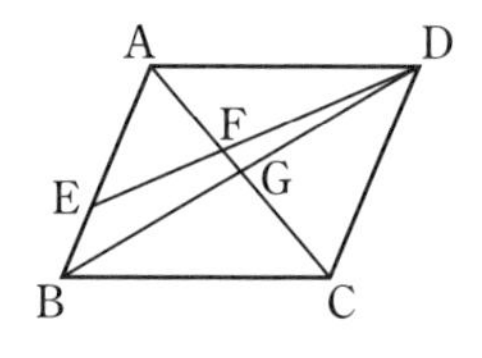

(4) 右の図の平行四辺形 ABCD は，AB＝6cm，AD＝10cm，∠B＝60° である。辺 AB の中点を E，辺 BC を 3：2 の比に分ける点を F とし，線分 DE と線分 AF の交点を P とするとき，次の問いに答えよ。 (東京電機大高)

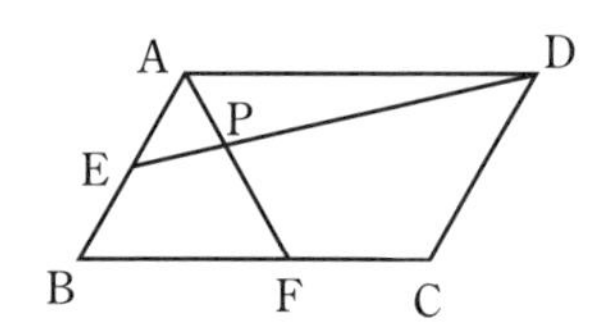

① AF の長さを求めよ。

② EP：PD を最も簡単な整数の比で表せ。

着眼

88 (1)(2)(3) 平行四辺形内にできる三角形の相似図形は「**砂時計型**」「**蝶々型**」「**平行内接型**」が主で，線分の比はこれらの相似比を利用する。また，円とともに頻出する「**反転内接型**」 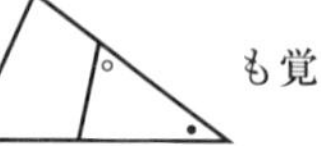 も覚えておくとよい。

(4) AF と DC の延長線を引いて平行四辺形の外側に相似な三角形をつくる。

★★89 [文字置きする相似の問題]

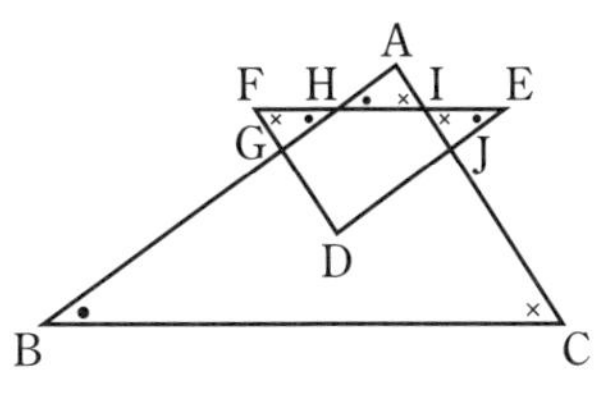

AB＝5, BC＝6, CA＝4 の △ABC がある。△ABC と △DEF は相似で，AB：DE＝2：1 である。いま，右の図のように △ABC と △DEF を FE∥BC となるように重ねる。AB と DF，EF の交点をそれぞれ G，H とし，AC と EF，DE の交点をそれぞれ I，J とする。HI＝2 であるとき，次の □ をうめなさい。

（茨城・土浦日本大高）

(1) AH＝$\frac{\boxed{ア}}{\boxed{イ}}$，AI＝$\frac{\boxed{ウ}}{\boxed{エ}}$ である。

(2) FH＝x とおくとき，HG＝$\frac{\boxed{オ}}{\boxed{カ}}x$，IJ＝$\frac{\boxed{キ}-\boxed{ク}x}{\boxed{ケ}}$ である。

(3) HI と GJ が平行になるのは，FH＝$\frac{\boxed{コ}}{\boxed{サ}}$ のときである。

★★90 [相似の利用]

次の問いに答えなさい。

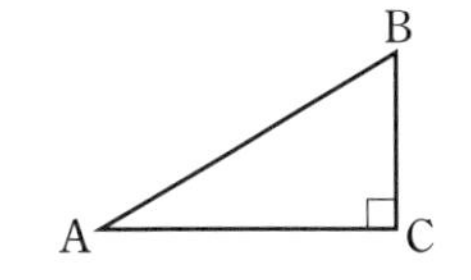

(1) 右の図で，△ABC は，AB＝4cm，BC＝2cm，CA＝$2\sqrt{3}$cm の直角三角形である。△ABC を辺 AB を軸として1回転させたときにできる立体の体積は何cm^3か。（東京・戸山高）

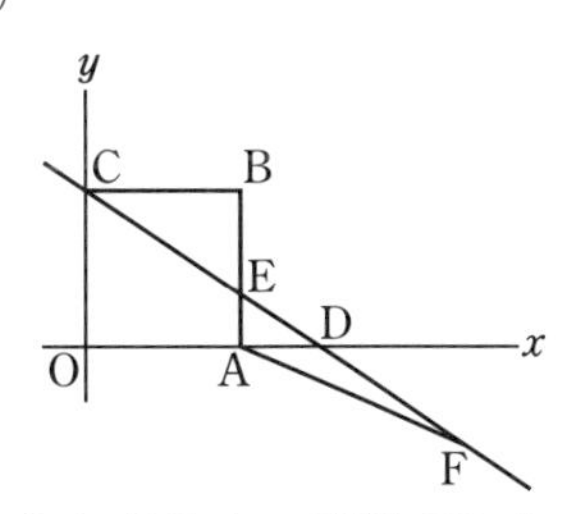

(2) 右の図で四角形 OABC は正方形で A(x, 0)，D(18, 0) である。直線 CD と辺 AB の交点を E とする。△BCE の面積が △ADE の面積より 36 大きいとき，次の問いに答えよ。（東京・慶應女子高）

難▶① x の値を求めよ。

② 直線 CD の式を求めよ。

③ △AEF の面積と △BCE の面積が等しくなるような点 F を，直線 CD 上にとる。点 F の座標を求めよ。ただし，点 F の y 座標は負とする。

着眼

89 △ABC∽△DEF∽△AHI∽△GHF∽△JEI（2 角相等）である。

(3) HI∥GJ になるのは，△AHI∽△AGJ となるときである。

90 (2) ① △ADE∽△ODC を利用して，AE を x を用いて表し，△BCE と △ADE の面積を x で表す。

☆☆91 ［黄金比］

⑴　1辺の長さが2の正五角形ABCDEにおいて，対角線AC，BEの交点をFとし，AC$=x$とおくと，xはx^2-［ア］$x-$［イ］$=0$を満たす。

これより，$x=$［ウ］$+\sqrt{［エ］}$となる。

［　］に適切な数を入れよ。　（神奈川・桐蔭学園高）

⑵　図のような△ABCにおいて$\dfrac{BC}{AB}$の値を求めよ。

（兵庫・灘高）

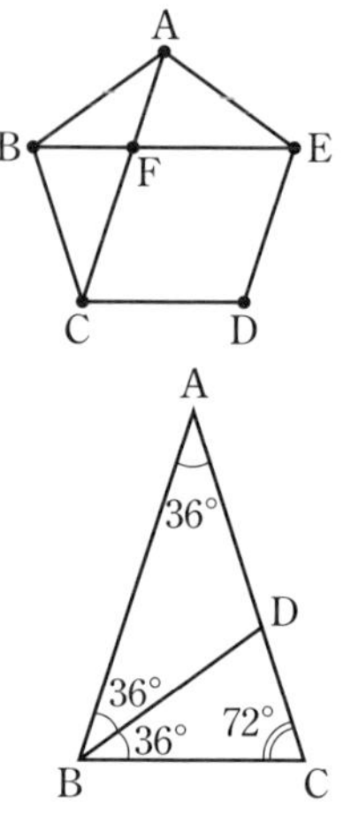

☆☆92 ［角の二等分線の性質］

⑴　AB＝9cm，BC＝7cm，CA＝6cmの△ABCがある。∠Aと∠Bの二等分線の交点をIとし，直線AIと辺BCとの交点をDとする。AI：IDを求めよ。

（福岡・久留米大附設高）

⑵　AB＝AC＝8，BC＝5の二等辺三角形ABCがある。∠ABCの二等分線とACとの交点をDとする。BD＝DEとなるようにBCの延長線上に点Eをとる。BCとAFが平行となるようにBDの延長線上にFをとる。次の問いに答えよ。　（京都・同志社高）

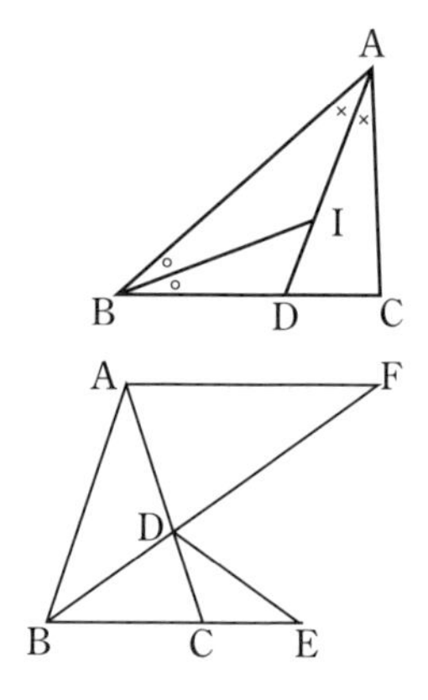

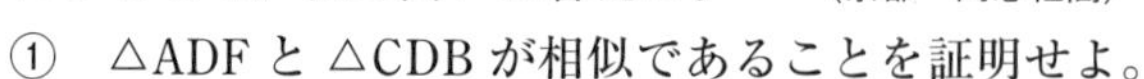

①　△ADFと△CDBが相似であることを証明せよ。

②　AC：CDの比を求めよ。

③　CEの長さを求めよ。

着眼

92 ⑵　③ ∠DCB＝2∠DBCに着目する。

☆☆93 [中点連結定理] <頻出

(1) 右の図で四角形 ABCD は平行四辺形である。辺 DA を延長した直線上に DA＝AE となる点 E をとり，点 E から直線 CD に垂線を引き，直線 CD との交点を F とする。さらに，AB と EF の交点を G とする。このとき，BE＝BF であることを証明せよ。 (佐賀県)

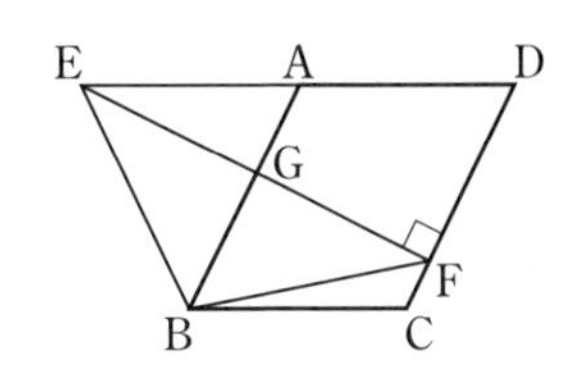

(2) AB＞AC である △ABC がある。辺 AB 上の点を D とし，∠A の二等分線と線分 CD の交点を E，点 E を通って辺 AB に平行な直線が辺 BC と交わる点を F とする。∠AEC＝90° のとき，次の問いに答えよ。 (京都・同志社高 改)

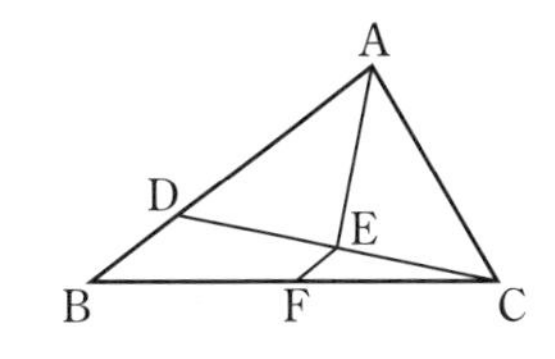

① 点 F は辺 BC の中点であることを証明せよ。

② AB＝10，AC＝8 のとき，線分 EF の長さを求めよ。

(3) 右の図のように，∠C＝90° の四角形 ABCD がある。この四角形の辺 AB，BC，CD，DA の中点をそれぞれ P，Q，R，S とし，四角形 PQRS をつくる。また，線分 RS と線分 BD との交点を E とし，点 E と点 P，Q をそれぞれ結ぶ。 (高知県)

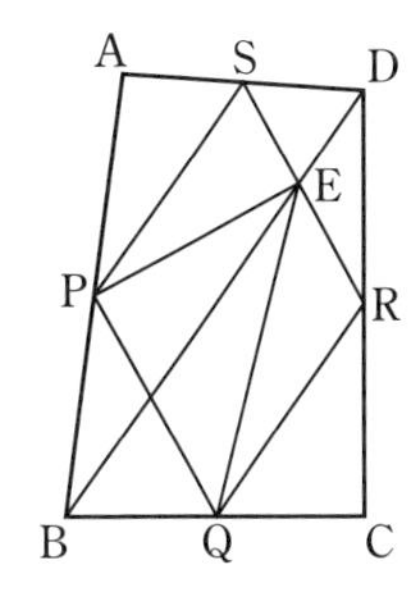

① 四角形 PQRS が平行四辺形であることを証明したい。証明の続きを書いて，証明を完成させよ。

> 【証明】
> △ABD において，
> 点 P，S はそれぞれ AB，AD の中点なので，中点連結定理から
> PS∥BD，PS＝$\frac{1}{2}$BD
> △CBD においても同様にして
>
> ゆえに，四角形 PQRS は平行四辺形である。

② AD＝4cm，BC＝5cm，CD＝7cm で，点 P と点 R を結ぶ線分 PR が線分 BC に平行となるとき，△EPQ の面積を求めよ。

★94 [平行線と線分の比] <頻出

次の問いに答えなさい。

(1) 右の図で，$\ell /\!/ m$ のとき，x の値を求めよ。 （栃木県）

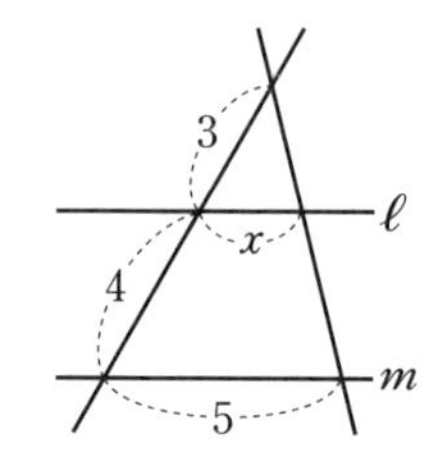

(2) 右の図で，$\ell /\!/ m$，$\ell /\!/ n$ のとき，x の値を求めよ。 （和歌山県）

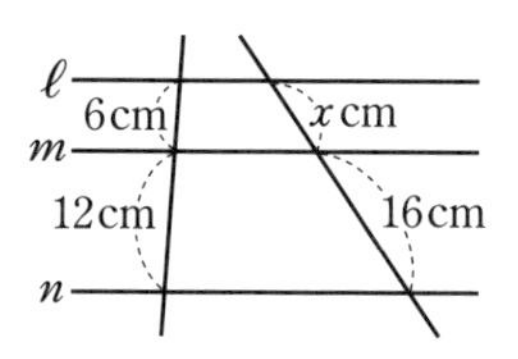

(3) 右の図で，$\ell /\!/ m$，$\ell /\!/ n$ のとき，x の値を求めよ。 （東京・駒澤大高）

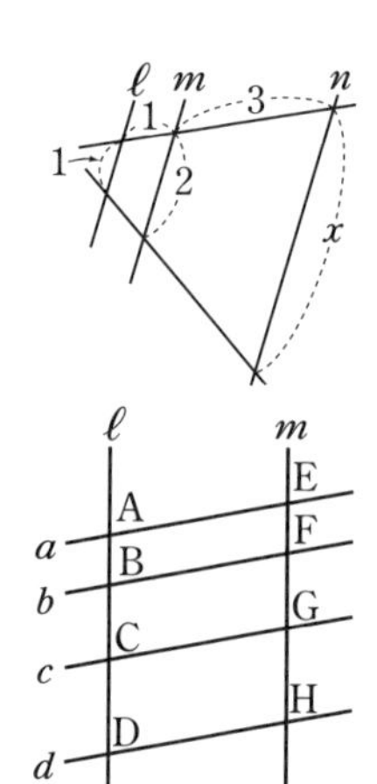

(4) 右の図のように，4つの平行な直線 a，b，c，d が2つの平行な直線 ℓ，m と交わっている。直線 a，b，c，d と直線 ℓ との交点をそれぞれ A，B，C，D，直線 a，b，c，d と直線 m との交点をそれぞれ E，F，G，H とする。

AB：BC＝2：3，FG：GH＝4：5，AC＝10cm のとき，GH の長さは何 cm か。 （東京・白鷗高）

★95 [台形の辺の長さ] <頻出

右の図の台形 ABCD において，AD：BC＝1：3，AP：PB＝2：3，AD$/\!/$PQ$/\!/$BC である。PQ＝15cm のとき，辺 BC の長さを求めなさい。 （広島・修道高）

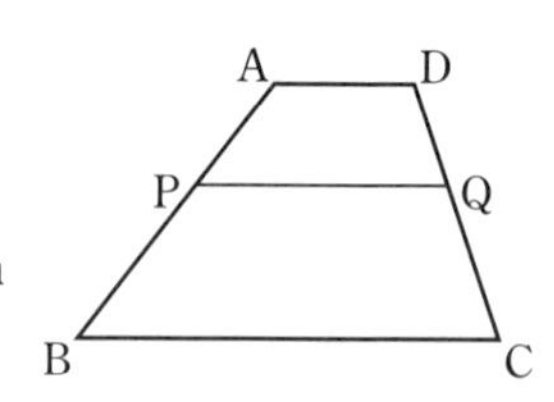

★★96 [三角形と面積比①線分比から面積比へ] ＜頻出

次の問いに答えなさい。

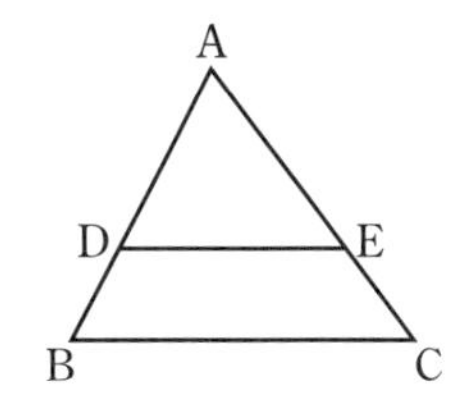

(1)　△ABC において，DE∥BC，AD：DB＝2：1 である。

△ADE の面積が 4 のとき，△ABC の面積 S を求めよ。　（東京・専修大附高）

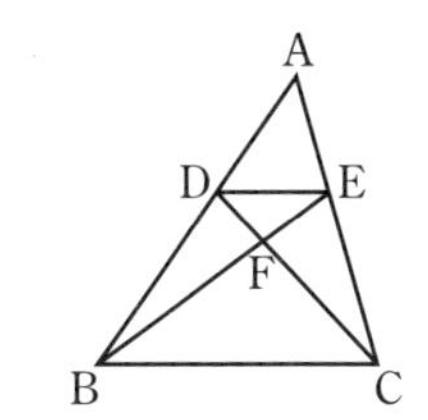

(2)　右の図の △ABC において，AD：DB＝2：3，

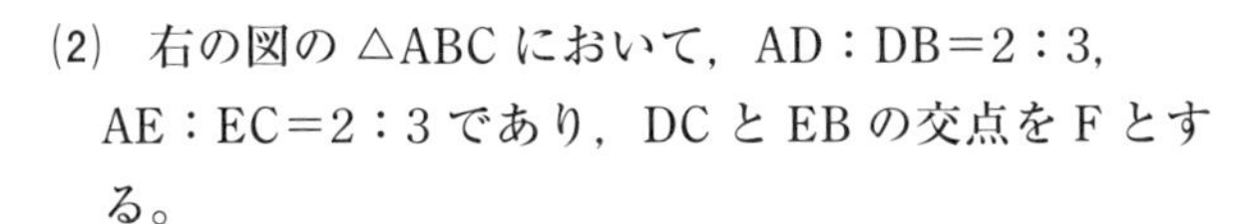

AE：EC＝2：3 であり，DC と EB の交点を F とする。

このとき，次の問いに答えよ。　（東京・法政大高）

①　BC：DE を最も簡単な整数の比で求めよ。

②　△ABC：△DEF を最も簡単な整数の比で求めよ。

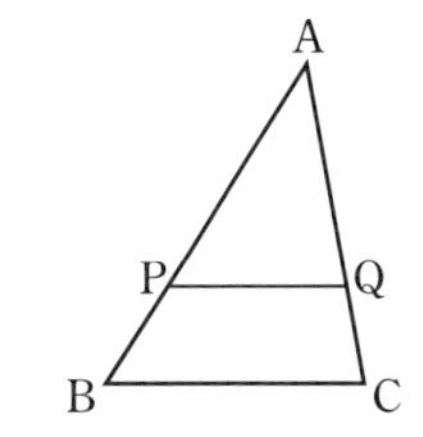

(3)　右の図のように，AB＝3cm の △ABC がある。辺 AB 上の点 P を通って底辺 BC に平行な直線を引き，辺 AC との交点を Q とする。△APQ の面積が △ABC の面積の $\frac{1}{2}$ となるとき，AP＝□cm である。

□にあてはまる数を入れよ。　（東京・明治大付明治高）

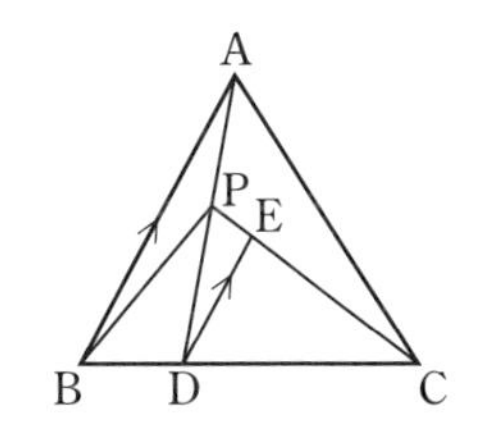

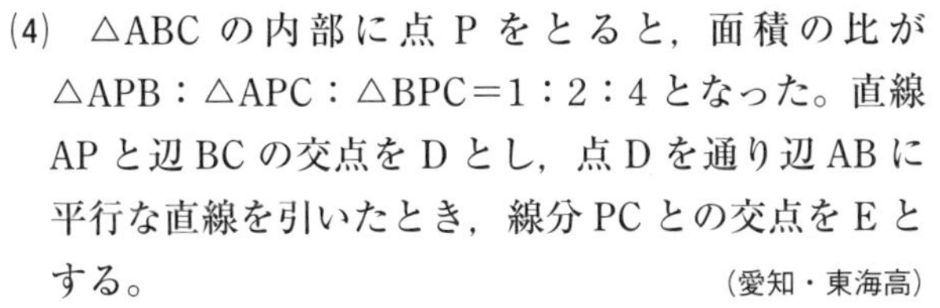

(4)　△ABC の内部に点 P をとると，面積の比が △APB：△APC：△BPC＝1：2：4 となった。直線 AP と辺 BC の交点を D とし，点 D を通り辺 AB に平行な直線を引いたとき，線分 PC との交点を E とする。　（愛知・東海高）

①　AD：PD を最も簡単な整数の比で求めよ。

難▶②　△PDE の面積は △ABC の面積の何倍であるか求めよ。

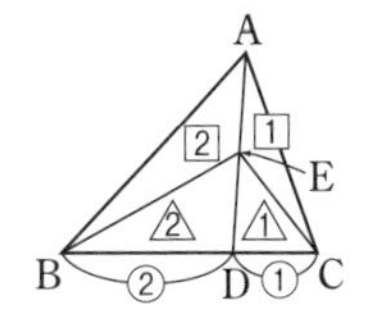

96 (1)　相似な三角形の相似比（線分比）が $a：b$ のとき，その面積比は $a^2：b^2$ である。

(3)　相似な三角形の面積比が $a：b$ のとき，その相似比（線分比）は $\sqrt{a}：\sqrt{b}$ である。

(4)　右の図において，BD：DC＝2：1 のとき，
△ABE：△ACE＝△BDE：△CDE＝2：1 である。

★★97 [三角形と面積比②線分比を対辺に移す] <頻出

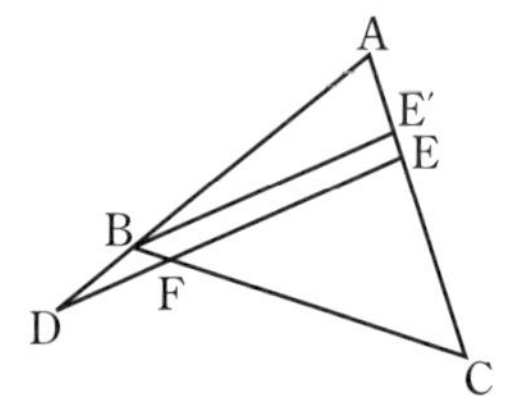

右の図のように，△ABC の辺 AB の延長上に AB：BD＝3：1 となる点 D をとり，辺 AC 上に AE：EC＝1：2 となる点 E をとる。DE と BC の交点を F とするとき，次の □ を最も簡単な整数の比となるようにうめなさい。 （茨城・土浦日本大高）

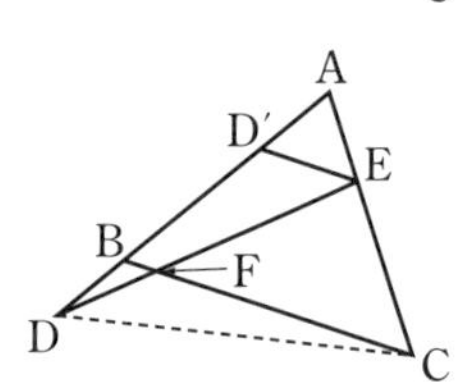

(1) 点 B を通り，DE に平行な直線が AC と交わる点を E′ とすると AE：E′E＝[ア]：[イ]
E′E：EC＝[ウ]：[エ]だから
BF：FC＝[ウ]：[エ]である。

(2) 点 E を通り，BC に平行な直線が AB と交わる点を D′ とすると，BD′：D′A＝[オ]：[カ]，DF：FE＝[キ]：[ク]である。

(3) △DBF と △EFC の面積の比は[ケ]：[コ]である。

★★98 [三角形と面積比③メネラウス型とチェバ型図形]

(1) 右の図で，OC：CA＝1：2，OD：DB＝1：3 である。AE：ED を最も簡単な整数の比で表せ。

（高知・土佐高 改）

(2) 右の図で，△GAB，△GBC，△GCA の面積比が 3：4：6 のとき，次の問いに答えよ。（東京・成城学園高）

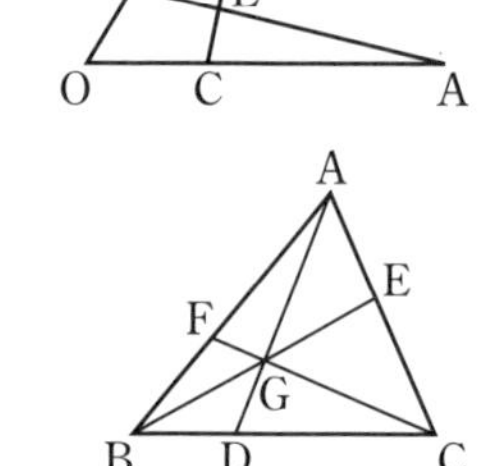

① AF：FB を最も簡単な整数の比で表せ。

② △AFG＝18(cm^2) のとき，△ABC の面積を求めよ。

(3) 右の図のように，AB＝6cm，AC＝8cm，∠A＝90° の △ABC がある。点 D，E はそれぞれ辺 AB，AC 上の点であり，AD：DB＝1：2，AE：EC＝1：1 を満たす。線分 BE と線分 CD の交点を F，線分 AF と線分 DE の交点を G，線分 AF の延長と辺 BC の交点を H とする。

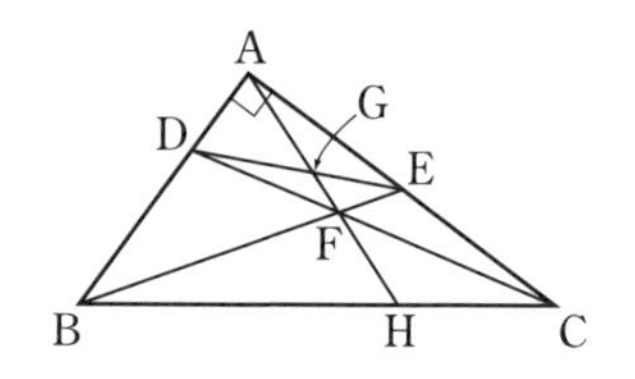

（神奈川・法政大女子高 改）

① △ADF の面積と△AEF の面積の比を，最も簡単な整数の比で表せ。

② △DEF の面積を求めよ。

③ △BCF の面積を求めよ。

④ AG：GF：FH を最も簡単な整数の比で表せ。

★★99 [平行四辺形と面積比] <頻出

次の問いに答えなさい。

(1) ▱ABCD において，辺 CD の中点を E として，AC と BE の交点を F とする。△AFE：▱ABCD を最も簡単な整数の比で表せ。 (埼玉・立教新座高)

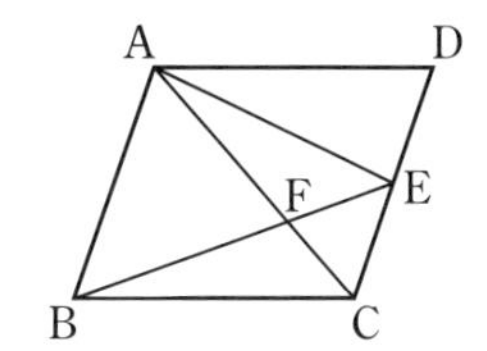

(2) 右の図で，四角形 ABCD は平行四辺形で，E，F はそれぞれ辺 AD，BC の中点である。

図のかげの部分の面積の和は，平行四辺形 ABCD の面積の何倍か求めよ。 (愛知県)

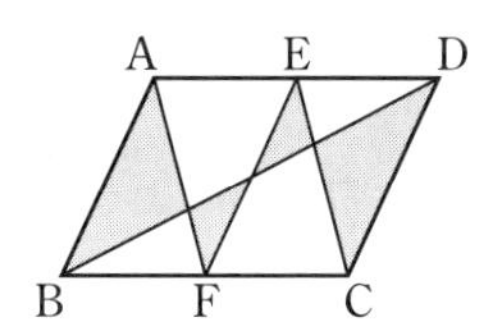

(3) 平行四辺形 ABFE において，AD：BC＝2：3，BC＝DE とする。また，図のように AC と BD の交点を Q，DF と CE の交点を R とし，QR の延長と AB，EF との交点をそれぞれ M，N とする。 (兵庫県)

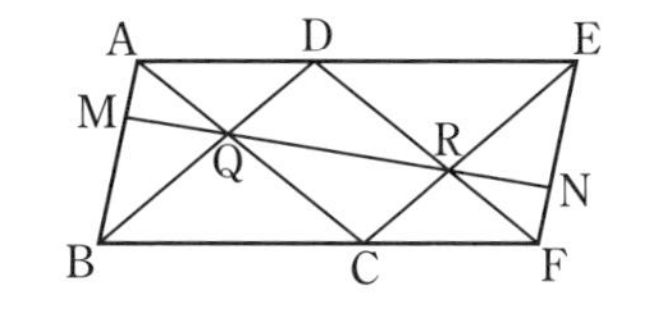

① AQ と QC の比を最も簡単な整数の比で表せ。

② 平行四辺形 ABFE の面積は，△ABQ の面積の何倍か，求めよ。

③ AM と MB の比を最も簡単な整数の比で表せ。

(4) 平行四辺形 ABCD があり，辺 AD 上に AE：ED＝1：2 となる点 E をとる。線分 BE と AC の交点を P，線分 BD と AC，EC の交点をそれぞれ M，Q とするとき，次の問いに答えよ。 (大阪教育大附高池田)

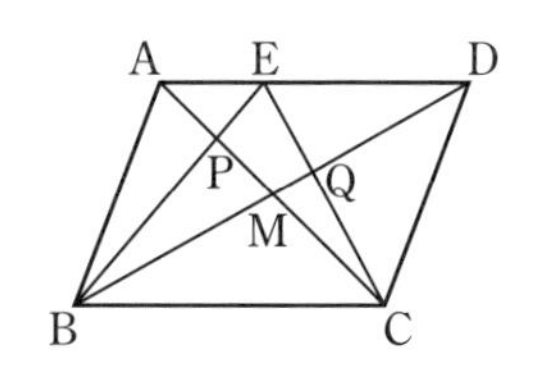

① AP＝PM であることを証明せよ。

② △PBM の面積を a とするとき，△QMC の面積を a を用いて表せ。

着眼

99 (1) △FAB∽△FCE より，AF:CF を求める。

(2) かげの部分は EF の左右で同じ面積になる。

(4) ② △QMC と △CDM の面積の比を求める。

★100 [台形と面積比] <頻出

⑴ 右の図のような，AD∥BC の台形 ABCD がある。点 A を通り辺 DC に平行な直線と，点 C を通り対角線 DB に平行な直線との交点を E とし，点 E と点 B を結ぶ。

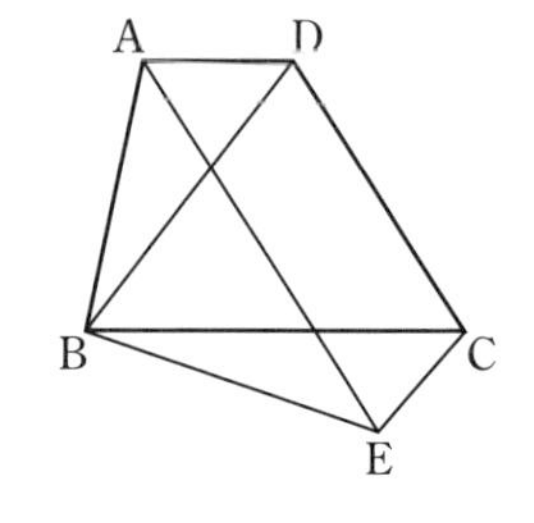

線分 BC の長さが線分 AD の長さの $\frac{5}{2}$ 倍であるとき，四角形 BECD の面積は △ABD の面積の何倍か求めよ。

(香川県)

⑵ 右の図のように，AD∥BC，AD＝8cm，BC＝12cm の四角形 ABCD がある。対角線 AC，BD の交点を E，線分 DE の中点を F とし，線分 BE 上に BG：GE＝1：2 となる点 G をとり，A と G を結ぶ。また，線分 CF を延長し，辺 AD との交点を H とする。次の問いに答えよ。

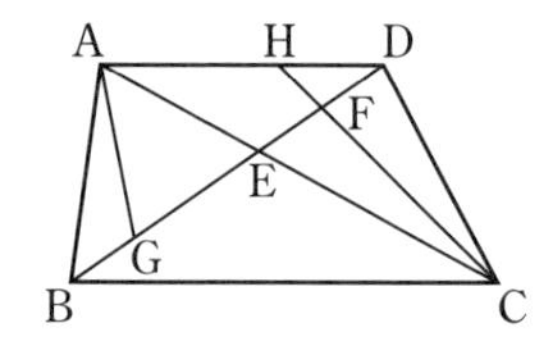

(和歌山・向陽高)

① △FDH∽△FBC であることを証明せよ。

② AC＝15cm のとき，線分 AE の長さを求めよ。

③ △AGE と △CFE の面積の比を求め，最も簡単な整数の比で表せ。ただし，答えを求めるまでの過程も書け。

⑶ 図のような台形 ABCD において，線分 FG は対角線 AC，BD の交点 E を通り，辺 AD と辺 BC に平行である。辺 AD，辺 BC の長さはそれぞれ 4cm，6cm であり，台形 ABCD の面積は 25cm^2 とする。このとき，次の問いに答えよ。

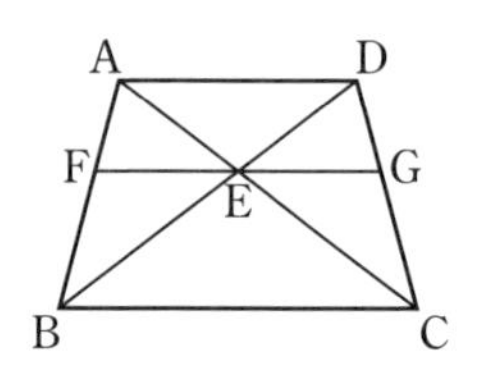

(大阪・清風高)

① 線分 AF と線分 FB の長さの比を求めよ。

② 線分 FG の長さを求めよ。

③ 直線 AB と直線 DC の交点を P とするとき，△PAD の面積を求めよ。

④ △ACG の面積を求めよ。

着眼

100 ⑴ 平行線を使って △ABD を等積変形していくと，台形 BECD の内部の三角形と面積が等しいことがわかる。

★★ 101 [正方形と面積比]

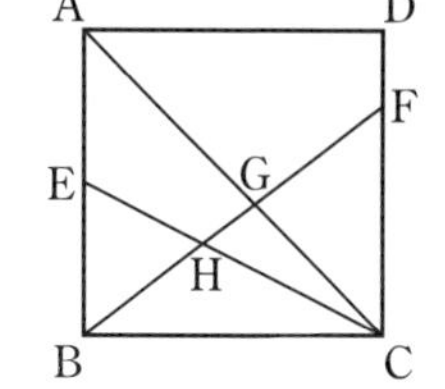

(1) 図の四角形 ABCD は正方形で，点 E は辺 AB の中点，点 F は辺 CD 上にあって，CF：FD＝3：1 である。AC と BF の交点を G，EC と BF の交点を H とするとき，次の問いに答えよ。 (高知学芸高)

① AG：GC を最も簡単な整数の比で表せ。

② BH：HG を最も簡単な整数の比で表せ。

③ 四角形 AEHG と正方形 ABCD の面積の比を求めよ。

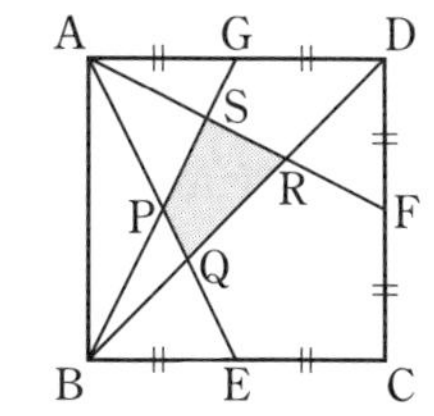

(2) 1 辺が 10cm の正方形 ABCD の辺 BC，CD，DA の中点をそれぞれ E，F，G とし，P，Q，R，S を右の図のように定める。 (山梨・駿台甲府高)

① AR：RF を最も簡単な整数の比で表せ。

② AS：SF を最も簡単な整数の比で表せ。

③ 四角形 PQRS の面積を求めよ。

★★★ 102 [立体図形の面積比と体積比]

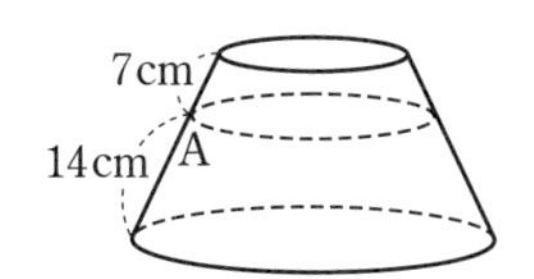

(1) 右の図のような，底面の面積が 361π cm^2 である円錐(えんすい)を底面に平行に切った立体がある。この立体を，点 A を通り底面に平行な平面で切ると断面積は 169π cm^{2}であった。次の問いに答えよ。

(東京・海城高改)

① 上の面の面積を求めよ。

② 点 A を通り底面に平行な平面で切ってできる 2 つの円錐台で，上の円錐台と下の円錐台の体積の比を求めよ。

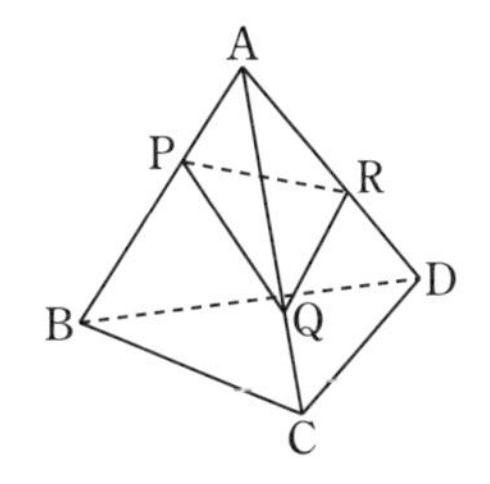

(2) 右の図のように，1 辺の長さが 8 の正四面体 ABCD の辺 AB，AC，AD 上にそれぞれ 3 点 P，Q，R がある。AP＝3，AQ＝5，AR＝4 であるとき，次の各問いに答えよ。 (東京・明治大付明治高改)

① △APQ と △ABC の面積の比を最も簡単な整数の比で表せ。

② 四面体 A-PQR と正四面体 A-BCD の体積の比を最も簡単な整数の比で表せ。

着眼

102 (1) ② 相似な図形の相似比(線分比)が $a：b$ のとき，その体積比は $\boldsymbol{a^3：b^3}$ である。

★★★ 103 ［線分比・面積比の関数への応用］

(1) 図のように，4 点 O(0, 0)，A(2, 9)，B(8, 6)，C(8, 0) を頂点とする四角形 OABC がある。このとき，次の問いに答えよ。 （神奈川・法政大女子高）

① 対角線 OB を引くとき，△OAB の面積を求めよ。

② 点 A を通る直線が △OAB の面積を 2 等分するとき，その直線の方程式を求めよ。

③ 点 B を通る 2 本の直線が四角形 OABC の面積を 3 等分するとき，それらの直線の方程式を求めよ。

(2) 4 点 A(−2, 11)，B(2, −1)，C(9, −2)，D(8, 1) を頂点とする四角形 ABCD と，直線 ℓ : $y=\frac{1}{2}x+k$ がある。次の問いに答えよ。 （埼玉・立教新座高）

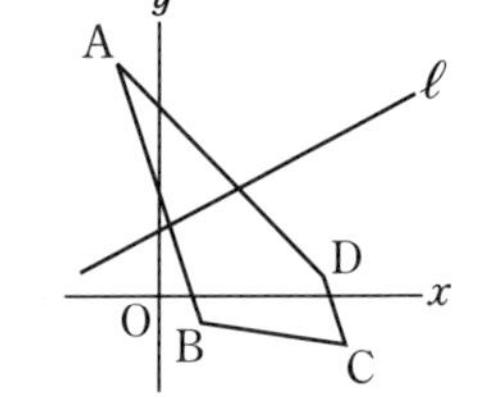

① 四角形 ABCD の面積を求めよ。

② 直線 ℓ と辺 AD が交わるとき，交点の x 座標を k を用いて表せ。

③ 四角形 ABCD において，直線 ℓ より下側の面積が 29 であるとき，k の値を求めよ。

(3) 図のように放物線 $y=x^2$ 上にある 4 点 A，B，C，D について AB∥CD である。A(−1, 1)，B(2, 4)，C(a, a^2) であるとき，次の問いに答えよ。 （神奈川・慶應高）

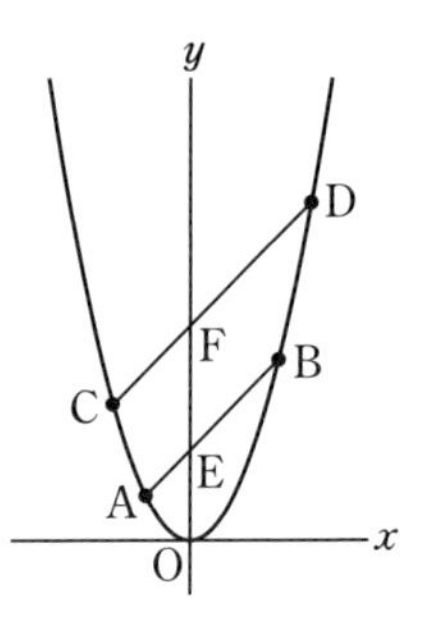

① 点 D の座標を a を用いて表せ。

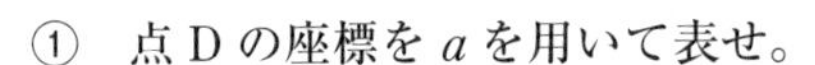

② $a=-3$ のとき，四角形 ABDC の面積を求めよ。

③ 直線 AB および直線 CD と y 軸との交点をそれぞれ E，F とする。四角形 ACFE と四角形 BDFE の面積の比が 3 : 4 となるように a の値を定めよ。

着眼

103 (1) ③ 線分 OC 上に点 P，線分 OA 上に点 Q をとり，

△AQB＝△BCP＝$\frac{1}{3}$ 四角形 OABC とする。

(2) ③ ∠BAD を共有する 2 つの三角形の面積比を用いる。

(3) ② (台形 ABDC)＝△AEF＋△CEF＋△BEF＋△DEF
(＝△ACF) (＝△BDF)

③ 面積を a と EF を用いて表す。

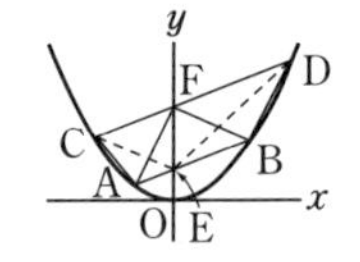

★★★ 104 [面積を文字で表す]

次の問いに答えなさい。

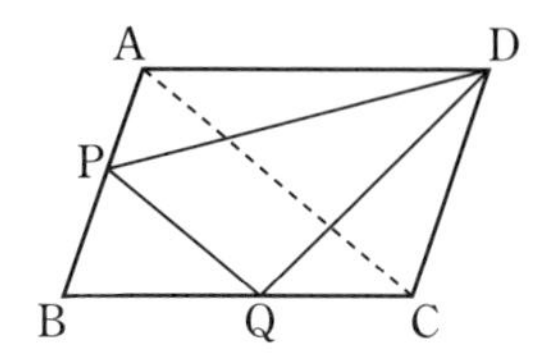

(1) 右の図の四角形 ABCD は，AB＝4cm，面積が 32cm^2 の平行四辺形である。辺 AB，BC 上にそれぞれ点 P，Q を，PQ∥AC となるようにとる。BP＝x cm として，次の問いに答えよ。 (熊本県)

① △APD の面積を x の式で表せ。

② △PBQ の面積を x の式で表せ。

③ △PQD の面積が 12cm^2 のとき，BP の長さを求めよ。

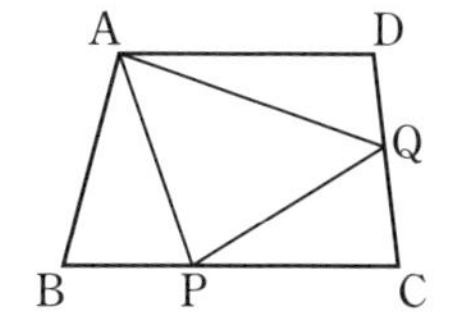

(2) AD と BC が平行である台形 ABCD があり，AD＝3，BC＝4 とする。2 辺 BC，CD 上にそれぞれ点 P，Q をとり，3 つの三角形 ABP，PCQ，QDA の面積がすべて等しくなるようにした。次の問いに答えよ。 (兵庫・甲陽学院高)

難▶① 線分 BP の長さを求めよ。

② △APQ の面積は台形 ABCD の面積の何倍か求めよ。

★★★ 105 [図が与えられていない面積比の問題]

次の ☐ に適当な数を入れなさい。

(1) △ABC において，D は辺 AB 上の点で DB＝3AD，E は辺 AC 上の点で EC＝3AE である。また，DC と EB の交点を F としたとき，△ABC の面積は △BCF の面積の ☐ 倍となる。 (神奈川・慶應高)

難▶(2) △ABC の辺 BC 上に BL：LC＝3：1 となる点 L，辺 CA 上に CM：MA＝3：1 となる点 M，辺 AB 上に AN：NB＝3：1 となる点 N をとる。線分 BM と線分 CN の交点を P，線分 CN と線分 AL の交点を Q，線分 AL と線分 BM の交点を R とする。このとき，△PQR の面積は △ABC の面積の ☐ 倍である。 (兵庫・灘高)

104 (1) △ABD＝16cm^2 △APD と △ABD は高さが等しいので底辺の比が面積比を決定する。

第6回 実力テスト

時間 45 分
合格点 70 点

得点 ／100

解答 別冊 p. 87

1 図のように，AB＝10cm，BC＝8cm の平行四辺形 ABCD がある。辺 BC の中点 E，辺 AB 上に AF＝6cm となる点 F をとり，点 D と点 F を通る直線と辺 CB を延長した直線との交点を G とする。点 A と点 E を結び，線分 AE，DG の交点を H とする。

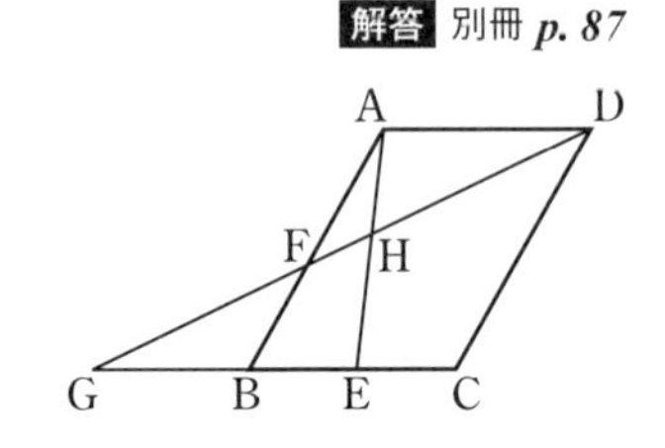

（福岡県改） （各 6 点× 2）

⑴ 右上の図において，相似な三角形を 1 組選び，その 2 つの三角形が相似であることを証明せよ。

⑵ AH：HE を最も簡単な整数の比で答えよ。

2 次の問いに答えなさい。 （各 6 点× 4）

⑴ 右の図の三角形において DE の長さを求めよ。

（東京女子学院高）

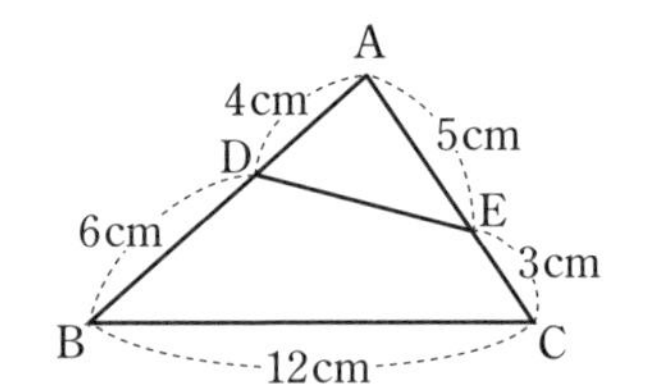

⑵ 右の図のような，AB＝12cm，AC＝9cm の △ABC がある。辺 AB の中点を M とし，辺 AC 上に ∠ACB＝∠AMN となるように点 N をとるとき，AN の長さを求めよ。

（栃木県）

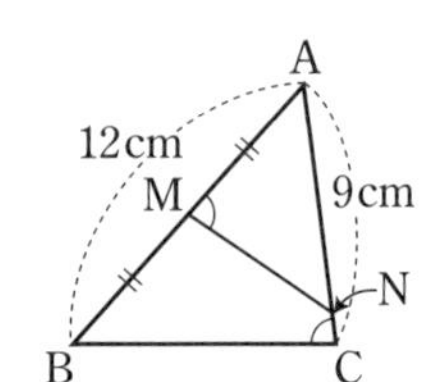

⑶ 右の図のような 2 つの直角三角形 ABC と BCD について，辺 BC と垂直な線分 PH の長さを求めよ。

（山梨・駿台甲府高）

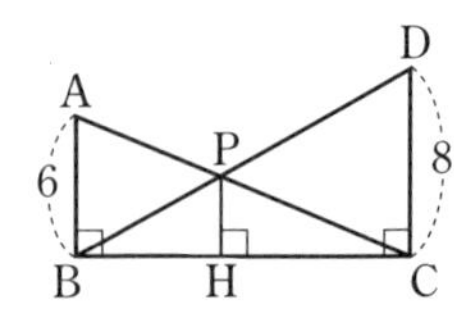

⑷ 図の平行四辺形 ABCD において，BE＝EC，CF：FD＝2：1 である。線分 AE，BF の交点を G とするとき，BG：GF を最も簡単な整数の比で答えよ。

（東京・中央大杉並高）

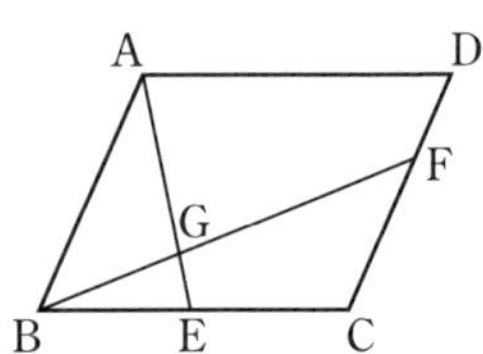

3 右の図で，△ADF の面積は △AEF の面積の何倍か求めなさい。ただし，AD：DB＝3：4，AE：EC＝2：1 とする。　（東京・芝浦工大高）（6点）

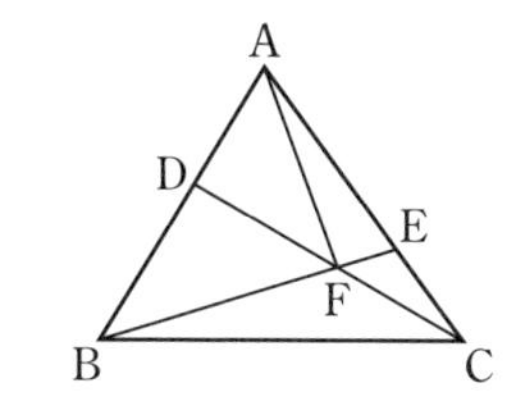

4 右の図の四角形 ABCD は，AD∥BC，AD：BC＝1：4 の台形である。点 E は，辺 CD の中点で，点 F は線分 BE と対角線 AC の交点である。次の問いに答えなさい。

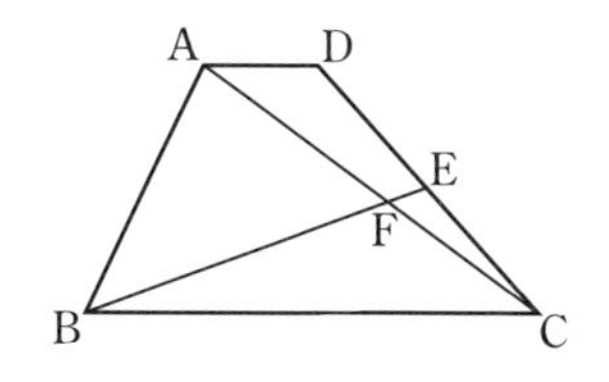

（東京・中央大附高）（各7点×2）

(1) BF：FE を最も簡単な整数の比で表せ。

(2) △CEF と台形 ABCD の面積比を最も簡単な整数の比で表せ。

5 図のように，AD∥BC の台形 ABCD において，対角線 BD，AC の交点を E とし，BD，AC の中点をそれぞれ F，G とする。また，台形 ABCD の面積が 120，三角形 AFC の面積が 24 であるとき，次の問いに答えなさい。

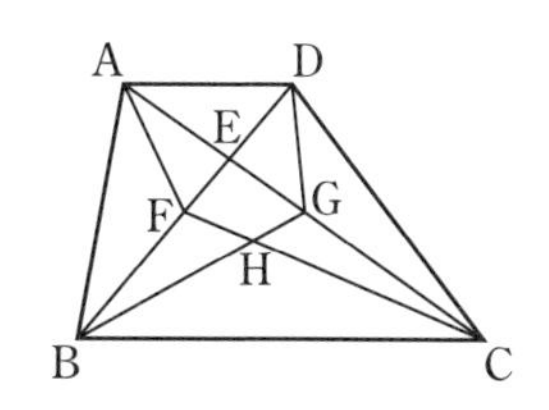

（東京・中央大附高）（各7点×4）

(1) 四角形 AFCD の面積を求めよ。

(2) BE：ED を最も簡単な整数の比で表せ。

(3) FG：BC を最も簡単な整数の比で表せ。

(4) FC，BG の交点を H とするとき，四角形 EFHG の面積を求めよ。

6 右の図において，△ABC と △CDE は 1 辺の長さがそれぞれ 1，2 の正三角形で，3 点 B，C，D は一直線上にある。BE と AD，CE と AD の交点をそれぞれ P，Q とする。

このとき，次の □ に適当な数を入れなさい。

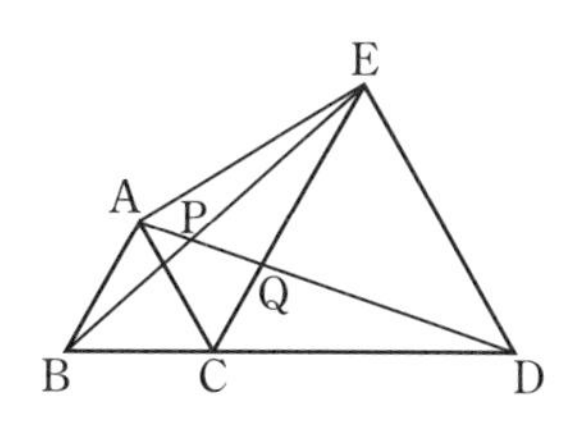

（大阪星光学院高）（各8点×2）

(1) 線分 EQ の長さは □ である。

(2) △ABC と △APE の面積比を最も簡単な整数の比で表すと，□：□ である。

7　円周角と中心角

解答 別冊 p. 90

★106 [円周角と中心角] ＜頻出

次の問いに答えなさい。

(1) 右の図のように，AB を直径とする円 O の周上に点 C がある。∠ACO＝34° のとき，$\angle x$ の大きさを求めよ。 (秋田県)

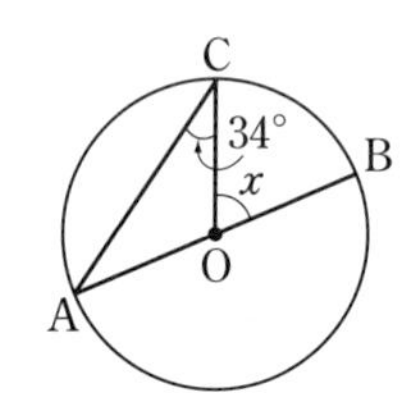

(2) 右の図において，$\angle x$ の大きさを求めよ。

(東京工業大附科学技術高)

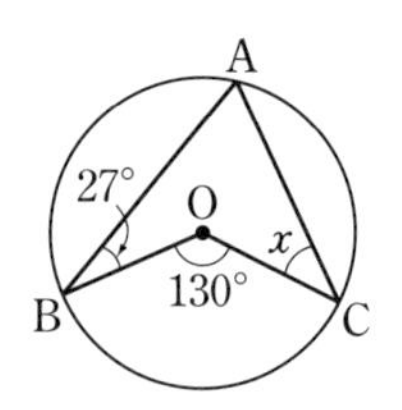

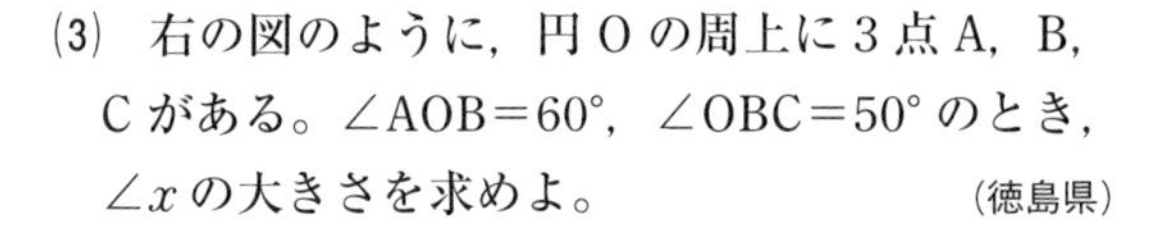

(3) 右の図のように，円 O の周上に 3 点 A，B，C がある。∠AOB＝60°，∠OBC＝50° のとき，$\angle x$ の大きさを求めよ。 (徳島県)

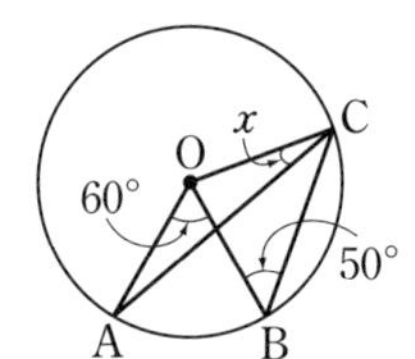

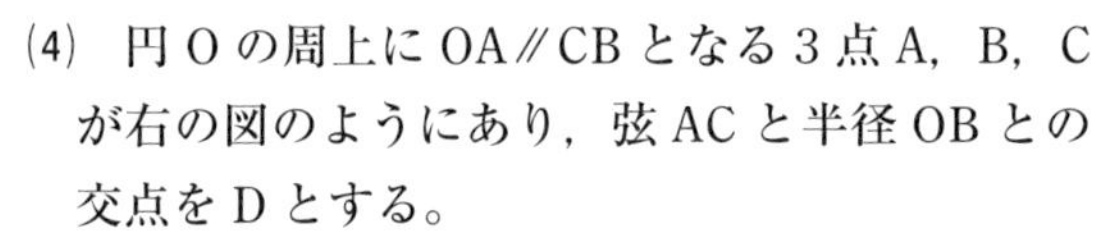

(4) 円 O の周上に OA∥CB となる 3 点 A，B，C が右の図のようにあり，弦 AC と半径 OB との交点を D とする。

∠BDC＝117° であるとき，∠BAC の大きさを求めよ。 (東京・筑波大附高)

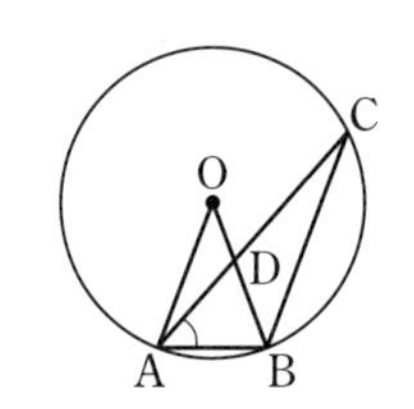

(5) 右の図において，円 O は点 P で直線 ℓ に接し，$\ell /\!/ m$ である。

このとき，$\angle x$ の大きさを求めよ。 (国立高専)

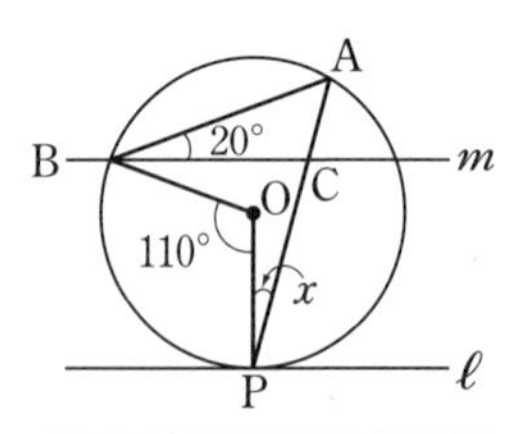

着眼

106 (1) 円の中心と円周上の 2 点を結んでできる三角形は二等辺三角形である。

(2) 同じ弧に対する円周角と中心角の大きさの比は 1：2 である。

(4) OA∥CB より ∠OBC＝∠AOB である。

(5) 円の中心から接線の接点に引いた半径は接線と垂直に交わる。

★107 [円周角の合成] 頻出

次の問いに答えなさい。

(1) 右の図のように，円Oの周上に6点A，B，C，D，E，Fがある。

∠BAC＝46°，∠BFD＝78°のとき，xの値を求めよ。 (岐阜県)

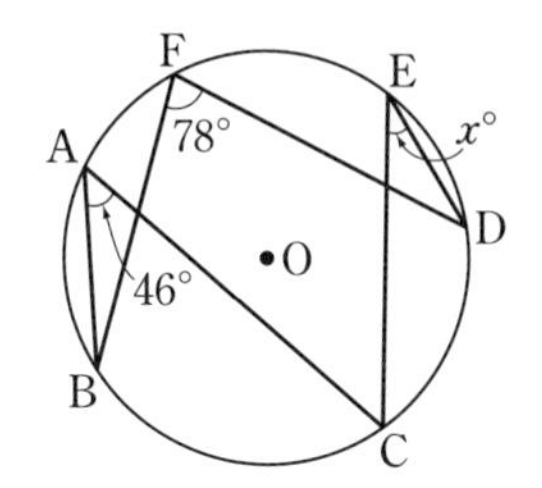

(2) 右の図において，点A，B，C，D，Eは円Oの周上の点であり，ADは円Oの直径である。このとき，∠COEの大きさを求めよ。 (栃木県)

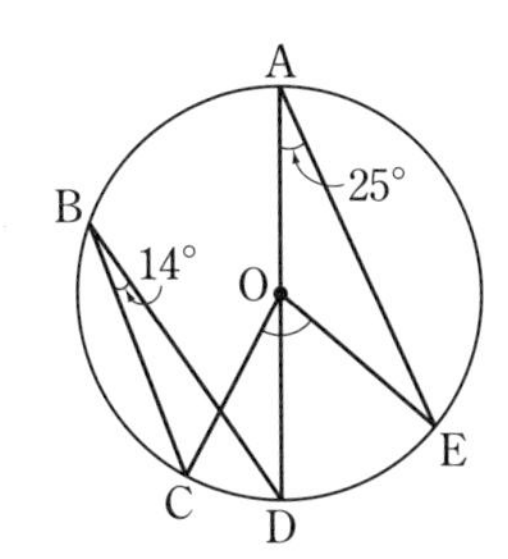

(3) 右の図の円Oにおいて，点A，B，C，D，Eは円周上の点である。このとき，∠ABCの大きさを求めよ。 (広島大附高)

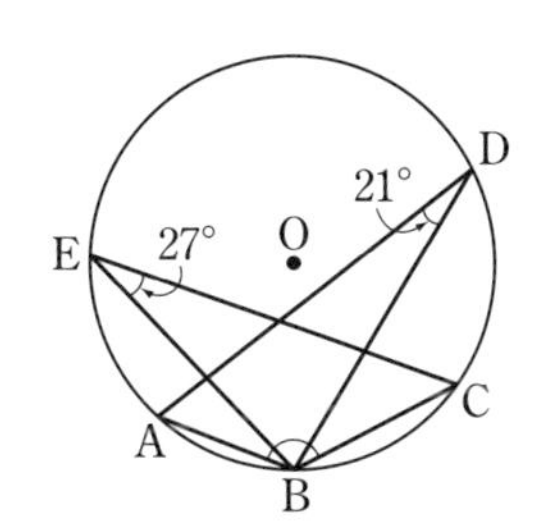

(4) 右の図で，5点A，B，C，D，Eは，円Oの周上にあり，$\overset{\frown}{BC}=\overset{\frown}{CD}=\overset{\frown}{DE}$である。

このとき∠BADの大きさを求めよ。 (茨城県)

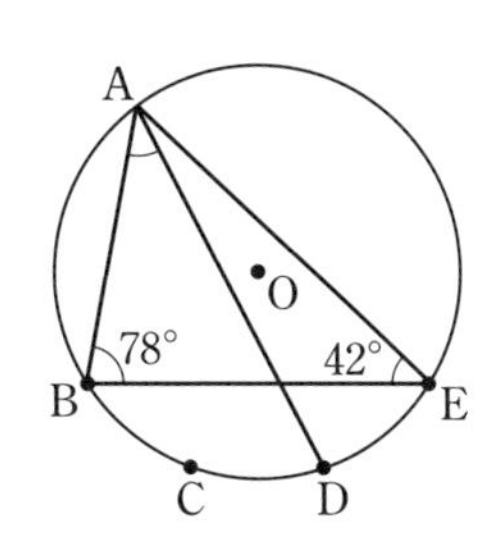

着眼

107 (1) FとCを結び，$\overset{\frown}{BC}$，$\overset{\frown}{CD}$の円周角に着目する。

★★108 [円に内接する四角形] <頻出

次の問いに答えなさい。

(1) 右の図で，4 点 A，B，C，D は円 O の周上の点であり，線分 BC は円 O の直径である。∠ADB＝41° のとき，∠ABC の大きさを求めよ。 (秋田県)

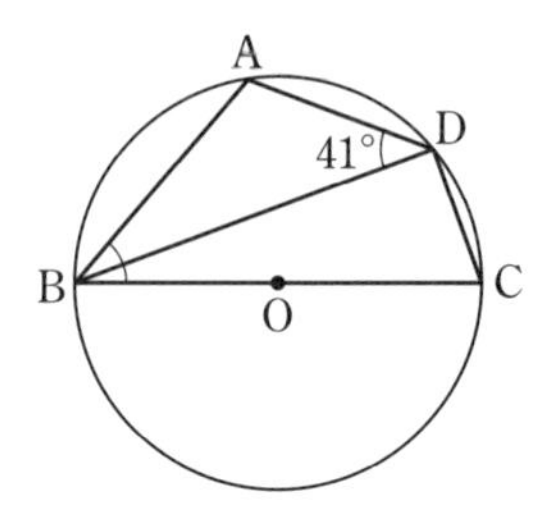

(2) 右の図のように，中心 O の円の周上に 4 点 A，B，C，D がある。∠x と ∠y の大きさを求めよ。 (埼玉・早稲田大本庄高)

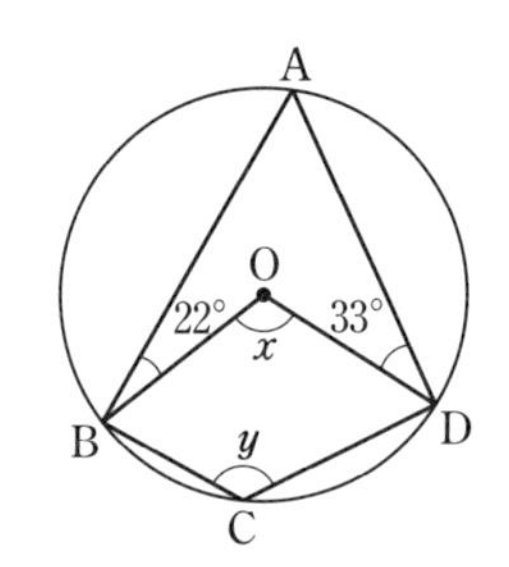

(3) 右の図のように，4 点 A，B，C，D がこの順序で，円 O の周上にある。∠AOB＝50°，AO∥BC のとき，∠ADC の大きさを求めよ。 (岩手県)

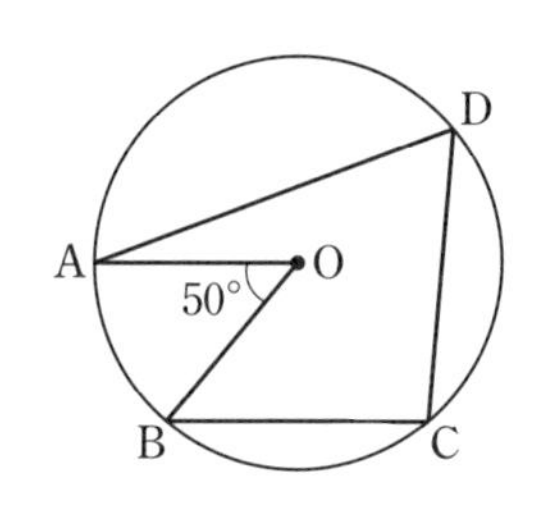

(4) 右の図の x，y の値をそれぞれ求めよ。 (京都・洛南高)

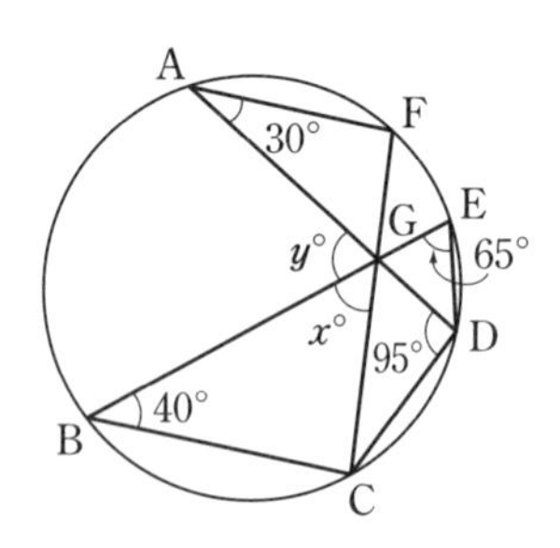

着眼

108 (1) 円に内接する四角形の**向かい合った内角の和は** 180° である。

★★ 109 [直径に対する弧の円周角] <頻出

次の問いに答えなさい。

(1) 右の図のように，4点A，B，C，Dは円Oの周上にあり，∠BAC＝39°，∠BCA＝74°である。

このとき，$\angle x$ の大きさを求めよ。 (岡山操山高)

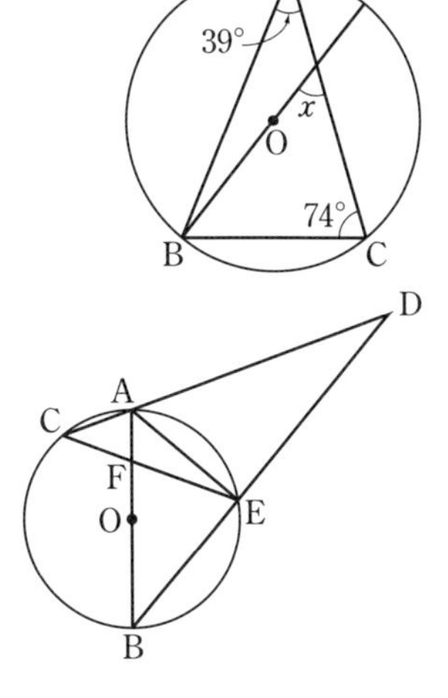

(2) 右の図で，円Oは線分ABを直径とする円である。円Oの周上に点A，点Bと異なる点Cをとり，点Aと点Cを結ぶ。線分CAをAの方向に延ばした直線上に点Dをとる。点Dと点Bを結んだ線分と円Oとの交点をEとする。点Aと点Eを結ぶ。点Cと点Eを結び，線分ABとの交点をFとする。

∠ADE＝30°，∠AEC＝20° のとき，△AFEの内角である∠AFEの大きさを求めよ。

(東京・新宿高)

D
A
C
F
E
O
B

★★ 110 [円に内接する星形図形]

右の図で，円Oの円周上に5点A，B，C，D，Eがこの順に時計と反対回りに並んでいる。

点Bと点Eを結んだ線分BE上に中心Oがある。

点Aと点C，点Aと点D，点Bと点D，点Cと点Eをそれぞれ結ぶ。線分BDと線分CEの交点をFとする。

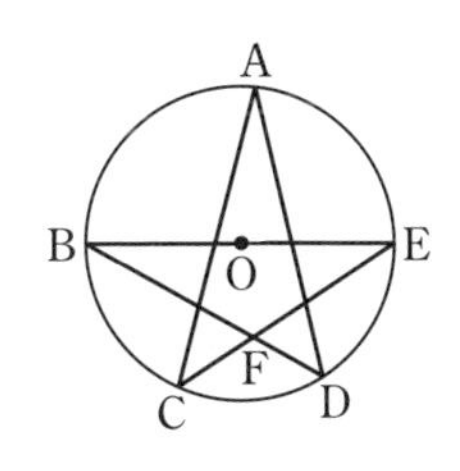

∠DBE＝29°，∠BFE＝118° のとき，∠CADの大きさを求めなさい。

(東京・青山高)

着眼

109 直径の弧(半円)に対する円周角は 90° である。

110 補助線BCを引く。△BCEは∠BCE＝90°の直角三角形である。

★★111 [円外図形と円] <頻出

次の問いに答えなさい。

(1) 右の図で $\angle x$, $\angle y$ の大きさを求めよ。ただし，O は円の中心とする。 (京都・同志社高)

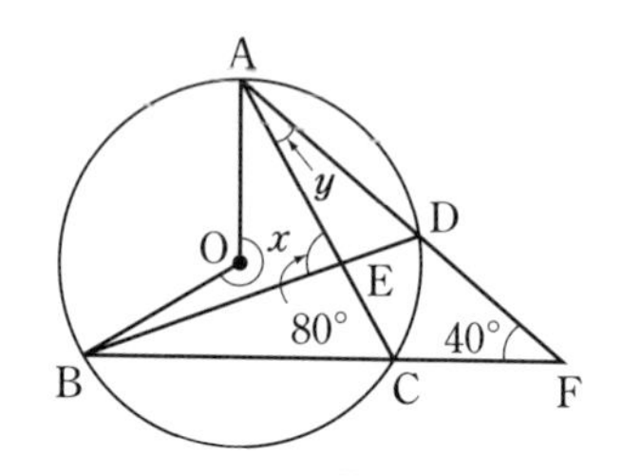

(2) 右の図の $\angle x$ の大きさを求めよ。 (京都・立命館高)

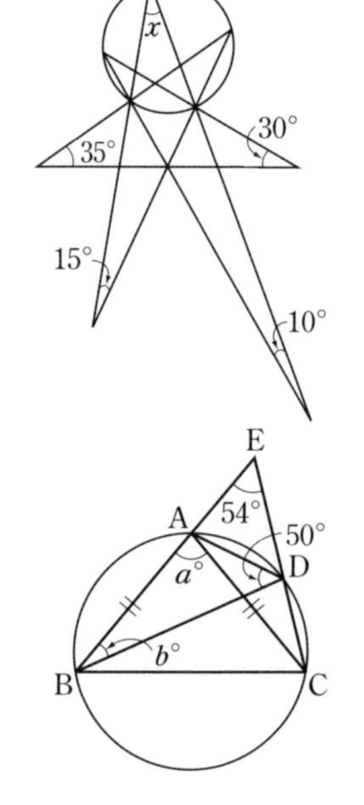

(3) 右の図において，AB＝AC，$\angle$ADB＝50°，$\angle$BEC＝54° である。このとき，a＝[ア]，b＝[イ] である。[ア]，[イ] にあてはまる数を入れよ。 (愛媛・愛光高)

難►(4) 右の図において，$\angle x$ の大きさを求めよ。

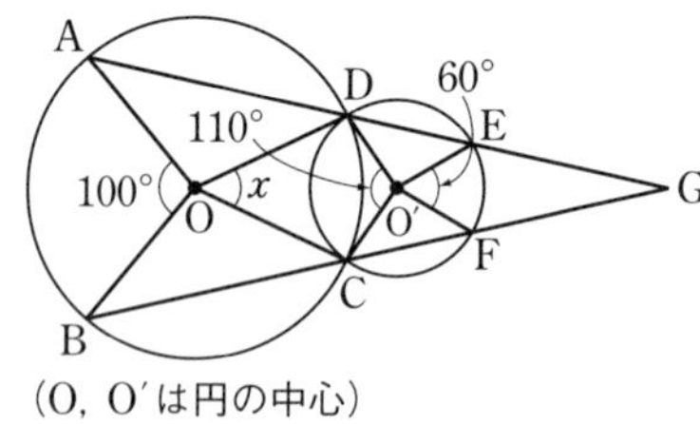

(O，O′ は円の中心)

着眼

111 (1) 三角形，四角形の知識と円周角の知識を組み合わせて角度を求める。

(4) 補助線を引いて，まず，$\angle$BDF の大きさを求める。

★★ 112 [弧の長さと円周角] <頻出

次の問いに答えなさい。

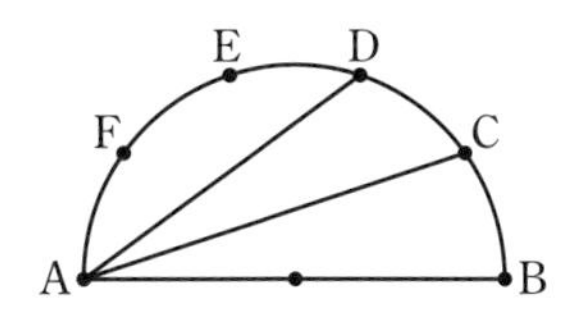

(1) 右の図のように，AB を直径とする半円がある。$\overset{\frown}{AB}$ を 5 等分して，B に近い方から順に，点 C，D，E，F をとる。このとき，∠CAD の大きさを求めよ。 (和歌山・向陽高)

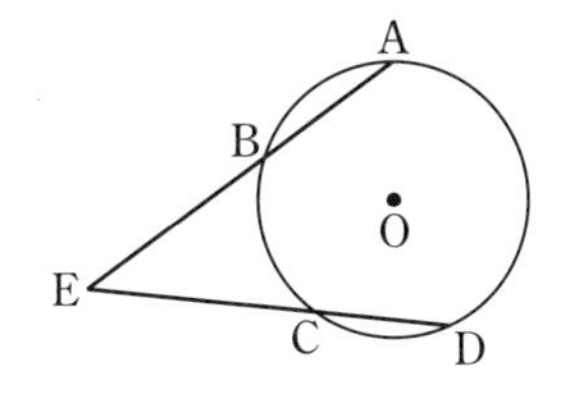

(2) 右の図で，4 点 A，B，C，D は，円 O の周上に図のように，A，B，C，D の順に並んでおり，互いに一致しない。

$\overset{\frown}{AB}$，$\overset{\frown}{BC}$ の長さはともに円 O の円周の長さの $\dfrac{1}{5}$ 倍であり，$\overset{\frown}{CD}$ の長さは円 O の円周の長さの $\dfrac{1}{6}$ 倍である。

弦 AB を B の方向に延ばした直線と，弦 CD を C の方向に延ばした直線との交点を E とする。

∠AED の大きさは何度か。 (東京・墨田川高)

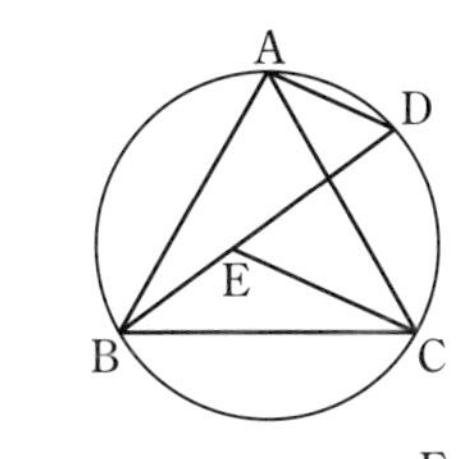

(3) 右の図のように，正三角形 ABC の外接円の $\overset{\frown}{AC}$ 上に $\overset{\frown}{AD}:\overset{\frown}{DC}=2:3$ となる点 D をとる。さらに，BD 上に AD＝BE となる点 E をとる。このとき，∠BCE＝□度である。□にあてはまる数を入れよ。 (大阪星光学院高)

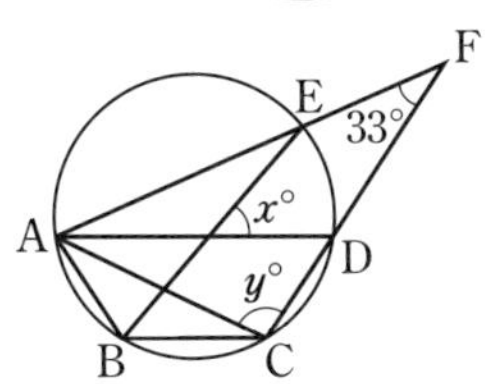

難 (4) 右の図で，AD∥BC，$\overset{\frown}{AED}:\overset{\frown}{EDC}=2:1$ とする。このとき，図の中の x と y の比を最も簡単な整数の比で表すと，$x:y=$ ア ： イ となる。

さらに，∠AFC＝33° のとき，$x=$ ウ である。

ア ～ ウ にあてはまる数を入れよ。 (愛媛・愛光高)

着眼

112 弧の長さと中心角および円周角は比例する。

★★113 [円と接線] <頻出

次の問いに答えなさい。

(1) 「直線ℓが円Oと点Aで接している。また，右の図のように直線ℓ上に点Bをとり，円Oの周上に点C，Dをとるとき，∠CAB＝∠CDAである。」という定理を接弦定理という。この定理が成り立つことを証明せよ。

(兵庫・関西学院高)

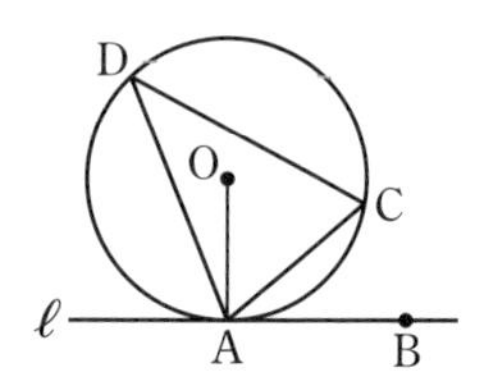

(2) 右の図のように，点Pから円Oに接線を引き，その接点をQ，Rとする。また，点Aは円Oの周上の点であり，∠QAR＝75°である。このとき，$\angle x$，$\angle y$の大きさを求めよ。 (沖縄県)

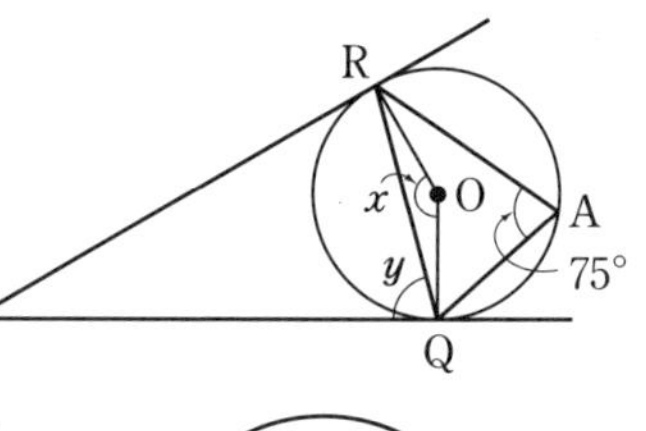

(3) 右の図のように，2つの円O，O′が異なる2点A，Bで交わり，直線ℓが2つの円とそれぞれ点T，Sにおいて接している。
∠BTS＝20°，∠BST＝32°とするとき，∠TASの大きさを求めよ。 (東京・巣鴨高)

(4) 右の図のように，ACとBCを直径とする半円がある。線分AQはBCを直径とする半円に点Pで接し，∠QAC＝36°である。

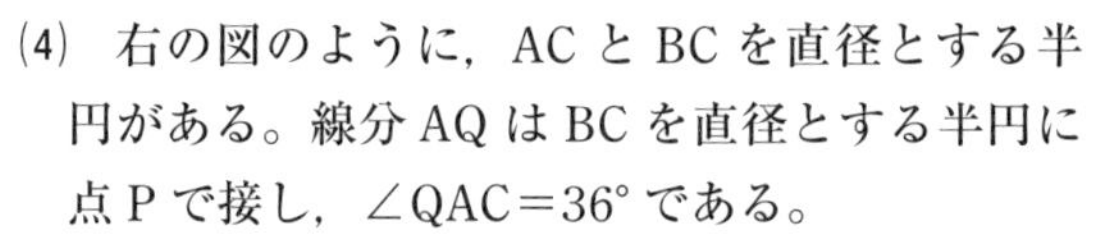

(東京・日本大豊山高)

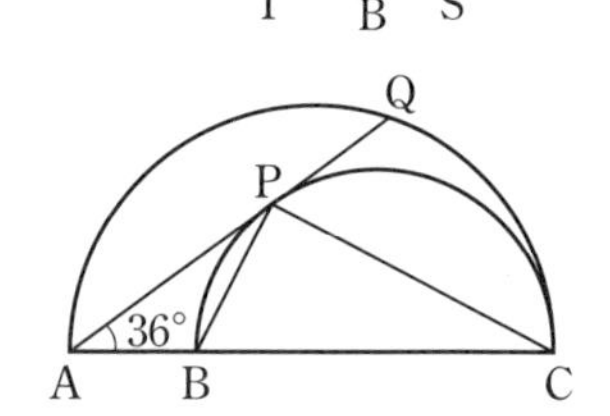

① $\overset{\frown}{AQ}:\overset{\frown}{QC}$を最も簡単な整数の比で表せ。

② ∠PBCを求めよ。

113 (1) AOの延長と円Oとの交点をEとして，△AECをつくる。
(3) 接弦定理を利用すると，∠BAT＝∠BTS，∠BAS＝∠BSTとなる。

★★★ 114 ［見えない円の問題］

次の問いに答えなさい。

(1)　右の図は，点 O から右の方向に水平に直線 OX を，点 O から X と異なる 1 つの方向に直線 OY をそれぞれ引き，直線 OY 上に点 A をとったものである。ただし，$\angle XOY$ は，直線 OX から直線 OY に向かって反時計回りにはかった角で，$\angle XOY < 90^\circ$ とする。

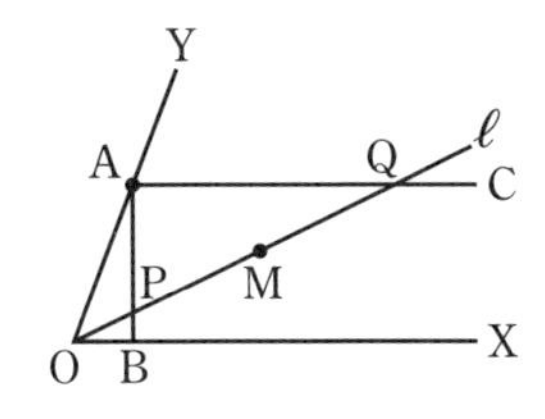

点 A から直線 OX に引いた垂線と直線 OX との交点を B とする。点 A から右の方向に直線 OX に平行な直線 AC を引く。さらに，点 O から線分 AB と直線 AC の両方に交わるように引いた直線を ℓ とし，直線 ℓ と線分 AB との交点を P，直線 ℓ と直線 AC との交点を Q とする。線分 PQ の中点を M とする。

OA＝PM であるとき，直線 ℓ は，$\angle XOY$ を 3 等分する線の 1 つであることを証明せよ。　（東京・日比谷高）

(2)　右の図のような $\triangle ABC$ があり，頂点 B，C からそれぞれ辺 AC，AB に垂線 BP，CQ を引く。BP と CQ の交点を R，BC の中点を M とする。$\angle ABP = 30^\circ$，$\angle CBP = 15^\circ$ のとき，次の問いに答えよ。

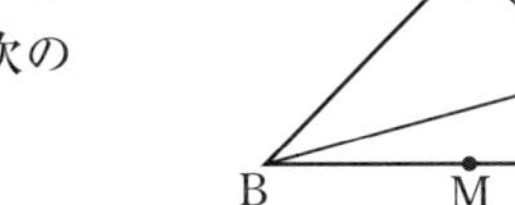

① $\angle PAR$ の大きさを求めよ。

② PQ＝BM となることを証明せよ。

114 (1)　円 O に内接する直角三角形 ABC があるとすると，OA＝OB＝OC が成り立つ。これは円が見えない場合にも常に成り立っている。

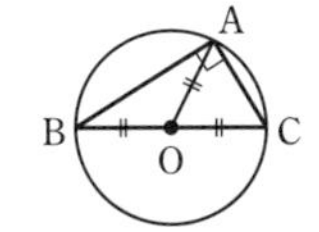

(2)　見えない円が 2 つ存在している。

★★★ 115 [円と角の二等分線]

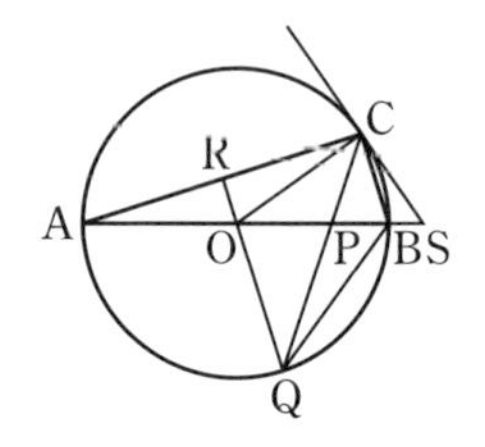

(1) 線分 AB を直径とする円 O がある。O の円周上に $\angle CAB = 18^\circ$ となるように点 C をとる。$\angle OCB$ の二等分線と線分 AB との交点を P，C と異なる円 O との交点を Q とする。また，直線 OQ と線分 AC との交点を R，直線 AB と点 C における円 O の接線との交点を S とする。BC＝1 のとき，次の問いに答えよ。

(東京・海城高)

① 円 O の半径を求めよ。

② BS の長さを求めよ。

難▶③ $\triangle OSC$ の外接円の中心を T，$\triangle BSC$ の外接円の中心を U とする。線分 TU の長さを求めよ。

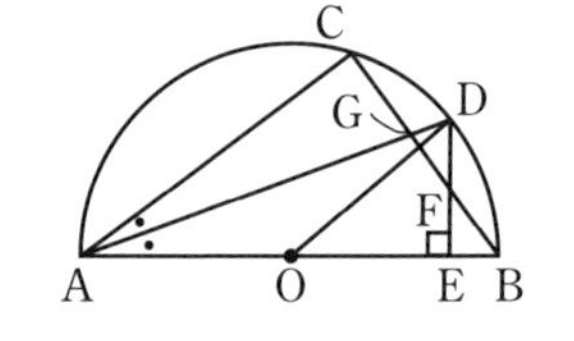

(2) 右の図のように，半径 5cm の半円 O があり，点 C は $\overset{\frown}{AB}$ 上の点で，AC＝8cm，CB＝6cm である。$\angle CAB$ の二等分線と $\overset{\frown}{BC}$ との交点を D，点 D から AB に垂線を引き，その交点を E，BC と DE，DA との交点をそれぞれ F，G とする。次の問いに答えよ。

(東京・早稲田実業学校高等部)

① DE の長さを求めよ。

② BF：GC を，最も簡単な整数の比で表せ。

★★ 116 [内接円と面積比]

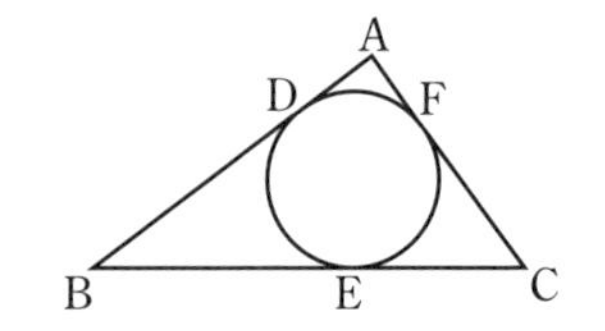

右の図のように，$\angle A = 90^\circ$ の直角三角形 ABC に円が点 D，E，F で接している。AB＝4，BC＝5，CA＝3 として，次の問いに答えなさい。

(広島・修道高 改)

(1) $\triangle BED$ と $\triangle ABC$ の面積の比を求めよ。

(2) $\triangle DEF$ の面積は $\triangle ABC$ の面積の何倍か求めよ。

着眼

115 (2) $\triangle ABC$ と相似な三角形を見つける。

★★★ 117 [円図形と証明]

(1) 右の図のように，円に内接する四角形ABCDがあり，辺AD，BC，CDの中点をそれぞれE，F，Gとする。直線ADと直線FGの交点をP，直線BCと直線EGの交点をQとする。

このとき，∠APF＝∠BQEであることを証明せよ。　　(福岡・久留米大附設高)

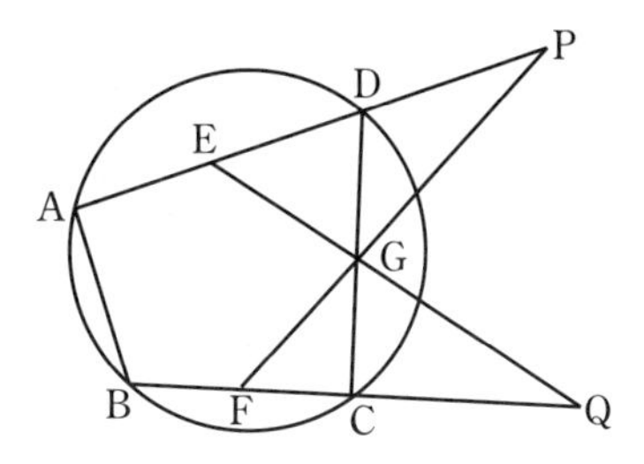

(2) 点Oから円に2つの接線を引き，その接点をA，Bとする。円周上の点Pから直線OA，OB，ABに垂線PQ，PR，PSを引く。　　(兵庫・白陵高)

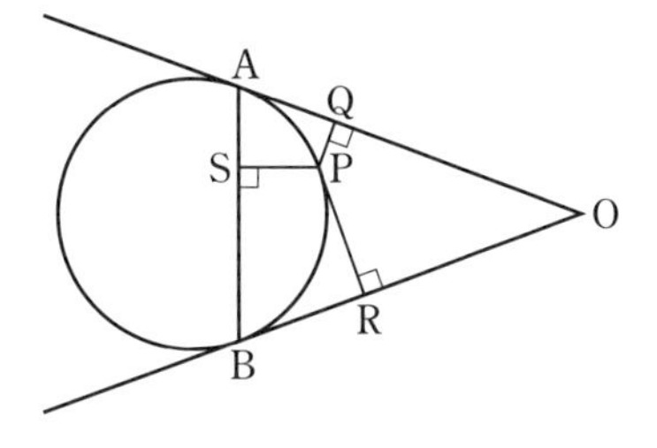

① △PAS∽△PBRであることを証明せよ。

② PS^2＝PQ×PRであることを証明せよ。

(3) 図のように，正三角形ABCと半円Oがある。半円Oは，中心が辺BC上にあり，正三角形の2辺AB，ACとそれぞれ点P，Qで接している。弧PQ上の点Rにおける半円Oの接線と辺AB，ACとの交点をそれぞれD，Eとする。このとき，次の①，②に答えよ。　　(福岡・久留米大附設高)

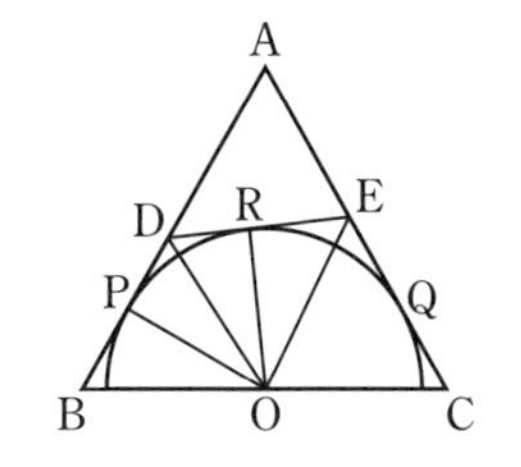

① △ODPと△ODRは合同であることを証明せよ。

② △ODBと△EOCは相似であることを証明せよ。

(4) 四角形ABCDが円Oに内接している。対角線AC上に2点E，Fを，それぞれ∠ABE＝∠DAC，∠ADF＝∠BACを満たすようにとるとき，次の①，②，③を証明せよ。　　(兵庫・灘高)

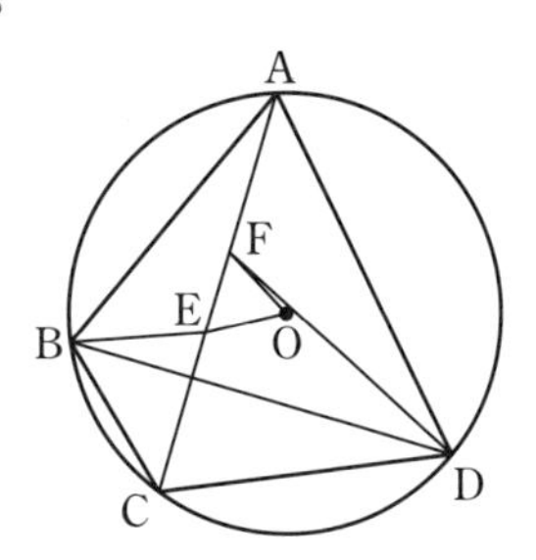

① AE：CD＝AB：BD

② △CDF∽△BDA

③ OE＝OF

117 (3) ② ∠ODBに対応するのが∠EOCであることをうまく証明すればよい。

第7回 実力テスト

時間 40 分　合格点 70 点

得点　/100

解答 別冊 p. 100

1 次の図で，$\angle x$，$\angle y$ の大きさを求めなさい。（(1)〜(3)各5点×3，(4)各5点×2）

(1)

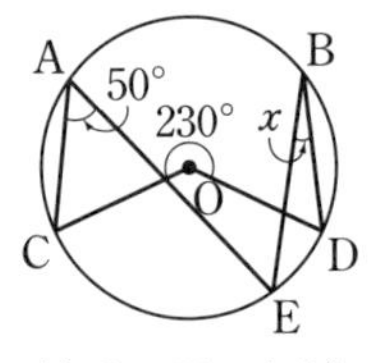

（点Oは円の中心）

（茨城・江戸川学園取手高）

(2)

（点Oは円の中心）

（大阪桐蔭高）

(3)

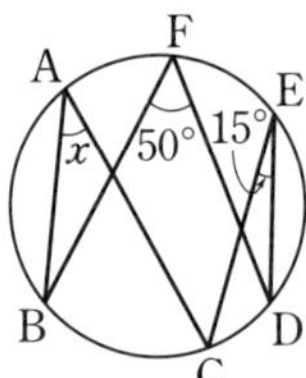

（島根県）

(4)

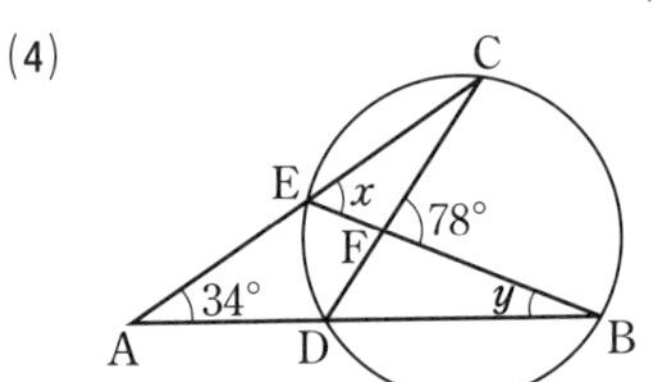

（城北埼玉高）

2 次の図で，$\angle x$ の大きさを求めなさい。（各5点×4）

(1) 四角形ABCDは円Oに内接している。

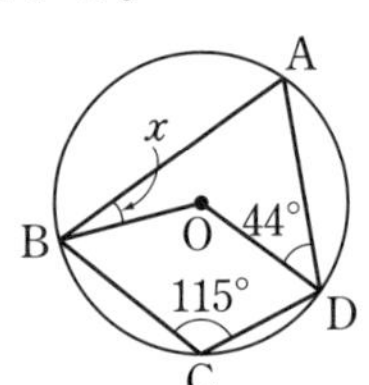

（東京・法政大高）

(2) 円Oにおいて，ACは直径である。

（東京・桐朋高）

(3) DP＝DC

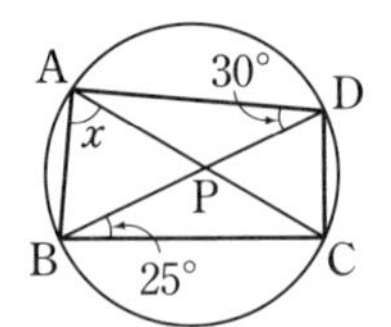

（東京・錦城高）

(4) 点A，B，C，Dは円の周上にある。OD // BCである。

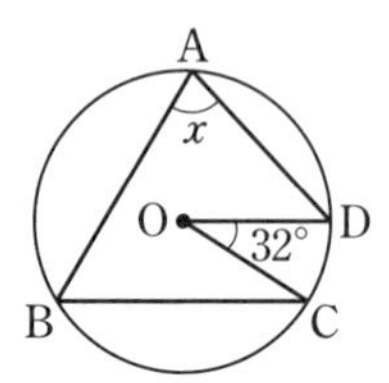

（高知県）

3 右の図は，線分 AB を直径とする半円 O であり，3 点 C，D，E は $\overset{\frown}{AB}$ 上にある点である。5 点 A，B，C，D，E は，右の図のように A，C，D，E，B の順に並んでおり，互いに一致しない。点 A と点 E，点 B と点 C，点 C と点 D，点 D と点 E をそれぞれ結ぶ。

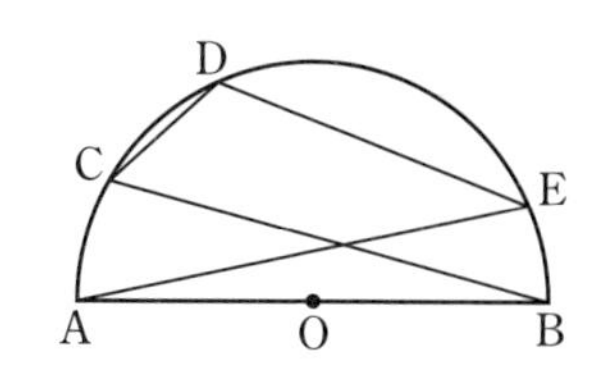

∠AED＝33° のとき，∠BCD の大きさを求めなさい。（東京・墨田川高）（7 点）

4 右の図で，円 O は直線 ℓ に点 P で接しており，点 A，B，Q は円 O の周上の点である。このとき，$\angle x$，$\angle y$ の大きさを求めなさい。

（沖縄県）（各 5 点× 2）

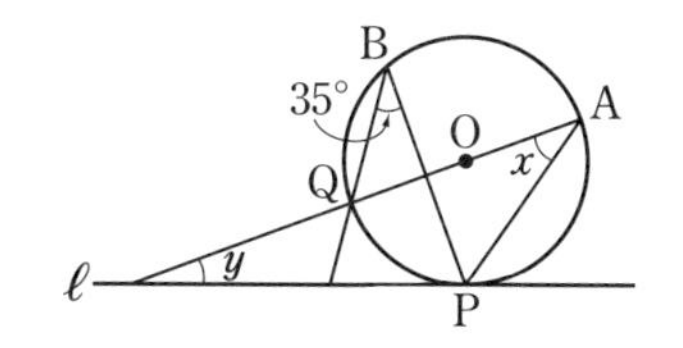

5 右の図のように円周上に 4 点 A，B，C，D があり，$\overset{\frown}{AD}=\overset{\frown}{BC}$，$\overset{\frown}{AB}=3\overset{\frown}{CD}$ である。また，$\overset{\frown}{AM}=\overset{\frown}{MD}$ で，直線 AD と直線 BC のつくる角が 40° である。

（京都・洛南高）（各 7 点× 2）

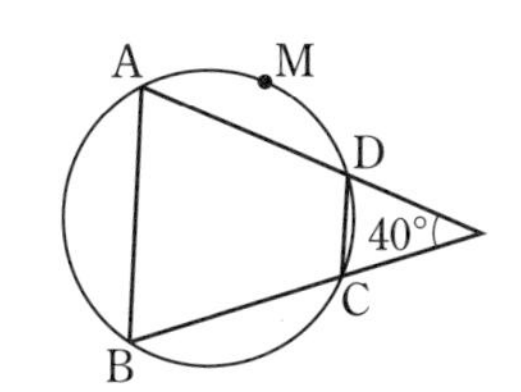

(1) $\overset{\frown}{AMD}$：$\overset{\frown}{DCB}$ を最も簡単な整数の比で表せ。

(2) AC と BM のつくる鋭角の大きさを求めよ。

6 右の図において，四角形 ABCD は 1 辺の長さが 6cm の正方形である。辺 AB の中点を E，点 F，G をそれぞれ辺 BC，CD 上の BF＝CG＝2cm となる点とし，AF と BG の交点を H，AC と BD の交点を O とする。

（奈良・西大和学園高）（(1)10点 (2)，(3)各 7 点× 2）

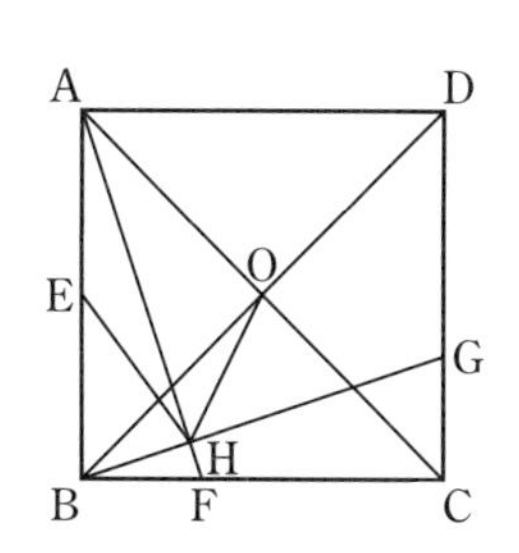

(1) ∠AHB＝90° となることを証明せよ。

(2) EH の長さを求めよ。

(3) ∠AHO の大きさを求めよ。

8 三平方の定理

解答 別冊 p. 102

★★118 [三平方の定理の証明] 頻出

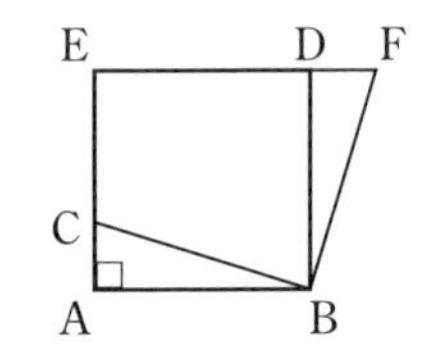

∠A が直角である直角三角形 ABC を考え，BC$=a$，CA$=b$，AB$=c$ とする。AB を 1 辺とする正方形 ABDE を右の図のようにつくり，辺 ED の延長線上に DF＝AC となる点 F をとる。 (大阪教育大附高平野)

(1) ∠CBF は直角であることを証明せよ。

(2) 四角形 CBFE の面積は，正方形 ABDE の面積に等しいことを証明せよ。

(3) (2)を用いて三平方の定理 $a^2=b^2+c^2$ が成り立つことを証明せよ。

★★119 [三平方の定理を利用する問題] 頻出

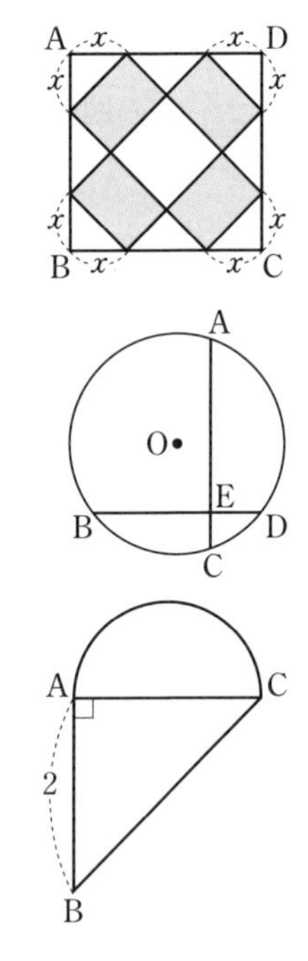

(1) 右の図において，四角形 ABCD は 1 辺の長さが 4cm の正方形である。4 つの頂点からそれぞれ x cm の点を結んで，右の図のようにかげをつけた長方形を 4 つつくる。かげの部分の面積の和がもとの正方形 ABCD の面積の $\frac{1}{4}$ になるとき，x の値を求めよ。 (京都・立命館高)

(2) 右の図のように円 O の円周上に 4 点 A，B，C，D がある。弦 AC と弦 BD の交点を E とし，AC⊥BD とする。AC＝12，BE＝7，ED＝3 のとき，円 O の半径を求めよ。

難▶(3) 右の図のように，AB＝AC＝2 とする直角二等辺三角形と，AC を直径とする半円がある。動点 P は B を出発して辺 AB，弧 AC を通って C まで行く。△PBC の面積の最大値は [ ] である。[ ] にあてはまる数を入れよ。 (北海道・函館ラ・サール高)

着眼

118 (3) 四角形 CBFE＝△BCF＋△ECF＝ 正方形 ABDE

119 (2) 半径を 1 辺とする直角三角形を見つける。

(3) 題意を満たすのは点 P が半円の周上のどこにあるときか？

★★120 [四角形と三平方の定理]

次の問いに答えなさい。

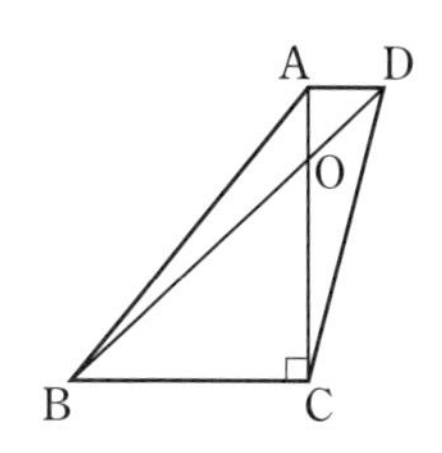

(1) 右の図のような，AD∥BC の台形 ABCD があり，対角線 AC と BD の交点を O とする。AC＝6，BD＝9，∠ACB＝90° のとき，次の問いに答えよ。

(東京・明治大付明治高)

① AO：DO を最も簡単な整数の比で表せ。

② 台形 ABCD の面積を求めよ。

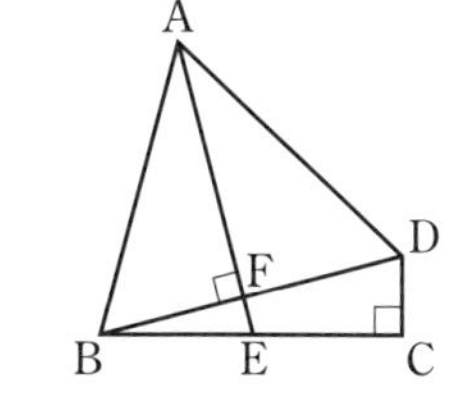

(2) 四角形 ABCD と辺 BC 上の点 E について，AB＝AE＝BD＝4，BE＝2，AE⊥BD，∠C＝90° である。AE と BD の交点を F とするとき，次の問いに答えよ。

(東京学芸大附高)

① BC の長さを求めよ。

② BF の長さを求めよ。

③ 四角形 ABCD の面積を求めよ。

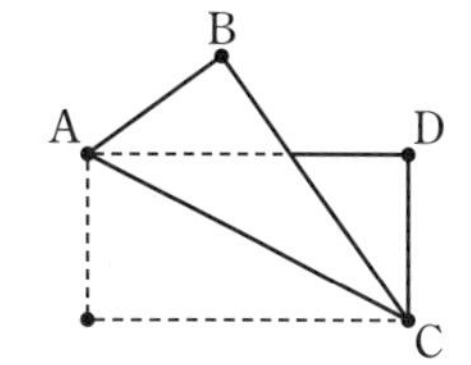

(3) 長方形 ABCD を対角線 AC で折り返したとき，重なる部分の面積はもとの長方形 ABCD の面積の何倍か。次の①，②のそれぞれの場合について求めよ。

(東京・お茶の水女子大附高)

① AB：BC＝1：2

② AB：BC＝1：k　ただし，$k>1$ とする。

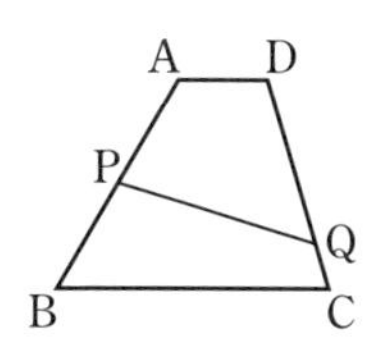

(4) 右の図の四角形 ABCD は AD∥BC，AD＝3，BC＝9 の台形で，点 P は辺 AB の中点，点 Q は辺 CD 上の点である。AB＝$4\sqrt{7}$，CD＝10 のとき，次のものを求めよ。

(東京・桐朋高)

① 台形 ABCD の高さ

② 四角形 APQD と四角形 PBCQ の周の長さが等しいときの四角形 APQD の面積

着眼

120 (1) 点 D から辺 BC の延長上に垂線 DH を下ろす。

(2) 頂点 A から辺 BC に垂線 AM を下ろす。

(3) 重なる部分の図形は二等辺三角形である。

(4) ② AD＋DQ＝BC＋CQ より各線分の長さが決まる。

★★121 [三角定規① 45°-45°-90° の直角二等辺三角形] 頻出

次の問いに答えなさい。

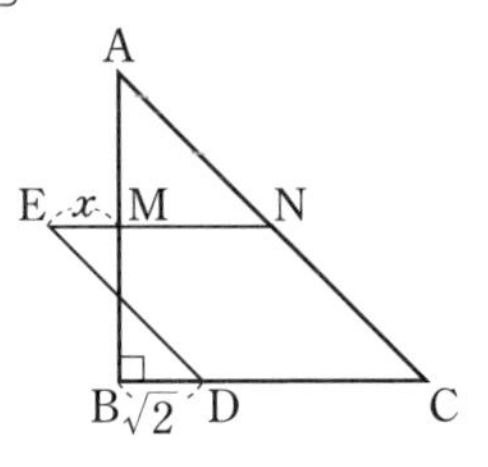

(1) 右の図で，△ABC は，∠B＝90° の直角二等辺三角形で，点 M，点 N はそれぞれ辺 AB，辺 AC の中点である。また，四角形 CNED はひし形である。BD＝$\sqrt{2}$ のとき，EM の長さ x を求めよ。 (東京・中央大杉並高)

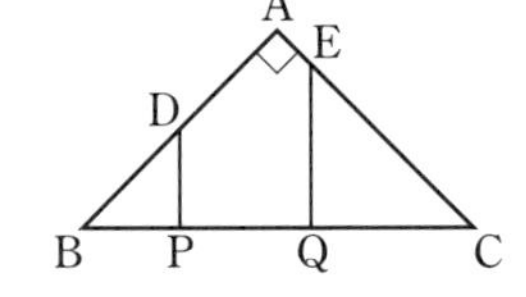

(2) AB＝AC＝13cm，∠A＝90° の直角二等辺三角形 ABC がある。辺 AB，AC 上に AD＝$3x$ cm，AE＝x cm となる 2 点 D，E をとり，それらの点から辺 BC に垂線 DP，EQ を引く。 (神奈川・慶應高)

① 線分 PQ の長さを x で表せ。

② 四角形 DPQE の面積が 30cm^2 となるときの x の値を求めよ。

③ 四角形 DPQE の対角線 DQ と EP が垂直に交わるときの x の値を求めよ。

★★122 [三角定規② 30°-60°-90° の直角三角形] 頻出

次の問いに答えなさい。

(1) 長さの等しい針金が 4 本ある。1 つの図形に 1 本の針金を使い，次の 4 つの図形をつくる。

正三角形，正方形，正六角形，円

4 つの図形の面積を大小比較するとき，2 番目に大きい図形は 2 番目に小さい図形の何倍か求めよ。 (東京・明治学院高)

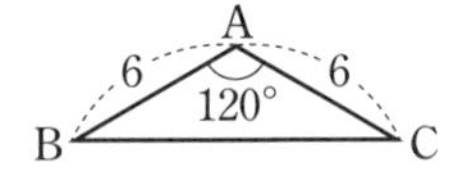

(2) 右の図の，AB＝AC＝6，∠A＝120° の △ABC において，次の問いに答えよ。 (千葉・東海大付浦安高)

① △ABC の面積を求めよ。

② △ABC の 3 つの辺 AB，BC，CA に接する円 O の半径を求めよ。

着眼

121 (2) 頂点 A から辺 BC に垂線 AM を下ろす。PM＝$\frac{AD}{\sqrt{2}}$，QM＝$\frac{AE}{\sqrt{2}}$ である。

122 (1) 正三角形の面積は，1 辺の長さを a とすると，$\frac{\sqrt{3}}{4}a^2$ で表される。

(2) ② △ABC＝△ABO＋△BCO＋△CAO より，半径 ＝r として方程式を立てる。

☆☆123 ［三角定規の利用］ ＜頻出

次の問いに答えなさい。

(1) 右の図の △ABC で，$AB=AC=2\sqrt{2}$ cm，$\angle BAC=30°$ である。AC 上に点 D を $\angle CBD=45°$ となるようにとるとき，次の問いに答えよ。 （東京・日本大三高）

① AD の長さを求めよ。

② BC の長さを求めよ。

(2) 右の図のように，$\angle BCD=\angle ADC=90°$ の台形 ABCD がある。この台形の辺 CD 上に点 P を $CP=2$，$PD=3$，$\angle BPC=\angle APD=60°$ となるようにとり，また，AC と BP の交点を Q とする。 （東京・郁文館高）

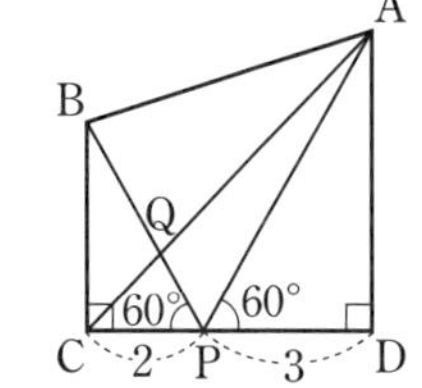

① AC の長さを求めよ。

② AB の長さを求めよ。

③ AQ の長さを求めよ。

④ △APQ の面積を求めよ。

(3) 右の図のような長方形 ABCD があり，$BC=\sqrt{6}$，$\angle CBD=30°$ である。対角線 BD の垂直二等分線と AD，BC，BD との交点をそれぞれ E，F，G とし，また，BD と EC の交点を H とする。

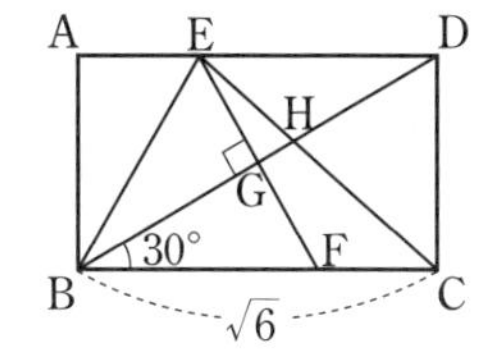

（千葉・東邦大付東邦高）

① CE の長さを求めよ。

② △BFE の面積を求めよ。

③ 四角形 GFCH の面積を求めよ。

(4) $AB=5$，$AC=8$，$\angle BAC=60°$ の △ABC がある。

このとき，3 つの頂点 A，B，C を通る正三角形 PQR をかき，△APB，△ARC の外接円の中心をそれぞれ D，E とする。 （鹿児島・ラ・サール高）

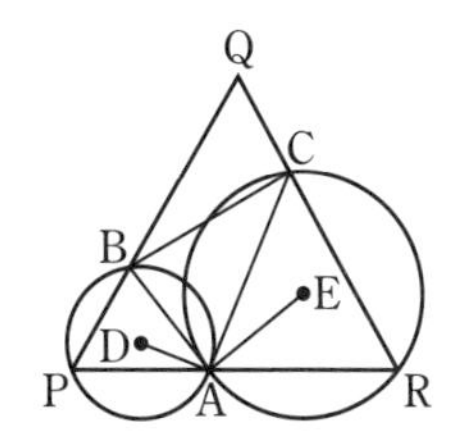

① AD の長さを求めよ。

② DE の長さを求めよ。

難▶③ △PQR の面積の最大値を求めよ。

着眼

123 (2) ③ 相似な三角形を見つけて，AQ：QC を求める。

(4) ③ △PQR の面積が最大になるのは PR の長さが最大になるとき。

★★124 [準三角定規・15°-75°-90° の直角三角形]

次の問いに答えなさい。

(1) 長さ 8 の線分 AB を直径とする半円 O がある。図のように，$\angle ABC=75°$ となるように半円 O の周上に点 C をとり，点 C から直径 AB に引いた垂線と直径 AB との交点を D とするとき，次の問いに答えよ。（東京工業大附科学技術高）

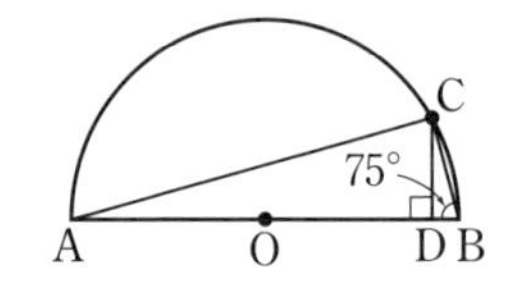

① 線分 OD の長さを求めよ。

② 線分 AC を直径とする円の面積を求めよ。

(2) 1 辺の長さ 2 の正三角形 ABC と，その外接円 O がある。図において，点 B は線分 CD の中点で，点 E は線分 AD と円 O との A 以外の交点である。線分 DE 上に $\angle BFC=30°$ となるように点 F をとる。また，線分 AE の中点を M とする。次の問いに答えよ。（神奈川・桐蔭学園高）

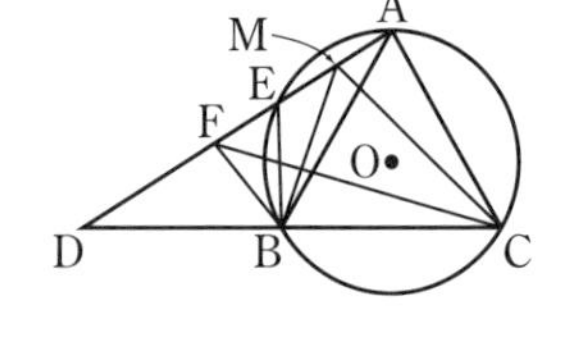

① 線分 BE の長さを求めよ。

② $\angle AFB$ を求めよ。

③ 線分 BF の長さを求めよ。

難▶④ 線分 BM の長さを求めよ。

★★125 [3 辺の長さから三角形の面積を求める] 頻出

$AB=7$, $BC=8$, $CA=5$ である三角形 ABC について，次の問いに答えなさい。（広島・修道高）

(1) 点 A から辺 BC に引いた垂線と BC との交点を D とする。このとき BD の長さを求めよ。

(2) △ABC の面積を求めよ。

(3) ∠C の大きさを求めよ。

(4) 内角の 1 つが 120° で辺の長さがすべて整数である三角形の 3 辺の長さを 1 組答えよ。

着眼

124 15°-75°-90° の直角三角形は 30°，45°，60° をうまくつくって三角定規で処理できるが，右のような 3 辺比を使うこともできる。

75°　$2\sqrt{2}$　$\sqrt{3}-1$　15°　$\sqrt{3}+1$　$(\times\sqrt{2})$　75°　4　$\sqrt{6}-\sqrt{2}$　15°　$\sqrt{6}+\sqrt{2}$

125 (1) $BD=x$, $AD=h$ とおくと　$h^2=7^2-x^2=5^2-(8-x)^2$

★★ 126 [正多角形の面積]

次の問いに答えなさい。

(1) 1 辺の長さが $\sqrt{2}$ の正八角形 ABCDEFGH について，次の値を求めよ。 (大阪教育大附高池田)

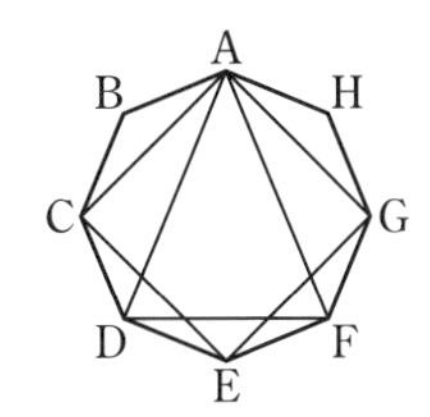

① ∠FAC の大きさ
② 台形 ABCD の面積
③ △ADF の面積
④ 正方形 ACEG の面積

(2) 半径が 1cm の円に内接する正十二角形の面積を求めよ。 (東京・巣鴨高)

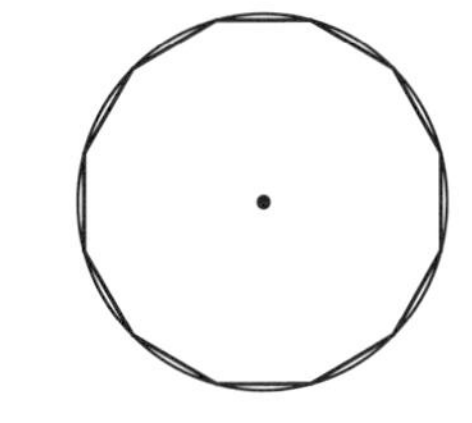

★★★ 127 [図形の移動]

次の問いに答えなさい。

(1) 図の四角形 ABCD は，1 辺 3 の正方形であり，四角形 AEFG は，1 辺 2 の正方形である。正方形 AEFG を，A が A′ にはじめて重なるまで，正方形 ABCD にそってすべることなく，時計回りに回転させる。点 A のえがく図形の長さを求めよ。ただし，円周率は π とする。 (東京・中央大杉並高)

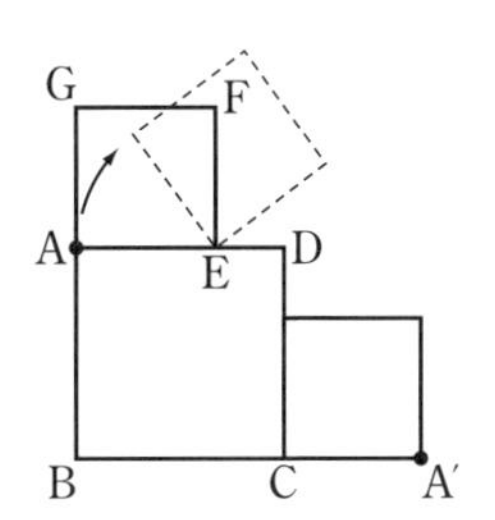

難▶(2) 1 辺の長さが 3 の正方形の中で，半径が 1 の円 O が自由に動いている。このとき正方形の中で，この円の周が決して通らない部分がある。この円の周が通らない部分を次の図に色をぬり，その面積を求めよ。ただし，円周率は π とする。 (鹿児島・ラ・サール高)

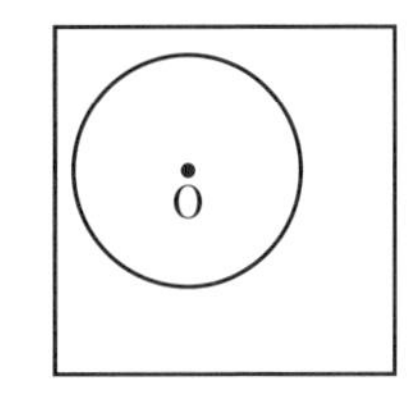

着眼

126 (1) 正多角形は円に内接している。正八角形の 1 つの内角の大きさは 135° である。

127 (1) 点 A は半径の異なる 3 種類のおうぎ形の弧をえがくが，それぞれの中心角はすべて等しい。

(2) 正方形の四隅と中心部に，この円の周が通らない図形ができる。

★★128 [$\sqrt{a}$の作図法を使った問題]

次の問いに答えなさい。

(1) 右の図で，四角形 ABCD，CDEF，EFGH はそれぞれ 1 辺が 1cm の正方形である。 (奈良県)

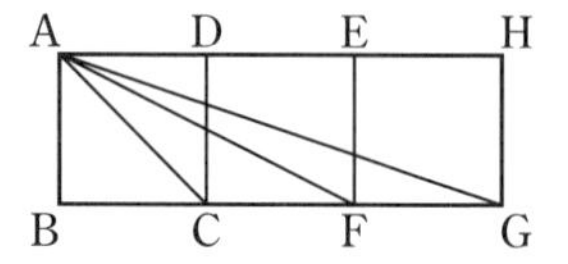

① △ACF∽△GCA であることを証明せよ。

② ∠DAG＝a° とするとき，∠FAG の大きさを a を用いて表せ。

③ 線分 CH と線分 AF，AG との交点をそれぞれ I，J とする。このとき，△AIJ の面積を求めよ。

(2) 図のように，長さ 1 の線分 AB の点 A，B からそれぞれ AB に垂線を引き，半直線 AX，BY をつくる。次に点 A を中心とし，AB を半径とする弧が AX と交わる点を C，C を通って AX に垂直な直線と BY との交点を D，さらに AD を半径とする弧が AX と交わる点を E，E を通って AX に垂直な直線と BY との交点を F とおき，以下同じ手順で G，H，I，J，… をとっていくものとする。次の問いに答えよ。

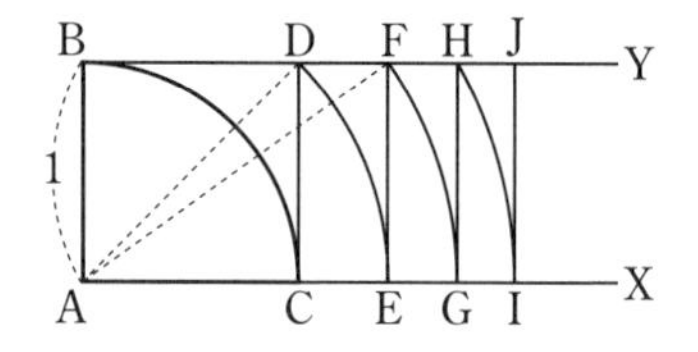

① AD の長さを求めよ。

② AF の長さを求めよ。

③ 上の手順でアルファベット順に点をとっていくとき，AM の長さを求めよ。

★★129 [長さから特殊な角度を求める]

次の問いに答えなさい。

(1) 右の図の三角形 ABC で，AB＝$\sqrt{3}-1$，AC＝$\sqrt{6}$，∠CAB＝45° である。辺 AC 上に ∠ABD＝90° となるような点 D をとるとき，∠DCB の大きさと BC の長さを求めよ。 (埼玉・早稲田大本庄高)

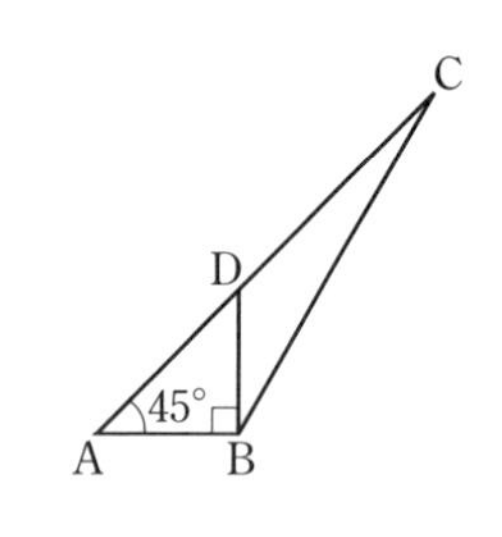

難▶(2) 右の図のように，AB＝1，BC＝$\sqrt{2}-1$ の長方形 ABCD がある。∠BAC の大きさを求めよ。

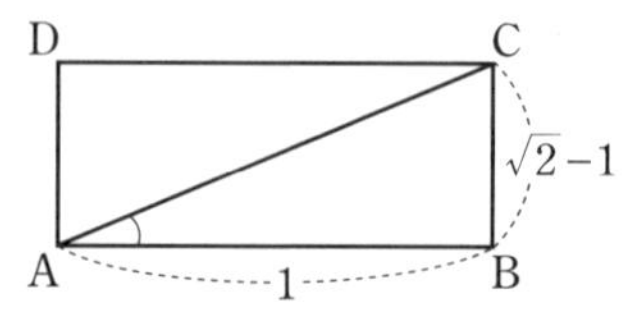

着眼

129 (1) C から AB の延長上に垂線 CH を下ろす。

★★130 [三角形と外接円]

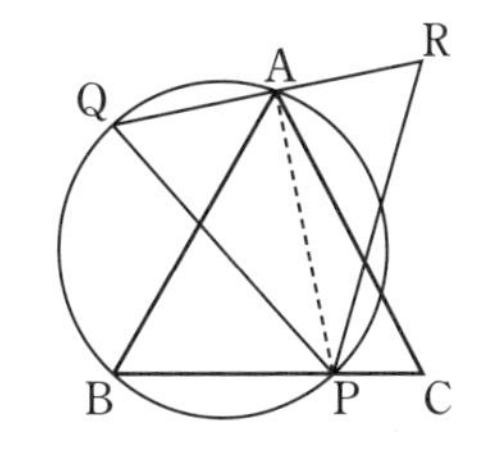

(1) 右の図のように，円 O に △ABC が内接している。AC＝5cm，BC＝6cm，△ABC の面積が 9cm^2 であるとき，次の問いに答えよ。（千葉・日本大習志野高）

① AB の長さを求めよ。

② 円 O の面積を求めよ。

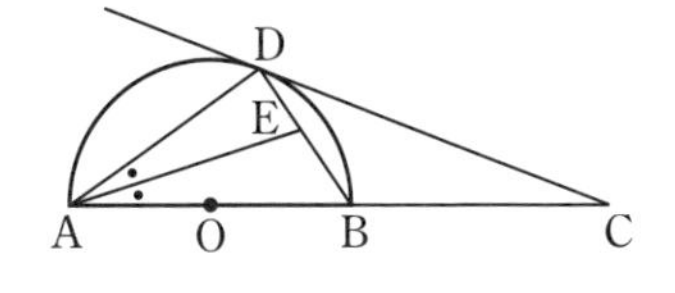

(2) 1 辺の長さが 12cm の正三角形 ABC がある。
右の図のように，辺 BC 上に点 P をとり，3 点 P，A，B を通る円をかく。また，この円の直径を PQ とし，A について Q と対称な点を R とする。BP＝8cm のとき，次の問いに答えよ。（東京・筑波大附駒場高）

① 線分 AP，PQ の長さをそれぞれ求めよ。

② △ABQ の面積を求めよ。

難 ③ BR と CQ の交点を S とするとき，△SBC の面積を求めよ。

★★131 [三角形と円と接線]

(1) 右の図のように，線分 AB を直径とする半円 O がある。AB の延長上に点 C をとり，C から半円 O に接線を引き，接点を D，∠BAD の二等分線と線分 BD の交点を E とする。BC＝9cm，CD＝12cm のとき，次の問いに答えよ。

（東京・早稲田実業学校高等部）

① 半円 O の半径を求めよ。

② 線分 AD の長さを求めよ。

③ △ADE の面積を求めよ。

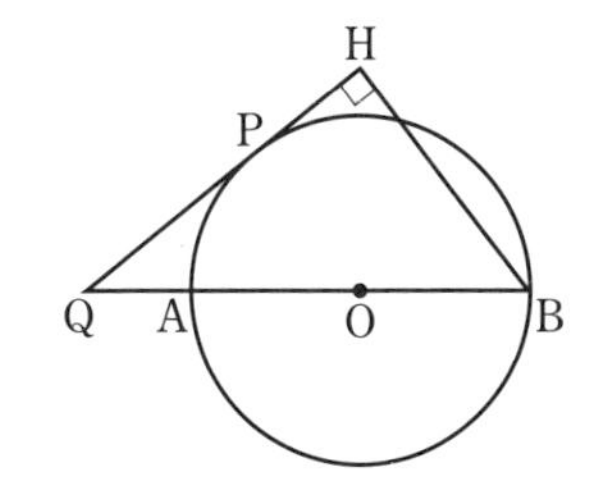

(2) AB を直径とする円 O の周上に点 P をとる。P における円 O の接線と，BA の延長との交点を Q，B から直線 QP に下ろした垂線を BH とする。AB＝30，AQ＝10 のとき，次の問いに答えよ。

① BH の長さと PH の長さを求めよ。

② △PAB の面積を求めよ。

難 ③ △HQB の内接円の中心を I とおくとき，IO の長さを求めよ。

★★★ 132 [複数の円と三平方の定理]

次の問いに答えなさい。

(1) 右の図のように，ABとACを直径とする大小2つの半円があり，線分BDは点Eで小さい方の半円に接している。次の問いに答えよ。 (神奈川・慶應高)

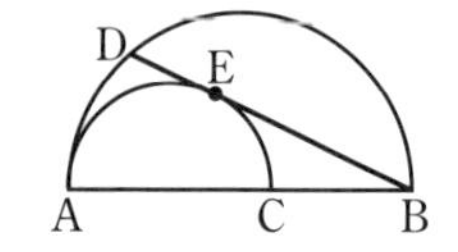

① ∠DBA＝25°のとき，∠DEA＝□°である。空欄をうめよ。

② 大きい方の半円の半径をR，小さい方の半径をrとする。BC＝a，BE＝bのとき，半径R，rをそれぞれa，bで表せ。

③ 直線AEと大きい方の半円との交点をFとする。AE：EF＝2：3のとき，BC：BEを求めよ。

(2) 右の図のように，AB＝4の長方形ABCDの3辺AB，BC，DAに接する円P(中心が点P)と，2辺BC，CDと円Pに接する円Q(中心が点Q)がある。Cより円Pに接線を引き，辺DAとの交点をEとすると，CE＝5となった。 (東京・日本大二高)

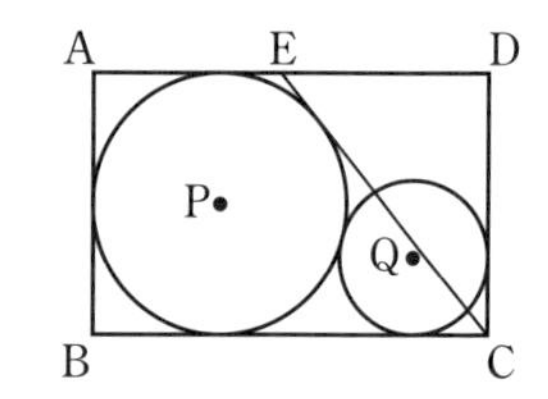

① PEの長さを求めよ。

② 長方形ABCDの対角線の長さを求めよ。

③ 円Qの半径を求めよ。

難▶(3) 下の図のように，半径が4で中心角90°のおうぎ形OABと，中心をCとし，OAを直径とする半円がある。また，円Dはおうぎ形に点S，Tで接し，半円に点Eで接している。次の問いに答えよ。 (千葉・東邦大付東邦高)

① 図1を参考にして，円Dの半径を求めよ。

② 図2において，半円の周上に点Fをとり，OFとCEの交点をGとする。△GCF∽△GEOであるとき，CG：EGを求めよ。

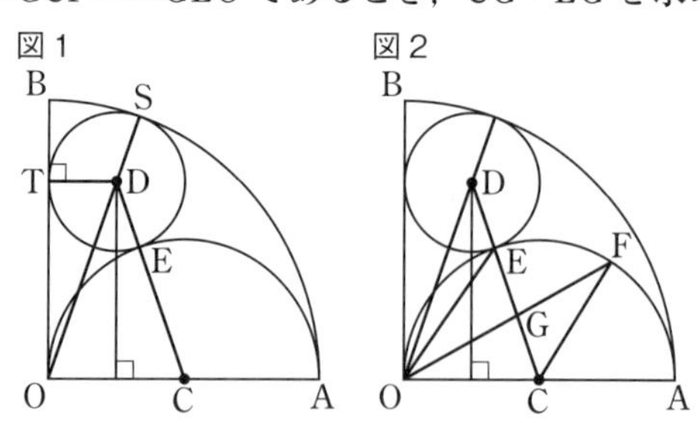

着眼

132 (3) 点Dから線分OAに下ろした垂線をDHとすると，△DOH，△DCHで三平方の定理が成り立つ。

★★133 [折り返し図形] <頻出

(1) 右の図のように，1辺12cmの正三角形ABCを頂点Aが辺BC上の点Dに重なるように折る。このとき，線分BEの長さは［ア］cmで，線分CFの長さは［イ］cmである。［ア］，［イ］にあてはまる数を入れよ。 (東京・成城高)

(2) AB＝8cm，BC＝6cmの長方形ABCDの紙がある。この紙を点Cを通る次のような直線で折り曲げるとき，重なる部分(かげの部分)の面積を求めよ。

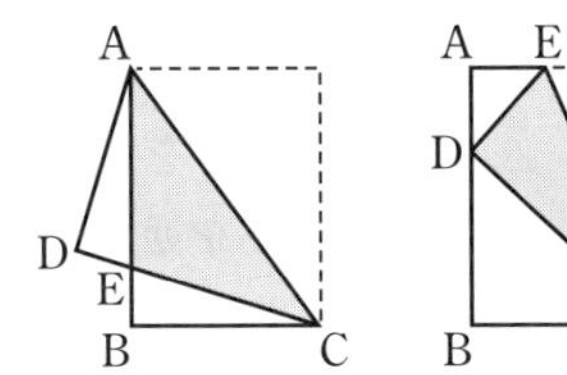

① 対角線ACで折り曲げるとき。

② 点Dが辺AB上にくるように折り曲げるとき。 (大阪教育大附高池田)

(3) 1辺の長さが10cmの正方形の折り紙ABCDの頂点Dが辺AB上の点Eに重なり，∠AEH＝45°となるように線分HGを折り目として折り紙を折る。 (兵庫・灘高改)

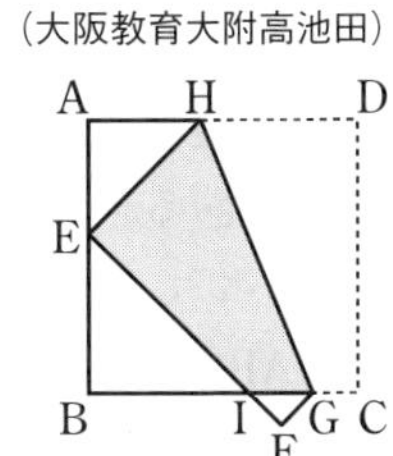

① 線分AEの長さを求めよ。

② 線分CGの長さを求めよ。

③ 右の図の四角形EIGHの面積を求めよ。

④ 四角形HEGDの面積を求めよ。

★★★134 [三角形の内接円，外接円，傍接円]

図のように，AB＝9cm，BC＝8cm，CA＝7cmの△ABCがある。円Iは△ABCの3つの辺に接しており，円Oは△ABCの3つの頂点を通る。また，円Eは2つの半直線AB，ACと辺BCにそれぞれ接している。次の問いに答えなさい。 (埼玉・立教新座高)

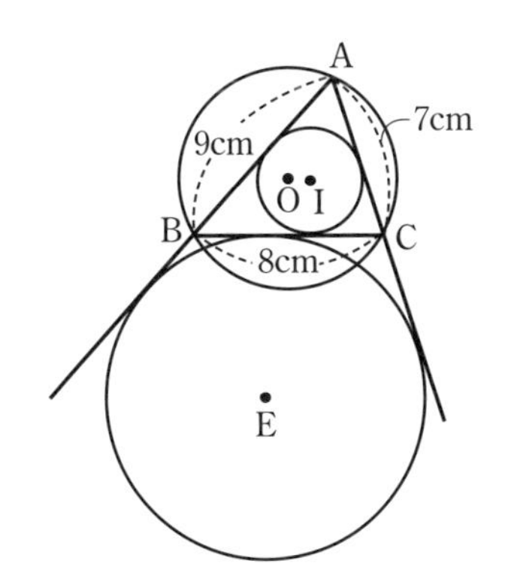

(1) △ABCの面積を求めよ。

(2) 円Iの半径を求めよ。

(3) 円Oの半径を求めよ。

(4) 円Eの半径を求めよ。

着眼

134 三角形の3円に関する知識を用いる。内接円の中心(内心)は内角の二等分線の交点であり，傍接円の中心(傍心)は外角の二等分線の交点である。

★★★ 135 [円周上を動く点]

次の問いに答えなさい。

(1) 右の図のように，中心 O，直径 AB の長さが 10 である円の周上に，∠COD＝120° となるように 2 点 C，D をとり，AD と BC の交点を E とする。

このとき，次の問いに答えよ。 (高知学芸高)

① ∠CAD の大きさを求めよ。

② ∠AEB の大きさを求めよ。

③ 3 点 A，B，E を通る円の中心を F とする。∠AFB の大きさを求めよ。

④ 3 点 A，B，E を通る円の半径を求めよ。

(2) 右の図において，半径 5cm の半円の弧 AB 上(両端を除く)に点 P がある。∠PAB，∠PBA それぞれの二等分線の交点を Q とする。このとき，∠AQB＝ ア 度である。また，点 P が弧 AB 上を動くとき点 Q が動いてできる図形の長さは イ cm である。空欄をうめよ。 (兵庫・灘高)

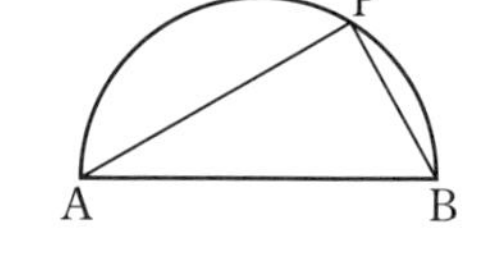

(3) AB を直径とする円 O がある。点 P は図のように弧 AB 上を動く点であり，∠APB の二等分線と AB との交点を C，円 O との交点を D とする。直径 AB の長さが 10 のとき，次の問いに答えよ。 (東京・専修大附高)

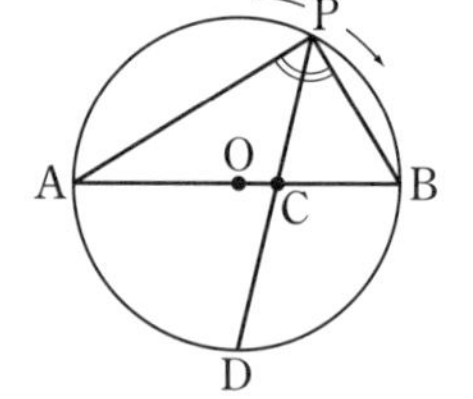

① BP の長さが 6 のとき，

㋐ CB の長さを求めよ。

㋑ △ACP：△PDB の面積比を最も簡単な整数の比で表せ。

難▸② AP の垂直二等分線と PD との交点を Q とする。点 P が弧 AB 上を動くとき，点 Q はある円周上を動く。この円の直径の長さを求めよ。

着眼

135 (2)の問題は(1)の問題の流れに合わせて考えるとわかりやすい。

(3) ② 点 D の位置は動点 P の位置に関わりなく不動である。また ∠AQD の大きさも一定であることから考える。

★★★ 136 [座標平面上での三平方の定理]

次の問いに答えなさい。

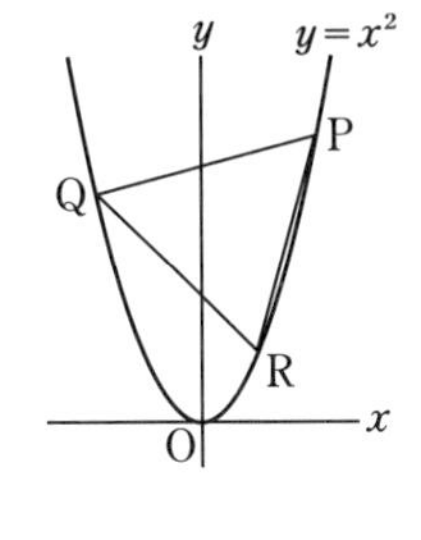

(1) 右の図のように，正三角形の3つの頂点 P，Q，R が放物線 $y=x^2$ 上にある。点 P の座標は$\left(\dfrac{5}{2},\ \dfrac{25}{4}\right)$で，2点 Q, R を通る直線の傾きは -1 である。(東京・巣鴨高)

① 辺 QR の垂直二等分線の方程式を求めよ。

② 辺 QR の中点の座標を求めよ。

③ 正三角形 PQR の1辺の長さを求めよ。

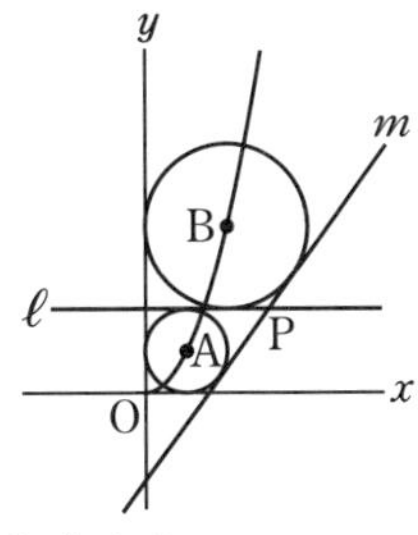

(2) 右の図で，円 A，円 B の中心は放物線 $y=\dfrac{1}{3}x^2$ $(x>0)$ 上にあり，円 A は x 軸，y 軸および x 軸に平行な直線 ℓ に接していて，円 B は直線 ℓ と y 軸に接している。また，2つの円 A，円 B に共通な接線を直線 m とする。(東京・早稲田実業学校高等部)

① 円 B の中心の座標を求めよ。

難▶② 直線 ℓ と直線 m の交点を P とするとき，P の x 座標を求めよ。

③ 直線 m の式を求めよ。

④ y 軸，直線 m および円 A に接する円の半径を求めよ。ただし，中心の x 座標，y 座標はともに正とする。

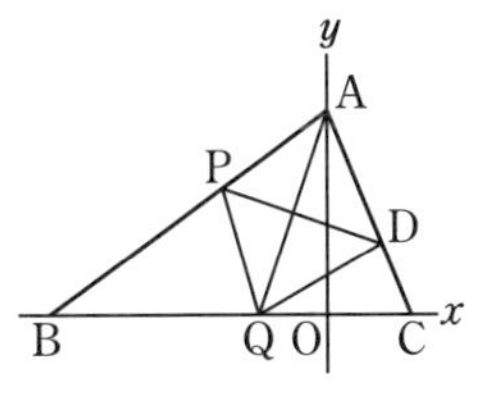

(3) AB＝20，BC＝21，CA＝13 である鋭角三角形 ABC の辺 AC 上に点 D があり，AD：DC＝20：11 を満たす。辺 AB 上に点 P をとり DP を折り目として折ったところ，点 A は辺 BC 上の点 Q に重なった。この鋭角三角形 ABC を座標平面上に，A を y 軸の正の部分，B を x 軸上の負の部分，C を x 軸の正の部分にのるようにおく。次の問いに答えよ。(東京・開成高)

① A，B，C，D の座標を求めよ。

難▶② Q の座標を求めよ。また，直線 DP の式を求めよ。

③ AP：PB を求めよ。

着眼

136 (2) ① 点 B の x 座標は円 B の半径に等しい。 ② 円 A と円 B は接していない。
(3) ① 点 C$(c,\ 0)$ とおいて △OAC で三平方の定理を使う。
② 点 Q$(q,\ 0)$ とおいて，QD＝AD を利用する。

★★137 ［角柱・角錐］ ＜頻出

次の問いに答えなさい。

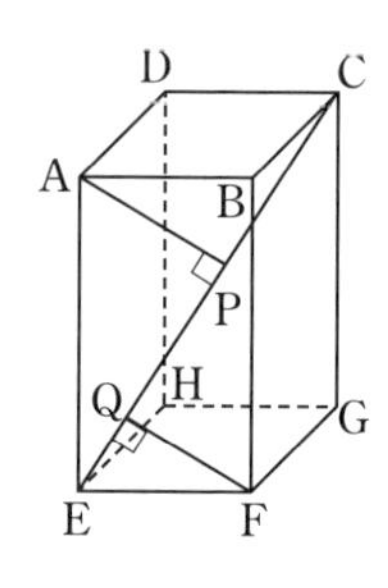

(1) 右の図は AB＝AD＝1cm，AE＝2cm の直方体 ABCD-EFGH である。　（千葉・和洋国府台女子高 改）

① 対角線 CE の長さを求めよ。

② 頂点 A から CE に引いた垂線 AP の長さを求めよ。

③ 頂点 F から CE に引いた垂線を FQ とする。
CP：PQ：QE を最も簡単な整数の比で表せ。

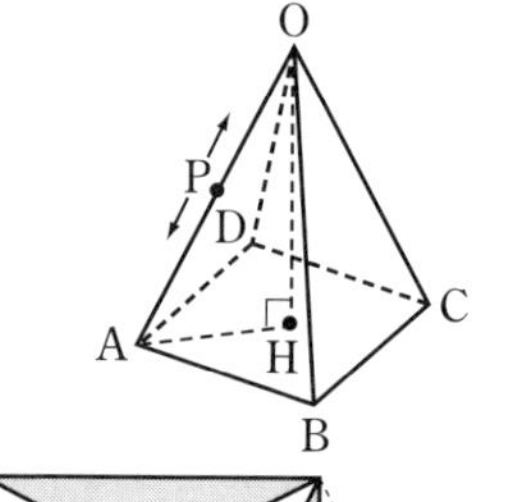

(2) 右の図の正四角錐は，OH＝12cm，OA＝13cm である。この正四角錐の体積は ［ア］ cm^3 である。辺 OA 上に動点 P をとる。△PBD の面積の最小値は ［イ］ cm^2 である。空欄をうめよ。　（東京・法政大高）

(3) 右の図のように，1 辺 $2\sqrt{2}$ cm の正方形から図のかげの部分のような合同な二等辺三角形を切り取った。残った部分で，底面が 1 辺 1cm の正方形となる正四角錐をつくるとき，次の問いに答えよ。　（東京・青山学院高）

1cm
$2\sqrt{2}$cm
$2\sqrt{2}$cm

① 正四角錐の表面積を求めよ。

② 正四角錐の体積を求めよ。

③ 正四角錐に内接する球の半径を求めよ。

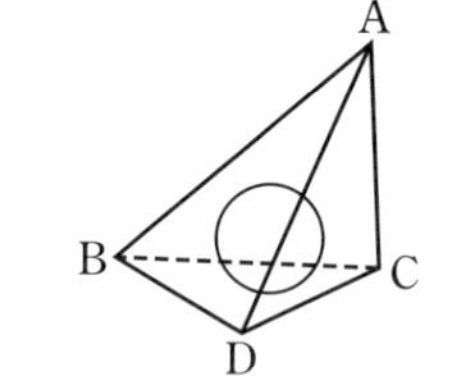

(4) 右の図のように，四面体 ABCD の内部に球 S があり，4 つの面すべてに接している。各辺の長さは AB＝AC＝AD＝BC＝BD＝7，CD＝2 である。辺 AB の中点を M，辺 CD の中点を N とする。（東京・開成高）

① 線分 MN の長さを求めよ。

難▶② 球 S の半径 r を求めよ。

着眼

137 (1) A，P，C，E は同一平面上にあり，F，Q，C，E は別の同一平面上にある。

(2) 線分 PH の長さが最小となるとき，△PBD の面積が最小となる。

(3) ③ 切断して内接円で処理する。

(4) ① △ANB は二等辺三角形。線分 MN は頂点 N から対辺に引いた中線。

② 体積で処理する。

★★138 [円柱・円錐・球]

(1) 底面の半径が 6cm，母線の長さが $6\sqrt{7}$ cm の円錐があり，その内側に接するように円柱が入っている。円錐と円柱の底面は同じ平面上にある。円錐の母線 AB が円柱と接する点を C とすると，AC：CB＝5：4 である。次の□にあてはまる数を求めよ。（東京・日本大豊山女子高）

① 円錐の高さは□cm である。

② 円柱の体積は□π cm^3 である。

(2) 半径 15cm の半球の中に，半径 20cm，中心角 216° のおうぎ形で側面をつくった円錐を，円錐の底面の周が半球内部の面にすべて接するように置く。

円錐の頂点 O から円錐の底面に垂線 OH を引き，直線 OH と半球の球面部分との交点を K とするとき，OK の長さを求めよ。（東京・筑波大附高）

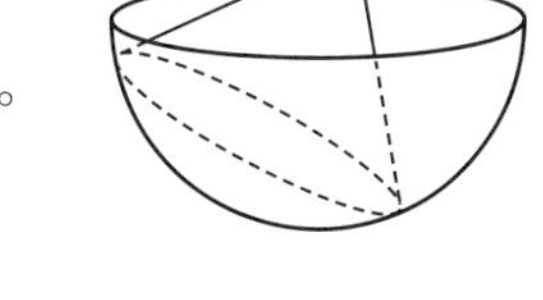

(3) 右の図のように，底面の半径が 4cm，高さが $8\sqrt{2}$ cm，母線の長さが 12cm の円錐がある。BC は底面の直径で，M，N はそれぞれ AB，AC の中点である。点 P が底面の円周上を動くとき，次の問いに答えよ。（広島・修道高）

① MP の長さの最大値を求めよ。

② △MPN の面積の最大値を求めよ。

(4) 次の問いに答えよ。（東京・中央大附高）

① 右の図のように，大円 1 個と半径 1 の小円 3 個とが互いに接している。大円の半径 R を求めよ。

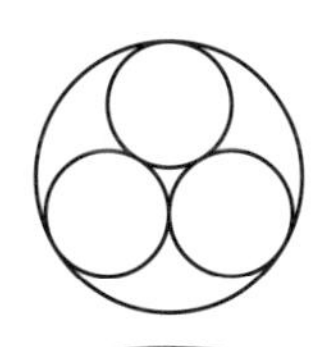

② 右の図のように，4 つの球と円柱がある。4 つの球は大きさが等しく互いに接している。また，下の 3 つの球は円柱の底面および側面に接しており，上の球は円柱の上面に接している。球の半径を 1 とするとき，円柱の高さ h を求めよ。

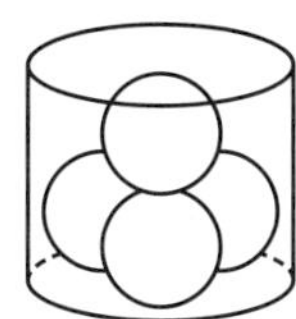

着眼

138 (2) 半球の中心，円錐の底面の直径，同一直線上の 3 点 O，H，K が含まれる平面をとり出して，平面図形として処理する。

(4) ② 4 つの球の中心を結ぶと正四面体ができる。正四面体の高さに球 1 個分の高さを加えたものが h である。

★★139 [立体の表面を走る最短経路] <頻出

(1) 右の図は，母線の長さが 6cm，底面の半径が 1cm の円錐である。BC は底面の直径であり，AB，AC は母線である。AB 上に AP＝4cm となる点 P をとり，図のように B から側面に沿って P まで糸を巻きつける。（群馬県）

① この円錐の体積と表面積を求めよ。

② 糸の長さが最も短くなるように糸を巻きつけたとき，

㋐ 巻きつけた糸の長さを求めよ。

㋑ 巻きつけた糸と AC との交点を Q とするとき，AQ の長さを求めよ。

(2) 展開図が図 1 の円錐がある。（高知学芸高）

① この円錐の底面の半径と体積を求めよ。

② この円錐の母線 OA の中点を C とする。図 2 のように，点 A から側面に沿って母線 OB を横切り，点 C まで線を引く。その線のうち，最も短い線の長さを求めよ。

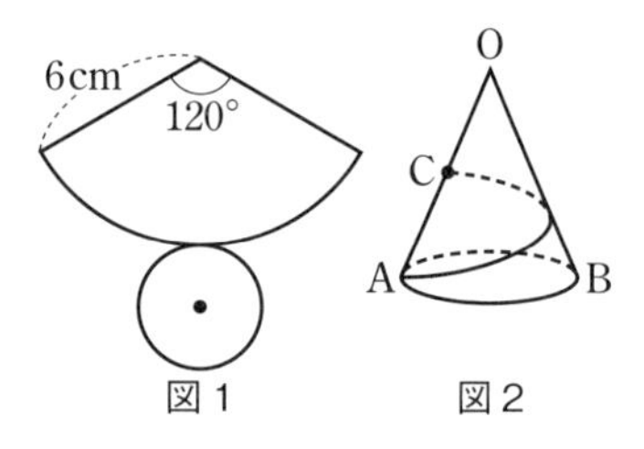

図 1　図 2

(3) 直方体 ABCD-EFGH があり，AB＝2，AE＝3，AD＝4 とする。辺 AD，BC 上にそれぞれ点 P，Q を EP＋PQ＋QG が最小になるようにとった。（東京・青山学院高）

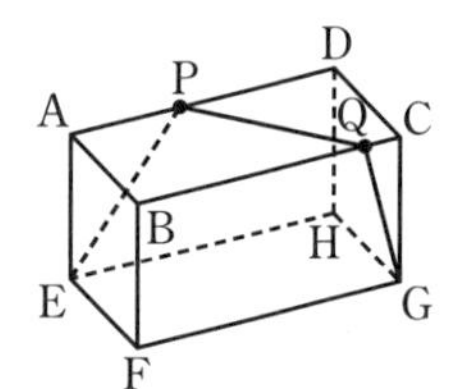

① PQ の長さを求めよ。

② 3 点 P，Q，G を通る平面と辺 EH とが交わる点を R とする。RH の長さを求めよ。

③ 直方体を②の平面で切ったとき，小さい方の立体の体積を求めよ。

(4) 右の図のように，底面が 1 辺の長さ 2 の正三角形 ABC で，OA＝OB＝OC＝$\sqrt{5}$ である三角錐 O-ABC がある。辺 OB，OC 上にそれぞれ点 P，Q をとって，折れ線の長さ AP＋PQ＋QA が最小となるようにするとき，この長さを求めよ。（広島・修道高）

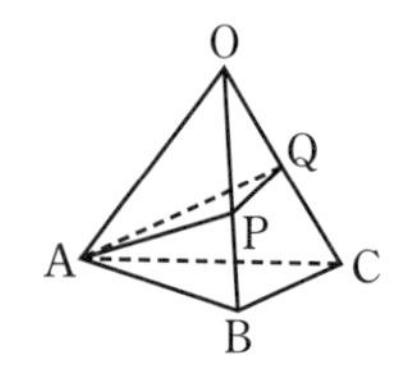

着眼

139 (1)，(2) 円錐の側面を通る最短経路は展開図（おうぎ形）上の直線である。
(3) ② 平行な 2 平面に 1 平面が交わってできる交線は平行である。

★★★ 140 [立体の切断]

(1) 辺の長さがすべて4である正四角錐 O-ABCD がある。この正四角錐の辺 OB, OC の中点をそれぞれ P, Q とし，この四角錐を4点 P, Q, D, A を通る平面で切断し，2つの立体に分ける。 (東京・郁文館高)

① 切断面 PQDA の面積を求めよ。

② P から底面 ABCD に引いた垂線の長さを求めよ。

③ 立体 PQ-DABC の体積を求めよ。

(2) 次の問いに答えよ。

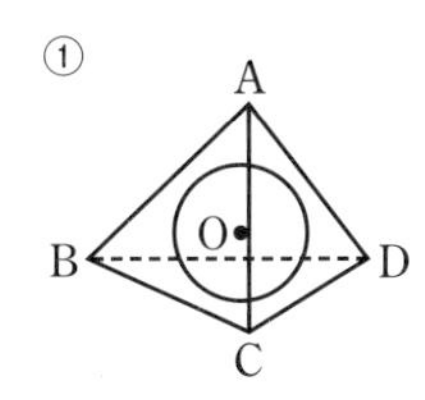

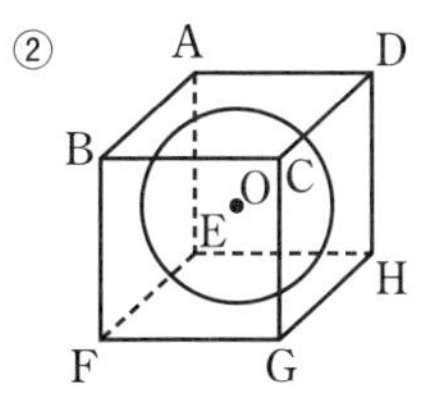

① 正四面体 A-BCD と，正四面体の各面に接する球がある。正四面体の1辺の長さが 6cm のとき，次の問いに答えよ。

㋐ A から面 BCD に下ろした垂線の長さを求めよ。

㋑ 内接する球の半径を求めよ。

② 1辺の長さが 6cm の立方体 ABCD-EFGH と，立方体の各面に接する球がある。3点 A, F, H を通る平面で球ごと立方体を切断するとき，切り取られる球の切断面の面積を求めよ。

(3) 底面が1辺 3cm の正六角形で，高さが 8cm である正六角柱 ABCDEF-GHIJKL を，点 A と点 J を通り切り口が六角形になる平面で切る。この平面が，辺 BH, CI, EK, FL と交わる点をそれぞれ P, Q, R, S とするとき，次の問いに答えよ。

(東京・早稲田実業学校高等部)

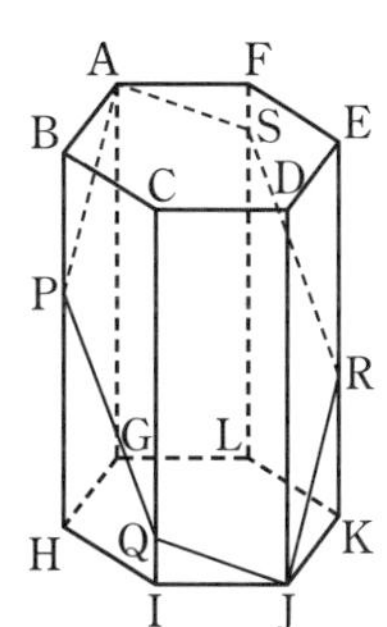

① AJ の長さを求めよ。

② BP の長さが 3cm のとき，PQ の長さと PS の長さを求めよ。

難▶③ PS の長さが 6cm のとき，次の㋐，㋑に答えよ。ただし，BP の長さは 2cm 以上である。

㋐ SQ の長さを求めよ。

㋑ 切り口の六角形 APQJRS の面積を求めよ。

着眼

140 (2) ② 球の切断は切断平面を真横から見た図で考えるとわかりやすい。
(3) ②, ③ 六角柱を内に含む四角柱を外側に補って考えるとわかりやすい。

第8回 実力テスト

時間50分
合格点70点

解答 別冊 p. 135

1 △ABCにおいて，AB＝10，AC＝26，∠ABC＝90°とする。辺ABに平行な線分DE，FG，HIによってこの三角形の面積を4等分するとき，線分GIの長さを求めなさい。

（奈良・東大寺学園高）（5点）

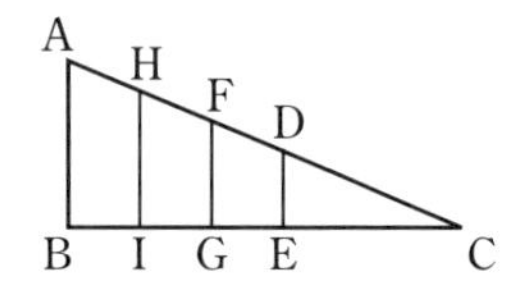

2 図の四角形ABCDは，AB∥DC，AB⊥BC，AB＝6，CD＝5の台形である。四角形ABCDのすべての辺に接する円Oの半径rを求めなさい。

（東京・中央大杉並高）（5点）

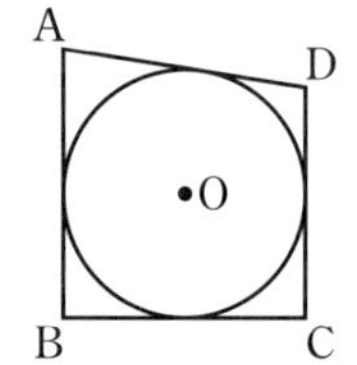

3 AB＝$2x-18$，BC＝$x-12$，∠ABC＝150°である△ABCの面積が27になるようなxの値を求めなさい。

（東京・慶應女子高）（5点）

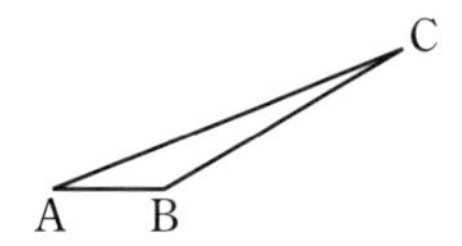

4 △ABCにおいて，AB＝3，BC＝5，CA＝7とする。次の問いに答えなさい。

（埼玉・早稲田大本庄高）（各5点×2）

(1) △ABCの面積Sを求めよ。

(2) ∠ABCの大きさを求めよ。

5 ∠BAC＝60°である鋭角三角形ABCがある。頂点A，Bから辺BC，CAにそれぞれ垂線AD，BEを引き，その交点をFとする。AE＝3，EC＝1であるとき，次の□をうめなさい。

（愛知・東海高）（各6点×4）

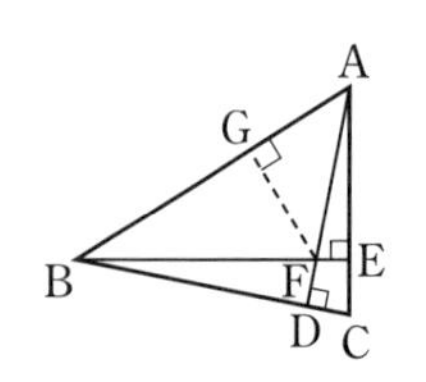

(1) △ABCの面積は□である。

(2) FEの長さは□である。

(3) ADの長さは□である。

(4) 点Fから辺ABに垂線FGを引く。FGの長さは□である。

6 原点Oから直線 $y=-\frac{1}{2}x+\frac{3}{2}$ に垂線を引き，その交点をHとする。このとき，線分OHの長さを求めなさい。 （東京・巣鴨高） （6点）

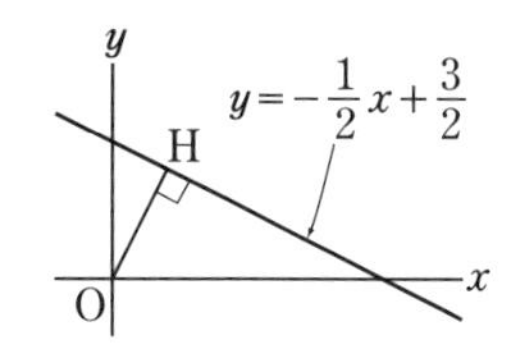

7 右の図のように，∠A＝30°，∠C＝90°の直角三角形ABCとその内接円がある。点D，E，Fは接点で，点Dから線分EFに垂線DHを引く。DC＝4のとき，次の問いに答えなさい。 （東京・城北高） （各6点×3）

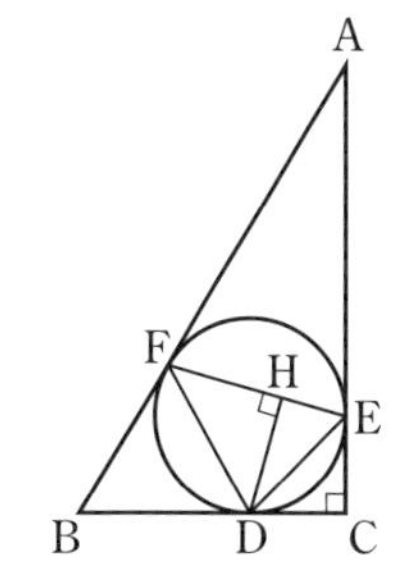

(1) ∠DEFの大きさを求めよ。
(2) 線分DHの長さを求めよ。
(3) △DEFの面積を求めよ。

8 1辺の長さが1の正四面体ABCDの3つの辺BD，BC，AC上にそれぞれ点P，Q，Rがあるとき，4つの線分の長さの和AP＋PQ＋QR＋RDの最小値は［ア］で，そのときの線分の長さの比BP：PDを最も簡単な整数の比で求めると［イ］：［ウ］である。空欄をうめなさい。

（兵庫・甲陽学院高） （完答9点）

9 右の図は，AB＝AD＝6cm，AE＝12cmの直方体であり，Mは辺DHの中点，Nは辺CGの中点である。2つの四角錐A-MNGH，E-DCNMの共通部分の立体をPとする。このとき，次の問いに答えなさい。

（兵庫・灘高） （(1)各4点×2，(2)，(3)各5点）

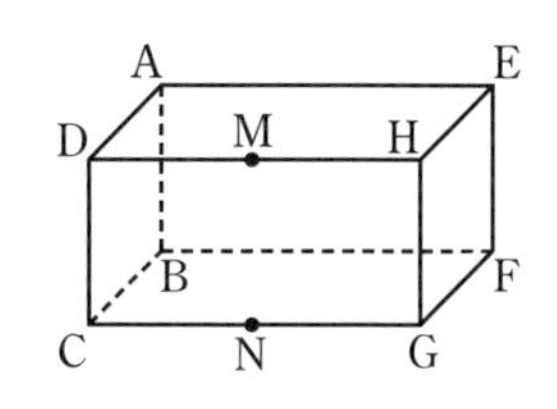

(1) Pは［ア］面体であり，Pの面のうち平面ADHE上にあるものの面積は［イ］cm^2である。空欄をうめよ。
(2) Pの体積を求めよ。
(3) Pと四角錐H-ABCDとの共通部分の立体の体積を求めよ。

9 標本調査

解答 別冊 p. 139

★141 [無作為の抽出]

母集団から標本を決めるのに，次のようにした。これでよいか。よくないときは，その理由を答えなさい。

(1) ある市で，市営のプールを造る必要があるかどうかを決めるために，市民にアンケートをすることになったので，市営の体育館の前で，体育館に来た人に調査用紙をわたして意見を書いてもらった。

(2) ある市で，市電の廃止の是非を調査するため，ある日の午前 10 時から 11 時までの間に，市電に乗るときに調査用紙をわたし，降車のとき，その調査用紙を回収して調査をすることになった。

★142 [比率の推定①]

ある工場でつくった電気器具 200 個の品質検査を行ったら，不良品が 3 個あった。これについて，次の問いに答えなさい。

(1) この工場でつくった電気器具の不良品の比率は何 % と推定されるか。

(2) この工場でつくった 7000 個の製品には，およそ何個の不良品が含まれていると考えられるか。

★★143 [比率の推定②]

袋の中に，緑色の豆だけがたくさん入っている。そのおよその個数を調べるために，袋の中に 100 個の黒色の豆を入れてよくかき混ぜた。その後，袋の中から 30 個の豆を無作為に抽出し，緑色と黒色の豆の個数をそれぞれ数え，数え終わった豆を袋に戻してよくかき混ぜる実験を 3 回行い，表にした。3 回の平均をもとにして，袋の中の緑色の豆の個数を推測しなさい。考え方がわかるように過程も書きなさい。ただし，すべての豆の重さ，大きさは同じものとする。 (秋田県)

実験の回数	緑色の豆の個数	黒色の豆の個数
1 回目	28	2
2 回目	26	4
3 回目	27	3
3 回の平均	27	3

第9回 実力テスト

時間 20 分
合格点 70 点

得点 ／100

解答 別冊 p. 139

1 袋に白い豆が入っている。この白い豆の個数を調べるために，黒い豆 100 個をその袋に入れ，次のような実験をした。

「豆をよく混ぜ合わせ，その中からひとつかみの豆を取り出し，白と黒の豆の個数を数え，また，もとの袋にもどす。」

この実験を 5 回行った結果が，右の表のようになった。この表の標本をもとにして，袋の中に白い豆はおよそ何個入っていると推定できますか。

回	1	2	3	4	5
白い豆の個数	40	39	44	36	41
黒い豆の個数	1	2	3	2	2

(20点)

2 箱の中に赤玉と白玉が入っている。そこへ青玉を 8 個入れたら全部で 20 個になった。この箱の中から玉を 1 個取り出し色を確かめ，それを箱にもどす実験をくり返して，2000 回行った。下の表は実験をはじめてから，500 回ごとに 4 つの区分に分けて，白玉の出た回数を記録したものである。

この表から，箱の中の白玉の個数を推定しなさい。 (20点)

実験の区分	1回～500回	501回～1000回	1001回～1500回	1501回～2000回
白玉の出た回数	164 回	183 回	174 回	181 回

3 黒と白の碁石が合わせて 500 個ある。この中から，よくかき混ぜて 40 個を取り出すと，白は 18 個であった。 (各15点×２)

(1) 取り出した 40 個の中の，白の碁石の割合を求めよ。

(2) 500 個のうち 300 個を取り出すとき，白の碁石はおよそ何個であると考えられるか。

4 ある養殖場で，養殖している魚の数を調べることにした。ある日，200 尾の魚を網ですくい，印をつけてもどした。それから 2 週間後に 300 尾の魚を網ですくって印のついている魚の数を調べると 24 尾であった。

(各15点×２)

(1) 養殖場全体の魚の数と，印のついている魚の数の比を推定せよ。

(2) 養殖場全体の魚の数を推定せよ。

総合問題

解答 別冊 p. 140

★★144 [不定方程式の自然数解をめぐる問題]

大小１つずつのさいころを同時に投げ，出た目の数をそれぞれ x，y とする。それぞれの目の出る確率はすべて等しいとして，次の問いに答えなさい。

(1) $2x-3y=1$ が成り立つ確率を求めよ。 (東京・両国高)

(2) $xy-3x-2y+4=0$ となる確率を求めよ。 (大阪星光学院高)

★★145 [食塩水の総合問題]

容器 A_1，A_2，A_3 にはそれぞれ濃度 9% の食塩水が 600g 入っている。このとき，次の問いに答えなさい。(2)，(3)は途中経過も記しなさい。

(東京・國學院大久我山高)

(1) 容器 A_1 に水を加えて濃度 6% の食塩水をつくりたい。加える水の量を求めよ。

(2) 濃度 5% の食塩水が 400g 入っている容器 B を用意する。容器 A_2 の食塩水 p g と，容器 B の食塩水 q g を混ぜ合わせて，濃度 8% の食塩水を 600g つくりたい。p，q の値を求めよ。

(3) 容器 A_3 から r g の食塩水をくみ出し，代わりに r g の水を加えよくかき混ぜる。さらにもう１度この操作をくり返して，容器 A_3 の食塩水を濃度 4% の食塩水 600g にしたい。r の値を求めよ。

★★146 [方程式を利用した確率の問題]

(1) １つのさいころを２回投げて，１回目に出た目の数を a，２回目に出た目の数を b とする。このとき，次の確率を求めよ。 (神奈川・日本女子大附高)

① １次方程式 $ax=b$ の解が整数となる確率

② ２次方程式 $x^2+ax-b=0$ が１を解にもつ確率

③ 直線 $y=\frac{b}{a}x$ が，直線 $y=2x+1$ と交わるときの確率

(2) ２つのさいころ A，B を同時に投げて出た目の数をそれぞれ a，b とする。この a，b の値を用いて，２次方程式 $x^2-ax+b=0$ をつくる。次の空欄をうめよ。 (愛知・東海高)

① この方程式が $x=1$ を解にもつ確率は ☐ である。

② この方程式の解が整数となる確率は ☐ である。

★★ 147 [分割数に関する問題]

横1列に並んでいる○を左から順に斜線で消していく。次の問いに答えなさい。

(京都・堀川高)

(1) 1度に消せる○の数を1個か2個とした場合，すべての○を消す方法が何通りあるかを考える。

例えば，○が2個並んでいる場合は，次のように2通りある。

⊘ ⊘　　　　○—○

○が3個並んでいる場合は，次のように3通りある。

⊘ ⊘ ⊘　　　⊘ ○—○　　　○—○ ⊘

① ○が4個並んでいる場合は，すべての○を消す方法は何通りあるか。

② ○が7個並んでいる場合は，すべての○を消す方法は何通りあるか。

(2) ○が6個並んでいて，1度に何個でも消してよいとすると，すべての○を消す方法は何通りあるか。

★★★ 148 [3元2次方程式の難問]

xについての3つの2次方程式 $x^2+ax+b=0$，$x^2+x+a=0$，$ax^2+(2-a)x+(2-b)=0$ が正の数kを共通な解にもつならば $b=$□，$k=$□ である。□にあてはまる数を入れなさい。

(兵庫・灘高)

★★★ 149 [2つの放物線と相似三角形]

放物線 $y=x^2$，$y=\dfrac{1}{2}x^2$ と直線 $y=x$，$y=-\dfrac{1}{2}x$ がある。これらの放物線と直線の交点で原点以外の点を図のようにP，Q，R，Sとする。このとき，次の問いに答えなさい。

(兵庫・灘高)

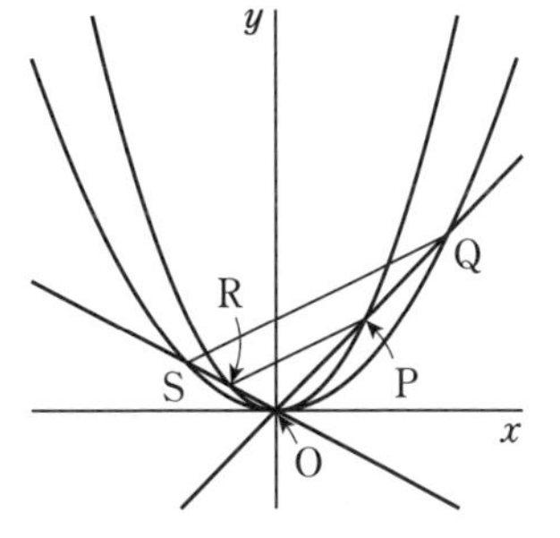

(1) PR∥QS であることを示せ。

(2) A(1，0) を通って四角形PQSRの面積を2等分する直線の方程式を求めよ。

(3) 放物線 $y=ax^2$ $(a>0)$ と直線 $y=x$，$y=-\dfrac{1}{2}x$ との原点以外の交点をそれぞれT，Uとする。直線TUが四角形PQSRの面積を2等分するとき，aの値を求めよ。

着眼

147 (1) ① n個並んでいるときの消す方法の数をx_nとすると $x_1=1$，$x_2=2$，$x_3=3$ となる。最初に1個消す場合，残り3個の消し方はx_3通りであり，最初に2個消す場合，残り2個の消し方はx_2通りである。

★★★ 150 ［放物線と確率］

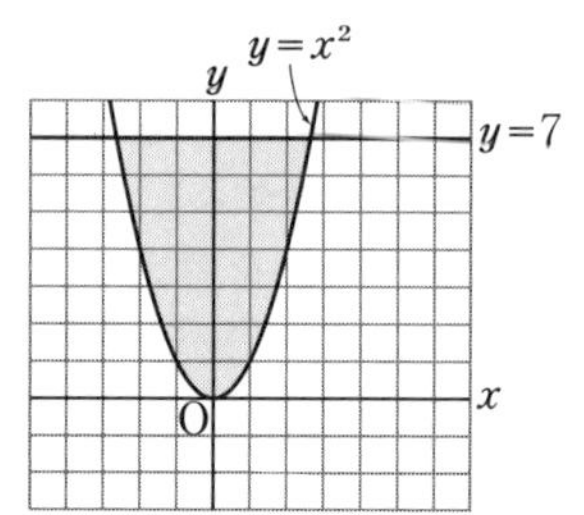

大小２個のさいころを同時に投げたとき，出た目の数をそれぞれ a，b とする。　（東京・共立女子高）

⑴　点 $(a-3,\ b)$ が右の図のかげの部分（境界線を含む）に含まれる確率を求めよ。

⑵　原点と点 $(a,\ b)$ を結ぶ線分の長さが４より短くなる確率を求めよ。

⑶　直線 $y=ax+b$ が，２点 $(-3,\ -1)$，$(-2,\ -1)$ を結ぶ線分を通る確率を求めよ。ただし，線分の両端は含まれるものとする。

★★ 151 ［放物線と円］

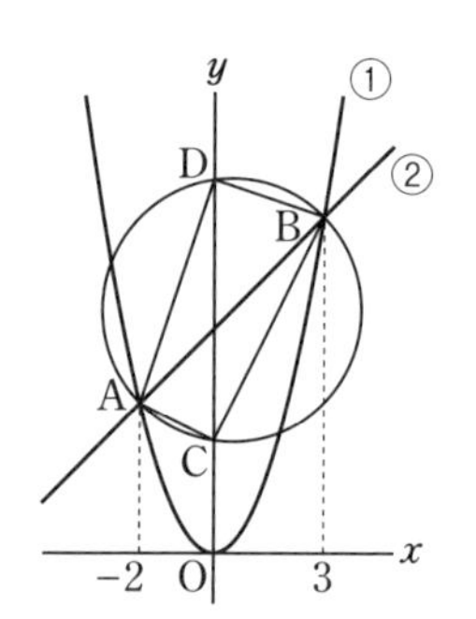

右の図のように，放物線 $y=x^2$　…①と直線 $y=mx+n$　…②　が２点 A，B で，線分 AB を直径とする円が y 軸と２点 C，D で交わっている。いま，２点 A，B の x 座標がそれぞれ −2，3 であるとき，次の［　］に適当な数を入れなさい。

（東京・成城高 改）

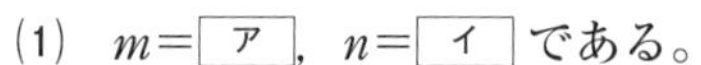

⑴　$m=$［ア］，$n=$［イ］である。

⑵　円の中心の座標は（［ウ］，［エ］）である。

⑶　点 D の座標は（［オ］，［カ］）である。

⑷　直線②と y 軸との交点を E とする。△ACE と △BDE の面積の比を最も簡単な整数の比で表すと，△ACE：△BDE＝［キ］：［ク］である。

★★ 152 ［ひし形切断と三平方の定理］

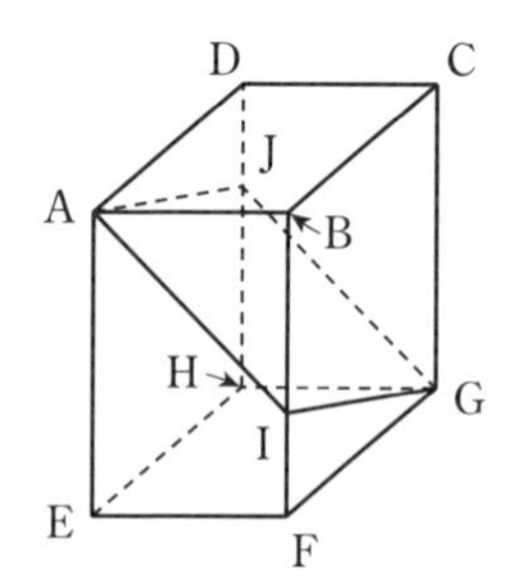

右の図のように，AB＝8，AD＝12，AE＝20 の直方体 ABCD-EFGH を２点 A，G を通る平面で切ったとき，切り口の四角形 AIGJ がひし形になった。このとき，このひし形の１辺の長さは［　］で，面積は［　］である。［　］に当てはまる数を入れよ。

（大阪星光学院高）

着眼

150 ⑵　$a^2+b^2<4^2$ を満たす点の数を求める。$x^2+y^2=4^2$ を満たす点 $(x,\ y)$ は原点を中心とする半径４の円周上の点である。

★★★ 153 [座標平面上の移動と確率]

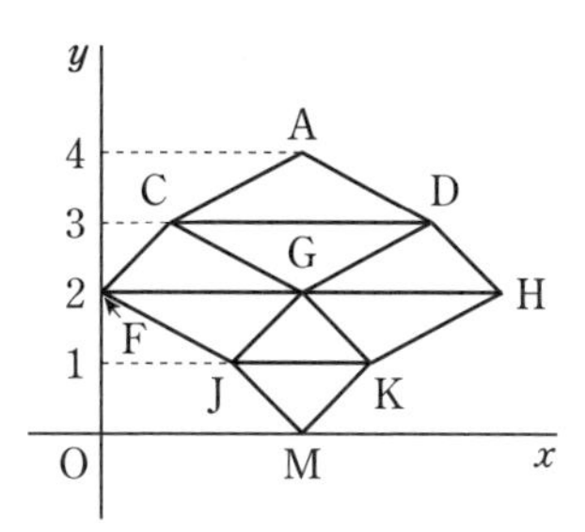

xy 平面上に右の図のような 9 個の頂点と 16 本の辺をもつ図形がある。点 P は，この図形の頂点からその頂点と辺を共有する頂点へ，次の規則にしたがって移動する。

(ア) はじめ，点 P は頂点 A にいる。

(イ) 点 P は，1 秒ごとに，そのときいる頂点と辺を共有する頂点のうちの 1 つを y 座標が増加しないように選び，等しい確率で移動する。

例えば，点 P が頂点 C にいるときには，1 秒後には D，F，G の 3 点のいずれか 1 つに確率 $\frac{1}{3}$ ずつで移動する。また，点 P が頂点 F にいるときは，1 秒後には G，J の 2 点のいずれか 1 つに確率 $\frac{1}{2}$ ずつで移動する。　(東京・開成高)

(1) 点 P が頂点 A を出発して，C，G，J を通り，A を出発してから 4 秒後に頂点 M に到達する確率を求めよ。

(2) 点 P が頂点 A を出発してから 4 秒後に，頂点 M に到達する確率を求めよ。

(3) 点 P が頂点 A を出発してから 5 秒後に，頂点 M にはじめて到達する確率を求めよ。

★★ 154 [水槽に物体を沈める問題]

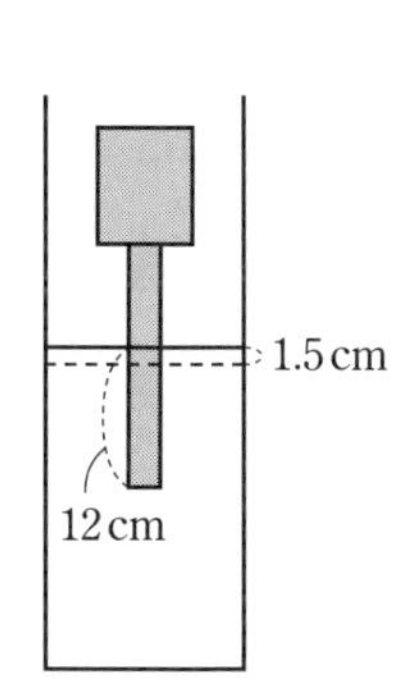

右の図のように，半径 $x$cm の円筒形の水槽と，円柱を 2 個つないだ形の鉄の棒がある。棒の細い部分は半径 2cm で長さは 21cm，太い部分は半径 $y$cm で長さは 10cm である。この棒を，細い方を下にして水中にまっすぐ沈める。棒が水中に 12cm 沈んだとき，水面は 1.5cm 上昇していた。このとき，次の問いに答えなさい。　(愛媛・愛光高)

(1) x の値を求めよ。

(2) 棒が水中に 29cm 沈んだとき，水面は最初よりも $(3y-6)$cm 上昇していた。y の値を求めよ。

着眼

153 (1)，(2) 点 P が頂点 A を出発してから 4 秒後に頂点 M に到達するとき，各移動ごとに y 座標は減り続ける。

(3) 点 P が頂点 A を出発してから 5 秒後に，頂点 M にはじめて到達するとき，5 回の移動のうちどこかで 1 回水平方向に移動している。

★★ 155 [動く図形・三角定規と正三角形]

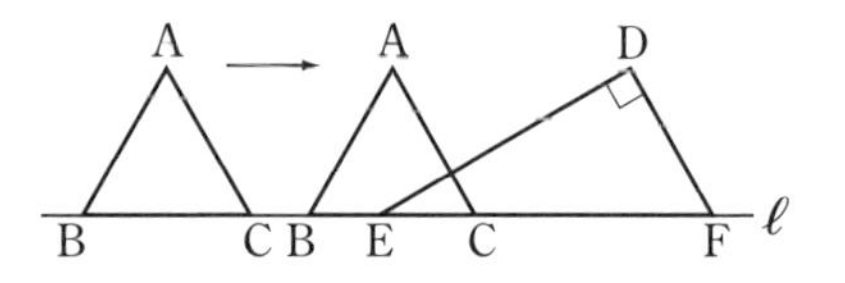

1 辺が 10cm の正三角形 ABC と，$\angle D=90°$，$\angle E=30°$，DF$=10$cm の直角三角形 DEF があり，辺 BC と辺 EF は直線 ℓ 上にある。△ABC が直線 ℓ にそって矢印の方向に毎秒 2cm の速さで動き，点 C が点 E の位置にきたときから x 秒後の △ABC と △DEF の重なった部分の面積を y cm^2 とする。点 C が点 E から点 F まで動くとき，次の問いに答えなさい。ただし，$x=0$ のとき，$y=0$ とする。

(東京学芸大附高)

(1) x の変域を求めよ。

(2) $0 \leqq x \leqq 5$ のとき，x，y の関係を式にせよ。

(3) $x=7$ のときの y の値は，$x=2$ のときの y の値の何倍かを求めよ。

★★★ 156 [光の反射と場合の数]

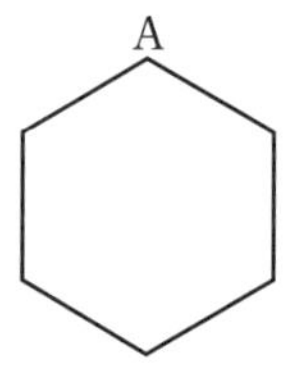

1 辺の長さが 2cm の正六角形の 1 つの頂点 A から出た光が次の 2 つの規則に従って直進する。

Ⅰ　辺(両端を除く)にあたると，入射角と反射角が等しくなるように反射する。

Ⅱ　頂点に到達すると止まる。

このとき，次の問いに答えなさい。

(兵庫・白陵高)

(1) 頂点 A から，ある方向で出た光が辺に 1 回反射した後，ある頂点で止まった。そのような光の方向は何通りあるか求めよ。

(2) 頂点 A から，ある方向で出た光が辺に 3 回反射した後，ある頂点で止まった。そのような光の方向は何通りあるか求めよ。

(3) (2)で考えた方向のうち，止まるまでの道のりが最も小さくなるときの道のりの長さと最も大きくなるときの道のりの長さを求めよ。

着眼

156 光の反射経路を折れ線ではなく直線として考える。光が当たった辺に関して対称な正六角形をかき加えていく。

★★★ 157 [中点連結定理と平行四辺形]

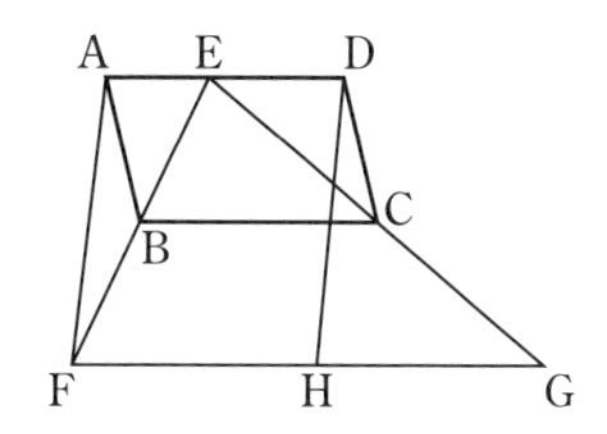

右の図のように，平行四辺形 ABCD の辺 AD 上に点 E がある。線分 EB，EC の延長上にそれぞれ BF＝BE，CG＝CE となるように点 F，G をとる。線分 FG の中点を H とする。

これについて，次の問いに答えなさい。（広島県）

(1) 四角形 AFHD が平行四辺形であることを証明せよ。

(2) BC＝CE，∠BAE＝81°，∠DCE＝33° のとき，∠CBE の大きさは何度か。

★★★ 158 [図形の相似と円周角]

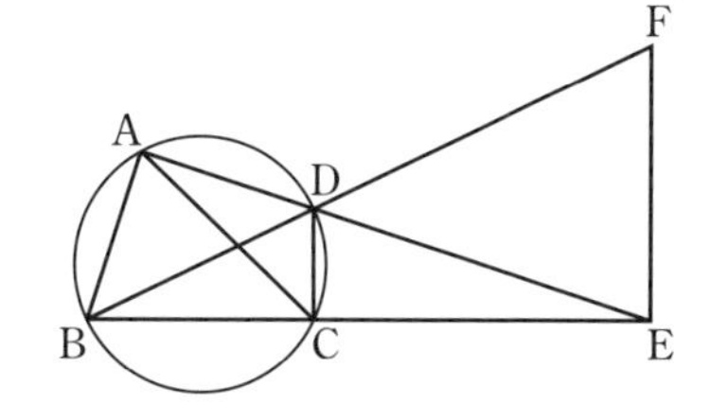

右の図のように，円周上に点 A，B，C，D がある。直線 AD，BC の交点を E とし，E を通り直線 CD に平行な直線と直線 BD との交点を F とする。

このとき，次の問いに答えなさい。

（福井県 改）

(1) △ABC∽△FED であることを証明せよ。

(2) BC＝6cm，CD＝3cm，CE＝9cm，ED＝$3\sqrt{10}$ cm，∠BCD＝90° のとき，

① AB の長さを求めよ。

② △ABC の面積を求めよ。

★★★ 159 [相似な三角形を見つける]

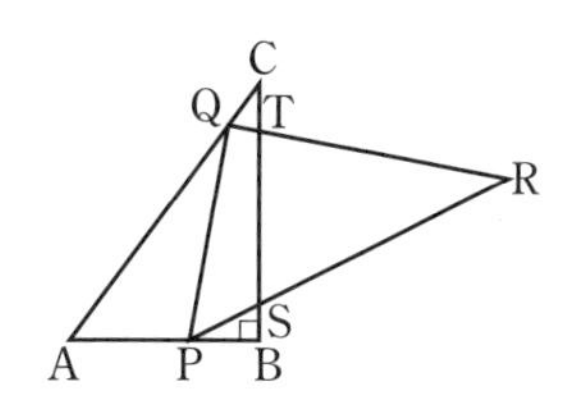

右の図で，△ABC は AB＝15，BC＝20，CA＝25，∠ABC＝90° の直角三角形である。また，AP＝10，PQ＝17，△PQR∽△ABC である。

点 P から辺 AC に垂線を引き，AC との交点を H とすると，QH＝15 となった。（東京・桐朋高 改）

(1) △PQH∽△SPB であることを証明せよ。

難➤(2) 線分 BS，RS，RT の長さをそれぞれ求めよ。

★★★ 160 [関数 $y=ax^2$ と図形の総合問題]

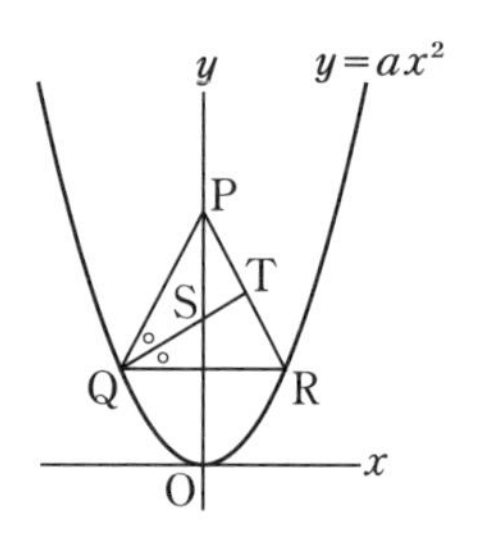

座標平面上に放物線 $y=ax^2$ $(a>0)$ のグラフがある。y 軸上に点 P(0, 18) をとり，放物線上に Q, R を QR$/\!/$$x$ 軸となるようにとる。
(ただし，(Q の x 座標)<(R の x 座標)とする。)

また，線分 PR 上に ∠PQT＝∠RQT となる点 T をとり，QT と y 軸の交点を S とし，QR＝10，PQ＝13 とする。次の問いに答えなさい。

(1) a の値を求めよ。

(2) 点 S の座標を求めよ。

(3) 放物線上の Q と R の間に点 U をとる。△QTR＝△QTU となるとき，点 U の x 座標を求めよ。

(4) △PQS が直線 QT を軸として 1 回転するとき，できる立体の体積を求めよ。

★★★ 161 [平面図形の総合問題]

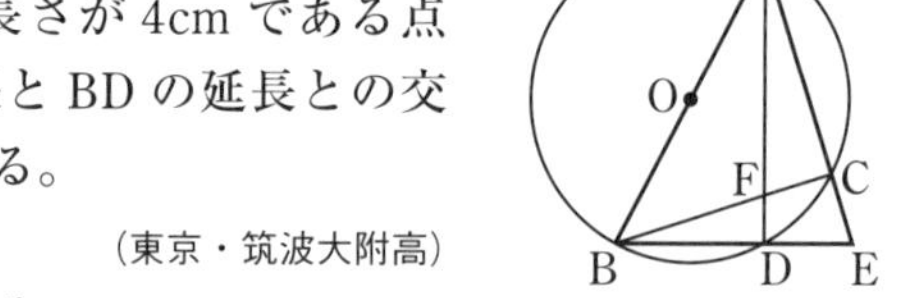

長さが $4\sqrt{5}$ cm の線分 AB を直径とする円 O の周上に，AC＝BC となる点 C，および BD の長さが 4cm である点 D を右の図のようにとり，AC の延長と BD の延長との交点を E，AD と BC との交点を F とする。

空欄にあてはまる数を求めなさい。 (東京・筑波大附高)

(1) 線分 DE の長さは，[ア] cm である。

(2) 線分 AD 上に AG の長さが 5cm である点 G をとり，BG の延長と AC および円 O との交点をそれぞれ H, I とするとき，AH の長さは [イ] cm であり，△BCI の面積は，[ウ] cm² である。

★★★ 162 [立体内部を通る最短経路①]

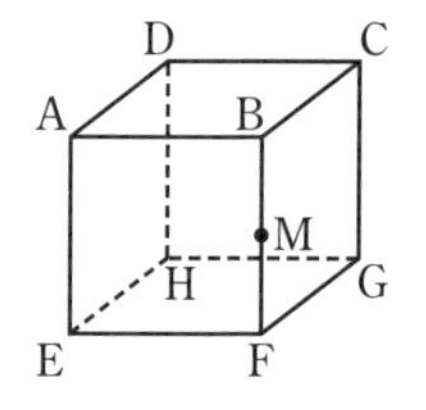

1 辺の長さ 2 の立方体がある。M を辺 BF の中点として，点 P は平面 CDEF 上を自由に動く点とする。

(鹿児島・ラ・サール高)

(1) AP＋PM の長さの最小値を求めよ。

(2) P は(1)で最小値を与えた点とする。このとき，△APM の面積を求めよ。

着眼

162 最短経路の求め方は座標平面を利用するタイプ，立体の展開図を使うタイプがある。

★★★ 163 [立体内部を通る最短経路②]

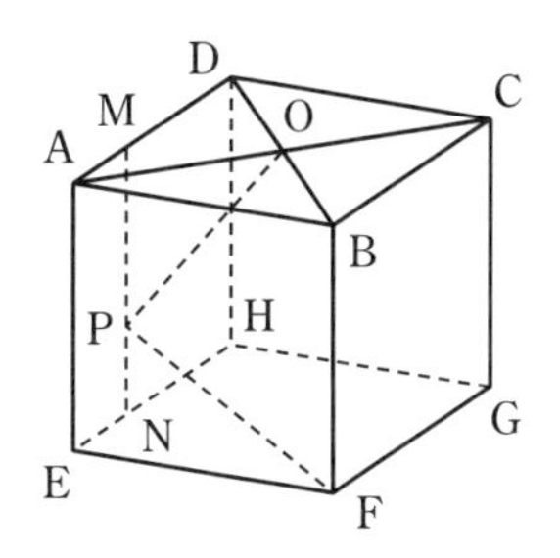

1辺の長さが6の立方体ABCD-EFGHがある。辺AD，EH上にそれぞれAM＝EN＝2となる点M，Nをとる。対角線AC，BDの交点をOとする。次の問いに答えなさい。 (奈良・東大寺学園高)

(1) 線分MN上に点Pをとって，FP＋POの値を考える。この値が最小になるときのNPの長さを求めよ。

(2) (1)の点Pに対して，四面体FNPOの体積を求めよ。

★★★ 164 [展開図で処理する立体図形の問題]

次の□にあてはまる数を入れなさい。

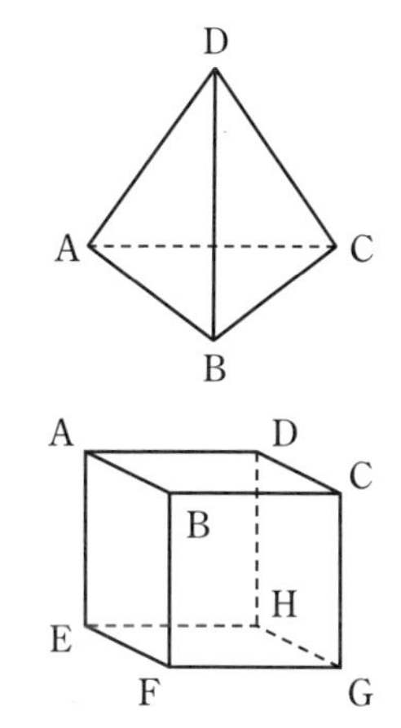

(1) 右の図のような，1辺の長さが1の正四面体ABCDがある。面BCD上で，頂点Aから正四面体の表面を通っての距離が1以下である部分をSとするとき，図形Sの面積は□である。

(2) 右の図のような，1辺の長さが1の立方体ABCD-EFGHがある。面BFGC上で，頂点Aから立方体の表面を通っての距離が$\sqrt{2}$以下である部分をTとするとき，図形Tの面積は□である。 (大阪星光学院高)

★★ 165 [斜錐体の側面積を求める]

右の図のような底面が1辺4cmの正六角形ABCDEFで，高さが12cmの六角錐がある。頂点Oは，∠OAB＝∠OAF＝90°となっている。△OBCの面積を求めなさい。 (東京・巣鴨高)

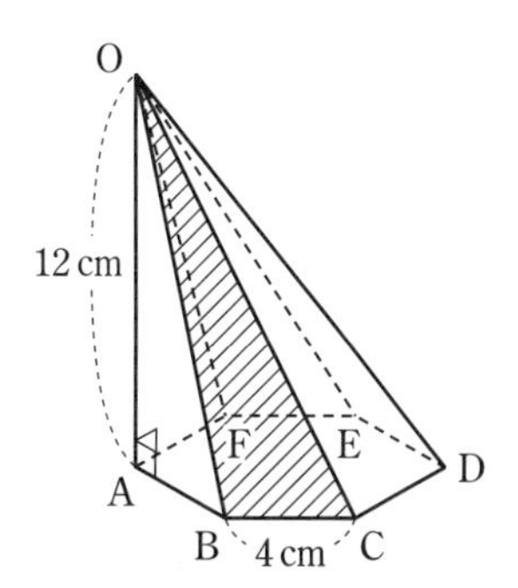

★★★ 166 ［正多面体の求積］

次の問いに答えなさい。

(1) 1辺の長さが2の正十二面体の頂点から適当な4つを選ぶと，その4点を頂点とする正四面体ができる。この正四面体の体積を求めよ。　（神奈川・桐蔭学園高）

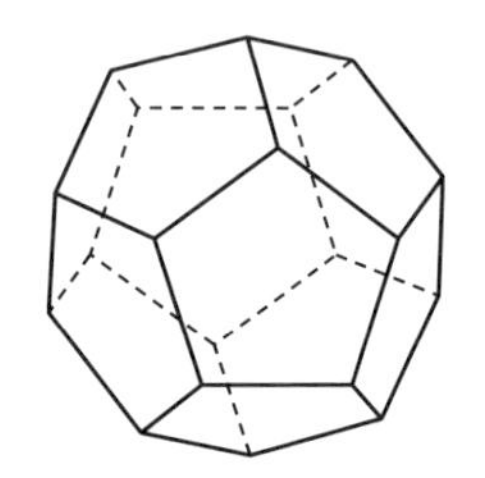

(2) 図のように，1辺の長さがaの立方体において，各面の対角線の交点を結んで正八面体をつくる。このとき，次の問いに答えよ。　（東京・國學院大久我山高）

① 正八面体の表面積を求めよ。

② 正八面体の体積を求めよ。

③ 正八面体の各辺の中点を頂点とする立体をつくる。この立体の表面積を求めよ。

④ ③の立体の体積を求めよ。

(3) 1辺の長さが6の正四面体ABCDがある。頂点Aから底面BCDへ垂線を下ろし，その交点をHとする。また，直線BHと線分CDとの交点をMとする。いま，半径rの球が4個あって，どの球も他の3個の球と接しており，正四面体ABCDはこの4個の球を内部に含み，どの面も3個の球と接しているという。

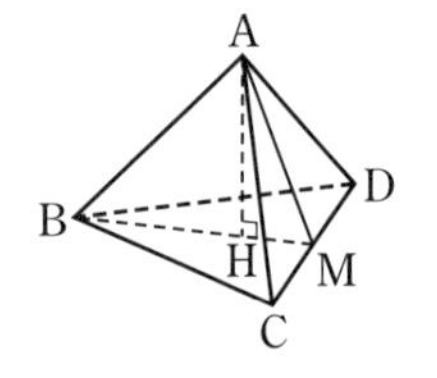

（東京・海城高）

① 線分AHの長さを求めよ。

② $\dfrac{\mathrm{AM}}{\mathrm{MH}}$の値を求めよ。

難▶③ rを求めよ。

着眼

166 (1) **91** (1)で，1辺の長さが2である正五角形の対角線の長さは$1+\sqrt{5}$であることをすでに学習している。このことを用いる。

★★★ 167 ［立体図形の総合問題］

次の問いに答えなさい。

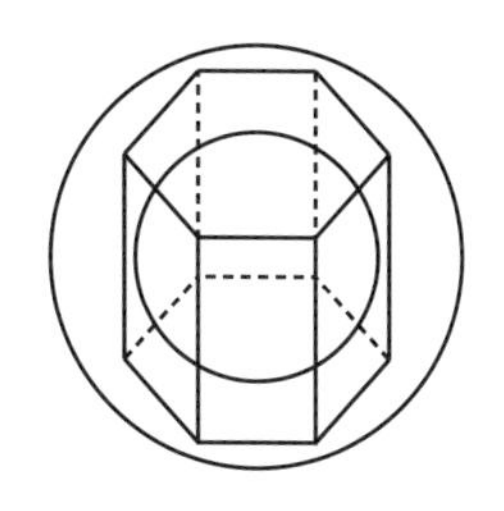

(1) すべての面が球 A と接し，すべての頂点が球 B の球面上にある正六角柱がある。球 A の半径を r，球 B の半径を R，円周率を π として次の問いに答えよ。 （東京・慶應女子高）

① 正六角柱の底面の1辺の長さを，r を用いて表せ。

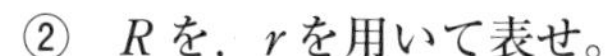

② R を，r を用いて表せ。

③ $R=7$ のとき，球 A の体積 V を求めよ。

(2) 1辺の長さが2の正方形を底面とし，4つの側面がすべて正三角形である四角錐の展開図をかき，頂点を図のように線分で結んだ。 （東京・開成高）

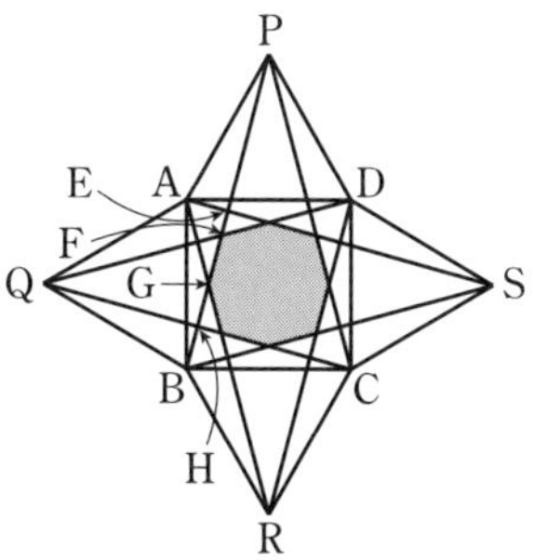

① もとの四角錐の体積を求めよ。

② 線分 EH の長さを求めよ。また ∠PFQ，∠AGB を求めよ。

③ かげの部分の面積を求めよ。

④ 線分 AF，DF，PF について，次の(ア)(イ)(ウ)のうち，どれが正しいか答えよ。またその理由を簡潔に述べよ。

(ア) AF＋DF＞PF

(イ) AF＋DF＝PF

(ウ) AF＋DF＜PF

□ 執筆協力　間宮勝己　山腰政喜
□ 編集協力　㈱ファイン・プランニング　河本真一　踊堂憲道
□ 図版作成　㈲デザインスタジオ エキス.　伊豆嶋恵理　よしのぶもとこ

シグマベスト
最高水準問題集 特進
中３数学

編　者　文英堂編集部
発行者　益井英郎
印刷所　中村印刷株式会社
発行所　株式会社文英堂
〒601-8121　京都市南区上鳥羽大物町28
〒162-0832　東京都新宿区岩戸町17
(代表)03-3269-4231

●落丁・乱丁はおとりかえします。

特進

最　高　水　準　問　題　集

中3数学

解答と解説

文英堂

1 式の展開と因数分解

▶1 (1) $\boldsymbol{8x-9y}$　(2) $\boldsymbol{8a+7b}$
(3) $\boldsymbol{-x+6}$　(4) $\boldsymbol{5x-8y+3}$

解説 (1) $2(x-3y)-3(-2x+y)$
$=2x-6y+6x-3y=8x-9y$

(2) $3(5a+b)-(7a-4b)$
$=15a+3b-7a+4b=8a+7b$

(3) $2(-3x+4)+(5x-2)$
$=-6x+8+5x-2=-x+6$

(4) $4(2x-5y)-3(x-4y-1)$
$=8x-20y-3x+12y+3$
$=5x-8y+3$

▶2 (1) $\boldsymbol{2x^2+7x-4}$　(2) $\boldsymbol{x-3}$
(3) $\boldsymbol{6a+5}$　(4) $\boldsymbol{17x+2}$
(5) $\boldsymbol{2x^2+9y^2}$
(6) $\boldsymbol{3a^2+10ab-5b^2}$
(7) $\boldsymbol{2x^4+x^3-19x^2+10x}$
(8) $\boldsymbol{-7x+7y+4}$

解説 (1) $(x+4)(2x-1)$
$=2x^2-x+8x-4$
$=2x^2+7x-4$

(2) $(x+1)(x-2)-(x-1)^2$
$=x^2-x-2-(x^2-2x+1)$
$=x^2-x-2-x^2+2x-1$
$=x-3$

(3) $9(a+1)^2-(3a+2)^2$
$=9(a^2+2a+1)-(9a^2+12a+4)$
$=9a^2+18a+9-9a^2-12a-4$
$=6a+5$

(4) $(x+3)(x+6)-(x-4)^2$
$=x^2+9x+18-(x^2-8x+16)$
$=x^2+9x+18-x^2+8x-16$
$=17x+2$

(5) $(2x-3y)^2-2x(x-6y)$
$=4x^2-12xy+9y^2-2x^2+12xy$
$=2x^2+9y^2$

(6) $2(a+3b)(2a-b)-(a+b)(a-b)$
$=2(2a^2-ab+6ab-3b^2)-(a^2-b^2)$
$=4a^2-2ab+12ab-6b^2-a^2+b^2$
$=3a^2+10ab-5b^2$

(7) $(x^2+3x-2)(2x^2-5x)$
$=2x^4-5x^3+6x^3-15x^2-4x^2+10x$
$=2x^4+x^3-19x^2+10x$

(8) $x-y=A$ とおく。
$(A-2)^2-A(A+3)$
$=A^2-4A+4-A^2-3A$
$=-7A+4$
$=-7(x-y)+4$
$=-7x+7y+4$

▶3 (1) $\boldsymbol{x^2+y^2}$
(2) ア $\boldsymbol{\frac{13}{36}}$　イ $\boldsymbol{1}$　ウ $\boldsymbol{\frac{23}{36}}$

解説 (1) $\left(\frac{3x+4y}{5}\right)^2+\left(\frac{4x-3y}{5}\right)^2$
$=\frac{9x^2+24xy+16y^2}{25}+\frac{16x^2-24xy+9y^2}{25}$
$=\frac{25x^2+25y^2}{25}=x^2+y^2$

(2) $\left(\frac{x-2}{3}\right)^2+\frac{1}{12}\left(1-\frac{8}{3}x\right)+\left(\frac{1}{2}x-\frac{1}{3}\right)^2$
$=\frac{x^2-4x+4}{9}+\frac{1}{12}-\frac{2}{9}x+\frac{1}{4}x^2-\frac{1}{3}x+\frac{1}{9}$
$=\frac{1}{36}(4x^2-16x+16+3-8x+9x^2-12x+4)$
$=\frac{1}{36}(13x^2-36x+23)$
$=\frac{13}{36}x^2-x+\frac{23}{36}$
$=\frac{13}{36}x^2-1x+\frac{23}{36}$

▶**4** (1) **−12**　(2) **25**

解説 (1) $(x^2-2x+5)(-3x^2+x+5)$ を展開したとき，x^2 の項となるものだけを計算する。

$x^2\times5+(-2x)\times x+5\times(-3x^2)$
$=5x^2-2x^2-15x^2=-12x^2$

よって，x^2の係数は−12である。

(2) 展開したとき，x^4 の項となるものだけを計算する。

$1\times(1\times5x^4+x\times4x^3+x^2\times3x^2+x^3\times2x$
$+x^4\times1)+x(1\times4x^3+x\times3x^2$
$+x^2\times2x+x^3\times1)$
$=5x^4+4x^4+3x^4+2x^4$
$+x^4+4x^4+3x^4+2x^4+x^4$
$=25x^4$

よって，x^4 の係数は 25 である。

▶**5** (1) ア $\boldsymbol{a^2-b^2}$
イ **40000**（または $\boldsymbol{200^2}$）
ウ **4**（または $\boldsymbol{2^2}$）
エ **39996**
(2) **−10000**

解説 (1) $(a+b)(a-b)=a^2-b^2$

$a=200$, $b=2$ とすると

$202\times198=(200+2)(200-2)$
$=200^2-2^2$
$=40000-4=39996$

(2) $A=2500$ とする。

$2498\times2497-5002\times2496+2502\times2493$
$=(A-2)(A-3)-2(A+1)(A-4)$
$+(A+2)(A-7)$
$=A^2-5A+6-2(A^2-3A-4)$
$+A^2-5A-14$
$=-4A=-4\times2500=-10000$

トップコーチ

4 つの乗法公式

① $(x+a)(x+b)=x^2+(a+b)x+ab$
② $(a+b)^2=a^2+2ab+b^2$
③ $(a-b)^2=a^2-2ab+b^2$
④ $(a+b)(a-b)=a^2-b^2$

これらは x, a, b が数でも多項式でも成り立つ。複雑な文字式の展開では，多項式を A や M などの大文字でおきかえて乗法公式が利用できる形にする。数値計算では，適当な数を文字におきかえて乗法公式を利用する。

▶**6** (1) ア **3** イ **2**　(2) $\boldsymbol{m=-10}$

解説 (1) 共通因数 axy でくくると

$ax^3y-ax^2y^2-6axy^3=axy(x^2-xy-6y^2)$

和が −1，積が −6 になる 2 数は −3 と 2 であるから

$axy(x^2-xy-6y^2)=axy(x-3y)(x+2y)$

よって，アは 3，イは 2 となる。

(2) $(x+5)(x-a)=x^2+(-a+5)x-5a$

これが，x^2+3x+m と等しいから

$\begin{cases}-a+5=3 & \cdots① \\ -5a=m & \cdots②\end{cases}$

①より　$-a=-2$　$a=2$

これを②に代入して　$m=-10$

▶**7** (1) $\boldsymbol{(x+3)(x-10)}$　(2) $\boldsymbol{(x+6)(x-9)}$
(3) $\boldsymbol{9(x-2)(x-3)}$　(4) $\boldsymbol{x(y+2)(y-2)}$
(5) $\boldsymbol{(x+2)(x-8)}$　(6) $\boldsymbol{(x-1)(x-25)}$
(7) $\boldsymbol{(x+8)(x-2)}$　(8) $\boldsymbol{2(x+1)(x+3)}$
(9) $\boldsymbol{3(x+1)(x-7)}$　(10) $\boldsymbol{y(x+7)(x-2)}$

解説 (1) 和が −7，積が −30 となる 2 数は 3 と −10 であるから

$x^2-7x-30=(x+3)(x-10)$

(2) 和が −3，積が −54 となる 2 数は 6 と −9 であるから

$x^2-54-3x=x^2-3x-54=(x+6)(x-9)$

(3) $9x^2-45x+54=9(x^2-5x+6)$

$=9(x-2)(x-3)$

(4) $xy^2-4x=x(y^2-4)=x(y+2)(y-2)$

(5) $x-3=A$ とおくと

$(x-3)^2-25=A^2-25=(A+5)(A-5)$

$=\{(x-3)+5\}\{(x-3)-5\}=(x+2)(x-8)$

(6) $(x-5)^2-16x=x^2-10x+25-16x$

$=x^2-26x+25=(x-1)(x-25)$

(7) $(x-4)(x+4)+6x=x^2-16+6x$

$=x^2+6x-16=(x+8)(x-2)$

(8) $3(x+2)^2-x(x+4)-6$

$=3(x^2+4x+4)-x^2-4x-6$

$=3x^2+12x+12-x^2-4x-6$

$=2x^2+8x+6=2(x^2+4x+3)$

$=2(x+1)(x+3)$

(9) $x-3=A$ とおくと

$3(x-3)^2-48=3A^2-48=3(A^2-16)$

$=3(A+4)(A-4)$

$=3\{(x-3)+4\}\{(x-3)-4\}$

$=3(x+1)(x-7)$

(10) $x^2y+5xy-14y=y(x^2+5x-14)$

$=y(x+7)(x-2)$

8

(1) $(x-y)(x+y-2)$

(2) $(x+y-1)(x-y-1)$

(3) $(x+y-1)(x-y+1)$

(4) $(x+y-4)(x+y-5)$

(5) $(p-q)(p+q+1)$

(6) $(a+4)(a+1)$

(7) $m(a+b-1)(a-b+1)$

(8) $(x-1)(x-2)(x+1)(x-4)$

(9) $(x+2)^2(x+5)^2$

(10) $(x+2y)(x-2z)$

解説 (1) $x^2-y^2-2x+2y$

$=(x+y)(x-y)-2(x-y)$

$=(x-y)\{(x+y)-2\}=(x-y)(x+y-2)$

(2) $x^2-y^2-2x+1=x^2-2x+1-y^2$

$=(x-1)^2-y^2=\{(x-1)+y\}\{(x-1)-y\}$

$=(x+y-1)(x-y-1)$

(3) $x^2-y^2+2y-1=x^2-(y^2-2y+1)$

$=x^2-(y-1)^2$

$=\{x+(y-1)\}\{x-(y-1)\}$

$=(x+y-1)(x-y+1)$

(4) $x^2+2xy-9x+y^2-9y+20$

$=x^2+2xy+y^2-9x-9y+20$

$=(x+y)^2-9(x+y)+20$

$=\{(x+y)-4\}\{(x+y)-5\}$

$=(x+y-4)(x+y-5)$

(5) $p(p+1)-q(q+1)=p^2+p-q^2-q$

$=p^2-q^2+p-q$

$=(p+q)(p-q)+(p-q)$

$=(p-q)\{(p+q)+1\}$

$=(p-q)(p+q+1)$

(6) $(a+3)^2-(a+3)-2$

$=\{(a+3)+1\}\{(a+3)-2\}$

$=(a+4)(a+1)$

(7) $ma^2-m(b-1)^2$

$=m\{a^2-(b-1)^2\}$

$=m\{a+(b-1)\}\{a-(b-1)\}$

$=m(a+b-1)(a-b+1)$

(8) $(x^2-3x)^2-2(x^2-3x)-8$

$=\{(x^2-3x)+2\}\{(x^2-3x)-4\}$

$=(x^2-3x+2)(x^2-3x-4)$

$=(x-1)(x-2)(x+1)(x-4)$

(9) $x^2+7x+9=A$ とおくと

$(x^2+7x+9)(x^2+7x+11)+1$

$=A(A+2)+1=A^2+2A+1$

$=(A+1)^2=(x^2+7x+10)^2$

$=\{(x+2)(x+5)\}^2$

$=(x+2)^2(x+5)^2$

(10) $x^2-2xz+2xy-4yz$

$=x(x-2z)+2y(x-2z)$

$=(x+2y)(x-2z)$

9 (1) $(a-2)(a-2b)$

(2) $(x+1)(x+y-1)(x-y-1)$

(3) $(x^2+y^2)(x+4y)(x-4y)$

(4) $(a+b)(a-b)(b+c)$

(5) $(x+1)(2x+3)(x-3)(2x-1)$

(6) $(a+b-c-1)(a-b+c-1)$

(7) $(x+3a+3)(x-2a+4)$

(8) $(x^2+2x+2)(x^2-2x+2)$

解説 (1) $(a-b)^2-(b-2)^2-2(a-2)$

$=a^2-2ab+b^2-(b^2-4b+4)-2a+4$

$=a^2-2ab+b^2-b^2+4b-4-2a+4$

$=a^2-2ab+4b-2a$

$=a(a-2b)-2(a-2b)$

$=(a-2)(a-2b)$

(2) $x^3-xy^2-x^2-y^2-x+1$

$=x^3-x^2-x+1-xy^2-y^2$

$=x^2(x-1)-(x-1)-y^2(x+1)$

$=(x^2-1)(x-1)-y^2(x+1)$

$=(x+1)(x-1)^2-y^2(x+1)$

$=(x+1)\{(x-1)^2-y^2\}$

$=(x+1)\{(x-1)+y\}\{(x-1)-y\}$

$=(x+1)(x+y-1)(x-y-1)$

(3) $(x-2y)(x+2y)(x^2+4y^2)-15x^2y^2$

$=(x^2-4y^2)(x^2+4y^2)-15x^2y^2$

$=x^4-16y^4-15x^2y^2$

$=x^4-15x^2y^2-16y^4$

$=(x^2+y^2)(x^2-16y^2)$

$=(x^2+y^2)(x+4y)(x-4y)$

(4) $a^2b-b^2c-b^3+ca^2$

$=a^2b-b^3+a^2c-b^2c$

$=b(a^2-b^2)+c(a^2-b^2)$

$=(a^2-b^2)(b+c)$

$=(a+b)(a-b)(b+c)$

(5) $2x^2+3=A$ とおくと

$(2x^2+3)^2-2x(2x^2+3)-35x^2$

$=A^2-2xA-35x^2=(A+5x)(A-7x)$

$=(2x^2+3+5x)(2x^2+3-7x)$

$=(2x^2+5x+3)(2x^2-7x+3)$

$=(x+1)(2x+3)(x-3)(2x-1)$

(6) $a^2-b^2-c^2-2a+2bc+1$

$=a^2-2a+1-(b^2-2bc+c^2)$

$=(a-1)^2-(b-c)^2$

$=\{(a-1)+(b-c)\}\{(a-1)-(b-c)\}$

$=(a+b-c-1)(a-b+c-1)$

(7) 和が $a+7$，積が $-6(a-2)(a+1)$ となる2式は，$3(a+1)$ と $-2(a-2)$ であるから

$x^2+(a+7)x-6(a-2)(a+1)$

$=\{x+3(a+1)\}\{x-2(a-2)\}$

$=(x+3a+3)(x-2a+4)$

(8) $x^4+4=x^4+4x^2+4-4x^2$

$=(x^2+2)^2-(2x)^2$

$=\{(x^2+2)+2x\}\{(x^2+2)-2x\}$

$=(x^2+2x+2)(x^2-2x+2)$

トップコーチ

因数分解の手順は，

① 共通因数でくくる。

② 乗法公式にあてはめる。

の2つしかない。複雑な式を因数分解する場合，部分的にくくり出したり，部分的に因数分解したりして，最終的に多項式の積の形にするのであるが，展開が単純な一方向への計算であるのに対して，因数分解は問題ごとに手順を覚えるパズルである。

10 (1) -60000　(2) 1

(3) 22.5　(4) 8

(5) ① 3240　② -3240

解説 (1) $214^2-2\times214\times89+89^2$

$-181^2-2\times181\times94-94^2$

$=(214-89)^2-(181^2+2\times181\times94+94^2)$

$=125^2-(181+94)^2=125^2-275^2$

$=(125+275)(125-275)$

$=400\times(-150)=-60000$

(2) $\dfrac{86^2-2\times86\times77+77^2}{15^2}$

$+\dfrac{15^2+2\times15\times13+13^2}{35^2}$

$=\dfrac{(86-77)^2}{15^2}+\dfrac{(15+13)^2}{35^2}$

$=\left(\dfrac{9}{15}\right)^2+\left(\dfrac{28}{35}\right)^2=\left(\dfrac{3}{5}\right)^2+\left(\dfrac{4}{5}\right)^2$

$=\dfrac{9}{25}+\dfrac{16}{25}=\dfrac{25}{25}=1$

(3) $x^2-y^2=(x+y)(x-y)$

$=(5.75+3.25)(5.75-3.25)$

$=9\times2.5=22.5$

(4) $x^2+4y^2-4xy+4$

$=x^2-4xy+4y^2+4$

$=(x-2y)^2+4$

$=(2.74-2\times0.37)^2+4$

$=2^2+4=4+4=8$

(5) ① $x=1+2+3+\cdots+80$ とする。

$x=\ 1+\ 2+\cdots+79+80$

$+)\ x=80+79+\cdots+\ 2+\ 1$

$2x=81+81+\cdots+81+81$

$2x=81\times80$

$x=\dfrac{81\times80}{2}=81\times40=3240$

② $(1^2-2^2)+(3^2-4^2)+\cdots+(79^2-80^2)$

$=(1+2)(1-2)+(3+4)(3-4)$

$+\cdots+(79+80)(79-80)$

$=-(1+2)-(3+4)-\cdots-(79+80)$

$=-(1+2+3+4+\cdots+79+80)$

$=-3240$

▶11 (1) $\mathbf{-1190}$ (2) $\mathbf{-4}$

(3) $\mathbf{\dfrac{25}{6}}$ (4) **34**

(5) $\boldsymbol{a^2+\dfrac{1}{a^2}=7,\ a^4+\dfrac{1}{a^4}=47}$

解説 (1) $x^2-xy-2x+2y$

$=x(x-y)-2(x-y)$

$=(x-y)(x-2)$

$=(121-131)(121-2)$

$=-10\times119$

$=-1190$

(2) $(a+1)(b+1)=ab+a+b+1$

$=-1+2+1=2$

$(a-1)(b-1)=ab-a-b+1$

$=ab-(a+b)+1=-1-2+1=-2$

よって $(a^2-1)(b^2-1)$

$=(a+1)(a-1)(b+1)(b-1)$

$=(a+1)(b+1)(a-1)(b-1)$

$=2\times(-2)=-4$

(別解) $(a^2-1)(b^2-1)$

$=a^2b^2-(a^2+b^2)+1$

$=(ab)^2-\{(a+b)^2-2ab\}+1$

$=(-1)^2-\{2^2-2\times(-1)\}+1$

$=1-(4+2)+1$

$=-4$

(3) $\dfrac{x^2+y^2}{6}-\dfrac{xy}{3}=\dfrac{x^2+y^2-2xy}{6}$

$=\dfrac{(x-y)^2}{6}=\dfrac{5^2}{6}=\dfrac{25}{6}$

(4) $x^2y+xy^2+xy+3x+3y-9=0$

$xy(x+y)+xy+3(x+y)-9=0$

$xy(x+y+1)+3(x+y)-9=0$

$xy(-2+1)+3\times(-2)-9=0$

$-xy-6-9=0$

$-xy=15$

$xy=-15$

$x^2+y^2=(x+y)^2-2xy$
$=(-2)^2-2\times(-15)$
$=4+30$
$=34$

(5)　$a+\dfrac{1}{a}=3$ の両辺を 2 乗して

$\left(a+\dfrac{1}{a}\right)^2=9$　　$a^2+2a\times\dfrac{1}{a}+\dfrac{1}{a^2}=9$

$a^2+2+\dfrac{1}{a^2}=9$　　$a^2+\dfrac{1}{a^2}=7$

さらに，両辺を 2 乗して

$\left(a^2+\dfrac{1}{a^2}\right)^2=49$　　$a^4+2a^2\times\dfrac{1}{a^2}+\dfrac{1}{a^4}=49$

$a^4+2+\dfrac{1}{a^4}=49$　　$a^4+\dfrac{1}{a^4}=47$

トップコーチ

$\left(a+\dfrac{1}{a}\right)^2=a^2+2+\dfrac{1}{a^2}$ より

$a^2+\dfrac{1}{a^2}=\left(a+\dfrac{1}{a}\right)^2-2$ の関係がある。

よく出題される形式なので覚えておくこと。

▶ 12

(1)　$\boldsymbol{(x-3)(y+1)(y-1)}$

(2)　**(8，2)，(4，4)**

解説　(1)　xy^2-x-3y^2+3

$=x(y^2-1)-3(y^2-1)$

$=(x-3)(y^2-1)$

$=(x-3)(y+1)(y-1)$

(2)　$xy^2-x-3y^2-12=0$ より

$xy^2-x-3y^2+3-15=0$

$xy^2-x-3y^2+3=15$

$x(y^2-1)-3(y^2-1)=15$

$(x-3)(y^2-1)=15$

$(x-3)(y+1)(y-1)=15$

これより，$x-3$，$y+1$，$y-1$ はすべて奇数である。

また，$y+1$，$y-1$ は連続する奇数で，$(y+1)(y-1)$ は 15 の約数である。

y は正の整数であるから，$y\geqq1$ より

$y-1\geqq0$

よって，$y-1=1$ または $y-1=3$ となる。

(i)　$y-1=1$ のとき

$y=2$ より　$y+1=3$　　$(x-3)\times1\times3=15$

$x-3=5$　　$x=8$

(ii)　$y-1=3$ のとき

$y=4$ より　$y+1=5$　　$(x-3)\times3\times5=15$

$x-3=1$　　$x=4$

よって，求める正の整数の組 $(x,\ y)$ は

(8，2)，(4，4)

トップコーチ

公式ではないが

$xy+x+y+1=(x+1)(y+1)$ は覚えておいた方がよい。整数問題で頻出するタイプの因数分解である。

$xy^2-x-3y^2+3=(x-3)(y+1)(y-1)$

$xy-3x-2y+6=(x-2)(y-3)$

などはすべてこのタイプの因数分解である。

第1回 実力テスト

1

(1) $\boldsymbol{a+8}$　(2) $\boldsymbol{7x-5y-1}$

(3) $\boldsymbol{x+\frac{1}{12}y}$　(4) $\boldsymbol{a^2-8b^2}$

(5) $\boldsymbol{x^2+9y^2}$　(6) $\boldsymbol{8x^2+4x-5}$

解説 (1) $2(a+3)-(a-2)$

$=2a+6-a+2=a+8$

(2) $3(x+y+1)+4(x-2y-1)$

$=3x+3y+3+4x-8y-4=7x-5y-1$

(3) $4x-\frac{2}{3}y-3\left(x-\frac{1}{4}y\right)$

$=4x-\frac{2}{3}y-3x+\frac{3}{4}y$

$=x-\frac{8}{12}y+\frac{9}{12}y=x+\frac{1}{12}y$

(4) $(a+2b)(3a-4b)-2a(a+b)$

$=3a^2-4ab+6ab-8b^2-2a^2-2ab$

$=a^2-8b^2$

(5) $(x+3y)^2-6xy$

$=x^2+6xy+9y^2-6xy=x^2+9y^2$

(6) $(3x-1)(3x+1)-(x-2)^2$

$=9x^2-1-(x^2-4x+4)$

$=9x^2-1-x^2+4x-4=8x^2+4x-5$

2

(1) $\boldsymbol{2(x+3)(x-3)}$

(2) $\boldsymbol{(x+4)(x-6)}$

(3) $\boldsymbol{3(x-6)(x-8)}$

(4) $\boldsymbol{\frac{1}{2}x(y+3)(y-6)}$

(5) $\boldsymbol{(x+2y-1)(x-2y-1)}$

(6) $\boldsymbol{(2x+y+1)(2x-y-1)}$

(7) $\boldsymbol{(a+b)(a-c)}$

(8) $\boldsymbol{ac(b+4)(b-1)}$

(9) $\boldsymbol{(x-2)(x+3)}$

(10) $\boldsymbol{(x+1)(x-3)}$

解説 (1) $2x^2-18=2(x^2-9)$

$=2(x+3)(x-3)$

(2) 和が -2, 積が -24 となる 2 数は 4 と -6 であるから

$x^2-2x-24=(x+4)(x-6)$

(3) $3x^2-42x+144=3(x^2-14x+48)$

$=3(x-6)(x-8)$

(4) $\frac{1}{2}xy^2-\frac{3}{2}xy-9x$

$=\frac{1}{2}x(y^2-3y-18)$

$=\frac{1}{2}x(y+3)(y-6)$

(5) x^2-4y^2-2x+1

$=x^2-2x+1-4y^2=(x-1)^2-(2y)^2$

$=\{(x-1)+2y\}\{(x-1)-2y\}$

$=(x+2y-1)(x-2y-1)$

(6) $4x^2-y^2-2y-1$

$=4x^2-(y^2+2y+1)$

$=(2x)^2-(y+1)^2$

$=\{2x+(y+1)\}\{2x-(y+1)\}$

$=(2x+y+1)(2x-y-1)$

(7) $a^2+ab-bc-ac$

$=a(a+b)-c(a+b)=(a+b)(a-c)$

(8) $ab^2c-4ac+3abc$

$=ac(b^2-4+3b)=ac(b^2+3b-4)$

$=ac(b+4)(b-1)$

(9) $2x(x+3)-(x^2+5x+6)$

$=2x(x+3)-(x+2)(x+3)$

$=\{2x-(x+2)\}(x+3)$

$=(x-2)(x+3)$

(10) $x(x+1)-(x+1)(2x+1)$

$+2(x+1)(x-1)$

$=(x+1)\{x-(2x+1)+2(x-1)\}$

$=(x+1)(x-2x-1+2x-2)$

$=(x+1)(x-3)$

3 ア 70　イ 176　ウ 157

解説 $\frac{(x-1)^2}{3}+\frac{(3-2x)^2}{2}+\frac{4x+2}{5}$

$=\frac{10(x-1)^2+15(3-2x)^2+6(4x+2)}{30}$

$=\frac{10(x^2-2x+1)+15(9-12x+4x^2)+24x+12}{30}$

$=\frac{10x^2-20x+10+135-180x+60x^2+24x+12}{30}$

$=\frac{70x^2-176x+157}{30}$

よって，アは 70，イは 176，ウは 157 となる。

4 $\boldsymbol{a=16}$

解説 $x(bx+8y)(x-cy)$

$=x(bx^2-bcxy+8xy-8cy^2)$

$=bx^3+(-bc+8)x^2y-8cxy^2$

これが，$x^3+6x^2y-axy^2$ と等しいから

$\begin{cases} b=1 & \cdots① \\ -bc+8=6 & \cdots② \\ -8c=-a & \cdots③ \end{cases}$

①を②に代入して　$-c+8=6$　　$c=2$

$c=2$ を③に代入して　$-16=-a$　　$a=16$

5

(1) $\boldsymbol{(x+18)(x-6)}$

(2) $\boldsymbol{(x-2)(x-26)}$

(3) $\boldsymbol{(x-1)^2(x+2)(x-4)}$

(4) $\boldsymbol{(a+b)(b+c+d)}$

(5) $\boldsymbol{a(x-3)(y-2)}$

(6) $\boldsymbol{xy(x+y-1)(x-y-1)}$

(7) $\boldsymbol{y(x-y)(x-y-1)}$

(8) $\boldsymbol{(xy+2)(2x-2y+1)}$

(9) $\boldsymbol{(m+n)^2(m-n)^2}$

(10) $\boldsymbol{-4(x-y)(3x-10y)}$

解説 (1) $(2x-3)^2-3(x-2)(x-6)-81$

$=4x^2-12x+9-3(x^2-8x+12)-81$

$=4x^2-12x+9-3x^2+24x-36-81$

$=x^2+12x-108=(x+18)(x-6)$

(2) $(2x-7)^2-3(x-1)(x+1)$

$=4x^2-28x+49-3(x^2-1)$

$=4x^2-28x+49-3x^2+3$

$=x^2-28x+52$

$=(x-2)(x-26)$

(3) $x^2-2x=A$ とおくと

$(x^2-2x)^2-7(x^2-2x)-8$

$=A^2-7A-8=(A+1)(A-8)$

$=(x^2-2x+1)(x^2-2x-8)$

$=(x-1)^2(x+2)(x-4)$

(4) $ab+bc+ca+ad+db+b^2$

$=ab+ac+ad+b^2+bc+bd$

$=a(b+c+d)+b(b+c+d)$

$=(a+b)(b+c+d)$

(5) $axy-2ax-3ay+6a$

$=ax(y-2)-3a(y-2)$

$=(ax-3a)(y-2)=a(x-3)(y-2)$

(6) $x^3y-2x^2y+xy-xy^3$

$=xy(x^2-2x+1-y^2)$

$=xy\{(x-1)^2-y^2\}$

$=xy\{(x-1)+y\}\{(x-1)-y\}$

$=xy(x+y-1)(x-y-1)$

(7) $x^2y-2xy^2+y^3-xy+y^2$

$=y(x^2-2xy+y^2-x+y)$

$=y\{(x-y)^2-(x-y)\}$

$=y(x-y)\{(x-y)-1\}$

$=y(x-y)(x-y-1)$

(8) $2x^2y+xy-2xy^2+4x-4y+2$

$=xy(2x+1-2y)+2(2x-2y+1)$

$=xy(2x-2y+1)+2(2x-2y+1)$

$=(xy+2)(2x-2y+1)$

(9)　$(m^2+n^2)^2-4m^2n^2$

$=(m^2+n^2)^2-(2mn)^2$

$=\{(m^2+n^2)+2mn\}\{(m^2+n^2)-2mn\}$

$=(m^2+2mn+n^2)(m^2-2mn+n^2)$

$=(m+n)^2(m-n)^2$

(10)　$x+2y=A$，$x-2y=B$ とおくと

$(x+2y)^2-(x^2-4y^2)-12(x-2y)^2$

$=A^2-(x+2y)(x-2y)-12B^2$

$=A^2-AB-12B^2=(A+3B)(A-4B)$

$=\{(x+2y)+3(x-2y)\}$

$\times\{(x+2y)-4(x-2y)\}$

$=(x+2y+3x-6y)(x+2y-4x+8y)$

$=(4x-4y)(-3x+10y)$

$=4(x-y)\times(-1)\times(3x-10y)$

$=-4(x-y)(3x-10y)$

6　(1)　**ア　16　　イ　4　　ウ　3**

エ　5

(2)　**21通り**

解説　(1)　$x^2-2x-15$

$=x^2-2x+1-16$　…ア

$=(x-1)^2-4^2$　…イ

$=(x-1+4)(x-1-4)$

$=(x+3)(x-5)$　…ウ，エ

(2)　$x^2-2x-a=x^2-2x+1-a-1$

$=(x-1)^2-(a+1)$

これが，$(x+$［オ］$)(x-$［カ］$)$ と因数分解できるのは，$a+1$ が 101 以上 1000 以下の整数で，ある自然数の 2 乗となる場合である。$31^2=961$，$32^2=1024$ より

$a+1=11^2$，12^2，13^2，…，31^2

よって，全部で 21 通りである。

2　整数の性質

▶13　(1)　**3**

(2)　①　**1024**　　②　**6**　　③　**2112**

(3)　**7**

解説　(1)　$3^1=3$，$3^2=9$，$3^3=27$，$3^4=81$

よって，4 乗すると一の位の数は 1 となる。

$2005\div4=501$ 余り 1 であるから

$3^{2005}=(3^4)^{501}\times3^1$

$(3^4)^{501}$ の一の位の数は 1 であるから，

3^{2005} の一の位の数は 3 となる。

(2)　①　$2^{10}=(2^5)^2=32^2=1024$

②　$2^1=2$，$2^2=4$，$2^3=8$，$2^4=16$，

$2^5=32$より，一の位の数は

2→4→8→6 のくり返しとなる。

$100\div4=25$ より，2→4→8→6 をちょうど 25 回くり返すから，2^{100} の一の位の数は 6 である。

③　16 の倍数は 4 の倍数であるから，下 2 けたは 12 である。また，8 の倍数でもあるから，下 3 けたは 8 の倍数である。112 と 212 のうち，8 の倍数は 112 である。最後に，1112 と 2112 で，16 の倍数は 2112 である。

(3)　$\frac{1}{7}=0.142857142857\cdots$

このように，142857 がくり返される。

$2004\div6=334$ より，142857 をちょうど 334 回くり返した位が小数第 2004 位で，その数は 7 である。

トップコーチ

$\frac{1}{7}=0.\dot{1}4285\dot{7}$ は面白い数で，

$142857\times2=285714$

$142857\times3=428571$

142857×4＝571428
142857×5＝714285
142857×6＝857142 となる。
また，6 桁の数の最高位の数を一の位に移してできる数がもとの数の 3 倍であるとき，もとの数は何か？といった問題の答えはこの，142857 である。

14 (1) **$28=2^2\times7$，約数は 6 個，約数の総和は 56**

(2) **$36=2^2\times3^2$，約数は 9 個，約数の総和は 91**

(3) **$210=2\times3\times5\times7$，約数は 16 個，約数の総和は 576**

(4) **$720=2^4\times3^2\times5$，約数は 30 個，約数の総和は 2418**

(5) **$9991=97\times103$，約数は 4 個，約数の総和は 10192**

解説 (1) $28=4\times7=2^2\times7$
約数の個数は
$(2+1)(1+1)=3\times2=6$(個)
約数の総和は
$(1+2+2^2)(1+7)=7\times8=56$

(2) $36=4\times9=2^2\times3^2$
約数の個数は
$(2+1)(2+1)=3\times3=9$(個)
約数の総和は
$(1+2+2^2)(1+3+3^2)=7\times13=91$

(3) $210=10\times21=2\times5\times3\times7$
$=2\times3\times5\times7$
約数の個数は
$(1+1)(1+1)(1+1)(1+1)$
$=2\times2\times2\times2=16$(個)
約数の総和は
$(1+2)(1+3)(1+5)(1+7)$
$=3\times4\times6\times8=576$

(4) $720=8\times9\times10=2^3\times3^2\times2\times5$
$=2^4\times3^2\times5$
約数の個数は
$(4+1)(2+1)(1+1)=5\times3\times2=30$(個)
約数の総和は
$(1+2+2^2+2^3+2^4)(1+3+3^2)(1+5)$
$=31\times13\times6=2418$

(5) $9991=10000-9$
$=100^2-3^2$
$=(100+3)(100-3)$
$=103\times97$
$=97\times103$
約数の個数は
$(1+1)(1+1)=2\times2=4$(個)
約数の総和は
$(1+97)(1+103)=98\times104=10192$

トップコーチ

p，q，r を素数，a，b，c を自然数とする。整数 N が，$N=p^aq^br^c$ と素因数分解されたとき，整数 N の約数の個数は，p に関しては p を使わない $p^0=1$ を含めて p^0～p^a の $(a+1)$ 通りの使い方があり，q，r に関してもそれぞれ $(b+1)$，$(c+1)$ 通りの使い方があるから，全部で $(a+1)(b+1)(c+1)$ 個あることになる。また整数 N の約数の総和は
$(1+p+p^2+\cdots+p^a)(1+q+q^2+\cdots+q^b)$
$\times(1+r+r^2+\cdots+r^c)$ を展開すれば，すべての約数を順に加えていくことになるから，これを計算すればよい。これらの公式を知らないと，大きな整数 N について約数の個数や総和を求めるのは大変な手間を要することになる。

15 (1) **47** (2) **8** (3) **4個**

解説 (1) 2から50までの自然数のうち，
偶数は $50\div2=25$(個)
4の倍数は $50\div4=12$ 余り2より 12個
8の倍数は $50\div8=6$ 余り2より 6個
16の倍数は $50\div16=3$ 余り2より 3個
32の倍数は $50\div32=1$ 余り18より 1個
$25+12+6+3+1=47$ より，2から50までの自然数の積は 2^{47} を約数にもつ。
よって，k は1から47までの47個。

(2) $120=2^3\times3\times5$ より，約数の個数は
$(3+1)(1+1)(1+1)=4\times2\times2=16$(個)
その中から2つの約数の組 $(x,\ y)$ で，
$xy=120\,(x<y)$ となるものは
$16\div2=8$(組)ある。
よって，120の約数すべての積は 120^8 となる。これより $a=8$

(3) N の正の約数を M とする。M が2を約数としてもてば，M の一の位の数は偶数である。また，5を約数としてもてば，一の位の数は0または5である。よって，M の一の位の数が9であるとき，M は2と5を約数としてもたない。
M が7を約数にもたないとき，M の一の位の数が9になるのは，$3^4=81$ を利用して
$M=3^2=9$，$M=3^2\times3^4=9\times81=729$
の2個である。
M が7を約数にもつとき，M の一の位の数が9になるのは
$M=3^3\times7=189$，
$M=3^3\times3^4\times7=189\times81=15309$
の2個である。
よって，合わせて4個である。

16 (1) **75個** (2) **450個**
(3) **225個** (4) **450個**

解説 100から999までの自然数の個数は1から999までの999個から，1から99までの99個を除いて
$999-99=900$(個)
そのうち，3の倍数は
$999\div3=333$，$99\div3=33$ より
$333-33=300$(個)
4の倍数は，$999\div4=249$ 余り3，
$99\div4=24$ 余り3より
$249-24=225$(個)
3と4の最小公倍数は12で，12の倍数は，
$999\div12=83$ 余り3，$99\div12=8$ 余り3より $83-8=75$(個)
右の表より，

		4の倍数 ○	4の倍数 ×	合計
3の倍数	○	75	225	300
3の倍数	×	150	450	600
合計		225	675	900

(1) 75個
(2) $75+225+150$
$=450$(個)
(3) 225個
(4) 450個

17 (1) ① **33個** ② **26個**
(2) **1600個**
(3) **15**
(4) **10通り**
(5) **(15, 5)，(27, 23)，(51, 49)**

解説 (1) ① $12=2^2\times3$ より，12と互いに素である数は，2の倍数でも3の倍数でもない数である。1から100までの自然数のうち，2の倍数は $100\div2=50$(個)
3の倍数は
$100\div3=33$ 余り1より 33個
2と3の最小公倍数は6で，6の倍数は
$100\div6=16$ 余り4より 16個

よって，2 または 3 の倍数は

$50+33-16=67$(個)

であるから，12 と互いに素である数は

$100-67=33$(個)

② $a^2+13a+30=(a+3)(a+10)$

a が 2 の倍数のとき，$a+10$ も 2 の倍数である。

a が 5 の倍数のとき，$a+10$ も 5 の倍数である。

a が 3 の倍数のとき，$a+3$ も 3 の倍数である。

よって，a と $a^2+13a+30$ が互いに素であるとき，a は 2 の倍数でも 3 の倍数でも 5 の倍数でもない数である。

①より，2 の倍数でも 3 の倍数でもない数は 33 個で，そのうち 5 の倍数は

5，25，35，55，65，85，95

の 7 個であるから，5 の倍数でもない数は　$33-7=26$(個)

(2) $2005=5\times401$

1 から 2005 までの整数で

5 の倍数は　$2005\div5=401$(個)

401 の倍数は　$2005\div401=5$(個)

5 と 401 の最小公倍数は 2005 であるから，5 または 401 の倍数は

$401+5-1=405$(個)

この中には，2005 も含まれる。

2005 より小さく，2005 との最大公約数が 1 である数は，5 の倍数でも 401 の倍数でもない数であるからその個数は

$2005-405=1600$(個)

(3) $135=3^3\times5$ で，3 と 5 がどちらも偶数乗になるようにするとき，135 にかける最小の自然数は　$3\times5=15$

(4) $xy-3x-2y+6=x(y-3)-2(y-3)$

$=(x-2)(y-3)$

この値が素数となるのは，$x-2$ と $y-3$ の一方の絶対値が 1 で，他方の絶対値が素数で，$(x-2)(y-3)$ が正のときである。

$0\leqq x\leqq9$，$0\leqq y\leqq9$ より

$-2\leqq x-2\leqq7$，$-3\leqq y-3\leqq6$

よって，$x-2$ と $y-3$ の値は次のようになる。

$x-2$	-2	-1	-1	1	1	1	2	3	5	7
$y-3$	-1	-3	-2	2	3	5	1	1	1	1

表より，10 通りである。

(5) $x^2-y^2=200$ より　$(x+y)(x-y)=200$

$x>y$ であるから，$x+y$，$x-y$ の値の組は，次の表のようになる。

$x+y$	200	100	50	40	25	20
$x-y$	1	2	4	5	8	10

$(x+y)+(x-y)=2x$ で，x は自然数であるから，$(x+y)+(x-y)$ の値が偶数になるものについて，連立方程式を解く。

x	51	27	15
y	49	23	5

よって，求める自然数の組 (x, y) は

(15，5)，(27，23)，(51，49)

18

(1) $\dfrac{56}{15}$　(2) $a=49$

(3) 135　(4) 21 と 30

(5) ア　3　イ　65　ウ　117

解説 (1) 求める分数の分子は 14 と 8 の最小公倍数 56，分母は 75 と 45 の最大公約数 15 である。

よって，求める数は $\frac{56}{15}$ である。

(2)　$a=7b$ とおく。$28=7\times4$ より，28 と a の最小公倍数は，$7\times4\times b$ である。
よって　$28b=196$　　$b=7$
これより　$a=7\times7=49$

(3)　2つの自然数を $3a$，$3b$ とする。ただし，$a<b$ で，a と b は1以外に公約数をもたないものとする。
$3a+3b=24$ より
$a+b=8$
右の表より，2つの自然数の積のうち，最も大きいものは 135 である。

a	1	3
b	7	5
$3a\times3b$	63	135

(4)　2つの自然数を $3a$，$3b$ とする。ただし，$a<b$ で，a と b は1以外に公約数をもたないものとする。　…①
和が 51 であるから　$3a+3b=51$
$a+b=17$　…②
最小公倍数が 210 であるから　$3ab=210$
$ab=70$　…③
①，③を満たす a，b を表にまとめる。

a	1	2	5	7
b	70	35	14	10

このうち，②を満たすのは　$a=7$，$b=10$
このとき，$3a=21$，$3b=30$ より，求める2数は 21 と 30 である。

(5)　2つの正の整数を $13a$，$13b$ とする。ただし，$a<b$ で，a と b は1以外に公約数をもたないものとする。
和が 182 であるから
$13a+13b=182$
$a+b=14$

a	1	3	5
b	13	11	9

よって，2つの整数は3組あり，そのうち，差が最小となるのは，$a=5$，$b=9$ のときで，$13a=65$，$13b=117$ より，65 と 117 である。

トップコーチ
2つの自然数 A，B の最大公約数が p，最小公倍数が q であるとき，$A=ap$，$B=bp$（a，b は互いに素）と表され，$q=abp$ が成り立つ。
また，自然数 a，b が互いに素であれば，$a+b$ と ab も互いに素である。

▶19　(1)　24　　(2)　8

(3)　①　$\boldsymbol{b=2}$
②　$\boldsymbol{N=1001,\ 4334,\ 7667}$

解説　(1)　$124-4=120$，$77-5=72$ より，求める自然数 n は，120 と 72 の最大公約数である。$120=2^3\times3\times5$，$72=2^3\times3^2$ より
$n=2^3\times3=8\times3=24$

(2)　2乗して 60 で割った余りが1であるから，2乗した数の一の位の数は1である。
よって，もとの数の一の位の数は1か9である。
もとの数の一の位の数が1のとき，その数を $10a+1$（$a=0$，1，2，3，4，5）とおくと，ある整数 k に対して
$(10a+1)^2=60k+1$ となる。
$100a^2+20a+1=60k+1$
$60k=100a^2+20a$　　$k=\frac{a(5a+1)}{3}$
k は整数であるから　$a=0$，1，3，4
もとの数の一の位の数が9のとき，その数を $10b-1$（$b=1$，2，3，4，5，6）とおくと，ある整数 k に対して
$(10b-1)^2=60k+1$ となる。
$100b^2-20b+1=60k+1$
$60k=100b^2-20b$　　$k=\frac{b(5b-1)}{3}$
k は整数であるから　$b=2$，3，5，6

a，b の値は合わせて 8 通りあるから，求める自然数の個数は 8 個である。

(3) ① $M=n^2+(n+1)^2+(n+2)^2$

$=n^2+n^2+2n+1+n^2+4n+4$

$=3n^2+6n+5$

$=3(n^2+2n+1)+2$

よって，M を 3 で割ったときの余りは 2 である。つまり　$b=2$

② $N=1000a+100(a-1)+10(a-1)+a$

$=1111a-110$

$=1110a+a-111+1$

$=3(370a-37)+a+1$

よって，N を 3 で割ったときの余りは，$a+1$ を 3 で割ったときの余りに等しい。

余りが 2 となるとき　$a=1,\ 4,\ 7$

これより　$N=1001,\ 4334,\ 7667$

▶20

(1) ① **6**　② **6**

(2) **16，28**　(3) **21，117**

解説 (1) ① $243=3^5$ より，243 の約数の個数は　$f(243)=5+1=6$

② $245=5\times7^2$ より，245 の約数の個数は　$f(245)=(1+1)(2+1)=2\times3=6$

(2) $f(a)=6$ となるのは，p，q を素数として，$a=p^5$ または$a=p\times q^2$ の場合である。

(i) $a=p^5$のとき，$a^3=(p^5)^3=p^{15}$ より

$f(a^3)=15+1=16$

(ii) $a=p\times q^2$のとき，

$a^3=(p\times q^2)^3=p^3\times(q^2)^3=p^3q^6$ より

$f(a^3)=(3+1)(6+1)=4\times7=28$

(3) $f(b)=5$ となるのは，p を素数として $b=p^4$ の場合だけである。

$f(c)=7$ となるのは，q を素数として $c=q^6$ の場合だけである。

$b^2c^2=(p^4)^2(q^6)^2=p^8q^{12}$

(i) $p=q$ のとき　$b^2c^2=p^8p^{12}=p^{20}$ より

$f(b^2c^2)=20+1=21$

(ii) $p\neq q$ のとき

$f(b^2c^2)=(8+1)(12+1)=9\times13=117$

▶21

(1) $\boldsymbol{S=3\times5\times31}$

(2) $\boldsymbol{T=3\times5\times7\times17\times31}$

(3) $\boldsymbol{U=\dfrac{93}{40}}$

(4) $\boldsymbol{V=\dfrac{11067}{8000}}$

解説 (1) $200=8\times25=2^3\times5^2$ より

$S=(1+2+2^2+2^3)(1+5+5^2)$

$=15\times31=3\times5\times31$

(2) $T=(1^2+2^2+2^4+2^6)(1^2+5^2+5^4)$

$=(1+4+16+64)(1+25+625)$

$=85\times651$

$=5\times17\times3\times7\times31$

$=3\times5\times7\times17\times31$

(3) $U=\left(1+\dfrac{1}{2}+\dfrac{1}{2^2}+\dfrac{1}{2^3}\right)\left(1+\dfrac{1}{5}+\dfrac{1}{5^2}\right)$

$=\dfrac{8+4+2+1}{8}\times\dfrac{25+5+1}{25}$

$=\dfrac{15}{8}\times\dfrac{31}{25}=\dfrac{93}{40}$

(別解)　$200U=S$ より

$U=\dfrac{S}{200}=\dfrac{3\times5\times31}{200}=\dfrac{93}{40}$

(4) $V=\left(1^2+\dfrac{1}{2^2}+\dfrac{1}{2^4}+\dfrac{1}{2^6}\right)\left(1^2+\dfrac{1}{5^2}+\dfrac{1}{5^4}\right)$

$=\dfrac{64+16+4+1}{64}\times\dfrac{625+25+1}{625}$

$=\dfrac{85}{64}\times\dfrac{651}{625}=\dfrac{11067}{8000}$

(別解)　$200^2V=T$ より

$V=\dfrac{T}{200^2}=\dfrac{3\times5\times7\times17\times31}{40000}=\dfrac{11067}{8000}$

▶22 (1) **14**

(2) **整数 $(a,\ b)$ の組は 8 個，自然数 $(a,\ b)$ の組は 4 個**

(3) **54**

(4) **16 個**

解説 (1) 4 で割ると 2 余り，5 で割ると 4 余る数に 6 をたすと，4 でも 5 でも割り切れる。4 と 5 の最小公倍数は 20 であるから，求める数は　$20-6=14$

(2) $c=14$ より　$a^2-7ab+12b^2=c$

$(a-3b)(a-4b)=14$

$a-3b$	-14	-7	-2	-1	1	2	7	14
$a-4b$	-1	-2	-7	-14	14	7	2	1

これより，a，b の値を求める。

a	-53	-22	13	38	-38	-13	22	53
b	-13	-5	5	13	-13	-5	5	13

よって，整数 $(a,\ b)$ の組は 8 個，自然数 $(a,\ b)$ の組は 4 個である。

(3) c は 20 の倍数から 6 を引いた数であるから

$c=14,\ 34,\ 54,\ 74,\ 94,\ 114,\ 134,\ \cdots$

整数 $(a,\ b)$ の組の個数は c の約数の個数の 2 倍であるから，c の約数が 5 個以上となる最小の c を求める。

$c=14=2\times7$ のとき　$(1+1)(1+1)=4$

$c=34=2\times17$ のとき　$(1+1)(1+1)=4$

$c=54=2\times3^3$ のとき　$(1+1)(3+1)=8$

よって，求める c の値は　$c=54$

(4) (3)であげた c の値で，7 で割って 2 余る最小の c は，$c=114$ である。

$114=2\times3\times19$ より，約数の個数は

$(1+1)(1+1)(1+1)=2\times2\times2=8$(個)

よって，整数 $(a,\ b)$ の組は　$8\times2=16$(個)

▶23 (1) $\mathbf{1.4960\times10^8}$

(2) **0.0029**

(3) $\mathbf{168.65\leqq x<168.75}$

解説 (1) 149600000

$=1.4960\times100000000$

$=1.4960\times10^8$

(2) $\dfrac{22}{7}=22\div7=3.14285\cdots$

であるから

$\dfrac{22}{7}-3.14=0.00285\cdots$

よって，求める誤差は 0.0029

(3) 小数第 2 位を四捨五入して 168.7cm になるから

$168.65\leqq x<168.75$

トップコーチ

p，q，r を素数とする。いま，整数 N が次のように素因数分解されたときの約数の個数を求めると，

① $N=p$(N は素数)
　N の約数の個数は 2 個

② $N=p^2$(N は平方数)
　N の約数の個数は 3 個

③ $N=p\times q$，$N=p^3$
　N の約数の個数は 4 個

④ $N=p^4=(p^2)^2$(N は平方数)
　N の約数の個数は 5 個

⑤ $N=p^5$，$N=p^2\times q$
　N の約数の個数は 6 個

⑥ $N=p^6=(p^3)^2$(N は平方数)
　N の約数の個数は 7 個

⑦ $N=p\times q\times r$，$N=p^3\times q$，$N=p^7$
　N の約数の個数は 8 個

……

約数の個数が「奇数個」になるのは N が「平方数」の場合に限られることを確認してほしい。

24 (1) **13**

(2) ① **《6!》=4，《8!》=7，《9!》=7**

② **《212!》=208**

③ **n=216，217**

④ **（例）2，4，8，16，32**

解説 (1) $2\times5=10$，$2^2\times5^2=100$ であるから，

5!，6!，7!，8!，9! の一の位は 0 である。

10!，11!，12!，…，20! の下 2 けたは 00 である。

$1!=1$，$2!=2$，$3!=6$，$4!=24$，$5!=120$，$6!=720$，$7!=5040$，$8!=40320$，$9!=362880$ であるから，

$1!+2!+3!+\cdots+20!$ の下 2 けたの和は

$1+2+6+24+20+20+40+20+80=213$

よって，求める下 2 けたの数は 13

(2) ① $6!=1\times2\times3\times4\times5\times6=2^4\times3^2\times5$

よって 《6!》=4

$8!=2^7\times3^2\times5\times7$

よって 《8!》=7

$9!=2^7\times3^4\times5\times7$

よって 《9!》=7

② 2)212
2)106
2) 53
2) 26…1
2) 13
2) 6…1
2) 3
1…1

$106+53+26+13+6+3+1=208$

よって 《212!》=208

③ 《212!》=208

《213!》=208

《214!》=209 （$214=2\times\cdots$）

《215!》=209

《216!》=212 （$216=2^3\times\cdots$）

《217!》=212

《218!》=213 （$218=2\times\cdots$）

よって n=216，217

④ 《2!》=1

《3!》=1

《4!》=3

《5!》=3

《6!》=4

《7!》=4

《8!》=7

⋮

よって，《2 の累乗の階乗》に注目すると，m を自然数として，

《2^m!》$=2^m-1$

よって

《n!》$=n-1$ となるのは

$n=2^m$ のときであるから

$n=2，4，8，16，32，64，\cdots$

第2回 実力テスト

1 14

解説 1から30までの自然数のうち

3の倍数は　$30\div3=10$(個)

$3^2=9$ の倍数は $30\div9=3$ 余り3より　3個

$3^3=27$ の倍数は $30\div27=1$ 余り3より 1個

よって，1から30までの自然数は，3で

$10+3+1=14$(回)割り切れる。

つまり，3^{14} で割り切れるから　$n=14$

2 12

解説 $10=2\times5$ より，まず，1から50までの自然数の積が，5で何回割り切れるかを求める。1から50までの自然数のうち

5の倍数は　$50\div5=10$(個)

$5^2=25$ の倍数は　$50\div25=2$(個)

よって，$<50>$ は5で $10+2=12$(回)割り切れる。また，1から50までの自然数のうち偶数は25個あり，12個以上あるから，$<50>$ は10で12回割り切れる。よって，$<50>$ は一の位から0が連続して12個続き，次の位に0以外の数字が現れる。

3 $\dfrac{102}{11}$

解説 a は分数で，分子は34と51の最小公倍数102，分母は33と11の最大公約数11である。よって　$a=\dfrac{102}{11}$

4 ア　144　　イ　208

解説 2つの自然数を $16a$，$16b$ とする。ただし，$a<b$ で，a と b は1以外に公約数をもたないものとする。

$16a+16b=352$ より　$a+b=22$

a	1	3	5	7	9
b	21	19	17	15	13

a と b の差が一番小さいとき　$a=9$，$b=13$

このとき，$16a=144$，$16b=208$ より，求める2つの自然数は144と208である。

5 0

解説 $24=2^3\times3$ より

$<24>=(3+1)(1+1)=4\times2=8$

$\{24\}=3+1=4$

$18=2\times3^2$ より

$<18>=(1+1)(2+1)=2\times3=6$

$\{18\}=1+2=3$

よって　$<24>-2\{24\}+<18>-2\{18\}$

$=8-2\times4+6-2\times3$

$=8-8+6-6=0$

6 (1)　35　　(2)　8個

(3)　$a=10$，49

解説 (1)　$[24]=2+3+4+6+8+12=35$

(2)　$[a]=0$ となるのは，約数が1と a だけ，つまり素数であるから

$a=2$，3，5，7，11，13，17，19

よって，8個である。

(3)　a の約数が1と a 以外に1つだけのとき，

a の約数は1，7，a であるから

$a=7^2=49$

a の約数が1と a 以外に2つのとき，

a の約数が1，2，5，a ならば　$a=10$

a の約数が1，3，4，a のとき，$a=12$ となるが a は2も約数にもつから適さない。

1より大きく7より小さい異なる3つ以上の数の和は7より大きいから，a の約数が

１と a 以外に３つ以上にはならない。
よって　$a=10$，49

7　(1)　ア　2　　イ　7
(2)　ウ　4　　(3)　エ　14

解説　(1)　$10a+b=3(a+b)$ より
$10a+b=3a+3b$　　$7a=2b$
$b=\frac{7}{2}a$　…①
a，b は１けたの自然数であるから，①を満たすのは，$a=2$，$b=7$ だけである。
(2)　$10a+b=4(a+b)$ より
$10a+b=4a+4b$　　$6a=3b$　　$b=2a$
表より，a，b の値の組は４組である。

a	1	2	3	4
b	2	4	6	8

(3)　十の位の数を a，一の位の数を b とする。
n を自然数として，条件を満たす数には $10a+b=n(a+b)$ の関係がある。
$10a+b=na+nb$
$(10-n)a=(n-1)b$　　$b=\frac{10-n}{n-1}a$
$n=2$，3，…，9 に対して，この式を満たす a，b の値の組 $(a,\ b)$ を数えあげる。

n	関係式	$(a,\ b)$
2	$b=8a$	(1，8)
3	$b=\frac{7}{2}a$	(2，7)
4	$b=2a$	(1，2)，(2，4)，(3，6)，(4，8)
5	$b=\frac{5}{4}a$	(4，5)
6	$b=\frac{4}{5}a$	(5，4)
7	$b=\frac{1}{2}a$	(2，1)，(4，2)，(6，3)，(8，4)
8	$b=\frac{2}{7}a$	(7，2)
9	$b=\frac{1}{8}a$	(8，1)

表より，全部で14個である。

8　(1)　$P=23^2$
(2)　$P=(x^2-2)^2$
(3)　11

解説　(1)　$P=5^2+3\times4\times6\times7$
$=25+504=529=23^2$
(2)　$P=x^2+(x-2)(x-1)(x+1)(x+2)$
$=x^2+(x-2)(x+2)(x-1)(x+1)$
$=x^2+(x^2-4)(x^2-1)$
$=x^2+x^4-5x^2+4$
$=x^4-4x^2+4$
$=(x^2-2)^2$
(3)　$(x^2-2)^2=167^2$ より　$x^2-2=167$
$x^2=169$
ここで，$13^2=169$ であるから　$x=13$
最も小さい数は　$x-2=11$

9　$A=392$，$B=147$
$A=440$，$B=165$
$A=616$，$B=231$

解説　A と B の最大公約数を g とすると，$A=ag$，$B=bg$ とおける。
ただし，$A>B$ より $a>b$ で，a と b は１以外に公約数をもたないものとする。　…①
最小公倍数は $24g$ であるから
$abg=24g$　　よって　$ab=24$
①より　$(a,\ b)=(24,\ 1)$，$(8,\ 3)$
(i)　$(a,\ b)=(24,\ 1)$ のとき
$A=24g$，$B=g$ となり，B は３けたであるから，A は４または５けたとなり適さない。
(ii)　$(a,\ b)=(8,\ 3)$ のとき
$A=8g$，$B=3g$ となり，A，B が３けたの自然数であるから，$34\leqq g\leqq124$ となる。
$A+B=11g$ で，$A+B$ の約数の個数が６個であるから，$g=11^4$ または 11 以外のある素数 p に対して，$g=p^2$ または $g=11p$ となる。

$g=p^2$ のとき，p は 11 以外の素数より，
$p=7$，$A=8\times7^2=392$，$B=3\times7^2=147$
$g=11p$ のとき，p は 11 以外の素数より，
$p=5$，7　　よって　$g=55$，77
ゆえに　$A=8\times55=440$，$B=3\times55=165$
または　$A=8\times77=616$，$B=3\times77=231$

10　(1)　$\boldsymbol{\dfrac{N}{n^2}=t^2-5t-36}$

(2)　$\boldsymbol{N=(n^2+4n+21)(n^2-9n+21)}$

解説　(1)　$\dfrac{N}{n^2}=n^2-5n+6-\dfrac{105}{n}+\dfrac{441}{n^2}$

$=n^2+\left(\dfrac{21}{n}\right)^2-5\left(n+\dfrac{21}{n}\right)+6$

$=\left(n+\dfrac{21}{n}\right)^2-2\times n\times\dfrac{21}{n}-5\left(n+\dfrac{21}{n}\right)+6$

$=t^2-42-5t+6$

$=t^2-5t-36$

(2)　$\dfrac{N}{n^2}=(t+4)(t-9)$ より

$N=n^2(t+4)(t-9)$

$=n(t+4)\times n(t-9)$

$=(nt+4n)(nt-9n)$

$=(n^2+21+4n)(n^2+21-9n)$

$=(n^2+4n+21)(n^2-9n+21)$

3　平方根

▶25　(1)　オ，イ，ア，エ，ウ

(2)　イ，エ，ア，ウ

解説　(1)　$3.5=\sqrt{3.5^2}=\sqrt{12.25}$

$3=\sqrt{3^2}=\sqrt{9}$

根号の中の数で大きい順に並べると

$\sqrt{18}$，$\sqrt{12.25}$，$\sqrt{12}$，$\sqrt{9}$，$\sqrt{7}$

よって，オ，イ，ア，エ，ウとなる。

(2)　$\dfrac{3}{5}=\dfrac{\sqrt{9}}{5}$

$\dfrac{3}{\sqrt{5}}=\dfrac{3\times\sqrt{5}}{\sqrt{5}\times\sqrt{5}}=\dfrac{3\sqrt{5}}{5}=\dfrac{\sqrt{45}}{5}$

$\sqrt{\dfrac{3}{5}}=\dfrac{\sqrt{3}\times\sqrt{5}}{\sqrt{5}\times\sqrt{5}}=\dfrac{\sqrt{15}}{5}$

分子の根号の中の数で大きい順に並べると

$\dfrac{\sqrt{45}}{5}$，$\dfrac{\sqrt{15}}{5}$，$\dfrac{\sqrt{9}}{5}$，$\dfrac{\sqrt{3}}{5}$

よって，$\dfrac{3}{\sqrt{5}}$，$\sqrt{\dfrac{3}{5}}$，$\dfrac{3}{5}$，$\dfrac{\sqrt{3}}{5}$ となる。

すなわち，イ，エ，ア，ウとなる。

▶26　(1)　$\boldsymbol{5\sqrt{3}}$　　(2)　$\boldsymbol{2\sqrt{7}}$

(3)　$\boldsymbol{8\sqrt{2}}$　　(4)　$\boldsymbol{3+\sqrt{2}}$

(5)　$\boldsymbol{9\sqrt{10}}$　　(6)　$\boldsymbol{3}$

解説　(1)　$6\sqrt{3}-\sqrt{27}+\sqrt{12}$

$=6\sqrt{3}-3\sqrt{3}+2\sqrt{3}=5\sqrt{3}$

(2)　$\sqrt{21}\times\sqrt{3}-\sqrt{7}=3\sqrt{7}-\sqrt{7}=2\sqrt{7}$

(3)　$\dfrac{6}{\sqrt{2}}+\sqrt{50}=\dfrac{6\times\sqrt{2}}{\sqrt{2}\times\sqrt{2}}+5\sqrt{2}$

$=\dfrac{6\sqrt{2}}{2}+5\sqrt{2}=3\sqrt{2}+5\sqrt{2}=8\sqrt{2}$

(4)　$\sqrt{3}(\sqrt{6}+\sqrt{3})-\sqrt{8}$

$=\sqrt{18}+3-2\sqrt{2}$

$=3\sqrt{2}+3-2\sqrt{2}=3+\sqrt{2}$

(5) $\sqrt{20}\left(\sqrt{50}-\frac{1}{\sqrt{2}}\right)=\sqrt{1000}-\sqrt{10}$

$=10\sqrt{10}-\sqrt{10}=9\sqrt{10}$

(6) $(\sqrt{75}-\sqrt{48})\times\sqrt{6}\div\sqrt{2}$

$=(5\sqrt{3}-4\sqrt{3})\times\sqrt{3}=\sqrt{3}\times\sqrt{3}=3$

トップコーチ

平方根の計算規則は次のとおり。

① $a\sqrt{b}=\sqrt{a^2b}\quad(a>0)$

② $a\sqrt{b}\times c\sqrt{d}=ac\sqrt{bd}$

③ $\frac{b}{\sqrt{a}}=\frac{b\times\sqrt{a}}{\sqrt{a}\times\sqrt{a}}=\frac{b\sqrt{a}}{a}$

④ $a\sqrt{b}+c\sqrt{b}=(a+c)\sqrt{b}$

また, $\sqrt{2}=1.41421356\cdots$, $\sqrt{3}=1.7320508\cdots$, $\sqrt{5}=2.2360679\cdots$ などもしっかり把握しておく。

27

(1) **8**　(2) **3**

(3) $\mathbf{-4+6\sqrt{2}}$　(4) $\mathbf{2\sqrt{3}}$

(5) $\mathbf{2+7\sqrt{3}}$　(6) $\mathbf{18+3\sqrt{2}+\frac{\sqrt{3}}{3}}$

(7) $\mathbf{\sqrt{5}+\sqrt{30}}$　(8) **3**

解説 (1) $(\sqrt{13}+\sqrt{5})(\sqrt{13}-\sqrt{5})$

$=13-5=8$

(2) $\sqrt{2}(2\sqrt{3}-\sqrt{2})+(\sqrt{3}-\sqrt{2})^2$

$=2\sqrt{6}-2+3-2\sqrt{6}+2=3$

(3) $(\sqrt{8}+4)(\sqrt{8}-3)+\frac{8}{\sqrt{2}}$

$=8+\sqrt{8}-12+\frac{8\times\sqrt{2}}{\sqrt{2}\times\sqrt{2}}$

$=-4+2\sqrt{2}+\frac{8\sqrt{2}}{2}=-4+2\sqrt{2}+4\sqrt{2}$

$=-4+6\sqrt{2}$

(4) $(\sqrt{3}+\sqrt{7})(\sqrt{3}-\sqrt{7})+(\sqrt{3}+1)^2$

$=3-7+3+2\sqrt{3}+1=2\sqrt{3}$

(5) $(2\sqrt{3}-1)(\sqrt{3}+4)=6+8\sqrt{3}-\sqrt{3}-4$

$=2+7\sqrt{3}$

(6) $(\sqrt{18}+1)^2-(\sqrt{18}+1)+\frac{1}{\sqrt{3}}$

$=18+2\sqrt{18}+1-\sqrt{18}-1+\frac{1\times\sqrt{3}}{\sqrt{3}\times\sqrt{3}}$

$=18+\sqrt{18}+\frac{\sqrt{3}}{3}=18+3\sqrt{2}+\frac{\sqrt{3}}{3}$

(7) $\frac{(\sqrt{3}+2\sqrt{2})(3\sqrt{3}-\sqrt{2})}{\sqrt{5}}$

$=\frac{9-\sqrt{6}+6\sqrt{6}-4}{\sqrt{5}}=\frac{5+5\sqrt{6}}{\sqrt{5}}$

$=\frac{(5+5\sqrt{6})\sqrt{5}}{\sqrt{5}\times\sqrt{5}}=\frac{(5+5\sqrt{6})\sqrt{5}}{5}$

$=(1+\sqrt{6})\sqrt{5}=\sqrt{5}+\sqrt{30}$

(8) $(\sqrt{48}-\sqrt{12}+\sqrt{6})\left(\sqrt{3}-\sqrt{\frac{3}{2}}\right)$

$=(4\sqrt{3}-2\sqrt{3}+\sqrt{6})\left(\sqrt{3}-\frac{\sqrt{3}\times\sqrt{2}}{\sqrt{2}\times\sqrt{2}}\right)$

$=(2\sqrt{3}+\sqrt{6})\left(\sqrt{3}-\frac{\sqrt{6}}{2}\right)$

$=6-\sqrt{18}+\sqrt{18}-3=3$

28

(1) $\mathbf{14-\frac{9\sqrt{6}}{2}}$　(2) $\mathbf{-\sqrt{2}}$

(3) $\mathbf{\frac{\sqrt{3}}{3}}$　(4) **−5.37**

(5) $\mathbf{\frac{4+\sqrt{2}}{2}}$　(6) $\mathbf{-2\sqrt{2}}$

(7) $\mathbf{11-2\sqrt{6}+4\sqrt{3}-6\sqrt{2}}$

(8) $\mathbf{7\sqrt{2}+4\sqrt{3}}$　(9) $\mathbf{6-2\sqrt{6}}$

(10) $\mathbf{5+\sqrt{3}}$　(11) $\mathbf{-\sqrt{2}}$

(12) $\mathbf{-9\sqrt{2}}$　(13) **−6**

(14) **18**

解説 (1) $(2\sqrt{2}-\sqrt{3})^2+\frac{\sqrt{18}-\sqrt{3}}{\sqrt{2}}$

$=8-4\sqrt{6}+3+\frac{(\sqrt{18}-\sqrt{3})\sqrt{2}}{\sqrt{2}\times\sqrt{2}}$

$=11-4\sqrt{6}+\frac{6-\sqrt{6}}{2}$

$=11-\dfrac{8\sqrt{6}}{2}+3-\dfrac{\sqrt{6}}{2}=14-\dfrac{9\sqrt{6}}{2}$

(2) $(2\sqrt{3}-4)(2\sqrt{3}+4)-(\sqrt{2}+3)(\sqrt{2}-2)$

$=12-16-(2+\sqrt{2}-6)$

$=-4-(-4+\sqrt{2})$

$=-4+4-\sqrt{2}=-\sqrt{2}$

(3) $\sqrt{75}-\sqrt{27}-\dfrac{\sqrt{-12^2+(-13)^2}}{\sqrt{3}}$

$=5\sqrt{3}-3\sqrt{3}-\dfrac{\sqrt{-144+169}}{\sqrt{3}}$

$=2\sqrt{3}-\dfrac{\sqrt{25}}{\sqrt{3}}=2\sqrt{3}-\dfrac{5\times\sqrt{3}}{\sqrt{3}\times\sqrt{3}}$

$=\dfrac{6\sqrt{3}}{3}-\dfrac{5\sqrt{3}}{3}=\dfrac{\sqrt{3}}{3}$

(4) $\sqrt{0.0009}-\sqrt{\dfrac{36}{225}}-\sqrt{(-5)^2}$

$=\sqrt{\dfrac{9}{10000}}-\sqrt{\dfrac{4}{25}}-\sqrt{25}$

$=\dfrac{3}{100}-\dfrac{2}{5}-5=\dfrac{3-40-500}{100}$

$=-\dfrac{537}{100}=-5.37$

(5) $\dfrac{5\sqrt{24}}{\sqrt{27}+\sqrt{12}}-\dfrac{(\sqrt{2}-1)^2}{\sqrt{2}}$

$=\dfrac{5\times2\sqrt{6}}{3\sqrt{3}+2\sqrt{3}}-\dfrac{2-2\sqrt{2}+1}{\sqrt{2}}$

$=\dfrac{10\sqrt{6}}{5\sqrt{3}}-\dfrac{3-2\sqrt{2}}{\sqrt{2}}$

$=\dfrac{2\sqrt{6}\times\sqrt{3}}{\sqrt{3}\times\sqrt{3}}-\dfrac{(3-2\sqrt{2})\sqrt{2}}{\sqrt{2}\times\sqrt{2}}$

$=\dfrac{6\sqrt{2}}{3}-\dfrac{3\sqrt{2}-4}{2}$

$=2\sqrt{2}-\dfrac{3\sqrt{2}-4}{2}=\dfrac{4\sqrt{2}-(3\sqrt{2}-4)}{2}$

$=\dfrac{4+\sqrt{2}}{2}$

(6) $\dfrac{8\sqrt{3}-4}{2\sqrt{8}}-\dfrac{6\sqrt{2}+3\sqrt{6}}{2\sqrt{3}}$

$=\dfrac{8\sqrt{3}-4}{2\times2\sqrt{2}}-\dfrac{(6\sqrt{2}+3\sqrt{6})\sqrt{3}}{2\sqrt{3}\times\sqrt{3}}$

$=\dfrac{(2\sqrt{3}-1)\sqrt{2}}{\sqrt{2}\times\sqrt{2}}-\dfrac{6\sqrt{6}+9\sqrt{2}}{6}$

$=\dfrac{2\sqrt{6}-\sqrt{2}}{2}-\dfrac{2\sqrt{6}+3\sqrt{2}}{2}$

$=\dfrac{2\sqrt{6}-\sqrt{2}-(2\sqrt{6}+3\sqrt{2})}{2}$

$=-\dfrac{4\sqrt{2}}{2}=-2\sqrt{2}$

(7) $(\sqrt{2}-\sqrt{3}+\sqrt{6})^2=\{(\sqrt{2}-\sqrt{3})+\sqrt{6}\}^2$

$=(\sqrt{2}-\sqrt{3})^2+2\sqrt{6}(\sqrt{2}-\sqrt{3})+(\sqrt{6})^2$

$=2-2\sqrt{6}+3+4\sqrt{3}-6\sqrt{2}+6$

$=11-2\sqrt{6}+4\sqrt{3}-6\sqrt{2}$

(8) $3\sqrt{48}-\dfrac{12}{\sqrt{3}}+\dfrac{(\sqrt{2}-2\sqrt{3})^2}{\sqrt{2}}$

$=12\sqrt{3}-\dfrac{12\times\sqrt{3}}{\sqrt{3}\times\sqrt{3}}+\dfrac{2-4\sqrt{6}+12}{\sqrt{2}}$

$=12\sqrt{3}-4\sqrt{3}+\dfrac{(14-4\sqrt{6})\sqrt{2}}{\sqrt{2}\times\sqrt{2}}$

$=8\sqrt{3}+(7-2\sqrt{6})\sqrt{2}$

$=8\sqrt{3}+7\sqrt{2}-4\sqrt{3}=7\sqrt{2}+4\sqrt{3}$

(9) $(1+\sqrt{2}-\sqrt{3})(1-\sqrt{2}+\sqrt{3})+2(\sqrt{2}-\sqrt{3})^2$

$=\{1+(\sqrt{2}-\sqrt{3})\}\{1-(\sqrt{2}-\sqrt{3})\}$

$+2(\sqrt{2}-\sqrt{3})^2$

$=1-(\sqrt{2}-\sqrt{3})^2+2(\sqrt{2}-\sqrt{3})^2$

$=1+(\sqrt{2}-\sqrt{3})^2$

$=1+2-2\sqrt{6}+3=6-2\sqrt{6}$

(10) $(\sqrt{6}+\sqrt{2}-\sqrt{3})(\sqrt{6}+\sqrt{2}+\sqrt{3})-\dfrac{9}{\sqrt{3}}$

$=(\sqrt{6}+\sqrt{2})^2-(\sqrt{3})^2-\dfrac{9\times\sqrt{3}}{\sqrt{3}\times\sqrt{3}}$

$=6+2\sqrt{12}+2-3-3\sqrt{3}$

$=5+4\sqrt{3}-3\sqrt{3}=5+\sqrt{3}$

(11) $\frac{8-3\sqrt{2}}{\sqrt{2}}-\frac{3\sqrt{14}+\sqrt{7}}{\sqrt{7}}+2\sqrt{(-2)^2}-\frac{12}{\sqrt{18}}$

$=\frac{8\sqrt{2}-6}{2}-\frac{21\sqrt{2}+7}{7}+4-\frac{12}{3\sqrt{2}}$

$=4\sqrt{2}-3-(3\sqrt{2}+1)+4-\frac{4\sqrt{2}}{2}$

$=4\sqrt{2}-3-3\sqrt{2}-1+4-2\sqrt{2}=-\sqrt{2}$

(12) $\sqrt{8}\{(2\sqrt{3}+\sqrt{2})^2-(\sqrt{3}+2\sqrt{2})^2\}-\sqrt{450}$

$=2\sqrt{2}\{(12+4\sqrt{6}+2)-(3+4\sqrt{6}+8)\}$

$-15\sqrt{2}$

$=2\sqrt{2}\times3-15\sqrt{2}$

$=6\sqrt{2}-15\sqrt{2}=-9\sqrt{2}$

(13) $\left(\sqrt{\frac{5}{2}}-\frac{5}{\sqrt{90}}\right)\times(-\sqrt{2})^3\div\frac{10}{\sqrt{405}}$

$=\left(\frac{\sqrt{10}}{2}-\frac{5}{3\sqrt{10}}\right)\times(-2\sqrt{2})\times\frac{9\sqrt{5}}{10}$

$=\left(\frac{3\sqrt{10}}{6}-\frac{\sqrt{10}}{6}\right)\times\left(-\frac{9\sqrt{10}}{5}\right)$

$=\frac{\sqrt{10}}{3}\times\left(-\frac{9\sqrt{10}}{5}\right)=-\frac{3\times10}{5}=-6$

(14) $(\sqrt{5}+2)(\sqrt{5}-2)=(\sqrt{5})^2-2^2$

$=5-4=1$

よって

$(\sqrt{5}+2)^{17}(\sqrt{5}-2)^{15}+(\sqrt{5}+2)^{15}(\sqrt{5}-2)^{17}$

$=\{(\sqrt{5}+2)(\sqrt{5}-2)\}^{15}\{(\sqrt{5}+2)^2+(\sqrt{5}-2)^2\}$

$=(5+4\sqrt{5}+4)+(5-4\sqrt{5}+4)$

$=18$

▶29

(1) ア　2　　イ　3　　ウ　$\sqrt{2}$

エ　$\sqrt{3}$

(2) $\boldsymbol{y(x-2\sqrt{3}y)^2}$

解説 (1) $x^2=A$ とおくと

$x^4-5x^2+6=A^2-5A+6=(A-2)(A-3)$

$=(x^2-2)(x^2-3)$　…ア，イ

ここで，$2=(\sqrt{2})^2$，$3=(\sqrt{3})^2$ と考えると

$(x^2-2)(x^2-3)$

$=\{x^2-(\sqrt{2})^2\}\{x^2-(\sqrt{3})^2\}$

$=(x+\sqrt{2})(x-\sqrt{2})(x+\sqrt{3})(x-\sqrt{3})$

…ウ，エ

(2) $x^2y-4\sqrt{3}xy^2+12y^3$

$=y(x^2-4\sqrt{3}xy+12y^2)$

$=y\{x^2-2\times x\times2\sqrt{3}y+(2\sqrt{3}y)^2\}$

$=y(x-2\sqrt{3}y)^2$

▶30

(1) $\boldsymbol{x=\frac{3\sqrt{2}}{2}}$，$\boldsymbol{y=\frac{2\sqrt{3}}{3}}$

(2) ア　$\boldsymbol{2\sqrt{2}+\sqrt{3}}$　　イ　$\boldsymbol{\sqrt{2}-2\sqrt{3}}$

(3) ア　$\boldsymbol{\frac{3-\sqrt{5}}{3}}$　　イ　$\boldsymbol{\frac{5-\sqrt{5}}{3}}$

解説 (1) $\begin{cases}\sqrt{2}x+\sqrt{3}y=5 & \cdots① \\ 3\sqrt{2}x-2\sqrt{3}y=5 & \cdots②\end{cases}$

①×3−②

$$\begin{array}{rr} & 3\sqrt{2}x+3\sqrt{3}y=15 \\ -) & 3\sqrt{2}x-2\sqrt{3}y=\ \ 5 \\ \hline & 5\sqrt{3}y=10 \end{array}$$

$y=\frac{10}{5\sqrt{3}}=\frac{2}{\sqrt{3}}=\frac{2\sqrt{3}}{3}$

①×2+②

$$\begin{array}{rr} & 2\sqrt{2}x+2\sqrt{3}y=10 \\ +) & 3\sqrt{2}x-2\sqrt{3}y=\ \ 5 \\ \hline & 5\sqrt{2}x\qquad\quad=15 \end{array}$$

x を先に出す方が見やすい。

$x=\frac{15}{5\sqrt{2}}=\frac{3}{\sqrt{2}}=\frac{3\sqrt{2}}{2}$

$\begin{cases}x=\frac{3\sqrt{2}}{2} \\ y=\frac{2\sqrt{3}}{3}\end{cases}$

(2) $\begin{cases}\sqrt{2}x-\sqrt{3}y=10 & \cdots① \\ \sqrt{3}x+\sqrt{2}y=5 & \cdots②\end{cases}$

①×$\sqrt{2}$+②×$\sqrt{3}$

$$\begin{array}{rl} & 2x-\sqrt{6}y=10\sqrt{2} \\ +) & 3x+\sqrt{6}y=\ 5\sqrt{3} \\ \hline & 5x \qquad =10\sqrt{2}+5\sqrt{3} \end{array}$$

$$x=\frac{10\sqrt{2}+5\sqrt{3}}{5}=2\sqrt{2}+\sqrt{3}$$

①$\times\sqrt{3}-$②$\times\sqrt{2}$

$$\begin{array}{rl} & \sqrt{6}x-3y=10\sqrt{3} \\ -) & \sqrt{6}x+2y=\ 5\sqrt{2} \\ \hline & \qquad -5y=10\sqrt{3}-5\sqrt{2} \end{array}$$

$$y=\frac{5\sqrt{2}-10\sqrt{3}}{5}=\sqrt{2}-2\sqrt{3}$$

(3) $\begin{cases}(\sqrt{5}-1)x+y=\sqrt{5}-1 & \cdots① \\ x+(\sqrt{5}+1)y=\sqrt{5}+1 & \cdots②\end{cases}$

①$\times(\sqrt{5}+1)-$②

$$\begin{array}{rl} & 4x+(\sqrt{5}+1)y=4 \\ -) & \ \ x+(\sqrt{5}+1)y=\sqrt{5}+1 \\ \hline & 3x \qquad\qquad =3-\sqrt{5} \end{array}$$

$$x=\frac{3-\sqrt{5}}{3}$$

①$-$②$\times(\sqrt{5}-1)$

$$\begin{array}{rl} & (\sqrt{5}-1)x+\ \ y=\sqrt{5}-1 \\ -) & (\sqrt{5}-1)x+4y=4 \\ \hline & \qquad\qquad -3y=\sqrt{5}-5 \end{array}$$

$$y=\frac{5-\sqrt{5}}{3}$$

▶31 (1) ① **4**　② $\boldsymbol{\pi-3}$　③ **2**

(2) $\boldsymbol{\frac{1}{2}\left(a^2+\frac{1}{a^2}\right)}$

解説 (1) ① $\sqrt{(-4)^2}=\sqrt{4^2}=4$

② $\pi-3>0$ より　$\sqrt{(\pi-3)^2}=\pi-3$

③ $\pi-5<0$, $3-\pi<0$ より

$$\sqrt{(\pi-5)^2}+\sqrt{(3-\pi)^2}$$
$$=-(\pi-5)-(3-\pi)$$
$$=-\pi+5-3+\pi=2$$

(2) $1+x^2=1+\frac{1}{4}\left(a^2-\frac{1}{a^2}\right)^2$

$$=1+\frac{1}{4}\left(a^4-2\times a^2\times\frac{1}{a^2}+\frac{1}{a^4}\right)$$
$$=1+\frac{1}{4}a^4-\frac{1}{2}+\frac{1}{4a^4}$$
$$=\frac{1}{4}a^4+\frac{1}{2}+\frac{1}{4a^4}$$
$$=\frac{1}{4}\left(a^4+2\times a^2\times\frac{1}{a^2}+\frac{1}{a^4}\right)$$
$$=\frac{1}{4}\left(a^2+\frac{1}{a^2}\right)^2$$

$a^2+\frac{1}{a^2}>0$ であるから

$$\sqrt{1+x^2}=\sqrt{\frac{1}{4}\left(a^2+\frac{1}{a^2}\right)^2}=\frac{1}{2}\left(a^2+\frac{1}{a^2}\right)$$

トップコーチ

$a>0$ のとき $\sqrt{a^2}=a$ であるが，
$a<0$ のとき $\sqrt{a^2}=-a$ である。
$\sqrt{(3-\pi)^2}=\sqrt{(\pi-3)^2}=\pi-3$ は覚えておきたい。
また，$(\sqrt{3-\pi})^2$ は $3-\pi$ ではない。$\sqrt{3-\pi}$ は実数の範囲には存在しない数である。

▶32 (1) **(3, 9)**　(2) $\boldsymbol{n=96}$

(3) $\boldsymbol{n=210}$　(4) **6個**

(5) $\boldsymbol{n=8}$　(6) $\boldsymbol{a=200}$

(7) $\boldsymbol{n=2,\ 5,\ 10,\ 23}$

(8) $\boldsymbol{k=3}$ **のとき**

$\boldsymbol{n=35,\ 55,\ 127,\ 251}$

$\boldsymbol{k=4}$**のとき**　$\boldsymbol{n}$**の値の個数は8個**

解説 (1) $\sqrt{3mn}$ が整数となるのは，a を自然数として，$mn=3a^2$ の場合である。

$a=1$ のとき　$mn=3$

$m<n$ より　$m=1$, $n=3$

このとき　$m+n=4$

$a=2$ のとき　$mn=12$

$m=1,\ n=12$ のとき　$m+n=13$

$m=2,\ n=6$ のとき　$m+n=8$

$m=3,\ n=4$ のとき　$m+n=7$

$a=3$ のとき　$mn=27$

$m=1,\ n=27$ のとき　$m+n=28$

$m=3,\ n=9$ のとき　$m+n=12$

$a=4$ のとき　$mn=48$

$m+n$ が最小となるのは，$m=6,\ n=8$ のときで　$m+n=14$

以上より　$m+n$ の値を小さい順に並べると，4，7，8，12，13，14，…となり，4番目は12である。

このとき　$(m,\ n)=(3,\ 9)$

(2)　$\sqrt{24n}=2\sqrt{6n}$ が自然数となるのは，a を自然数として，$n=6a^2$ の場合である。これを満たす n のうち，2けたで最大となるのは $a=4$ のときで　$n=6\times4^2=96$

(3)　$\sqrt{\dfrac{224n}{135}}=\dfrac{4}{3}\times\sqrt{\dfrac{14}{15}n}$

よって　$n=14\times15=210$

(4)　n は4の倍数であるから，$n=4m$ とおく。ただし，m は自然数である。

$\sqrt{196-n}=\sqrt{196-4m}=\sqrt{4(49-m)}$
$=2\sqrt{49-m}$

これが自然数となるのは

$49-m=1,\ 4,\ 9,\ 16,\ 25,\ 36$

のときで，m の値は6個，つまり n の値も6個である。

(5)　$\sqrt{28n-28}=\sqrt{28(n-1)}=2\sqrt{7(n-1)}$

これが自然数となる最小の n の値は

$n-1=7$ より　$n=8$

(6)　$2005=\sqrt{1995^2+a^2}$ の両辺を2乗して

$2005^2=1995^2+a^2$

$a^2=2005^2-1995^2$
$=(2005+1995)(2005-1995)$
$=4000\times10=40000$

$a>0$ より　$a=\sqrt{40000}=200$

(7)　$\sqrt{n^2+96}=a$ とおく。両辺を2乗して

$n^2+96=a^2$　　$a^2-n^2=96$

$(a+n)(a-n)=96$

$a+n,\ a-n$ は96の約数である。

$a+n>a-n$ より，$a+n,\ a-n$ の値は，次の表のようになる。

$a+n$	96	48	32	24	16	12
$a-n$	1	2	3	4	6	8

これより，a と n の値は次のようになる。

a	$\frac{97}{2}$	25	$\frac{35}{2}$	14	11	10
n	$\frac{95}{2}$	23	$\frac{29}{2}$	10	5	2

n は自然数であるから　$n=2,\ 5,\ 10,\ 23$

(8)　$\sqrt{n^2-10^k}=a$ とおく。両辺を2乗して

$n^2-10^k=a^2$　　$n^2-a^2=10^k$

$(n+a)(n-a)=10^k$

$k=3$ のとき　$(n+a)(n-a)=1000$

$n+a,\ n-a$ は1000の約数である。

$n+a\geqq n-a$ より，$n+a,\ n-a$ の値は，次の表のようになる。

$n+a$	1000	500	250	200	125	100	50	40
$n-a$	1	2	4	5	8	10	20	25

これより，n と a の値は次のようになる。

n	$\frac{1001}{2}$	251	127	$\frac{205}{2}$	$\frac{133}{2}$	55	35	$\frac{65}{2}$
a	$\frac{999}{2}$	249	123	$\frac{195}{2}$	$\frac{117}{2}$	45	15	$\frac{15}{2}$

n は自然数であるから

$n=35,\ 55,\ 127,\ 251$

ここで，n が自然数となるのは，$n+a,\ n-a$ がともに偶数の場合である。

$k=4$ のとき　$(n+a)(n-a)=10000$

これを満たす $n+a$, $n-a$ で，n が自然数となるのは，次の表の場合である。

$n+a$	5000	2500	1250	1000	500	250	200	100
$n-a$	2	4	8	10	20	40	50	100
n	2501	1252	629	505	260	145	125	100

よって，n の値の個数は 8 個である。

33 (1) **5 個** (2) $N=44$ (3) $N=13$

解説 (1) $2 \leqq \sqrt{n} < 3$ より

$2^2 \leqq n < 3^2$　　$4 \leqq n < 9$

n は自然数であるから　$n=4, 5, 6, 7, 8$

よって，n の値は 5 個ある。

(2) $44^2=1936$, $45^2=2025$ であるから

$1936<2003<2025$ より

$\sqrt{1936}<\sqrt{2003}<\sqrt{2025}$

よって，$44<\sqrt{2003}<45$ となり，

$N=44$ である。

(3) $N \leqq \sqrt{n} < N+1$ より

$N^2 \leqq n < (N+1)^2$

N^2 以上 $(N+1)^2$ 未満の自然数の個数は

$(N+1)^2-N^2$ 個である。

$(N+1)^2-N^2=27$ より

$N^2+2N+1-N^2=27$

$2N=26$　　$N=13$

34 (1) **10**　(2) $3+3\sqrt{10}$

(3) **6**　(4) $\sqrt{2}$

(5) **2**　(6) $4-\sqrt{2}-\sqrt{3}$

解説 (1) $4<7<9$ より

$\sqrt{4}<\sqrt{7}<\sqrt{9}$　　$2<\sqrt{7}<3$

これより，$\sqrt{7}$ の整数部分は 2 であるから，小数部分は $\sqrt{7}-2$ となる。

$a=\sqrt{7}-2$ より　$a+2=\sqrt{7}$

$a^2+4a+7=a^2+4a+4+3$

$=(a+2)^2+3$

$=(\sqrt{7})^2+3=7+3=10$

(2) $9<10<16$ より　$\sqrt{9}<\sqrt{10}<\sqrt{16}$

$3<\sqrt{10}<4$

これより，$\sqrt{10}$ の整数部分は 3 であるから，小数部分は $\sqrt{10}-3$ となる。

$a=\sqrt{10}-3$ より

$a+\dfrac{2}{a}=\sqrt{10}-3+\dfrac{2}{\sqrt{10}-3}$

$=\sqrt{10}-3+\dfrac{2(\sqrt{10}+3)}{(\sqrt{10}-3)(\sqrt{10}+3)}$

$=\sqrt{10}-3+\dfrac{2\sqrt{10}+6}{10-9}$

$=\sqrt{10}-3+2\sqrt{10}+6$

$=3+3\sqrt{10}$

(3) $9<15<16$ より　$\sqrt{9}<\sqrt{15}<\sqrt{16}$

$3<\sqrt{15}<4$

これより，$\sqrt{15}$ の整数部分は 3 であるから，小数部分は $\sqrt{15}-3$ となる。

$a=\sqrt{15}-3$ より　$a+3=\sqrt{15}$

$a^2+6a=a^2+6a+9-9$

$=(a+3)^2-9$

$=(\sqrt{15})^2-9=15-9=6$

(4) $1<2<4$ より　$\sqrt{1}<\sqrt{2}<\sqrt{4}$

$1<\sqrt{2}<2$

これより，$\sqrt{2}$ の整数部分は 1 であるから，小数部分は $\sqrt{2}-1$ となる。

$x=\sqrt{2}-1$ より

$x(x+1)(x+2)$

$=(\sqrt{2}-1)\{(\sqrt{2}-1)+1\}\{(\sqrt{2}-1)+2\}$

$=\sqrt{2}(\sqrt{2}-1)(\sqrt{2}+1)$

$=\sqrt{2}(2-1)=\sqrt{2}\times 1=\sqrt{2}$

(5) $(1+\sqrt{2})(\sqrt{2}+2)=\sqrt{2}+2+2+2\sqrt{2}$

$=4+3\sqrt{2}$

$3\sqrt{2}=\sqrt{18}$ であるから，$16<18<25$ より

$\sqrt{16}<\sqrt{18}<\sqrt{25}$　　$4<3\sqrt{2}<5$

これより，$3\sqrt{2}$ の整数部分は 4 であるから，$4+3\sqrt{2}$ の整数部分は 8，小数部分は $4+3\sqrt{2}-8=3\sqrt{2}-4$ となる。

$a=3\sqrt{2}-4$ より　$a+4=3\sqrt{2}$

$a^2+8a=a^2+8a+16-16$

$=(a+4)^2-16$

$=(3\sqrt{2})^2-16$

$=18-16=2$

(6)　$(\sqrt{2}+\sqrt{3})^2=2+2\sqrt{6}+3=5+2\sqrt{6}$

$2\sqrt{6}=\sqrt{24}$ であるから，$16<24<25$ より

$\sqrt{16}<\sqrt{24}<\sqrt{25}$　　$4<2\sqrt{6}<5$

これより，$2\sqrt{6}$ の整数部分は 4 であるから，$5+2\sqrt{6}$ の整数部分は 9 となる。

$9<(\sqrt{2}+\sqrt{3})^2<16$ より

$3<\sqrt{2}+\sqrt{3}<4$

よって，$\sqrt{2}+\sqrt{3}$ の整数部分は 3，小数部分は $\sqrt{2}+\sqrt{3}-3$ となり，

$a=3$，

$b=\sqrt{2}+\sqrt{3}-3$ で，$0<b<1$ であるから，

$a-b$ の整数部分は 2 となり，小数部分は

$a-b-2=3-(\sqrt{2}+\sqrt{3}-3)-2$

$=4-\sqrt{2}-\sqrt{3}$

トップコーチ

(1)は $\sqrt{7}=2.64575\cdots$ であるから，$\sqrt{7}$ の整数部分は 2，小数部分は $0.64575\cdots$ である。しかし，この小数部分では計算が続かないので，小数部分を $\sqrt{7}-2$ と表す。

一般に n を整数，a を自然数とすると，

$n\leqq\sqrt{a}<n+1$ のとき，n を $\sqrt{a}$ の整数部分，$\sqrt{a}-n$ を $\sqrt{a}$ の小数部分という。

35

(1)　**-1**　(2)　**6**　(3)　**3**

(4)　**2**　(5)　**6**　(6)　**$28+16\sqrt{3}$**

解説　(1)　$x=2+\sqrt{3}$ より　$x-2=\sqrt{3}$

$x^2-4x=x^2-4x+4-4=(x-2)^2-4$

$=(\sqrt{3})^2-4=3-4=-1$

(2)　$x=\sqrt{6}-1$ より　$x+1=\sqrt{6}$

$x^2+2x+1=(x+1)^2=(\sqrt{6})^2=6$

(3)　$a=\sqrt{7}+3$ より　$a-3=\sqrt{7}$

$a^2-6a+5=a^2-6a+9-4=(a-3)^2-4$

$=(\sqrt{7})^2-4=7-4=3$

(4)　$x=\sqrt{5}-3$ より　$x+3=\sqrt{5}$

$x^2+6x+6=x^2+6x+9-3=(x+3)^2-3$

$=(\sqrt{5})^2-3=5-3=2$

(5)　$x=\dfrac{3+\sqrt{13}}{2}$ より　$2x=3+\sqrt{13}$

$2x-3=\sqrt{13}$

両辺を 2 乗して　$(2x-3)^2=13$

$4x^2-12x+9-13=0$

$4x^2-12x-4=0$　　$x^2-3x-1=0$

よって　$x^2-3x+5=x^2-3x-1+6$

$=0+6=6$

(6)　$x=\sqrt{3}+1$ より

$x^2=(\sqrt{3}+1)^2=3+2\sqrt{3}+1=4+2\sqrt{3}$

$x^4=(x^2)^2=(4+2\sqrt{3})^2$

$=16+16\sqrt{3}+12=28+16\sqrt{3}$

36

(1)　**3**　(2)　**$-\dfrac{2\sqrt{6}}{3}$**

(3)　**$\dfrac{7}{3}$**　(4)　**$\dfrac{7}{6}-\sqrt{2}$**　(5)　**-1**

解説　(1)　$15a^5b^4\div5a^3b^2=3a^2b^2$

$=3(ab)^2=3\left(\dfrac{\sqrt{3}+1}{\sqrt{2}}\times\dfrac{\sqrt{3}-1}{\sqrt{2}}\right)^2$

$=3\left(\dfrac{3-1}{2}\right)^2=3\times1^2=3$

(2) $ab-\dfrac{2a}{\sqrt{2}}+\dfrac{b^2}{\sqrt{3}}=ab-\sqrt{2}a+\dfrac{\sqrt{3}b^2}{3}$

$=a(b-\sqrt{2})+\dfrac{\sqrt{3}b^2}{3}$

$=\sqrt{3}\times(-1)+\dfrac{\sqrt{3}(\sqrt{2}-1)^2}{3}$

$=-\sqrt{3}+\dfrac{\sqrt{3}(2-2\sqrt{2}+1)}{3}$

$=\dfrac{-3\sqrt{3}+3\sqrt{3}-2\sqrt{6}}{3}=-\dfrac{2\sqrt{6}}{3}$

(3) $\begin{cases} x+y=\sqrt{3} & \cdots① \\ x-2y=1 & \cdots② \end{cases}$

①×2+②より　$3x=2\sqrt{3}+1$　　$x=\dfrac{2\sqrt{3}+1}{3}$

①−②より　$3y=\sqrt{3}-1$　　$y=\dfrac{\sqrt{3}-1}{3}$

$x^2+2y^2=\left(\dfrac{2\sqrt{3}+1}{3}\right)^2+2\left(\dfrac{\sqrt{3}-1}{3}\right)^2$

$=\dfrac{12+4\sqrt{3}+1}{9}+2\times\dfrac{3-2\sqrt{3}+1}{9}$

$=\dfrac{13+4\sqrt{3}+8-4\sqrt{3}}{9}=\dfrac{21}{9}=\dfrac{7}{3}$

(4) $x+y=\dfrac{2}{\sqrt{2}}=\sqrt{2}$

$xy=\left(\dfrac{1}{\sqrt{2}}\right)^2-\left(\dfrac{1}{\sqrt{3}}\right)^2=\dfrac{1}{2}-\dfrac{1}{3}=\dfrac{1}{6}$

$(1-x)(1-y)=1-y-x+xy$

$=1-(x+y)+xy=1-\sqrt{2}+\dfrac{1}{6}=\dfrac{7}{6}-\sqrt{2}$

(5) $x-1=\sqrt{2}+\sqrt{3}$，$y-1=\sqrt{2}-\sqrt{3}$ より

$xy-x-y+1=x(y-1)-(y-1)$

$=(x-1)(y-1)=(\sqrt{2}+\sqrt{3})(\sqrt{2}-\sqrt{3})$

$=2-3=-1$

▶37

(1) $6\sqrt{7}$　(2) $12\sqrt{2}$

(3) 20　(4) $2\sqrt{2}$

(5) $\dfrac{56\sqrt{5}}{5}$　(6) $12\sqrt{2}-6\sqrt{3}$

解説 (1) $xy=(\sqrt{7})^2-1^2=7-1=6$,

$x-1=\sqrt{7}$ より

$x^2y-xy=xy(x-1)=6\sqrt{7}$

(2) $x+y=2\sqrt{6}$，$x-y=2\sqrt{3}$ より

$x^2-y^2=(x+y)(x-y)$

$=2\sqrt{6}\times2\sqrt{3}=4\times3\sqrt{2}=12\sqrt{2}$

(3) $a+b=2\sqrt{5}$ より

$a^2+b^2+2ab=(a+b)^2=(2\sqrt{5})^2=20$

(4) $xy=\dfrac{\sqrt{2}-2}{\sqrt{2}}\times\dfrac{\sqrt{2}+2}{\sqrt{2}}=\dfrac{2-4}{2}=-1$

$x-y=\dfrac{\sqrt{2}-2}{\sqrt{2}}-\dfrac{\sqrt{2}+2}{\sqrt{2}}=\dfrac{-4}{\sqrt{2}}=-2\sqrt{2}$

よって

$x^2y-y^2x=xy(x-y)$

$=-1\times(-2\sqrt{2})=2\sqrt{2}$

(5) $x+y=2\sqrt{7}$，$x-y=2\sqrt{5}$，$xy=2$ であるから

$\dfrac{x^6y^4+2x^5y^5+x^4y^6}{x^3y^2-x^2y^3}$

$=\dfrac{x^4y^4(x^2+2xy+y^2)}{x^2y^2(x-y)}$

$=\dfrac{(xy)^2(x+y)^2}{x-y}=\dfrac{2^2\times(2\sqrt{7})^2}{2\sqrt{5}}$

$=\dfrac{56}{\sqrt{5}}=\dfrac{56\sqrt{5}}{5}$

(6) $(2a-b)^2-(a-2b)^2$

$=\{(2a-b)+(a-2b)\}\{(2a-b)-(a-2b)\}$

$=(3a-3b)(a+b)=3(a-b)(a+b)$

$=3(\sqrt{6}-2)(2\sqrt{3}+\sqrt{2})$

$=3(6\sqrt{2}+2\sqrt{3}-4\sqrt{3}-2\sqrt{2})$

$=3(4\sqrt{2}-2\sqrt{3})=12\sqrt{2}-6\sqrt{3}$

▶38

(1) ア　$2\sqrt{3}$　イ　1

ウ　$x+y$　エ　$2xy$　オ　10

(2) 10　(3) 1

(4) 2　(5) ア　5　イ　117

解説 (1) $x+y=(\sqrt{3}+\sqrt{2})+(\sqrt{3}-\sqrt{2})$

$=2\sqrt{3}$　…ア

$xy=(\sqrt{3}+\sqrt{2})(\sqrt{3}-\sqrt{2})=3-2=1$ …イ

$(x+y)^2=x^2+2xy+y^2$ より

$x^2+y^2=(x+y)^2-2xy$ …ウ，エ

$=(2\sqrt{3})^2-2\times1$

$=12-2=10$ …オ

(2) $x+y=2\sqrt{3}$，$xy=3-2=1$ より

$\dfrac{x^2+y^2}{xy}=\dfrac{(x+y)^2-2xy}{xy}=\dfrac{(2\sqrt{3})^2-2\times1}{1}$

$=12-2=10$

(3) $x+y=6$，$xy=9-2=7$ より

$x^2-3xy+y^2=x^2+2xy+y^2-5xy$

$=(x+y)^2-5xy=6^2-5\times7=1$

(4) $x+y=\dfrac{\sqrt{17}+\sqrt{13}}{8}+\dfrac{\sqrt{17}-\sqrt{13}}{8}$

$=\dfrac{2\sqrt{17}}{8}=\dfrac{\sqrt{17}}{4}$

$xy=\dfrac{17-13}{64}=\dfrac{4}{64}=\dfrac{1}{16}$

よって

$3x^2-13xy+3y^2=3x^2+6xy+3y^2-19xy$

$=3(x^2+2xy+y^2)-19xy$

$=3(x+y)^2-19xy$

$=3\times\dfrac{17}{16}-\dfrac{19}{16}=\dfrac{51}{16}-\dfrac{19}{16}=\dfrac{32}{16}=2$

(5) $x+y=\dfrac{\sqrt{7}+\sqrt{3}}{\sqrt{7}-\sqrt{3}}+\dfrac{\sqrt{7}-\sqrt{3}}{\sqrt{7}+\sqrt{3}}$

$=\dfrac{(\sqrt{7}+\sqrt{3})^2+(\sqrt{7}-\sqrt{3})^2}{(\sqrt{7}-\sqrt{3})(\sqrt{7}+\sqrt{3})}$

$=\dfrac{20}{4}=5$ …ア

$xy=\dfrac{(\sqrt{7}+\sqrt{3})(\sqrt{7}-\sqrt{3})}{(\sqrt{7}-\sqrt{3})(\sqrt{7}+\sqrt{3})}=1$

よって

$5x^2+2xy+5y^2=5x^2+10xy+5y^2-8xy$

$=5(x^2+2xy+y^2)-8xy$

$=5(x+y)^2-8xy$

$=5\times5^2-8\times1=125-8=117$ …イ

トップコーチ

x^2y+xy^2 や $x^3+2xy+y^3$ などは x と y を入れかえても，もとの式と一致するので，これらを「対称式」という。特にこれらの式の中で最も単純な $x+y$ と xy のことを「基本対称式」といい，すべての「対称式」は「基本対称式」で表すことができる。

例えば，

$x^2y+xy^2=xy(x+y)$

$x^3+2xy+y^3=(x+y)^3-3xy(x+y)+2xy$

である。対称式の式の値を求める問題では，式の形を基本対称式で表して数値を代入するのが定石である。

▶39

(1) ① $\boldsymbol{\dfrac{\sqrt{6}}{2}}$ ② $\boldsymbol{-\dfrac{4\sqrt{3}}{3}}$

(2) $\boldsymbol{-84+26\sqrt{2}}$ (3) **8**

解説 (1) ① $(ab)^2=a^2b^2$

$=\dfrac{\sqrt{7}+2}{\sqrt{2}}\times\dfrac{\sqrt{7}-2}{\sqrt{2}}=\dfrac{7-4}{2}=\dfrac{3}{2}$

$ab>0$ より $ab=\sqrt{\dfrac{3}{2}}=\dfrac{\sqrt{6}}{2}$

② $b^2-a^2=-\dfrac{4}{\sqrt{2}}=-2\sqrt{2}$ より

$\dfrac{b}{a}-\dfrac{a}{b}=\dfrac{b^2-a^2}{ab}=-2\sqrt{2}\div\dfrac{\sqrt{6}}{2}$

$=-2\sqrt{2}\times\dfrac{2}{\sqrt{6}}=-\dfrac{4\sqrt{12}}{6}=-\dfrac{4\sqrt{3}}{3}$

(2) $(2a+3b)(a-5b)+(2a+3b)^2-(a-5b)(3a-2b)$

$=(2a+3b)\{(a-5b)+(2a+3b)\}-(a-5b)(3a-2b)$

$=(2a+3b)(3a-2b)-(a-5b)(3a-2b)$

$=\{(2a+3b)-(a-5b)\}(3a-2b)$

$=(a+8b)(3a-2b)$

ここで

$a+8b=1-\sqrt{2}+8\times\dfrac{3-5\sqrt{2}}{2}$

$=1-\sqrt{2}+12-20\sqrt{2}=13-21\sqrt{2}$

$3a-2b=3(1-\sqrt{2})-2\times\dfrac{3-5\sqrt{2}}{2}$

$=3-3\sqrt{2}-3+5\sqrt{2}=2\sqrt{2}$

よって，求める式の値は

$(13-21\sqrt{2})\times2\sqrt{2}=26\sqrt{2}-42\times2$

$=-84+26\sqrt{2}$

(3)　$a=\sqrt{5}+\sqrt{2}$ とおくと

$a^2=(\sqrt{5}+\sqrt{2})^2=5+2\sqrt{10}+2=2\sqrt{10}+7$

$x+y=\dfrac{a+\sqrt{3}}{a-\sqrt{3}}+\dfrac{a-\sqrt{3}}{a+\sqrt{3}}$

$=\dfrac{(a+\sqrt{3})^2+(a-\sqrt{3})^2}{(a-\sqrt{3})(a+\sqrt{3})}$

$=\dfrac{a^2+2\sqrt{3}a+3+a^2-2\sqrt{3}a+3}{a^2-3}$

$=\dfrac{2a^2+6}{a^2-3}=\dfrac{4\sqrt{10}+14+6}{2\sqrt{10}+7-3}$

$=\dfrac{4\sqrt{10}+20}{2\sqrt{10}+4}=\dfrac{2\sqrt{10}+10}{\sqrt{10}+2}$

$=\dfrac{(2\sqrt{10}+10)(\sqrt{10}-2)}{(\sqrt{10}+2)(\sqrt{10}-2)}$

$=\dfrac{20-4\sqrt{10}+10\sqrt{10}-20}{10-4}=\dfrac{6\sqrt{10}}{6}$

$=\sqrt{10}$

$xy=1$ であるから

$x^2+y^2=(x+y)^2-2xy$

$=(\sqrt{10})^2-2\times1=10-2=8$

▶40　(1)　①　**20**　　②　**3**　　③　**6**

(2)　①　**4，6，10，12**

②　$\sqrt{8}$ と $\sqrt{2}$，$\sqrt{12}$ と $\sqrt{3}$，$\sqrt{20}$ と $\sqrt{5}$

③　$\dfrac{8}{45}$

(3)　①　**4 通り**　　②　$\dfrac{1}{12}$

(4)　$\dfrac{7}{36}$

解説　(1)　①　樹形図をかいて数えあげる。

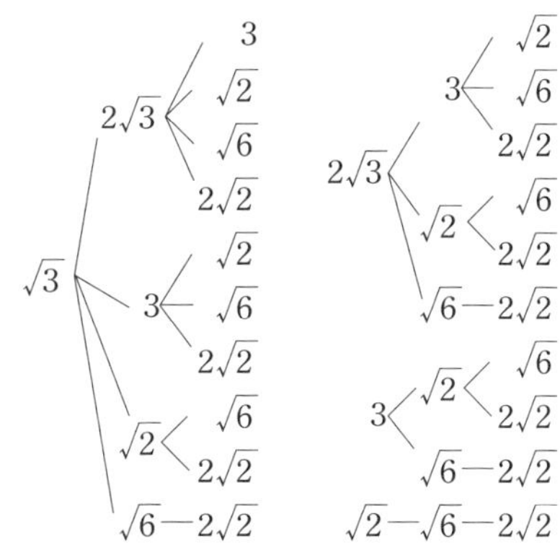

よって，20 通りである。

②　$(\sqrt{3})^2=3$，$(2\sqrt{3})^2=12$，$3^2=9$，$(\sqrt{2})^2=2$，$(\sqrt{6})^2=6$，$(2\sqrt{2})^2=8$ で，$a^2+b^2=c^2$ が成り立つ a^2，b^2，c^2 の組 $(a^2,\ b^2,\ c^2)$ は $(2,\ 6,\ 8)$，$(3,\ 6,\ 9)$，$(3,\ 9,\ 12)$ の 3 通りである。

③　樹形図をかいて数えあげる。

$\sqrt{3}$ — $2\sqrt{3}$ — 3
$\sqrt{3}$ — $\sqrt{2}$ — $\sqrt{6}$
$\sqrt{3}$ — $\sqrt{6}$ — $2\sqrt{2}$
$2\sqrt{3}$ — $\sqrt{2}$ — $\sqrt{6}$
$2\sqrt{3}$ — $\sqrt{6}$ — $2\sqrt{2}$
3 — $\sqrt{2}$ — $2\sqrt{2}$

よって，6 通りである。

(2)　①　$\sqrt{2}$，$\sqrt{3}$，$\sqrt{5}$，$\sqrt{6}$，$\sqrt{7}$，$\sqrt{8}=2\sqrt{2}$，$\sqrt{10}$，$\sqrt{12}=2\sqrt{3}$，$\sqrt{18}=3\sqrt{2}$，$\sqrt{20}=2\sqrt{5}$ から 2 数を選んだとき，積が整数となるのは

$\sqrt{2}\times2\sqrt{2}=4$，$\sqrt{2}\times3\sqrt{2}=6$，

$\sqrt{3}\times2\sqrt{3}=6$，$\sqrt{5}\times2\sqrt{5}=10$，

$2\sqrt{2}\times3\sqrt{2}=12$

よって，求める整数は　4，6，10，12

② $\sqrt{8}=2\sqrt{2}$ より，$\sqrt{8}$ と $\sqrt{2}$
$\sqrt{12}=2\sqrt{3}$ より，$\sqrt{12}$ と $\sqrt{3}$
$\sqrt{20}=2\sqrt{5}$ より，$\sqrt{20}$ と $\sqrt{5}$

③ 10 枚のカードから 2 枚のカードを取り出すとき，1 枚目と 2 枚目を区別すると取り出し方は　$10\times9=90$(通り)
区別をなくすと，2 通りずつ同じ取り出し方があるから，2 枚の取り出し方は
$90\div2=45$(通り)
$\sqrt{5}+\sqrt{5}=2\sqrt{5}=\sqrt{20}$ であるから，
$\sqrt{5}$ 以上の 2 数の和は $\sqrt{20}$ より大きい。
2 数の一方が $\sqrt{2}$ のとき
$\sqrt{2}+\sqrt{8}=\sqrt{2}+2\sqrt{2}=3\sqrt{2}=\sqrt{18}$
よって　$\sqrt{2}+\sqrt{8}<\sqrt{20}$
$(\sqrt{2}+\sqrt{10})^2=2+2\sqrt{20}+10=12+\sqrt{80}$
$\sqrt{80}>\sqrt{64}$ より，$\sqrt{80}>8$ であるから
$12+\sqrt{80}>20$
よって　$\sqrt{2}+\sqrt{10}>\sqrt{20}$
したがって，一方が $\sqrt{2}$ のとき，他方は $\sqrt{3}$，$\sqrt{5}$，$\sqrt{6}$，$\sqrt{7}$，$\sqrt{8}$ の 5 通りある。
2 数の一方が $\sqrt{3}$ のとき
$(\sqrt{3}+\sqrt{7})^2=3+2\sqrt{21}+7=10+\sqrt{84}$
$\sqrt{84}<\sqrt{100}$ より，$\sqrt{84}<10$ であるから
$10+\sqrt{84}<20$
よって　$\sqrt{3}+\sqrt{7}<\sqrt{20}$
$(\sqrt{3}+\sqrt{8})^2=3+2\sqrt{24}+8=11+\sqrt{96}$
$\sqrt{96}>\sqrt{81}$ より，$\sqrt{96}>9$ であるから
$11+\sqrt{96}>20$
よって　$\sqrt{3}+\sqrt{8}>\sqrt{20}$
したがって，一方が $\sqrt{3}$ のとき，他方は $\sqrt{2}$ を除いて，$\sqrt{5}$，$\sqrt{6}$，$\sqrt{7}$ の 3 通りある。
以上より，2 数の和が $\sqrt{20}$ より小さいのは，$5+3=8$(通り)である。

よって，求める確率は　$\dfrac{8}{45}$

(3) ①

a	2	3	4	6
b	6	4	3	2

表より，$ab=12$ となるのは 4 通りである。

② $\sqrt{3(a+b)}$ が整数となるのは，p を自然数として，$a+b=3p^2$ となる場合である。
(i) $p=1$ のとき，$a+b=3$ より
$a=1$，$b=2$　または $a=2$，$b=1$
(ii) $p=2$ のとき，$a+b=12$ より
$a=6$，$b=6$
(iii) $p\geqq3$ のとき，$a+b\geqq27$ より，そのようなさいころの目の数 a，b はない。
よって，$\sqrt{3(a+b)}$ が整数となるのは 3 通りであるから，求める確率は
$\dfrac{3}{36}=\dfrac{1}{12}$

(4) 表より，$\sqrt{a(b+3)}$ が整数となるのは 7 通りであるから，求める確率は
$\dfrac{7}{36}$

大＼小	1	2	3	4	5	6
1	○	×	×	×	×	○
2	×	×	×	×	○	×
3	×	×	×	×	×	×
4	○	×	×	×	×	○
5	×	○	×	×	×	×
6	×	×	○	×	×	×

トップコーチ
場合の数を求める場合，数えもれや重複がないように，「樹形図」や「表」を用いる。特に無理数の和や積を扱う場合には，1つ1つの計算が必要になるので，暗算やメモ書きで対処するとミスが頻出する。正確に慎重に計算を行うこと。

第3回 実力テスト

1 $\sqrt{7}$，$\dfrac{8}{3}$，$\dfrac{6}{\sqrt{5}}$，2.7

解説　2乗して比べる。

$(\sqrt{7})^2=7 \qquad 2.7^2=7.29$

$\left(\dfrac{6}{\sqrt{5}}\right)^2=\dfrac{36}{5}=7.2 \qquad \left(\dfrac{8}{3}\right)^2=\dfrac{64}{9}=7.11\cdots$

よって，小さい順に並べると

$\sqrt{7}$，$\dfrac{8}{3}$，$\dfrac{6}{\sqrt{5}}$，2.7 となる。

2 (1) $5\sqrt{2}+\sqrt{3}$　(2) $12\sqrt{3}$

(3) $\dfrac{1-\sqrt{3}}{2}$　(4) $-13\sqrt{2}$

解説　(1) $\sqrt{18}-\sqrt{3}+\sqrt{8}+\sqrt{12}$

$=3\sqrt{2}-\sqrt{3}+2\sqrt{2}+2\sqrt{3}=5\sqrt{2}+\sqrt{3}$

(2) $2\sqrt{75}-\sqrt{2}(\sqrt{6}-\sqrt{24})$

$=2\times5\sqrt{3}-\sqrt{2}(\sqrt{6}-2\sqrt{6})$

$=10\sqrt{3}-\sqrt{2}\times(-\sqrt{6})$

$=10\sqrt{3}+\sqrt{12}=10\sqrt{3}+2\sqrt{3}=12\sqrt{3}$

(3) $\dfrac{\sqrt{15}+\sqrt{5}}{\sqrt{20}}-\sqrt{3}=\dfrac{\sqrt{15}+\sqrt{5}}{2\sqrt{5}}-\sqrt{3}$

$=\dfrac{(\sqrt{15}+\sqrt{5})\times\sqrt{5}}{2\times\sqrt{5}\times\sqrt{5}}-\sqrt{3}$

$=\dfrac{5\sqrt{3}+5}{10}-\sqrt{3}=\dfrac{\sqrt{3}+1}{2}-\dfrac{2\sqrt{3}}{2}=\dfrac{1-\sqrt{3}}{2}$

(4) $\dfrac{4}{\sqrt{2}}-3\sqrt{10}\div\sqrt{\dfrac{1}{5}}$

$=\dfrac{4\times\sqrt{2}}{\sqrt{2}\times\sqrt{2}}-3\sqrt{10}\times\sqrt{5}$

$=2\sqrt{2}-15\sqrt{2}=-13\sqrt{2}$

3 (1) 12　(2) $22\sqrt{6}$　(3) $\dfrac{8}{5}$

(4) $3\sqrt{10}$　(5) -1　(6) $-2\sqrt{2}$

解説　(1) $(\sqrt{6}+1)^2+(\sqrt{3}-\sqrt{2})^2$

$=6+2\sqrt{6}+1+3-2\sqrt{6}+2=12$

(2) $(\sqrt{6}+5)^2-(3\sqrt{2}-2\sqrt{3})^2-1$

$=6+10\sqrt{6}+25-(18-12\sqrt{6}+12)-1$

$=31+10\sqrt{6}-30+12\sqrt{6}-1=22\sqrt{6}$

(3) $\left(\dfrac{1}{\sqrt{3}}+\dfrac{1}{\sqrt{5}}\right)^2+\left(\dfrac{1}{\sqrt{15}}-1\right)^2$

$=\dfrac{1}{3}+\dfrac{2}{\sqrt{15}}+\dfrac{1}{5}+\dfrac{1}{15}-\dfrac{2}{\sqrt{15}}+1$

$=\dfrac{5}{15}+\dfrac{3}{15}+\dfrac{1}{15}+\dfrac{15}{15}=\dfrac{24}{15}=\dfrac{8}{5}$

(4) $40\div\left\{\left(\dfrac{\sqrt{5}+\sqrt{2}}{\sqrt{3}}\right)^2-\left(\dfrac{\sqrt{5}-\sqrt{2}}{\sqrt{3}}\right)^2\right\}$

$=40\div\left(\dfrac{5+2\sqrt{10}+2}{3}-\dfrac{5-2\sqrt{10}+2}{3}\right)$

$=40\div\dfrac{4\sqrt{10}}{3}=40\times\dfrac{3}{4\sqrt{10}}=\dfrac{30}{\sqrt{10}}$

$=\dfrac{30\times\sqrt{10}}{\sqrt{10}\times\sqrt{10}}=\dfrac{30\sqrt{10}}{10}=3\sqrt{10}$

(5) $\dfrac{(\sqrt{3}-1)(2\sqrt{2}+\sqrt{6})}{\sqrt{2}}-\dfrac{(\sqrt{3}+3)^2}{6}$

$=\dfrac{2\sqrt{6}+\sqrt{18}-2\sqrt{2}-\sqrt{6}}{\sqrt{2}}-\dfrac{3+6\sqrt{3}+9}{6}$

$=\dfrac{\sqrt{6}+3\sqrt{2}-2\sqrt{2}}{\sqrt{2}}-\dfrac{12+6\sqrt{3}}{6}$

$=\dfrac{(\sqrt{6}+\sqrt{2})\times\sqrt{2}}{\sqrt{2}\times\sqrt{2}}-(2+\sqrt{3})$

$=\dfrac{2\sqrt{3}+2}{2}-2-\sqrt{3}=\sqrt{3}+1-2-\sqrt{3}=-1$

(6) $\sqrt{3}+\sqrt{6}+3=\sqrt{3}(1+\sqrt{2}+\sqrt{3})$，

$\sqrt{2}+2+\sqrt{6}=\sqrt{2}(1+\sqrt{2}+\sqrt{3})$ である。

$1+\sqrt{2}+\sqrt{3}=A$ とおくと

$(1+\sqrt{2}-\sqrt{3})\times\sqrt{3}A-(1-\sqrt{2}+\sqrt{3})\times\sqrt{2}A$

$=\{(\sqrt{3}+\sqrt{6}-3)-(\sqrt{2}-2+\sqrt{6})\}A$

$=(-1-\sqrt{2}+\sqrt{3})A$

$=\{\sqrt{3}-(1+\sqrt{2})\}\{\sqrt{3}+(1+\sqrt{2})\}$

$=3-(1+\sqrt{2})^2=3-(1+2\sqrt{2}+2)=-2\sqrt{2}$

4 (1) $\boldsymbol{x=2\sqrt{3}-\sqrt{2}}$, $\boldsymbol{y=\sqrt{3}-2\sqrt{2}}$

(2) $\boldsymbol{x=2\sqrt{3}}$, $\boldsymbol{y=\sqrt{3}}$

解説 (1) $\begin{cases}\sqrt{2}x+\sqrt{3}y=1 & \cdots① \\ \sqrt{3}x+\sqrt{2}y=2 & \cdots②\end{cases}$

①$\times\sqrt{2}$－②$\times\sqrt{3}$より

$-x=\sqrt{2}-2\sqrt{3}$

$x=2\sqrt{3}-\sqrt{2}$

①$\times\sqrt{3}$－②$\times\sqrt{2}$ より　$y=\sqrt{3}-2\sqrt{2}$

(2) $\begin{cases}x-y=\sqrt{3} & \cdots① \\ x^2-y^2=9 & \cdots②\end{cases}$

②より　$(x+y)(x-y)=9$

①を代入して　$\sqrt{3}(x+y)=9$

$x+y=\dfrac{9}{\sqrt{3}}=\dfrac{9\times\sqrt{3}}{\sqrt{3}\times\sqrt{3}}=\dfrac{9\sqrt{3}}{3}=3\sqrt{3}$　…③

①＋③より　$2x=4\sqrt{3}$　　$x=2\sqrt{3}$

これを③に代入して　$2\sqrt{3}+y=3\sqrt{3}$

$y=\sqrt{3}$

5 (1) $\boldsymbol{a=7,\ 8,\ 9,\ 10,\ 11}$

(2) $\boldsymbol{\pi-\sqrt{7}}$

解説 (1) $2.5^2=6.25$,

$\left(\dfrac{10}{3}\right)^2=\dfrac{100}{9}=11.1\cdots$,

$2.5<\sqrt{a}<\dfrac{10}{3}$ より　$6.25<a<\dfrac{100}{9}$

これを満たす正の整数 a は

$a=7,\ 8,\ 9,\ 10,\ 11$

(2) $\pi>3$, $4<7<9$ より $2<\sqrt{7}<3$ であるから

$\sqrt{(3-\pi)^2}+|3-\sqrt{7}|$

$=-(3-\pi)+3-\sqrt{7}=\pi-\sqrt{7}$

トップコーチ

絶対値を表すのに，記号｜　｜を使うことがある。例えば　$|+3|=3$, $|-5|=5$

一般に，実数 a の絶対値について，次のことがいえる。

$a\geqq0$ のとき　$|a|=a$

$a<0$ のとき　$|a|=-a$

6 (1) $\boldsymbol{n=12,\ 17,\ 25,\ 28,\ 32,\ 33}$

(2) **480**　　(3) $\boldsymbol{n=2,\ 6,\ 22}$

解説 (1) $\sqrt{100-3n}$ が整数となるのは，

$100-3n=0,\ 1,\ 4,\ 9,\ 16,\ 25,\ 36,\ 49,\ 64,\ 81,\ 100$

のときである。これより

$n=\dfrac{100}{3},\ 33,\ 32,\ \dfrac{91}{3},\ 28,\ 25,\ \dfrac{64}{3},\ 17,\ 12,\ \dfrac{19}{3},\ 0$

n は正の整数であるから

$n=12,\ 17,\ 25,\ 28,\ 32,\ 33$

(2) $\sqrt{120n}=2\sqrt{30n}$

これが整数となるのは，p を自然数として $n=30p^2$ のときである。このような n で4番目に小さいのは $p=4$ のときで

$n=30\times4^2=30\times16=480$

(3) $\sqrt{n^2+45}=a$ とおく。

両辺を2乗して　$n^2+45=a^2$

$a^2-n^2=45$　　$(a+n)(a-n)=45$

a, n は正の整数であるから

$a+n>a-n$

$a+n$	45	15	9
$a-n$	1	3	5

これより，a, n の値を求める。

a	23	9	7
n	22	6	2

よって　$n=2,\ 6,\ 22$

7 (1) **7** (2) **11**

(3) **ア 3** **イ 20**

解説 (1) $4<7<9$ より $2<\sqrt{7}<3$

よって，$\sqrt{7}$ の整数部分は 2 であるから

$a=2,\ b=\sqrt{7}-2$

a^2+b^2+4b

$=2^2+(\sqrt{7}-2)^2+4(\sqrt{7}-2)$

$=4+7-4\sqrt{7}+4+4\sqrt{7}-8=7$

(2) $2\sqrt{15}=\sqrt{60}$ であるから，$49<60<64$

より $7<\sqrt{60}<8$ $7<2\sqrt{15}<8$

よって，$2\sqrt{15}$ の整数部分は 7 であるから

小数部分は $a=2\sqrt{15}-7$

$a+7=2\sqrt{15}$

$a^2+14a=a^2+14a+49-49$

$=(a+7)^2-49=(2\sqrt{15})^2-49$

$=60-49=11$

(3) $9<11<16$ より $3<\sqrt{11}<4$

よって，$\sqrt{11}$ の整数部分は 3 であるから

$a=\sqrt{11}-3$

$33^2=1089,\ 34^2=1156$ より

$1089<1100<1156$

$33<\sqrt{1100}<34$

よって，$\sqrt{1100}$ の整数部分は 33 であるから

$b=\sqrt{1100}-33=10\sqrt{11}-33$

このとき

$10a-b=10(\sqrt{11}-3)-(10\sqrt{11}-33)$

$=10\sqrt{11}-30-10\sqrt{11}+33$

$=3$ …ア

$a(b+63)=(\sqrt{11}-3)(10\sqrt{11}-33+63)$

$=(\sqrt{11}-3)(10\sqrt{11}+30)$

$=(\sqrt{11}-3)\times10(\sqrt{11}+3)$

$=10(11-9)=10\times2=20$ …イ

8 (1) $\sqrt{3}$ (2) $\dfrac{5\sqrt{11}}{2}$ (3) **50**

解説 (1) $a+b=\dfrac{1+\sqrt{3}}{2}+\dfrac{3-\sqrt{3}}{2}=\dfrac{4}{2}=2$

$ab=\dfrac{1+\sqrt{3}}{2}\times\dfrac{3-\sqrt{3}}{2}=\dfrac{3-\sqrt{3}+3\sqrt{3}-3}{4}$

$=\dfrac{\sqrt{3}}{2}$

よって $a^2b+ab^2=ab(a+b)$

$=\dfrac{\sqrt{3}}{2}\times2=\sqrt{3}$

(2) $x+y=\dfrac{3+\sqrt{11}}{2}+\dfrac{3-\sqrt{11}}{2}=\dfrac{6}{2}=3$

$x-y=\dfrac{3+\sqrt{11}}{2}-\dfrac{3-\sqrt{11}}{2}=\dfrac{2\sqrt{11}}{2}=\sqrt{11}$

$xy=\dfrac{3+\sqrt{11}}{2}\times\dfrac{3-\sqrt{11}}{2}=\dfrac{9-11}{4}=-\dfrac{1}{2}$

これより

$x^2+y^2=(x+y)^2-2xy$

$=3^2-2\times\left(-\dfrac{1}{2}\right)=9+1=10$

よって

$\dfrac{x^4-y^4}{12}=\dfrac{(x^2+y^2)(x^2-y^2)}{12}$

$=\dfrac{(x^2+y^2)(x+y)(x-y)}{12}$

$=\dfrac{10\times3\times\sqrt{11}}{12}=\dfrac{5\sqrt{11}}{2}$

(3) $2(x+y)^2+3(x+y)(x-y)-2(x-y)^2$

$=2(x^2+2xy+y^2)+3(x^2-y^2)$

$-2(x^2-2xy+y^2)$

$=3x^2+8xy-3y^2$

$=3(2\sqrt{3}-1)^2+8(2\sqrt{3}-1)(\sqrt{3}+2)$

$-3(\sqrt{3}+2)^2$

$=3(12-4\sqrt{3}+1)+8(6+3\sqrt{3}-2)$

$-3(3+4\sqrt{3}+4)$

$=39-12\sqrt{3}+32+24\sqrt{3}-21-12\sqrt{3}$

$=50$

4　2次方程式

41 (1) $x=-2,\ -3$　(2) $x=-2,\ 3$
(3) $x=-9,\ 2$　(4) $x=-4,\ 6$
(5) $x=-3,\ -1$　(6) $x=-3,\ 5$
(7) $x=-8,\ 2$　(8) $x=-6,\ 4$
(9) $x=-13,\ -5$
(10) $x=2,\ 2-\sqrt{2}$

解説 (1) $x^2+5x+6=0$ より
$(x+2)(x+3)=0$　$x=-2,\ -3$
(2) $x^2-x-6=0$ より　$(x+2)(x-3)=0$
$x=-2,\ 3$
(3) $x^2+7x-18=0$ より　$(x+9)(x-2)=0$
$x=-9,\ 2$
(4) $x^2-13=11+2x$ より　$x^2-2x-24=0$
$(x+4)(x-6)=0$　$x=-4,\ 6$
(5) $(x+3)^2=2(x+3)$ より
$(x+3)^2-2(x+3)=0$
$(x+3)\{(x+3)-2\}=0$
$(x+3)(x+1)=0$　$x=-3,\ -1$
(6) $x(x+3)=5x+15$ より
$x(x+3)=5(x+3)$　$x(x+3)-5(x+3)=0$
$(x+3)(x-5)=0$　$x=-3,\ 5$
(7) $(x+2)^2=-2(x-10)$ より
$x^2+4x+4=-2x+20$
$x^2+6x-16=0$　$(x+8)(x-2)=0$
$x=-8,\ 2$
(8) $(x+2)^2-31=2x-3$ より
$x^2+4x+4-31=2x-3$
$x^2+2x-24=0$　$(x+6)(x-4)=0$
$x=-6,\ 4$
(9) $x+8=A$ とおくと　$A^2+2A-15=0$
$(A+5)(A-3)=0$
$(x+8+5)(x+8-3)=0$
$(x+13)(x+5)=0$　$x=-13,\ -5$
(10) $(x-2)^2+\sqrt{2}(x-2)=0$ より
$(x-2)(x-2+\sqrt{2})=0$　$x=2,\ 2-\sqrt{2}$

42 (1) $x=-1\pm\sqrt{7}$　(2) $x=3\pm\sqrt{2}$
(3) $x=-5\pm\sqrt{7}$　(4) $x=\dfrac{-1\pm\sqrt{3}}{2}$

解説 (1) $(x+1)^2=7$ より　$x+1=\pm\sqrt{7}$
$x=-1\pm\sqrt{7}$
(2) $(x-3)^2=2$ より　$x-3=\pm\sqrt{2}$
$x=3\pm\sqrt{2}$
(3) $(x+5)^2-7=0$ より　$(x+5)^2=7$
$x+5=\pm\sqrt{7}$　$x=-5\pm\sqrt{7}$
(4) $(2x+1)^2-3=0$ より　$(2x+1)^2=3$
$2x+1=\pm\sqrt{3}$　$2x=-1\pm\sqrt{3}$
$x=\dfrac{-1\pm\sqrt{3}}{2}$

43 ア　3　イ　6

解説 $x^2+6x+3=0$ より
$x^2+6x+9-6=0$　$(x+3)^2=6$
$x+3=\pm\sqrt{6}$　よって　$x=-3\pm\sqrt{6}$

44 ア　$\dfrac{b}{2a}$　イ　$\dfrac{b^2-4ac}{4a^2}$
ウ　$\dfrac{-b\pm\sqrt{b^2-4ac}}{2a}$

解説 $ax^2+bx+c=0$ の両辺を a で割ると，
$x^2+\dfrac{b}{a}x+\dfrac{c}{a}=0$ となる。

$$x^2+\frac{b}{a}x+\left(\frac{b}{2a}\right)^2-\left(\frac{b}{2a}\right)^2+\frac{c}{a}=0$$

$$\left(x+\frac{b}{2a}\right)^2=\frac{b^2}{4a^2}-\frac{c}{a}$$

$$\left(x+\frac{b}{2a}\right)^2=\frac{b^2-4ac}{4a^2}\quad\cdots ア，イ$$

$$x+\frac{b}{2a}=\pm\sqrt{\frac{b^2-4ac}{4a^2}}\qquad x=-\frac{b}{2a}\pm\frac{\sqrt{b^2-4ac}}{2a}$$

よって　$x=\dfrac{-b\pm\sqrt{b^2-4ac}}{2a}$　…ウ

トップコーチ

＜２次方程式の解の公式＞

$ax^2+bx+c=0\,(a\neq0)$ のとき

$$x=\frac{-b\pm\sqrt{b^2-4ac}}{2a}$$

＜xの係数が偶数のときの解の公式＞

$ax^2+2px+q=0\,(a\neq0)$ のとき

$$x=\frac{-p\pm\sqrt{p^2-aq}}{a}$$

45 (1) $\boldsymbol{x=\frac{3\pm\sqrt{5}}{2}}$ (2) $\boldsymbol{x=3,\ -8}$

(3) $\boldsymbol{x=3\pm\sqrt{10}}$ (4) $\boldsymbol{x=4\pm\sqrt{11}}$

(5) $\boldsymbol{x=6\pm\sqrt{35}}$ (6) $\boldsymbol{x=-3\pm\sqrt{13}}$

解説 (1) $x^2-3x+1=0$ より

$$x=\frac{-(-3)\pm\sqrt{(-3)^2-4\times1\times1}}{2\times1}=\frac{3\pm\sqrt{5}}{2}$$

(2) $x^2+5x-24=0$ より

$$x=\frac{-5\pm\sqrt{5^2-4\times1\times(-24)}}{2\times1}=\frac{-5\pm\sqrt{121}}{2}$$

$$=\frac{-5\pm11}{2}$$

よって　$x=3,\ -8$

(3) $x^2-6x-1=0$ より

$$x=\frac{-(-3)\pm\sqrt{(-3)^2-1\times(-1)}}{1}$$

$$=3\pm\sqrt{10}$$

(4) $x^2-8x+5=0$ より

$$x=\frac{-(-4)\pm\sqrt{(-4)^2-1\times5}}{1}=4\pm\sqrt{11}$$

(5) $(4x-1)^2=x(15x+4)$ より

$16x^2-8x+1=15x^2+4x$

$x^2-12x+1=0$

$$x=\frac{-(-6)\pm\sqrt{(-6)^2-1\times1}}{1}$$

$$=6\pm\sqrt{35}$$

(6) $(x-3)(x+2)+20=(3x+2)(x+3)$ より

$x^2-x-6+20=3x^2+11x+6$

$-2x^2-12x+8=0$

$x^2+6x-4=0$

$$x=\frac{-3\pm\sqrt{3^2-1\times(-4)}}{1}$$

$$=-3\pm\sqrt{13}$$

46 (1) $\boldsymbol{x=1,\ 1\pm\sqrt{3}}$

(2) $\boldsymbol{x=\pm1,\ \pm\sqrt{3}}$

解説 (1) $x^2-2x=X$ とおくと

$X^2-X-2=0$

$(X+1)(X-2)=0$

$X=-1,\ 2$

$X=-1$ のとき　$x^2-2x=-1$

$x^2-2x+1=0$　　$(x-1)^2=0$

$x=1$(重解)　…①

$X=2$ のとき　$x^2-2x=2$

$x^2-2x-2=0$

$$x=\frac{-(-1)\pm\sqrt{(-1)^2-1\times(-2)}}{1}$$

$=1\pm\sqrt{3}$　…②

①，②より　$x=1,\ 1\pm\sqrt{3}$

(2) $(x^2-1)^2=2x^2-2$ より

$(x^2-1)^2=2(x^2-1)$

$x^2-1=X$ とおくと　$X^2=2X$

$X^2-2X=0$

$X(X-2)=0$

$X=0,\ 2$

$X=0$ のとき　$x^2-1=0$

$x^2=1$　　$x=\pm1$　…①

$X=2$ のとき　$x^2-1=2$

$x^2=3$　　$x=\pm\sqrt{3}$　…②

①，②より　$x=\pm1,\ \pm\sqrt{3}$

47 (1) ア -8 イ $-\frac{5}{2}$

(2) $a=0,\ 4$

解説 (1) $x^2+5x-\frac{5}{4}(a+3)=0$

この2次方程式の解が1つだけであるから，解の公式のルートの中の値が0になる。

よって $5^2-4\times1\times\left\{-\frac{5}{4}(a+3)\right\}=0$

$25+5a+15=0$ $5a=-40$

ゆえに $a=-8$

このとき，$x^2+5x+\frac{25}{4}=0$ より

$\left(x+\frac{5}{2}\right)^2=0$ $x=-\frac{5}{2}$

(2) $x^2+ax+a=0$

この2次方程式の解がただ1つであるから，解の公式のルートの中の値が0になる。

よって $a^2-4\times1\times a=0$

$a^2-4a=0$ $a(a-4)=0$ $a=0,\ 4$

48 (1) $a=-1$，他の解は $x=2$

(2) $a=0,\ -4$

(3) $a=2\sqrt{3}$，他の解は $x=4$

(4) ア $\frac{1}{2}$ イ $-\frac{1}{2}$

(5) $t=-2\pm\sqrt{3}$

解説 (1) $x^2+ax-2=0$ の解の1つが $x=-1$ であるから，代入して

$1-a-2=0$ $a=-1$

$a=-1$ を代入して $x^2-x-2=0$

$(x+1)(x-2)=0$ $x=-1,\ 2$

よって，他の解は $x=2$

(2) $x^2+2ax+a^2-4=0$ の解の1つが $x=2$ であるから，代入して

$4+4a+a^2-4=0$ $a^2+4a=0$

$a(a+4)=0$ $a=0,\ -4$

(3) $\sqrt{3}x^2+ax-24\sqrt{3}=0$ の解の1つが $x=-6$ であるから，代入して

$36\sqrt{3}-6a-24\sqrt{3}=0$

$6a=12\sqrt{3}$ $a=2\sqrt{3}$

このとき $\sqrt{3}x^2+2\sqrt{3}x-24\sqrt{3}=0$

両辺を $\sqrt{3}$ で割って $x^2+2x-24=0$

$(x+6)(x-4)=0$ $x=-6,\ 4$

よって，他の解は $x=4$

(4) $x^2+ax+b=0$ の解が $x=\frac{1}{2},\ -1$ であるから，代入して

$$\begin{cases} \frac{1}{4}+\frac{1}{2}a+b=0 & \cdots① \\ 1-a+b=0 & \cdots② \end{cases}$$

①×4 より $1+2a+4b=0$ …③

②×2+③より $3+6b=0$

$6b=-3$ $b=-\frac{1}{2}$ …イ

これを③に代入して $1+2a-2=0$

$2a=1$ $a=\frac{1}{2}$ …ア

(5) $$\begin{cases} ax+by=6 & \cdots① \\ 3ax+2by=6 & \cdots② \end{cases}$$

$x=2,\ y=3$ がこの連立方程式の解であるから，代入して

$$\begin{cases} 2a+3b=6 & \cdots③ \\ 6a+6b=6 & \cdots④ \end{cases}$$

④－③×2 より $2a=-6$ $a=-3$

これを③に代入して $-6+3b=6$

$3b=12$ $b=4$

$a=-3,\ b=4$ を t の2次方程式に代入して $(-3+4)t^2+4t-3+4=0$

$t^2+4t+1=0$

$t=\frac{-2\pm\sqrt{2^2-1\times1}}{1}=-2\pm\sqrt{3}$

▶49 (1) $a=-2$, $b=-15$

(2) 1　(3) $\frac{3}{2}$

(4) $-\frac{4}{11}$　(5) $p=-\frac{3}{2}$

解説 (1) 解が $x=-3$, 5 である 2 次方程式の 1 つは

$(x+3)(x-5)=0$

$x^2-2x-15=0$

これが, $x^2+ax+b=0$ と一致するから

$a=-2$, $b=-15$

(2) 解が $x=a$, b である 2 次方程式の 1 つは

$(x-a)(x-b)=0$

$x^2-(a+b)x+ab=0$

これが, $x^2+6x+1=0$ と一致するから

$ab=1$

(3) 解が $x=a$, b である 2 次方程式の 1 つは　$(x-a)(x-b)=0$

$x^2-(a+b)x+ab=0$

これが, $x^2-6x+4=0$ と一致するから

$a+b=6$, $ab=4$

$\frac{1}{a}+\frac{1}{b}=\frac{b+a}{ab}=\frac{6}{4}=\frac{3}{2}$

(4) $(x-1)^2=12$ より　$x-1=\pm\sqrt{12}$

$x=1\pm2\sqrt{3}$

これより

$p+q=(1+2\sqrt{3})+(1-2\sqrt{3})=2$

$pq=(1+2\sqrt{3})(1-2\sqrt{3})=1-12=-11$

よって　$\frac{(p+q)^2}{pq}=\frac{2^2}{-11}=-\frac{4}{11}$

(5) 2 次方程式の解を $x=a$, $2a$ とおく。ただし, $a>0$ である。$x=a$, $2a$ を解とする 2 次方程式の 1 つは

$(x-a)(x-2a)=0$　　$x^2-3ax+2a^2=0$

これが, $x^2+4px+4p^2-1=0$ と一致するから

$\begin{cases} -3a=4p & \cdots① \\ 2a^2=4p^2-1 & \cdots② \end{cases}$

①より　$a=-\frac{4}{3}p$　$\cdots③$

③を②に代入して　$\frac{32}{9}p^2=4p^2-1$

$32p^2=36p^2-9$　　$-4p^2=-9$

$p^2=\frac{9}{4}$　　$p=\pm\frac{3}{2}$

(i) $p=\frac{3}{2}$ のとき, ③より　$a=-2$

$a>0$ であるから, これは適さない。

(ii) $p=-\frac{3}{2}$ のとき, ③より　$a=2$

これは $a>0$ を満たす。

よって　$p=-\frac{3}{2}$

トップコーチ

2 次方程式の解と係数には, 次のような関係がある。

$ax^2+bx+c=0$ $(a\neq0)$ より

$x^2+\frac{b}{a}x+\frac{c}{a}=0$　$\cdots①$

この 2 次方程式の 2 つの解を p, q とおくと, ①の方程式は

$(x-p)(x-q)=0$

と同じである。これを展開すると

$x^2-(p+q)x+pq=0$　$\cdots②$

①と②の係数を比較して,

$p+q=-\frac{b}{a}$, $pq=\frac{c}{a}$

これを利用すると, (1)は

$x^2+ax+b=0$ で, $x=-3$, 5 より

$\begin{cases} -3+5=-a \\ -3\times5=b \end{cases} \Rightarrow \begin{cases} a=-2 \\ b=-15 \end{cases}$

50 (1) **4**　(2) **12**　(3) **5**
(4) $\boldsymbol{x=-2}$　(5) **−3, 7**

解説 (1) 2つの解を $x=p,\ q$ とする。ただし，$p \geqq q>0$ とする。$x=p,\ q$ を解とする2次方程式の1つは

$(x-p)(x-q)=0$

$x^2-(p+q)x+pq=0$

これが，$x^2+ax+24=0$ と一致するから

$\begin{cases} -(p+q)=a \\ pq=24 \end{cases}$

$p,\ q$ は正の整数で，$p \geqq q$ であるから，$p,\ q,\ a$ の値は次の表のようになる。

p	24	12	8	6
q	1	2	3	4
a	−25	−14	−11	−10

よって，a の値は4個である。

(2) $x^2+\sqrt{2}x=y^2+\sqrt{2}y$ より

$x^2-y^2=-\sqrt{2}x+\sqrt{2}y$

$(x+y)(x-y)=-\sqrt{2}(x-y)$

$x \neq y$ より，$x-y \neq 0$ であるから，両辺を $x-y$ で割って

$x+y=-\sqrt{2}$

$x^2+y^2=(5-\sqrt{2}x)+(5-\sqrt{2}y)$

$=10-\sqrt{2}(x+y)$

$=10-\sqrt{2}\times(-\sqrt{2})$

$=10+2$

$=12$

(3) 与えられた2次方程式を整理すると

$80x^2+x-2005=0$

$(x-5)(80x+401)=0$

$x=5,\ -\dfrac{401}{80}$

x は整数であるから　$x=5$

(参考) $80x^2+x=2005$ で，x は整数であるから，$80x^2$ は正の整数となり，その一の位の数は0である。よって，x の一の位の数は5で，$80\times5^2=2000$ より，$x=5$ と見当がつく。

(4) $x^2+x-5=2x+1$ より　$x^2-x-6=0$

$(x+2)(x-3)=0$

$x=-2,\ 3$　…①

$2x+1=3x^2+4x-7$ より

$3x^2+2x-8=0$

$x=\dfrac{-1\pm\sqrt{1^2-3\times(-8)}}{3}=\dfrac{-1\pm5}{3}$

よって　$x=\dfrac{4}{3},\ -2$　…②

①，②より，求める x の値は　$x=-2$

(5) $\begin{cases} x^2-4ax+4a^2-6x+12a-16=0 & \cdots① \\ x-3a=1 & \cdots② \end{cases}$

②より　$x=3a+1$

これを①に代入して

$(3a+1)^2-4a(3a+1)+4a^2-6(3a+1)$
$+12a-16=0$

$9a^2+6a+1-12a^2-4a+4a^2-18a-6$
$+12a-16=0$

$a^2-4a-21=0$

$(a+3)(a-7)=0$

$a=-3,\ 7$

51 (1) $\boldsymbol{x=1,\ 3}$
(2) ① $\boldsymbol{z=-4}$　② $\boldsymbol{z=-10}$
③ $\boldsymbol{-5\sqrt{2}}$

解説 (1) ②より　$(x-2)(x-3)=0$

$x=2,\ 3$

$x=2$ が①の解であるとき，①に代入して

$4-4p+p+1=0$　　$-3p+5=0$

$p=\dfrac{5}{3}$　p は整数であるから，これは適さない。

$x=3$ が①の解であるとき，①に代入して

$9-6p+p+1=0$　　$-5p+10=0$

$p=2$　これを①に代入して

$x^2-4x+3=0$

$(x-1)(x-3)=0$　　$x=1,\ 3$

(2) ① ㋐に $x=1$ を代入して

$1+(2z-1)+z(z+2)=0$

$z^2+4z=0$　　$z(z+4)=0$

$z \neq 0$ であるから　$z=-4$

② ㋐に $z=-2$ を代入して

$x^2-5x=0$　　$x(x-5)=0$

$x \neq 0$ であるから　$x=5$

これを㋐に代入して

$25+5(2z-1)+z(z+2)=0$

$z^2+12z+20=0$

$(z+2)(z+10)=0$　　$z=-2,\ -10$

よって，他の解は　$z=-10$

③ ㋐に $z=-4$ を代入して

$x^2-9x+8=0$　　$(x-1)(x-8)=0$

$x=1,\ 8$

よって　$a=8$

また，②より　$b=-10$

$$p=\frac{\sqrt{8}-10}{2}=\frac{2\sqrt{2}-10}{2}=\sqrt{2}-5$$

$$q=\frac{\sqrt{8}-(-10)}{2}=\frac{2\sqrt{2}+10}{2}=\sqrt{2}+5$$

これより

$$\frac{p^2-q^2}{(p+5)^2+(q-5)^2}$$

$$=\frac{(p+q)(p-q)}{(p+5)^2+(q-5)^2}=\frac{2\sqrt{2}\times(-10)}{(\sqrt{2})^2+(\sqrt{2})^2}$$

$$=\frac{-20\sqrt{2}}{4}=-5\sqrt{2}$$

▶52 (1) $\boldsymbol{4+\sqrt{6},\ 4-\sqrt{6}}$

(2) **21**　　(3) **13**

(4) ① **1240**　　② $\boldsymbol{a=7}$

③ $\boldsymbol{m=3,\ n=13}$

解説 (1) 2数の一方を x とすると，和が8であるから，他方は $8-x$ となる。

積が10であるから

$x(8-x)=10$　　$8x-x^2=10$

$x^2-8x+10=0$

$$x=\frac{-(-4)\pm\sqrt{(-4)^2-1\times10}}{1}$$

$=4\pm\sqrt{6}$

$x=4+\sqrt{6}$ のとき　$8-x=4-\sqrt{6}$

$x=4-\sqrt{6}$ のとき　$8-x=4+\sqrt{6}$

よって，求める2数は　$4+\sqrt{6},\ 4-\sqrt{6}$

(2) 最も小さい数を x とすると，連続する3つの自然数は $x,\ x+1,\ x+2$ となる。

$x(x+1)=19(x+2)+25$

$x^2+x=19x+38+25$

$x^2-18x-63=0$　　$(x+3)(x-21)=0$

$x=-3,\ 21$

x は自然数であるから　$x=21$

(3) 小さい方の奇数を x とすると，大きい方の奇数は $x+2$ となる。

$(x+2)^2-x^2=5x-9$

$x^2+4x+4-x^2=5x-9$　　$-x=-13$

$x=13$（これは奇数であるから適する。）

(4) ① $432=2^4\times3^3$ より，約数の総和は

$(1+2+2^2+2^3+2^4)(1+3+3^2+3^3)$

$=31\times40=1240$

② $(1+3+3^2+3^3)(1+a+a^2)=2280$

$40(1+a+a^2)=2280$

$a^2+a+1=57$　　$a^2+a-56=0$

$(a+8)(a-7)=0$　　$a=-8,\ 7$

a は素数であるから　$a=7$

③ $(1+2+2^2)(1+m)(1+n)=392$

$7(1+m)(1+n)=392$

$(1+m)(1+n)=56$

$1+m,\ 1+n$ は56の約数で，

$2<m<n$ より，$3<m+1<n+1$ である。

(i)　$m+1=4$，$n+1=14$ のとき

$m=3$，$n=13$

(ii)　$m+1=7$，$n+1=8$ のとき

$m=6$，$n=7$

m，n は素数であるから，これは適さない。よって，求める m，n の値は

$m=3$，$n=13$

▶53　(1)　$x=2$　　(2)　4 割

解説　(1)　実際の売価は

$5000-200=4800$(円)

$5000\left(1+\frac{x}{10}\right)\left(1-\frac{x}{10}\right)=4800$ より

$5000\left(1-\frac{x^2}{100}\right)=4800$

$5000-50x^2=4800$　　$50x^2=200$

$x^2=4$　　$x=\pm2$

$x>0$ であるから　$x=2$

(2)　A 君の 2 年前のお年玉を 1 とすると昨年は 1.2，今年は $1.2\times1.5=1.8$ であるから，8 割増えている。

B 君の今年のお年玉が，昨年より x 割減ったとする。昨年も 2 年前から x 割減ったから

$\left(1-\frac{x}{10}\right)\left(1-\frac{x}{10}\right)=1.8\times\frac{1}{5}$

$1-\frac{x}{5}+\frac{x^2}{100}=1.8\times\frac{1}{5}$

両辺を 100 倍して

$100-20x+x^2=36$

$x^2-20x+64=0$

$(x-4)(x-16)=0$

$x=4$，16

$0<x<10$ より　$x=4$

よって，4 割減っている。

トップコーチ

＜割合問題の用語＞

店が商品を仕入れるときの商品の価格が「原価」または「仕入れ値」で，原価に見込み利益をのせた価格を「定価」という。定価で商品が売れた場合，見込み利益はそのまま「利益」となるが，店が定価に対して値引きを行ったとき，割引きされた価格を「売価」または「売り値」といい，店の「利益」または「もうけ」は，売価から原価を引いたもののことである。注意するのは，ふつう値引きは定価に対して何 % 引きという形で行われ，原価に対してではないことである。また，売価が原価を割ることは特殊な事情がない限り起こらない。

▶54　$x=2$（計算過程は解説参照）

解説

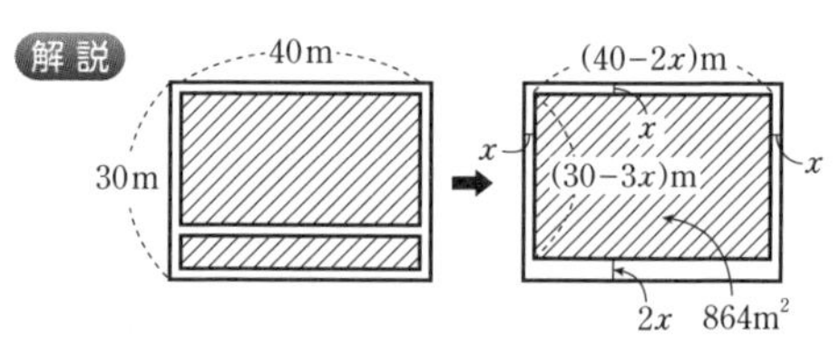

図より

$(30-3x)(40-2x)=864$

$3(10-x)\times2(20-x)=864$

$(10-x)(20-x)=144$

$200-10x-20x+x^2=144$

$x^2-30x+56=0$　　$(x-2)(x-28)=0$

$x=2$，28

$x<10$ より　$x=2$

▶55　(1)　3　(2)　$a=3$　(3)　①　ア　$\frac{2}{3}$

②　イ　$\frac{5t^2+5t+1}{2}$

ウ　$\frac{-1+\sqrt{13}}{2}$

解説 (1) 点Cの座標を $(p,\ 0)$ とする。

直線ACの傾きは $\dfrac{0-6}{p-0}=-\dfrac{6}{p}$

直線BCの傾きは $\dfrac{0-4}{p-11}=-\dfrac{4}{p-11}$

$\angle ACB=90°$ より，2直線AC，BCは直交するから

$-\dfrac{6}{p}\times\left(-\dfrac{4}{p-11}\right)=-1$

$24=-p(p-11)$　　$24=-p^2+11p$

$p^2-11p+24=0$　　$(p-3)(p-8)=0$

$p=3,\ 8$

$BC>AC$ より　$p=3$

よって，点Cの x 座標は，3である。

(2) 点Aの x 座標は2で，y 座標は

$y=2a+2$

これより，点Cの x 座標は

$OB+BC=2+AB=2+2a+2=2a+4$

このとき

$CE=a(2a+4)+2=2a^2+4a+2$

$CE=CG$ より

$2a^2+4a+2=42-(2a+4)$

$2a^2+4a+2=42-2a-4$

$2a^2+6a-36=0$　　$a^2+3a-18=0$

$(a+6)(a-3)=0$　　$a=-6,\ 3$

$a>0$ より　$a=3$

(3) ① $y=t$ のとき，$t=\dfrac{1}{2}x-\dfrac{1}{2}$ より

$2t=x-1$　　$x=2t+1$

よって，点Pの座標は $(2t+1,\ t)$

また，$x=t$ のとき，$y=3t+1$ より，点Qの座標は $(t,\ 3t+1)$

直線PQの傾きが $-\dfrac{7}{5}$ であるから

$\dfrac{(3t+1)-t}{t-(2t+1)}=-\dfrac{7}{5}$　　$\dfrac{2t+1}{-t-1}=-\dfrac{7}{5}$

両辺に $5(-t-1)$ をかけて

$5(2t+1)=-7(-t-1)$

$10t+5=7t+7$　　$3t=2$

よって　$t=\dfrac{2}{3}$　…ア

② 次の図のように，長方形の面積から3つの直角三角形の面積を引いて求める。

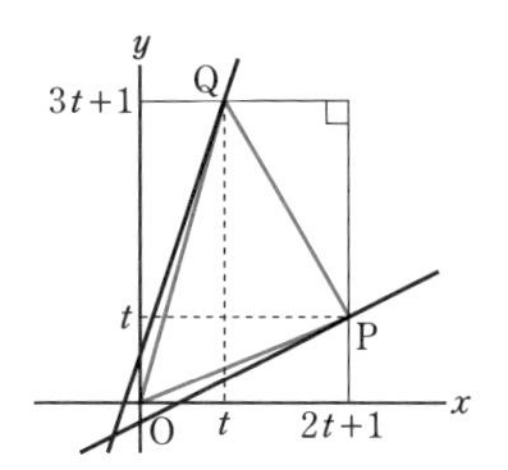

$S=(3t+1)(2t+1)-\dfrac{1}{2}t(2t+1)$

$\quad-\dfrac{1}{2}t(3t+1)-\dfrac{1}{2}(2t+1-t)(3t+1-t)$

$=6t^2+5t+1-t^2-\dfrac{1}{2}t-\dfrac{3}{2}t^2-\dfrac{1}{2}t$

$\quad-\dfrac{1}{2}(t+1)(2t+1)$

$=\dfrac{7}{2}t^2+4t+1-\dfrac{1}{2}(2t^2+3t+1)$

$=\dfrac{5t^2+5t+1}{2}$　…イ

$S=8$ のとき

$\dfrac{5t^2+5t+1}{2}=8$

$5t^2+5t+1=16$

$5t^2+5t-15=0$

$t^2+t-3=0$

$t=\dfrac{-1\pm\sqrt{1^2-4\times1\times(-3)}}{2\times1}$

$=\dfrac{-1\pm\sqrt{13}}{2}$

$t\geqq0$ より　$t=\dfrac{-1+\sqrt{13}}{2}$　…ウ

▶56 (1) **20m**

(2) ① **毎秒 30m** ② **6 秒後**

③ **45m**

解説 (1) 石を落としてから水面に着くまでの時間を x 秒とする。

$5x^2=340\left(\frac{35}{17}-x\right)$　　$5x^2=700-340x$

$x^2+68x-140=0$　　$(x+70)(x-2)=0$

$x=-70,\ 2$　　$x>0$ より　$x=2$

よって，求める距離は　$5\times2^2=20$(m)

(2) ① $108\times1000\div60\div60=30$ より

毎時 108km＝ 毎秒 30m

② $h=30t-5t^2$ で，$h=0$ とすると

$0=30t-5t^2$　　$t^2-6t=0$

$t(t-6)=0$　　$t=0,\ 6$

$t>0$ より　$t=6$

よって，6 秒後である。

③ 6 秒後にはじめの位置に戻るから，3 秒後に最も高い地点に到達する。

$h=30t-5t^2$ に $t=3$ を代入して

$h=30\times3-5\times3^2=90-45=45$

トップコーチ

自由落下の状態で，物体は t 秒間に約 $5t^2$m 落下する。したがって，真上に物体を投げ上げたとすると，初速度毎秒 am のとき，t 秒後の投げ上げた地点からの高さは $(at-5t^2)$mとなる。この場合，数学的な理想空間を設定しているので，空気抵抗などは考えない。ここで，$at-5t^2=0$ の解 $t=0,\ \frac{a}{5}$ が意味するのは，投げ上げる瞬間と，物体がもとの位置に落ちてくるまでにかかった時間である。物体は投げ上げと落下で対称的な動きとなるから，$t=\frac{a}{5}\times\frac{1}{2}=\frac{a}{10}$ で物体は最高地点に達することになる。

▶57 (1) **$x=20$** (2) **8km**

解説 (1) A さんが $x$km 進んだとき，B さんは $(2x-24)$km 進む。また，B さんが $x$km 進んだとき，A さんは $(2x-15)$km 進む。速さの比は，同一時間内に進む距離の比に等しいから

$x:(2x-24)=(2x-15):x$

$(2x-24)(2x-15)=x^2$

$4x^2-78x+360=x^2$

$3x^2-78x+360=0$

$x^2-26x+120=0$

$(x-6)(x-20)=0$

$x=6,\ 20$

$2x>24$ であるから　$x>12$

よって　$x=20$

(2) P 町から Q 町までは

$2x=2\times20=40$(km)

A さんが Q 町に着いたとき，B さんは

$2(2x-24)=2(40-24)=32$(km)

進んでいる。$40-32=8$ より，B さんは P 町の手前 8km の地点にいた。

▶58 (1) ① **7.5g** ② **70g**

(2) ① **9g** ② **12%**

③ **$x=15$**

解説 (1) ① 1 回目の操作の後，食塩は $\frac{1}{4}$ 取り出されているから，取り出した食塩水は

$200\times\frac{1}{4}=50$(g)

2 回目は，$50\times2=100$(g) の食塩水を取り出すから，残る食塩の量は，1 回目の操作後の

$\frac{200-100}{200}=\frac{1}{2}$

になる。よって，2 回目の操作後の食塩水の濃度も，1 回目の操作後の $\frac{1}{2}$ となり，

$10\times\frac{3}{4}\times\frac{1}{2}=3.75(\%)$

3.75% の食塩水 200g に含まれる食塩の量は

$200\times\frac{3.75}{100}=7.5(\text{g})$

② 1 回目に取り出した食塩水の量を x g とする。1 回目の操作後の濃度は，はじめの $\frac{200-x}{200}$ になる。さらに，2 回目の操作後の濃度は，1 回目の操作後の $\frac{200-2x}{200}$ になる。これより

$10\times\frac{200-x}{200}\times\frac{200-2x}{200}=1.95$

両辺を 4000 倍して

$(200-x)(200-2x)=7800$

$2x^2-600x+40000=7800$

$x^2-300x+16100=0$

$(x-70)(x-230)=0\qquad x=70,\ 230$

$0<x<100$ より　$x=70$

(2) ① $50\times\frac{10}{100}+25\times\frac{16}{100}=5+4=9(\text{g})$

② 食塩水は　$40+20=60(\text{g})$

この食塩水に含まれる食塩の量は

$40\times\frac{10}{100}+20\times\frac{16}{100}=4+3.2=7.2(\text{g})$

よって，濃度は

$\frac{7.2}{60}\times100=\frac{72}{6}=12(\%)$

③ x g の食塩水を取り出して x g の水を入れたとき，食塩水の濃度は，はじめの $\frac{50-x}{50}$ になる。さらに $2x$ g の食塩水を取り出して $2x$ g の水を入れたとき，食塩水の濃度は $2x$ g の水を入れる前の $\frac{50-2x}{50}$ になる。これより

$10\times\frac{50-x}{50}\times\frac{50-2x}{50}=2.8$

両辺を 250 倍して

$(50-x)(50-2x)=700$

$2x^2-150x+2500=700$

$x^2-75x+900=0$

$(x-15)(x-60)=0\qquad x=15,\ 60$

$0<x<25$ より　$x=15$

トップコーチ

食塩水に関する応用問題は，1 次方程式，連立方程式，2 次方程式と各単元ごとにあるが，2 つの容器に入った濃度の異なる食塩水を取り出して，入れかえる操作をすると，ふつう 2 次方程式になる。食塩水の問題はビーカーの図などを描いてイメージをはっきりさせ，溶けている食塩の量で式をつくるのが鉄則である。

59 (1) $S=t^2-5t+25$

(2) **2 秒後または 3 秒後**

解説 (1) CP$=t$，DQ$=2t$ である。

長方形の面積から 3 つの直角三角形の面積を引いて

$S=5\times10-\frac{1}{2}\times10\times t-\frac{1}{2}\times2t\times(5-t)$

$\quad-\frac{1}{2}\times(10-2t)\times5$

$=50-5t-5t+t^2-25+5t$

$=t^2-5t+25$

(2) $t^2-5t+25=19$ より　$t^2-5t+6=0$

$(t-2)(t-3)=0\qquad t=2,\ 3$

よって，2 秒後または 3 秒後である。

第4回 実力テスト

1

(1) $x=1,\ 3$　(2) $x=-5,\ 3$

(3) $x=-2,\ 3$　(4) $x=-1,\ -\dfrac{3}{2}$

(5) $x=-1,\ 7$　(6) $x=-5,\ 12$

(7) $x=7\pm3\sqrt{2}$　(8) $x=3\pm\dfrac{\sqrt{6}}{2}$

解説 (1) $x^2-4x+3=0$ より

$(x-1)(x-3)=0$　$x=1,\ 3$

(2) $x^2+2x-15=0$ より

$(x+5)(x-3)=0$　$x=-5,\ 3$

(3) $(x-1)(x+6)-6x=0$ より

$x^2+5x-6-6x=0$　$x^2-x-6=0$

$(x+2)(x-3)=0$　$x=-2,\ 3$

(4) $2x+1=A$ とおくと　$-3A=A^2+2$

$A^2+3A+2=0$　$(A+1)(A+2)=0$

$A=-1,\ -2$

$A=-1$ のとき　$2x+1=-1$　$x=-1$

$A=-2$ のとき　$2x+1=-2$　$x=-\dfrac{3}{2}$

よって　$x=-1,\ -\dfrac{3}{2}$

(5) $\left(\dfrac{x-2}{2}\right)^2-\dfrac{5}{4}=\dfrac{x+3}{2}$ より

$\dfrac{x^2-4x+4}{4}-\dfrac{5}{4}=\dfrac{x+3}{2}$

両辺を４倍して

$x^2-4x+4-5=2x+6$

$x^2-6x-7=0$

$(x+1)(x-7)=0$

$x=-1,\ 7$

(6) $3x(x-6)-(x-2)^2=116$ より

$3x^2-18x-(x^2-4x+4)=116$

$3x^2-18x-x^2+4x-4-116=0$

$2x^2-14x-120=0$　$x^2-7x-60=0$

$(x+5)(x-12)=0$　$x=-5,\ 12$

(7) $(x-7)^2-18=0$ より　$(x-7)^2=18$

$x-7=\pm\sqrt{18}$　$x=7\pm3\sqrt{2}$

(8) $2(x-3)^2=3$ より　$(x-3)^2=\dfrac{3}{2}$

$x-3=\pm\sqrt{\dfrac{3}{2}}$　$x=3\pm\dfrac{\sqrt{6}}{2}$

2

(1) $x=-2\pm\sqrt{7}$　(2) $x=\dfrac{2\pm\sqrt{2}}{2}$

(3) $x=\dfrac{5\pm\sqrt{10}}{3}$　(4) $x=\dfrac{5\pm\sqrt{17}}{4}$

解説 (1) $x^2+4x-3=0$ より

$x=\dfrac{-2\pm\sqrt{2^2-1\times(-3)}}{1}=-2\pm\sqrt{7}$

(2) $2x^2-4x+1=0$ より

$x=\dfrac{-(-2)\pm\sqrt{(-2)^2-2\times1}}{2}=\dfrac{2\pm\sqrt{2}}{2}$

(3) $\dfrac{(x-2)^2}{2}+\dfrac{x}{3}-\dfrac{7}{6}=0$ の両辺を６倍して

$3(x^2-4x+4)+2x-7=0$

$3x^2-12x+12+2x-7=0$

$3x^2-10x+5=0$

解の公式により

$x=\dfrac{-(-5)\pm\sqrt{(-5)^2-3\times5}}{3}$

$=\dfrac{5\pm\sqrt{10}}{3}$

(4) $5x(3-x)-7=(x-2)(x+2)$ より

$15x-5x^2-7=x^2-4$

$6x^2-15x+3=0$　$2x^2-5x+1=0$

解の公式により

$x=\dfrac{-(-5)\pm\sqrt{(-5)^2-4\times2\times1}}{2\times2}$

$=\dfrac{5\pm\sqrt{17}}{4}$

3 $p=\frac{1}{2}a$, $q=a^2$

解説 $2x^2+2ax-\frac{3}{2}a^2=0$ の両辺を 2 で割って

$x^2+ax-\frac{3}{4}a^2=0$

$x^2+ax+\left(\frac{1}{2}a\right)^2-\left(\frac{1}{2}a\right)^2-\frac{3}{4}a^2=0$

$\left(x+\frac{1}{2}a\right)^2=a^2$

よって $p=\frac{1}{2}a$, $q=a^2$

4 (1) **$a=3$, 他の解は $x=3+\sqrt{6}$**
(2) **$a=9$, $x=3$**

解説 (1) $x^2-6x+a=0$ の解の 1 つが $x=3-\sqrt{6}$ であるから，代入して

$(3-\sqrt{6})^2-6(3-\sqrt{6})+a=0$

$9-6\sqrt{6}+6-18+6\sqrt{6}+a=0$

$a-3=0$　　$a=3$

$a=3$ を代入して

$x^2-6x+3=0$

$x=\frac{-(-3)\pm\sqrt{(-3)^2-1\times3}}{1}$

$=3\pm\sqrt{6}$

よって，他の解は　$x=3+\sqrt{6}$

(2) $x^2-6x+a=0$ の解が 1 つしかないとき，解の公式のルートの中の値は 0 であるから

$(-3)^2-1\times a=0$

よって　$a=9$

このとき，$(x-3)^2=0$ より　$x=3$

5 (1) **$a=2$**　(2) **3**

解説 (1) ①に $x=1$ を代入して

$1-(a^2-2a)+a-3=0$

$-a^2+3a-2=0$

$a^2-3a+2=0$

$(a-1)(a-2)=0$

$a=1, 2$

(i) $a=1$ のとき

①より

$x^2+x-2=0$　　$(x+2)(x-1)=0$

$x=-2, 1$

②より

$x^2+2x=0$　　$x(x+2)=0$

$x=0, -2$

②の解 $x=-2$ が①の解でもあるから，適さない。

(ii) $a=2$ のとき

①より

$x^2-1=0$　　$(x+1)(x-1)=0$

$x=-1, 1$

②より

$x^2+x-6=0$　　$(x+3)(x-2)=0$

$x=-3, 2$

②の解は 2 つとも①の解とは異なるから，適する。

よって　$a=2$

(2) (1)より，$p=-3$, $q=2$ であるから

$t=-3+\sqrt{2}$

このとき

$t^2-2\sqrt{2}t-4$

$=(-3+\sqrt{2})^2-2\sqrt{2}(-3+\sqrt{2})-4$

$=9-6\sqrt{2}+2+6\sqrt{2}-4-4=3$

6 (1) **30m** (2) $\boldsymbol{S=at+5t^2}$
(3) **4秒** (4) **80m**

解説 (1) $a=5$ のとき $v=5+10t$

$\dfrac{2+3}{2}=\dfrac{5}{2}$より，求める距離は

$\left(5+10\times\dfrac{5}{2}\right)(3-2)=5+25=30(\text{m})$

(2) $t_1=0$，$t_2=t$ の場合であるから，

$\dfrac{0+t}{2}=\dfrac{t}{2}$ より

$S=\left(a+10\times\dfrac{t}{2}\right)(t-0)=at+5t^2$

(3) (2)で求めた式に，$a=0$，$S=80$ を代入して

$5t^2=80$　　$t^2=16$

$t>0$ より　$t=4$(秒)

(4) B が t 秒後に地表に着いたとすると，A は $(t+2)$ 秒後に地表に着く。A と B が落下した距離は等しいから

$30t+5t^2=5(t+2)^2$

$6t+t^2=t^2+4t+4$

$2t=4$

$t=2$

よって，求める距離は

$30\times2+5\times2^2=60+20=80(\text{m})$

7 (1) $\boldsymbol{t=2}$
(2) **9時30分，PR…10km**
(3) $\boldsymbol{x=20}$，$\boldsymbol{y=40}$

解説 (1) P，R 間を B 君は 15 分で進むから，その道のりは

$y\times\dfrac{15}{60}=\dfrac{y}{4}(\text{km})$

よって，A 君が P，R 間を進むのにかかる時間は

$\dfrac{y}{4}\div x=\dfrac{y}{4x}$(時間)　…①

R，Q 間を A 君は 30 分で進むから，その道のりは

$x\times\dfrac{30}{60}=\dfrac{x}{2}(\text{km})$

よって，B 君が R，Q 間を進むのにかかる時間は

$\dfrac{x}{2}\div y=\dfrac{x}{2y}$(時間)　…②

A 君は 9 時，B 君は 9 時 15 分に出発し，R 地点で出会うから，①は②より 15 分長い。

よって　$\dfrac{y}{4x}=\dfrac{x}{2y}+\dfrac{15}{60}$

$\dfrac{y}{x}=t$ のとき，$\dfrac{x}{y}=\dfrac{1}{t}$ であるから

$\dfrac{t}{4}=\dfrac{1}{2t}+\dfrac{1}{4}$

両辺に $4t$ をかけて　$t^2=2+t$

$t^2-t-2=0$　　$(t+1)(t-2)=0$

$t=-1,\ 2$

$t>0$ より　$t=2$

(2) ①より　$\dfrac{t}{4}$時間 $=\dfrac{1}{2}$時間 $=30$ 分

よって，2 人が出会うのは 9 時 30 分である。これより，A 君は P から R まで 30 分，R から Q まで 30 分かかるから，R は P，Q 間の真ん中の地点である。

よって，P，R 間の道のりは

$20\times\dfrac{1}{2}=10(\text{km})$

(3) $\dfrac{x}{2}=10$ より　$x=20$

また，$\dfrac{y}{4}=10$ より　$y=40$

8 (1) $\dfrac{8x+4000}{x+400}$% (2) $x=\dfrac{80}{3}$

解説 (1) AからBへxgの食塩水を入れると，Bについて，食塩水は$x+400$(g)，含まれる食塩の量は

$\dfrac{8}{100}x+\dfrac{10}{100}\times400=\dfrac{2}{25}x+40$(g)

よって，求める濃度は

$\left(\dfrac{2}{25}x+40\right)\div(x+400)\times100$

$=\dfrac{8x+4000}{x+400}$(%)

(2) Aに残っていた食塩水に含まれる食塩の量は

$\dfrac{8}{100}\times500-\dfrac{8}{100}x=40-\dfrac{2}{25}x$(g)

BからAに戻したxgの食塩水に含まれる食塩の量は

$\dfrac{8x+4000}{x+400}\times\dfrac{1}{100}\times x=\dfrac{2x(x+500)}{25(x+400)}$(g)

これらの和が，8.1%の食塩水500gに含まれる食塩の量に等しいから

$40-\dfrac{2}{25}x+\dfrac{2x(x+500)}{25(x+400)}=\dfrac{8.1}{100}\times500$

$\dfrac{2x(x+500)}{25(x+400)}=40.5+\dfrac{2}{25}x-40$

$\dfrac{2x(x+500)}{25(x+400)}=\dfrac{4x+25}{50}$

両辺に$50(x+400)$をかけて

$4x(x+500)=(4x+25)(x+400)$

$4x^2+2000x=4x^2+1625x+10000$

$375x=10000$

$x=\dfrac{10000}{375}=\dfrac{80}{3}$

5 関数 $y=ax^2$

60 (1) $a=-\dfrac{1}{2}$ (2) $a=-4$

解説 (1) $y=ax^2$に，$x=4$，$y=-8$を代入して

$-8=16a$ $a=-\dfrac{1}{2}$

(2) $\begin{cases}2x-3y=2 & \cdots① \\ x+3y=-1 & \cdots②\end{cases}$

①＋②より $3x=1$ $x=\dfrac{1}{3}$

これを②に代入して $\dfrac{1}{3}+3y=-1$

$3y=-\dfrac{4}{3}$ $y=-\dfrac{4}{9}$

点$\left(\dfrac{1}{3}, -\dfrac{4}{9}\right)$が，$y=ax^2$のグラフ上にあるから

$-\dfrac{4}{9}=\dfrac{1}{9}a$ $a=-4$

トップコーチ

関数$y=ax^2$の比例定数aは，原点以外に，通る点の座標が１つ決まれば求められる。また２直線の交点の座標は，２式を連立方程式として解いた解である。関数は方程式を用いて，直線や曲線といった図形の問題を扱えるよう開発された数学の道具であることをしっかり確認しよう。

61 (1) $\dfrac{1}{2}$ (2) $a=\dfrac{3}{2}$，$b=\dfrac{9}{2}$

解説 (1) $\dfrac{1}{2}(-2+3)=\dfrac{1}{2}$

(2) $x=2$のときのy座標は等しいから

$4a=2b-3$ …①

変化の割合について

$a\left(-\frac{3}{2}+3\right)=\frac{1}{2}b$　　$\frac{3}{2}a=\frac{1}{2}b$

よって　$b=3a$　…②

②を①に代入して　$4a=6a-3$

$2a=3$　　$a=\frac{3}{2}$

これを②に代入して　$b=\frac{9}{2}$

トップコーチ

「変化の割合」とはグラフ上の2点を結んだ直線の傾きのことで，グラフが直線(つまり1次関数)であれば，その直線の傾きに一致する。またグラフが放物線(つまり関数$y=ax^2$)であれば，「変化の割合」はグラフのどの2点をとったかによって変化する。「変化の割合」を求める公式は次のようになる。

※$y=ax^2$において，xの値がpからqまで変化したとき，yの値はap^2からaq^2まで変化するから

$$(\text{変化の割合})=\frac{aq^2-ap^2}{q-p}=\frac{a(q+p)(q-p)}{q-p}=a(p+q)$$

▶62

(1)　$\boldsymbol{a=\frac{2}{3}}$

(2)　**ア**　$\boldsymbol{\frac{4}{3}}$　　**イ**　$\boldsymbol{-\frac{8}{3}}$

(3)　$\boldsymbol{a=-\sqrt{5}}$，**yの最小値は0**

解説　(1)　$y=ax^2$のグラフはy軸について対称で，yの変域が$0\leqq y\leqq 6$であるから，-3と2のうち絶対値の大きい$x=-3$のとき最大値6をとる。よって

$6=a\times(-3)^2$　　$9a=6$　　$a=\frac{2}{3}$

(2)　$y=-\frac{1}{2}x^2$で，$x=-4$のとき

$y=-\frac{1}{2}\times(-4)^2=-8$

よって，xの変域が$-4\leqq x\leqq 2$のとき，yの変域は，$-8\leqq y\leqq 0$となる。

$y=ax+b$で，$a>0$であるから，$x=-4$のとき$y=-8$，$x=2$のとき$y=0$となる。

$$\begin{cases}-4a+b=-8 & \cdots ① \\ 2a+b=0 & \cdots ②\end{cases}$$

②−①より　$6a=8$

$a=\frac{4}{3}$　…ア

これを②に代入して　$\frac{8}{3}+b=0$

$b=-\frac{8}{3}$　…イ

(3)　$y=x^2$で，$x=1$のとき$y=1$であるから，$x=a$のときyは最大値5をとる。ただし，$a<0$である。

よって，$a^2=5$より　$a=-\sqrt{5}$

$x=0$のとき，yは最小値0をとる。

▶63

(1)　$\boldsymbol{a=\frac{3}{2}}$　　(2)　$\boldsymbol{(0,\ 0),\ \left(\frac{4}{3},\ \frac{4}{3}\right)}$

(3)　①　**A(−1, 1)，B(3, 9)**

②　**6**

(4)　**24**

解説　(1)　A(2, 4)，B(2, $4a$)である。

AB=2より

$4a-4=2$　　$4a=6$　　$a=\frac{3}{2}$

(2)　$x=\frac{3}{4}x^2$より　$4x=3x^2$

$3x^2-4x=0$　　$x(3x-4)=0$　　$x=0,\ \frac{4}{3}$

よって，求める点の座標は

$(0,\ 0),\ \left(\frac{4}{3},\ \frac{4}{3}\right)$

(3) ① $\begin{cases} y=x^2 & \cdots ㋐ \\ y=2x+3 & \cdots ㋑ \end{cases}$

㋐，㋑より　$x^2=2x+3$

$x^2-2x-3=0$

$(x+1)(x-3)=0$　　$x=-1,\ 3$

㋑より，$x=-1$ のとき　$y=-2+3=1$

$x=3$ のとき　$y=6+3=9$

よって　A$(-1,\ 1)$，B$(3,\ 9)$

②　$y=2x+3$ の切片は 3 である。

$\triangle AOB=\frac{1}{2}\times3\times1+\frac{1}{2}\times3\times3=6$

(4)　PA＝PO のとき，点 P の y 座標は

$24\div2=12$

$y=12$ のとき，$12=3x^2$ より　$x^2=4$

$x=\pm2$

よって，△PAO の面積は　$\frac{1}{2}\times24\times2=24$

▶64 (1)　$y=-2x+4$　　(2)　$\left(0,\ \frac{35}{2}\right)$

解説　(1)　3 点 A，B，C は $y=2x^2$ のグラフ上の点である。

$x=-2$ のとき $y=8$ より　A$(-2,\ 8)$

$x=1$ のとき $y=2$ より　B$(1,\ 2)$

$x=\frac{5}{2}$ のとき $y=\frac{25}{2}$ より　C$\left(\frac{5}{2},\ \frac{25}{2}\right)$

直線 AB の式を $y=ax+b$ とおくと

$\begin{cases} -2a+b=8 & \cdots ① \\ a+b=2 & \cdots ② \end{cases}$

②－①より　$3a=-6$　　$a=-2$

これを②に代入して　$-2+b=2$　　$b=4$

よって，直線 AB の式は　$y=-2x+4$

(2)　△PAB＝△CAB より，AB を底辺としたとき，2 つの三角形の高さは等しいから，PC∥AB となる。

点 P の座標を $(0,\ p)$ とすると PC∥AB より，直線 PC の式は　$y=-2x+p$

点 C を通るから

$-2\times\frac{5}{2}+p=\frac{25}{2}$　　$p=\frac{35}{2}$

よって，点 P の座標は　$\left(0,\ \frac{35}{2}\right)$

トップコーチ

座標平面上で底辺を共有する 2 つの三角形の面積が等しければ，頂点を結んだ直線は，必ず底辺と平行になる。等積変形を使う関数問題は必出であるから確実に身につけること。(図で，△ABC＝△PBC ならば　$\ell /\!/ m$)

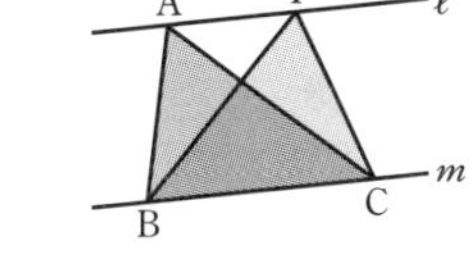

▶65 (1)　$(-2,\ 4)$　　(2)　$(0,\ 2)$

解説　(1)　2 点 A，B は $y=\frac{1}{2}x^2$ のグラフ上の点である。

$x=2$ のとき $y=2$ より　A$(2,\ 2)$

$x=-4$ のとき $y=8$ より　B$(-4,\ 8)$

平行四辺形の対角線はそれぞれの中点で交わるから，対角線 AE の中点は y 軸上にある。点 A の x 座標が 2 であるから，点 E の x 座標は -2 となる。

直線 OB の式は $y=-2x$ で，点 E は直線 OB 上の点であるから，$x=-2$ のとき $y=4$ より，点 E の座標は $(-2,\ 4)$ となる。

(2)　点 F は $y=-\frac{1}{4}x^2$ のグラフ上の点で，$x=2$ のとき $y=-1$ であるから，点 F の座標は $(2,\ -1)$ となる。

BC は x 軸に平行であるから，点 C は y 軸について点 B と対称な点である。

このとき，BG＝CG であるから

CG＋GF＝BG＋GF

よって，点 G が直線 BF 上にあるとき，CG＋GF の長さは最短になる。

直線 BF の式を $y=ax+b$ とおくと

$$\begin{cases} -4a+b=8 & \cdots① \\ 2a+b=-1 & \cdots② \end{cases}$$

②－①より　$6a=-9$　　$a=-\frac{3}{2}$

これと②より　$-3+b=-1$　　$b=2$

よって，直線 BF の式は $y=-\frac{3}{2}x+2$ で，

G は y 軸上の点であるから　G(0, 2)

トップコーチ

<最短経路>

最短経路問題は「座標平面上」で扱うタイプと「立体図形の表面」で扱うタイプの 2 種類ある。ここでは「座標平面上」で扱うタイプが問われている。

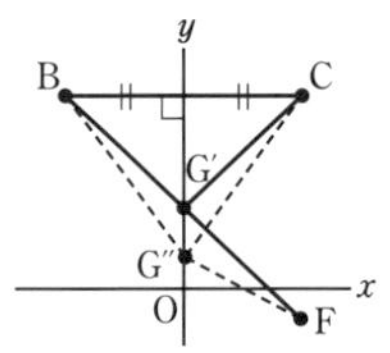

（直線 BF と y 軸との交点を G′，それ以外の y 軸上の点を G″ とする）

右上の図で △BCG′，△BCG″ はともに二等辺三角形であるから BG′=CG′，BG″=CG″ である。

BG′+G′F＜BG″+G″F であるから

CG+GF が最小となるのは点 G が直線 BF 上にあるときである。

▶66

(1)　$2\sqrt{2}\,\text{cm}^2$　　(2)　$a=\frac{1}{4}$

解説　(1)　$y=x^2$ で，$y=2$ のとき

$x^2=2$ より　$x=\pm\sqrt{2}$

よって，B$(-\sqrt{2}, 2)$，C$(\sqrt{2}, 2)$ となるから，△OCB の面積は

$\triangle\text{OCB}=\frac{1}{2}\times2\sqrt{2}\times2=2\sqrt{2}\,(\text{cm}^2)$

(2)　ア，イのグラフは，それぞれ y 軸について対称であるから，DE=2BC より，AE=2AC となる。

点 A の座標を $(0, b)$ とする。ただし，$b>0$ である。$y=x^2$ で，$y=b$ のとき

$x^2=b$ より　$x=\pm\sqrt{b}$

よって，点 C の座標は $(\sqrt{b}, b)$ となり，点 E の座標は $(2\sqrt{b}, b)$ となる。

点 E は $y=ax^2$ 上の点であるから

$a\times(2\sqrt{b})^2=b$　　$4ab=b$

$b>0$ であるから　$a=\frac{1}{4}$

▶67

(1)　12

(2)　①　$y=x+2$　　②　$\left(\frac{4}{5}, \frac{8}{5}\right)$

③　3：8

(3)　①　(6, 2)

②　㋐　$\left(1, \frac{1}{2}\right)$

㋑　$y=-\frac{17}{10}x+\frac{11}{5}$

解説　(1)　$y=\frac{1}{2}x^2$ と $y=x$ から y を消去して　$\frac{1}{2}x^2=x$　　$x^2=2x$　　$x^2-2x=0$

$x(x-2)=0$　　$x=0, 2$

$x=2$ のとき $y=2$ であるから，点 P の座標は (2, 2) となる。

直線 PQ の式を $y=ax+b$ とおくと，点 P を通るから　$2a+b=2$　…①

直線 OP の傾きは 1 で，OP⊥PQ より

$1\times a=-1$　　$a=-1$

これを①に代入して　$-2+b=2$　　$b=4$

よって，直線 PQ の式は　$y=-x+4$

これと，$y=\frac{1}{2}x^2$ から y を消去して

$\frac{1}{2}x^2=-x+4$　　$x^2=-2x+8$

$x^2+2x-8=0$　　$(x+4)(x-2)=0$

$x=-4, 2$

$x=-4$ のとき $y=8$ であるから，点 Q の

座標は $(-4,\ 8)$ となる。
よって，△OPQ の面積は，直線 PQ の切片が 4 であるから
$\triangle OPQ=\frac{1}{2}\times4\times4+\frac{1}{2}\times4\times2=12$

(2) ① 2 点 A，B は $y=x^2$ のグラフ上の点である。
$x=-1$ のとき $y=1$ より　A$(-1,\ 1)$
$x=2$ のとき $y=4$ より　B$(2,\ 4)$
直線 AB の式を $y=ax+b$ とおくと
$\begin{cases}-a+b=1 & \cdots ⓐ \\ 2a+b=4 & \cdots ⓑ\end{cases}$
ⓑ−ⓐより　$3a=3$　　$a=1$
これをⓑに代入して　$2+b=4$　　$b=2$
よって，直線 AB の式は　$y=x+2$

② 直線 OB の式は $y=2x$ である。
点 C は，直線 AB と y 軸との交点であるから，その座標は $(0,\ 2)$ となる。
直線 CD の傾きは $\frac{0-2}{4-0}=-\frac{1}{2}$，切片は 2 であるから，直線 CD の式は
$y=-\frac{1}{2}x+2$
$y=2x$ と $y=-\frac{1}{2}x+2$ から y を消去して
$2x=-\frac{1}{2}x+2$
$4x=-x+4$
$5x=4$　　$x=\frac{4}{5}$
このとき　$y=2\times\frac{4}{5}=\frac{8}{5}$
よって，点 E の座標は $\left(\frac{4}{5},\ \frac{8}{5}\right)$

③ △BCE＝△OBC－△OEC
$=\frac{1}{2}\times2\times2-\frac{1}{2}\times2\times\frac{4}{5}=\frac{6}{5}$
$\triangle ODE=\frac{1}{2}\times4\times\frac{8}{5}=\frac{16}{5}$
△BCE：△ODE$=\frac{6}{5}:\frac{16}{5}=3:8$

(3) ① 点 D の座標を $(p,\ q)$ とする。四角形 BACD が平行四辺形のとき，対角線 BC，AD の中点は一致し，それが放物線 $y=\frac{1}{2}x^2$ 上にある。対角線 BC の中点 $\left(\frac{c}{2},\ 2\right)$ が放物線 $y=\frac{1}{2}x^2$ 上にあるから
$2=\frac{1}{2}\times\frac{c^2}{4}$　　$c^2=16$
$c>0$ より　$c=4$
よって，BC の中点は $(2,\ 2)$
対角線 AD の中点 $\left(\frac{-2+p}{2},\ \frac{2+q}{2}\right)$ が点 $(2,\ 2)$ と一致するから
$\frac{-2+p}{2}=2$ より　$-2+p=4$　　$p=6$
$\frac{2+q}{2}=2$ より　$2+q=4$　　$q=2$
よって，点 D の座標は $(6,\ 2)$

② ㋐ 直線 AC の式を $y=ax+b$ とおく。
2 点 A$(-2,\ 2)$，C$(2,\ 0)$ を通るから
$\begin{cases}-2a+b=2 \\ 2a+b=0\end{cases}$
これを解いて　$a=-\frac{1}{2}$，$b=1$
よって，直線 AC の式は
$y=-\frac{1}{2}x+1$
これと $y=\frac{1}{2}x^2$ から y を消去して
$\frac{1}{2}x^2=-\frac{1}{2}x+1$　　$x^2=-x+2$
$x^2+x-2=0$　　$(x+2)(x-1)=0$
$x=-2,\ 1$
よって，点 E の x 座標は 1 で
$y=-\frac{1}{2}\times1+1=\frac{1}{2}$

より，点 E の座標は $\left(1,\ \frac{1}{2}\right)$ となる。

㋑　線分 AC の中点を M とすると，

$\left(\frac{-2+2}{2},\ \frac{2+0}{2}\right)$

より，点 M の座標は (0, 1) となる。

直線 BE の傾きは　$\frac{\frac{1}{2}-4}{1-0}=-\frac{7}{2}$

点 M を通り直線 BE に平行な直線と直線 AB との交点を F とする。

直線 FM の式は　$y=-\frac{7}{2}x+1$

直線 AB の式は　$y=x+4$

これより y を消去して

$-\frac{7}{2}x+1=x+4$　　$-7x+2=2x+8$

$-9x=6$

$x=-\frac{2}{3}$

このとき

$y=-\frac{2}{3}+4$

$=\frac{10}{3}$

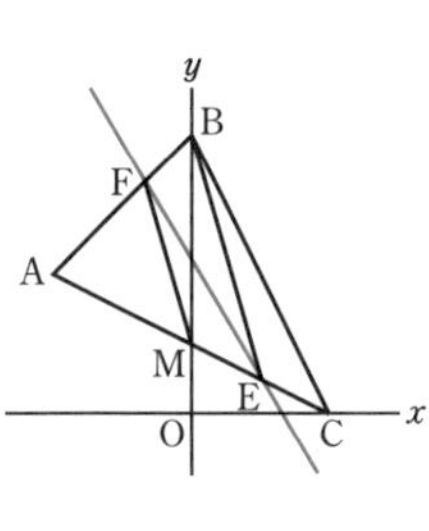

よって，点 F の座標は $\left(-\frac{2}{3},\ \frac{10}{3}\right)$

BE // FM より　△BFM＝△EFM

△AEF＝△AFM＋△EFM

＝△AFM＋△BFM

＝△ABM＝$\frac{1}{2}$△ABC

であるから，直線 EF が求める直線である。直線 EF の式を $y=mx+n$ とすると

$\begin{cases} m+n=\frac{1}{2} \\ -\frac{2}{3}m+n=\frac{10}{3} \end{cases}$

これを解いて　$m=-\frac{17}{10}$，$n=\frac{11}{5}$

よって，求める直線の式は

$y=-\frac{17}{10}x+\frac{11}{5}$

トップコーチ

<放物線と 2 点で交わる直線の公式>

(2)①の直線 AB について，A(−1, 1)，B(2, 4) より直線 AB を $y=ax+b$ とおいて，連立方程式で a, b を求める方法の他に，放物線と 2 点で交わる直線は次の公式から求めてもよい。

右の図で直線 AB の式は

$y=a(p+q)x-apq$

(2)①においては上の公式に $a=1$，$p=-1$，$q=2$ を代入して

$y=1\times(-1+2)x-1\times(-1)\times2$

$y=x+2$　と求めることもできる。

68

(1)　①　$\boldsymbol{a=\frac{1}{4}}$　　②　**(8, 16)**

(2)　**(6, 12)**　　(3)　$\boldsymbol{\frac{64}{9}}$ **cm²**

(4)　①　$\boldsymbol{y=x+4}$　　②　$\boldsymbol{\left(\frac{8}{5},\ \frac{32}{25}\right)}$

解説　(1)　①　点 A の x 座標を p とすると正方形の 2 本の対角線はそれぞれの中点で垂直に交わるから　OB＝AC＝$2p$

正方形の面積が 32cm^2 であるから

OB×AC÷2＝32　　$2p^2=32$

$p^2=16$　　$p>0$ より　$p=4$

これより，A(4, 4)，B(0, 8)，C(−4, 4) となる。

$y=ax^2$ は点 A(4, 4) を通るから

$16a=4$　　$a=\frac{1}{4}$

② 直線BCの式は　$y=x+8$

これと $y=\frac{1}{4}x^2$ から y を消去して

$\frac{1}{4}x^2=x+8$　　$x^2=4x+32$

$x^2-4x-32=0$　　$(x+4)(x-8)=0$

$x=-4,\ 8$

よって，点Dの x 座標は8で，

$y=8+8=16$ より，点Dの座標は

(8，16) である。

(2) $CP=p$ とする。ただし，$p>0$ とする。

$CP:PD=1:2$ より，$PD=2p$ となる。また，四角形ABCDは正方形であるから

$AD=CD=3p$

点Cの座標は $\left(-p,\ \frac{1}{3}p^2\right)$ であるから，

点A $\left(2p,\ \frac{1}{3}p^2+3p\right)$ となる。

点Aは $y=\frac{1}{3}x^2$ のグラフ上の点であるから

$\frac{1}{3}p^2+3p=\frac{1}{3}\times(2p)^2$

$p^2+9p=4p^2$　　$3p^2-9p=0$

$p^2-3p=0$　　$p(p-3)=0$　　$p=0,\ 3$

$p>0$ より　$p=3$

$2p=6$，$\frac{1}{3}p^2+3p=3+9=12$ より，

点Aの座標は (6，12) である。

(3) 点Bの x 座標を p とすると，$B(p,\ 2p^2)$，

$A(-p,\ 2p^2)$，$D\left(p,\ \frac{1}{2}p^2\right)$ となる。

$AB=BD$ より　$2p=2p^2-\frac{1}{2}p^2$

$4p=3p^2$　　$p(3p-4)=0$　　$p=0,\ \frac{4}{3}$

$p>0$ より　$p=\frac{4}{3}$

よって，正方形ACDBの面積は

$AB^2=(2p)^2=\left(\frac{8}{3}\right)^2=\frac{64}{9}\ (cm^2)$

(4) ① 直線PQの式を $y=ax+b$ とおく。

点 $P(-2,\ 2)$ を通るから　$-2a+b=2$

点 $Q(4,\ 8)$ を通るから　$4a+b=8$

これより　$a=1$，$b=4$

よって，直線PQの式は　$y=x+4$

② 直線 ℓ の式を $y=-\frac{1}{2}x+n$ とおく。

点 $P(-2,\ 2)$ を通るから

$1+n=2$　　$n=1$

よって　$y=-\frac{1}{2}x+1$

点Cの座標を $\left(p,\ \frac{1}{2}p^2\right)$ とおく。

点Bの y 座標は $\frac{1}{2}p^2$ であるから，x 座標は

$\frac{1}{2}p^2=-\frac{1}{2}x+1$　　$p^2=-x+2$

$x=2-p^2$

このとき，点Aの y 座標は

$y=(2-p^2)+4=6-p^2$

正方形ABCDで，$AB=BC$ より

$(6-p^2)-\frac{1}{2}p^2=p-(2-p^2)$

$12-2p^2-p^2=2p-4+2p^2$

$5p^2+2p-16=0$

$(p+2)(5p-8)=0$

$p=-2$ のとき，点A，B，C，Dは点Pに一致し，正方形ABCDはつくれない。

よって，$p=\frac{8}{5}$ で，このとき

$\frac{1}{2}p^2=\frac{1}{2}\times\frac{64}{25}=\frac{32}{25}$

よって，点Cの座標は　$\left(\frac{8}{5},\ \frac{32}{25}\right)$

69 (1) **Q(4, 16), 直線の式 $y=10x$**

(2) ① **(−2, 2)** ② **(6, 10)**

③ $y=\frac{3}{7}x+\frac{20}{7}$

(3) ① $a=\frac{1}{4}$, $b=-1$

② ㋐ $(4-t, t-1)$

㋑ $t=2-\sqrt{3}$

解説 (1) 点Qの y 座標は16であるから, x 座標は$x^2=16$ より　$x=\pm4$

$x>0$ より　$x=4$

よって, 点Qの座標は (4, 16) となる。

このとき, PQ=4 で, 平行四辺形の対辺の長さは等しいから, AB=4 となる。

$y=x^2$のグラフは y 軸について対称であるから, 点Bの x 座標は $4\div2=2$, y 座標は $2^2=4$

よって, 点Bの座標は (2, 4) で, 対角線BPの中点の座標は$\left(\frac{2+0}{2}, \frac{4+16}{2}\right)$より, (1, 10) である。

平行四辺形の面積は, 対角線の交点を通る直線によって2等分されるから, 求める直線は2点 (0, 0), (1, 10) を通る直線で, その式は　$y=10x$

(2) ① $y=\frac{1}{2}x^2$ と $y=x+4$ から y を消去して

$\frac{1}{2}x^2=x+4$　　$x^2=2x+8$

$x^2-2x-8=0$　　$(x+2)(x-4)=0$

$x=-2, 4$

よって, 点Bの x 座標は −2, y 座標は $y=-2+4=2$ であるから, 点Bの座標は (−2, 2) となる。

② ①より, 点Cの x 座標は4, y 座標は $y=4+4=8$ であるから, 点Cの座標は (4, 8) となる。

$y=\frac{1}{2}x^2$ と $y=x$ から y を消去して

$\frac{1}{2}x^2=x$　　$x^2=2x$　　$x^2-2x=0$

$x(x-2)=0$　　$x=0, 2$

よって, 点Aの x 座標は2, y 座標は2であるから, 点Aの座標は (2, 2) となる。

直線OCの傾きは $\frac{8-0}{4-0}=2$ であるから, 点Aを通り直線OCに平行な直線の式を $y=2x+b$ とおくと

$2=4+b$　　$b=-2$

よって　$y=2x-2$

$y=2x-2$ と $y=x+4$ から y を消去して

$2x-2=x+4$　　$x=6$

これを $y=x+4$ に代入して　$y=10$

よって, 求める交点の座標は (6, 10)

③ 直線ACの式は

$y=3x-4$

直線ACと x 軸との交点をDとすると, BA∥OD より

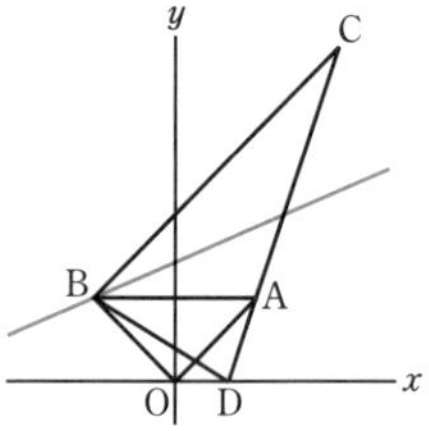

△OAB=△DAB

よって, 四角形OACB=△BDC であるから, 点Bを通る直線が四角形OACBの面積を2等分するのは, 線分DCの中点を通るときである。

点Dの x 座標は, $3x-4=0$ より　$x=\frac{4}{3}$

D$\left(\frac{4}{3}, 0\right)$, C(4, 8) より, 線分DCの中点の x 座標と y 座標は

$\dfrac{\frac{4}{3}+4}{2}=\dfrac{4+12}{6}=\dfrac{16}{6}=\dfrac{8}{3}$

$\dfrac{0+8}{2}=4$

よって，線分 DC の中点の座標は

$\left(\dfrac{8}{3},\ 4\right)$

求める直線の式を $y=mx+n$ とする。

$\begin{cases} \dfrac{8}{3}m+n=4 & \cdots ㋐ \\ -2m+n=2 & \cdots ㋑ \end{cases}$

㋐－㋑より　$\dfrac{14}{3}m=2$　　$m=\dfrac{3}{7}$

これを㋑に代入して

$-\dfrac{6}{7}+n=2$　　$n=\dfrac{20}{7}$

よって　$y=\dfrac{3}{7}x+\dfrac{20}{7}$

(3) ①　$y=ax^2$ と $y=bx+3$ で，交点における y 座標は等しいから，

$x=-6$ のとき　$36a=-6b+3$　…ⓐ

$x=2$ のとき　$4a=2b+3$　…ⓑ

ⓑ×9－ⓐより　$0=24b+24$

$-24b=24$　　$b=-1$

これをⓑに代入して　$4a=-2+3$

$4a=1$　　$a=\dfrac{1}{4}$

②　㋐　線分 PQ の中点が点 B であるから点 Q の x 座標を q とすると

$\dfrac{t+q}{2}=2$　　$t+q=4$　　$q=4-t$

点 Q は直線 $y=-x+3$ 上の点であるから，点 Q の y 座標は

$y=-(4-t)+3=t-1$

よって，点 Q の座標は $(4-t,\ t-1)$

㋑　PR と SQ はともに y 軸に平行であるから，四角形 PRQS は PR∥SQ の台形である。

$P(t,\ -t+3)$，$R\left(t,\ \dfrac{1}{4}t^2\right)$ より

$PR=-t+3-\dfrac{1}{4}t^2=-\dfrac{1}{4}t^2-t+3$

$Q(4-t,\ t-1)$，$S\left(4-t,\ \dfrac{1}{4}(4-t)^2\right)$

より

$SQ=\dfrac{1}{4}(4-t)^2-(t-1)$

$=\dfrac{1}{4}(16-8t+t^2)-t+1$

$=\dfrac{1}{4}t^2-3t+5$

2 直線 PR，SQ の距離は

$(4-t)-t=4-2t$

よって，台形 PRQS の面積は

$\dfrac{1}{2}\left\{\left(-\dfrac{1}{4}t^2-t+3\right)+\left(\dfrac{1}{4}t^2-3t+5\right)\right\}\times(4-2t)$

$=\dfrac{1}{2}(-4t+8)\times2(2-t)$

$=-4(t-2)(2-t)=4(t-2)^2$

台形 PRQS の面積が 12 のとき

$4(t-2)^2=12$　　$(t-2)^2=3$

$t-2=\pm\sqrt{3}$　　$t=2\pm\sqrt{3}$

点 P は線分 AB 上の点であるから

$-6<t<2$

よって　$t=2-\sqrt{3}$

▶70　(1)　ア　$8m-4$　　イ　$16m^2(m-1)$

(2)　ウ　77

解説　(1)　$y=\dfrac{1}{4}x^2$ と $y=m(x-2)+1$ から y を消去して

$\frac{1}{4}x^2=m(x-2)+1$　　$x^2=4m(x-2)+4$

$x^2-4-4m(x-2)=0$

$(x+2)(x-2)-4m(x-2)=0$

$(x-2)(x+2-4m)=0$

よって　$x=2,\ 4m-2$

m は正の整数であるから　$4m-2 \geqq 2$

これより，点 A の x 座標は 2，点 B の x 座標は $4m-2$ となる。

よって　$AA'=2\times2=4$

$BB'=2(4m-2)=8m-4$　…ア

2 直線 AA′，BB′ の距離は

$\frac{1}{4}(4m-2)^2-\frac{1}{4}\times2^2$

$=\frac{1}{4}(16m^2-16m+4)-1$

$=4m^2-4m$

よって，台形 B′A′AB の面積 S は

$S=\frac{1}{2}(4+8m-4)(4m^2-4m)$

$=4m\times4m(m-1)$

$=16m^2(m-1)$　…イ

(2)　$S=64$ のとき

$16m^2(m-1)=64$　　$m^2(m-1)=4$

m は正の整数であるから　$m=2$

このとき，点 B の座標は (6, 9) で，直線 AB の式は $y=2x-3$ である。

点 A の座標は (2, 1) であるから，$x \geqq 0$ の範囲で，y 軸に平行な直線上にあり，台形 B′A′AB の内部または周上にある格子点の数を数えあげる。

x	0	1	2	3	4	5	6
$2x-3$	-3	-1	1	3	5	7	9
格子点の数	9	9	9	7	5	3	1

$-6 \leqq x \leqq -1$ の範囲には，$1 \leqq x \leqq 6$ の範囲と同じ数だけ格子点はあるから，全部で

$9+(9+9+7+5+3+1)\times2$

$=77$(個)　…ウ

▸71　(1)　$a=\frac{1}{4}$　(2)　4π　(3)　(4, 4)

解説　(1)　$y=\frac{1}{2}x+2$ で，$y=0$ のとき，

$\frac{1}{2}x+2=0$ より　$\frac{1}{2}x=-2$　　$x=-4$

よって，点 A の座標は $(-4,\ 0)$

$x=0$ のとき，$y=2$ より点 B の座標は (0, 2)

線分 AB の中点 C の座標は $(-2,\ 1)$

$y=ax^2$ は点 C を通るから

$4a=1$　　$a=\frac{1}{4}$

(2)　△OAB を x 軸を軸として 1 回転させてできる円錐の体積から，△OAC を x 軸を軸として 1 回転させてできる立体の体積を引く。

$\frac{1}{3}\times(\pi\times2^2)\times4-\frac{1}{3}\times(\pi\times1^2)\times2-\frac{1}{3}\times(\pi\times1^2)\times2$

$=\frac{16}{3}\pi-\frac{2}{3}\pi-\frac{2}{3}\pi=\frac{12}{3}\pi=4\pi$

(3)　$y=\frac{1}{4}x^2$ と $y=\frac{1}{2}x+2$ から y を消去して

$\frac{1}{4}x^2=\frac{1}{2}x+2$　　$x^2=2x+8$

$x^2-2x-8=0$　　$(x+2)(x-4)=0$

$x=-2,\ 4$

よって，点 D の x 座標は 4 で

$y=\frac{1}{2}\times4+2=2+2=4$

より，点 D の座標は (4, 4) である。

トップコーチ

回転体は円柱，円錐，それらの複合型，球のいずれかである。

〈円錐と円錐の複合型〉

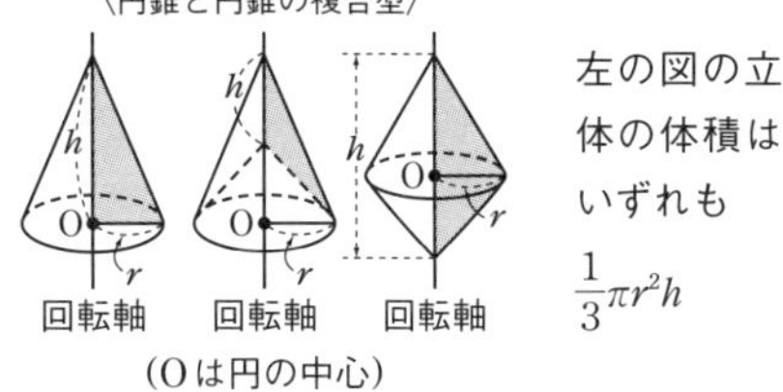

(Oは円の中心)

左の図の立体の体積はいずれも $\frac{1}{3}\pi r^2 h$

▶72 (1) $y=x+t^2+3t+2$
(2) 15秒後

解説 (1) 出発してから t 秒後のR，Sの座標は，R$(-t-1,\ (-t-1)^2)$，S$(t+2,\ (t+2)^2)$ である。

よって，x 座標の差は

$(t+2)-(-t-1)=t+2+t+1=2t+3$

y 座標の差は

$(t+2)^2-(-t-1)^2$

$=(t^2+4t+4)-(t^2+2t+1)$

$=t^2+4t+4-t^2-2t-1=2t+3$

直線RSの傾きは，$\frac{2t+3}{2t+3}=1$ であるから，直線RSの式を $y=x+b$ とおく。点Sを通るから

$(t+2)^2=(t+2)+b$

$b=t^2+4t+4-t-2=t^2+3t+2$

よって　$y=x+t^2+3t+2$

(2) 2点A$(-1,\ 1)$，B$(2,\ 4)$ を通る直線の式は，$y=x+2$ である。

直線ABと直線RSの傾きはともに1で等しいから，AB//RSとなる。

直線ABと y 軸との交点をC，直線RSと y 軸との交点をDとすると，C$(0,\ 2)$，D$(0,\ t^2+3t+2)$ で，AB//RSより

△ABR＝△ABD

$=\frac{1}{2}(t^2+3t+2-2)(1+2)$

$=\frac{3}{2}(t^2+3t)$

△ABR＝405のとき

$\frac{3}{2}(t^2+3t)=405$　　$t^2+3t=270$

$t^2+3t-270=0$　　$(t+18)(t-15)=0$

$t=-18,\ 15$　　$t>0$ より　$t=15$

よって，15秒後である。

▶73 $\frac{45}{4}$

解説 $y=2x+3$ と x 軸との交点をAとすると，$y=0$ のとき，$2x+3=0$ より

$x=-\frac{3}{2}$　　よって　A$\left(-\frac{3}{2},\ 0\right)$

$y=2x+3$ と y 軸との交点をBとすると B$(0,\ 3)$

$y=x^2$ と $y=2x+3$ の交点のうち，x 座標が正である点をC，Cから x 軸に平行な直線を引き，y 軸との交点をDとする。

$y=x^2$と $y=2x+3$ から y を消去して

$x^2=2x+3$　　$x^2-2x-3=0$

$(x+1)(x-3)=0$　　$x=-1,\ 3$

よって，点Cの x 座標は3である。

$x=3$ のとき　$y=2\times3+3=9$

よって　C$(3,\ 9)$，D$(0,\ 9)$

$y=x^2$ と y 軸，線分CDで囲まれた部分の面積は

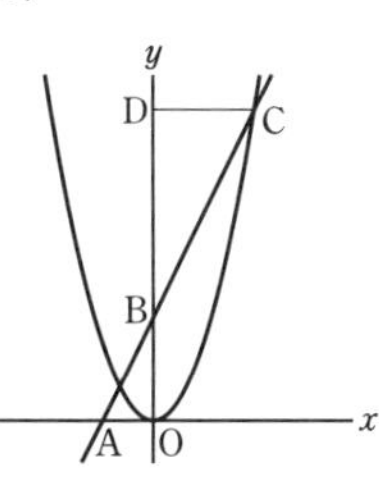

$\frac{4}{3}\times3^3\div2=18$

求める面積は

$18+△OAB-△BCD$

$=18+\frac{1}{2}\times\frac{3}{2}\times3-\frac{1}{2}\times3\times(9-3)$

$=18+\frac{9}{4}-9=9+\frac{9}{4}=\frac{45}{4}$

▶74 (1) $a=\frac{1}{2}$, $b=1$, $c=4$ (2) $t=3$

解説 (1) グラフ2より，$x=-2$，4のとき$S=0$となるから，点Aのx座標は-2，点Bのx座標は4である。
点Pが原点Oの位置にあるとき，$S=12$であるから

$\frac{1}{2}\times c\times(2+4)=12$ $3c=12$ $c=4$

$y=ax^2$と$y=bx+4$は，$x=-2$，4のときのyの値が等しいから

$\begin{cases} 4a=-2b+4 & \cdots① \\ 16a=4b+4 & \cdots② \end{cases}$

①×2+②より $24a=12$ $a=\frac{1}{2}$

これを①に代入して $2=-2b+4$
$2b=2$ $b=1$

よって $a=\frac{1}{2}$, $b=1$, $c=4$

(2) 直線ABの式は$y=x+4$で，$\mathrm{P}\left(t,\ \frac{1}{2}t^2\right)$のとき，この直線上に点$\mathrm{D}(t,\ t+4)$をとる。
DPを底辺としたときの△APD，△BPDの高さの和は $2+4=6$

これより $S=\frac{1}{2}\left(t+4-\frac{1}{2}t^2\right)\times6=\frac{15}{2}$

$6t+24-3t^2=15$ $3t^2-6t-9=0$
$t^2-2t-3=0$ $(t+1)(t-3)=0$
$t=-1$, 3
グラフ2より，$t>0$であるから $t=3$

▶75 (1) 最大値$\frac{3}{4}$，最小値$-\frac{3}{4}$

(2) 最大値$\frac{3}{2}$，最小値$-\frac{3}{5}$

(3) 最大値$\frac{7}{5}$，最小値-3

解説 (1) 点Aを通るときaの値は最大となるから，
$3=a\times2^2$より

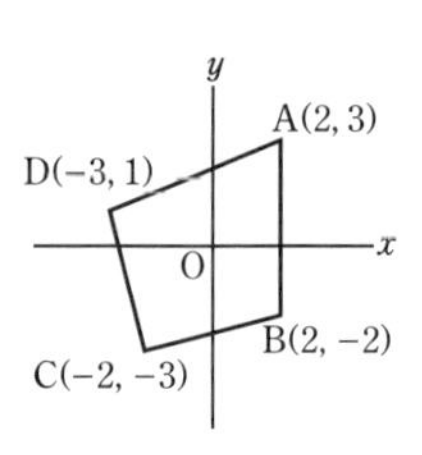

$a=\frac{3}{4}$

また，点Cを通るとき最小となるから，

$-3=a\times(-2)^2$より $a=-\frac{3}{4}$

よって，最大値$\frac{3}{4}$，最小値$-\frac{3}{4}$である。

(2) 2点A，Cを通るとき，傾きmは最大となるから

$m=\frac{3-(-3)}{2-(-2)}=\frac{6}{4}=\frac{3}{2}$

2点B，Dを通るとき，傾きmは最小となるから

$m=\frac{-2-1}{2-(-3)}=-\frac{3}{5}$

よって，最大値$\frac{3}{2}$，最小値$-\frac{3}{5}$である。

(3) $x=-2$のとき，$y=-2m+n$であるから，$y=mx+n$が直線ADと一致するとき，$-2m+n$は最大となる。

$\begin{cases} 2m+n=3 \\ -3m+n=1 \end{cases}$

これより $m=\frac{2}{5}$, $n=\frac{11}{5}$

よって，直線ADの式は

$y=\frac{2}{5}x+\frac{11}{5}$

$x=-2$のとき $y=-\frac{4}{5}+\frac{11}{5}=\frac{7}{5}$

また，$y=mx+n$が点Cを通るとき最小となる。点Cの座標は$(-2,\ -3)$であるから，$x=-2$のとき$y=-3$である。

よって，最大値$\frac{7}{5}$，最小値-3である。

▶76 (1) **1：3**　(2) $\frac{3}{4}$　(3) **8：3**

解説 (1) 点Cの座標を$(-c,\ 0)$とおく。ただし，$c>0$である。このとき

$AC=a(-c)^2=ac^2$

$AC:BD=1:9$より　$BD=9ac^2$

これより，点Bのy座標は$9ac^2$であるから，x座標について　$ax^2=9ac^2$

$a>0$より　$x^2=9c^2$

$x>0$より　$x=3c$

よって，点Dの座標は$(3c,\ 0)$となり

$OC:OD=c:3c=1:3$

(2) A，Bは$y=ax^2$と$y=ax+b$の交点で，交点のx座標は$-c$，$3c$であるから

$$\begin{cases} ac^2=-ac+b & \cdots① \\ 9ac^2=3ac+b & \cdots② \end{cases}$$

②−①より　$8ac^2=4ac$

$a>0$であるから　$2c^2=c$

$c(2c-1)=0$　　$c>0$より　$c=\frac{1}{2}$

このとき，①より　$\frac{1}{4}a=-\frac{1}{2}a+b$

$b=\frac{3}{4}a$　　よって　$\frac{b}{a}=\frac{3}{4}$

(3) $y=ax+b$で，$y=0$のとき

$ax+b=0$　　$x=-\frac{b}{a}=-\frac{3}{4}$

よって，点Eの座標は$\left(-\frac{3}{4},\ 0\right)$となる。

また，$F(0,\ b)$であるから

$\triangle OAB=\frac{1}{2}\times b\times(c+3c)=2bc=b$

$\triangle OEF=\frac{1}{2}\times b\times\frac{3}{4}=\frac{3}{8}b$

$\triangle OAB:\triangle OEF=b:\frac{3}{8}b=8:3$

▶77 (1) **A(−2, 4)，B(3, 9)，C(−1, 1)**
(2) $\boldsymbol{y=2x+3}$　(3) $\boldsymbol{k=2-\frac{\sqrt{15}}{3}}$

解説 (1) $y=x^2$と$y=x+6$からyを消去して　$x^2=x+6$　　$x^2-x-6=0$

$(x+2)(x-3)=0$　　$x=-2,\ 3$

$x=-2$のとき　$y=-2+6=4$

$x=3$のとき　$y=3+6=9$

よって　$A(-2,\ 4)$，$B(3,\ 9)$

点Aを通り傾きが-3である直線の式を$y=-3x+n$とおくと，Aを通過するから

$4=-3\times(-2)+n$　　$n=4-6=-2$

よって，直線ACの式は　$y=-3x-2$

この式と$y=x^2$からyを消去して

$x^2=-3x-2$　　$x^2+3x+2=0$

$(x+1)(x+2)=0$　　$x=-1,\ -2$

よって，点Cのx座標は-1で，y座標は　$y=-3\times(-1)-2=3-2=1$

これより，点Cの座標は$(-1,\ 1)$

(2) 直線BCの式を$y=ax+b$とおくと

$$\begin{cases} 3a+b=9 & \cdots① \\ -a+b=1 & \cdots② \end{cases}$$

①−②より　$4a=8$　　$a=2$

これを②に代入して　$-2+b=1$　　$b=3$

よって，直線BCの式は　$y=2x+3$

(3) 線分AB上に点$D(-1,\ 5)$をとると

$\triangle ABC=\triangle ADC+\triangle BDC$

$=\frac{1}{2}\times(5-1)\times\{3-(-2)\}=10$

$y=x+6$と$y=-x+6k$からyを消去して

$x+6=-x+6k$　　$2x=6k-6$

$x=3k-3$　　$y=3k-3+6=3k+3$

よって，この2直線の交点をPとすると

$P(3k-3,\ 3k+3)$

直線BCである$y=2x+3$と$y=-x+6k$からyを消去して

$2x+3=-x+6k$　　$3x=6k-3$

$x=2k-1$　　$y=2(2k-1)+3=4k+1$

よって，この2直線の交点をQとすると

$Q(2k-1,\ 4k+1)$

$y=x+6$ 上に点 R$(2k-1,\ 2k+5)$ をとる。

$\triangle BPQ=\triangle PRQ+\triangle BRQ$

$=\dfrac{1}{2}\times RQ\times\{3-(3k-3)\}$

$=\dfrac{1}{2}\{(2k+5)-(4k+1)\}(-3k+6)$

$=\dfrac{1}{2}(-2k+4)(-3k+6)$

$=\dfrac{1}{2}\{-2(k-2)\}\{-3(k-2)\}$

$=3(k-2)^2$

$\triangle BPQ=\dfrac{1}{2}\triangle ABC=\dfrac{1}{2}\times 10=5$ のとき

$3(k-2)^2=5$

$(k-2)^2=\dfrac{5}{3}$

$k-2=\pm\sqrt{\dfrac{5}{3}}$

$k=2\pm\dfrac{\sqrt{15}}{3}$ …③

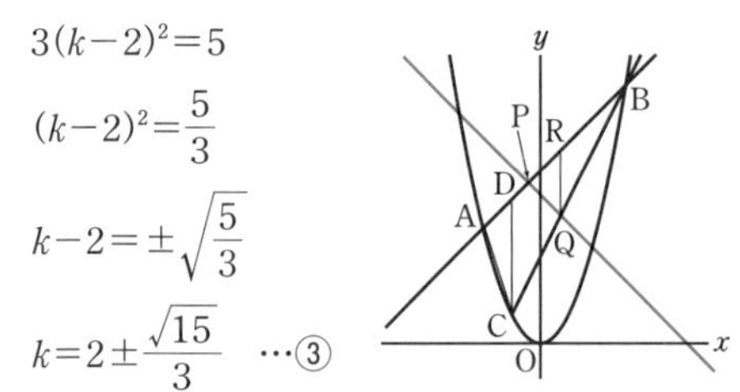

$y=-x+6k$ が点 C$(-1,\ 1)$ を通るとき

$1=1+6k$ より　$k=0$

$y=-x+6k$ が点 B$(3,\ 9)$ を通るとき

$9=-3+6k$ より　$k=2$

よって，$0<k<2$ であるから，③より

$k=2-\dfrac{\sqrt{15}}{3}$

▸78 (1) **$4a$**　(2) **$S=-4a(t+2)(t-6)$**
(3) **$(t,\ at^2)$**　(4) **$64a$**

解説 (1) P$(-2,\ 4a)$，Q$(6,\ 36a)$ より

直線 PQ の傾きは

$\dfrac{36a-4a}{6-(-2)}=\dfrac{32a}{8}=4a$

(2) 直線 PQ の式を $y=4ax+b$ とおく。

点 P$(-2,\ 4a)$ を通るから

$4a=-8a+b$　　$b=12a$

よって　$y=4ax+12a$

直線 PQ と，点 T を通り y 軸に平行な直線との交点を R とすると，

R$(t,\ 4at+12a)$ であるから

$\triangle PTQ=\triangle PTR+\triangle QTR$

$=\dfrac{1}{2}\times TR\times\{6-(-2)\}$

$=4(4at+12a-at^2)$

$=-4a(t^2-4t-12)$

$=-4a(t+2)(t-6)$

よって　$S=-4a(t+2)(t-6)$

(3) $y=ax^2$ と $y=2atx-at^2$ から y を消去して

$ax^2=2atx-at^2$

$ax^2-2atx+at^2=0$

$a(x^2-2tx+t^2)=0$

$a(x-t)^2=0$

$a>0$ より　$x=t$

このとき，$y=at^2$ であるから，求める点の座標は $(t,\ at^2)$

(4) (3)より，直線 $y=2atx-at^2$ は点 T で $y=ax^2$ に接する。この接線が直線 PQ と平行であるとき，S は最大となる。

このとき，$2at=4a$ より　$t=2$

よって，S の最大値は

$S=-4a(2+2)(2-6)=64a$

トップコーチ

<放物線の接線の方程式>

$y=ax^2$ と 2 点 A，B で交わる直線 AB の式は A の x 座標を p，B の x 座標を q とおくと，$y=a(p+q)x-apq$ で表せる。(**67** のあとの「トップコーチ」参照)

ところで，$y=ax^2$ と点 $(t,\ at^2)$ で接する接線の方程式は，上の式で $p=q=t$ となるときであるから

$y=2atx-at^2$ で表せる。

79 (1) $a=\frac{1}{2}$, $b=-\frac{1}{16}$

(2) $x=\frac{1-\sqrt{17}}{2}$　　(3) 4 倍

解説 (1) $y=\frac{4}{x}$ に $x=2$ を代入して

$y=2$

よって　A(2, 2)

$y=ax^2$ に $(x, y)=(2, 2)$ を代入して

$2=4a$　　$a=\frac{1}{2}$

また

$y=\frac{4}{x}$ に $x=-4$ を代入して

$y=-1$

よって　B(−4, −1)

$y=bx^2$ に $(x, y)=(-4, -1)$ を代入して

$-1=16b$　　$b=-\frac{1}{16}$

(2) 直線 AB の式を求めると

直線 AB：$y=\frac{1}{2}x+1$

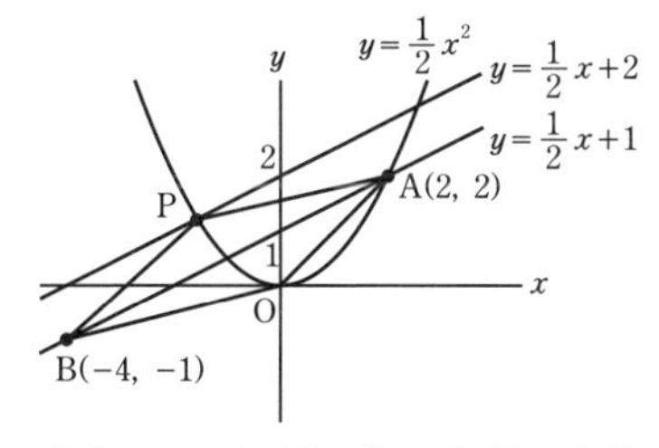

直線 AB に平行で点 P を通る直線の式は

$y=\frac{1}{2}x+2$

$$\begin{cases} y=\frac{1}{2}x^2 \\ y=\frac{1}{2}x+2 \end{cases}$$ を解いて

$\frac{1}{2}x^2=\frac{1}{2}x+2$

$x^2=x+4$

$x^2-x-4=0$

$x=\frac{1\pm\sqrt{1+16}}{2}$

$x=\frac{1\pm\sqrt{17}}{2}$

$x<0$ より

$x=\frac{1-\sqrt{17}}{2}$

(3)

AB：$y=\frac{1}{2}x+1$ より

CD：$y=\frac{1}{2}x+k$ とおける。

$y=\frac{1}{2}x+k$ に D(4, 1) を代入して

$k=-1$

$$\begin{cases} y=\frac{4}{x} \\ y=\frac{1}{2}x-1 \end{cases}$$ を解いて

$\frac{4}{x}=\frac{1}{2}x-1$

両辺 $\times 2x$

$8=x^2-2x$　　$x^2-2x-8=0$

$(x-4)(x+2)=0$

$x=4, -2$

よって　C(−2, −2)

すなわち，四角形 ABCD は平行四辺形

ここで直線 CD と y 軸との交点を E とすると

$\triangle EAB=2\triangle OAB$

$\square ABCD$

$=2\triangle EAB$

$=4\triangle OAB$

よって　4倍

▶80 (1) $\dfrac{6}{5}$ 秒後，$\triangle APQ=\dfrac{108}{25}$ cm^2

(2)

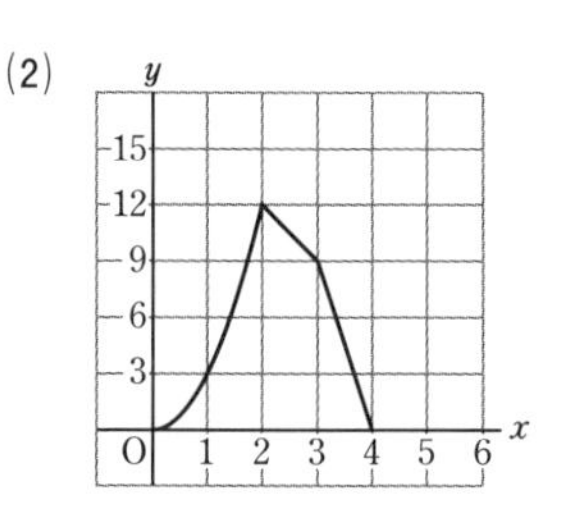

(3) $\sqrt{2}$ 秒後と $\dfrac{10}{3}$ 秒後

解説 (1) 点 P が辺 AB 上にあるとき，
AP$=3x$ cm，BQ$=2x$ cm である。
$\triangle ABC$ は $\angle B=90°$ の直角二等辺三角形であるから，AC$/\!/$PQ となるのは，
PB$=$BQ となるときである。
これより　$6-3x=2x$

$5x=6$　　$x=\dfrac{6}{5}$

このとき

$\triangle APQ=\dfrac{1}{2}\times 3x\times 2x$

$=3x^2$

$=3\times\left(\dfrac{6}{5}\right)^2=\dfrac{108}{25}$ (cm^2)

(2) $6\div 3=2$ より，点 P が点 B に着くのは 2 秒後であるから，$0\leqq x\leqq 2$ のとき

$\triangle APQ=\dfrac{1}{2}\times 3x\times 2x=3x^2$

$6\div 2=3$ より，点 Q が点 C に着くのは 3 秒後であるから，$2<x\leqq 3$ のとき

$\triangle APQ=\triangle ABQ-\triangle ABP$

$=\dfrac{1}{2}\times 6\times 2x-\dfrac{1}{2}\times 6\times(3x-6)$

$=6x-9x+18=-3x+18$

$(6\times 2)\div 3=4$ より，点 P が点 C に着くのは 4 秒後であるから，$3<x\leqq 4$ のとき

$\triangle APQ=\triangle ABC-\triangle ABP$

$=\dfrac{1}{2}\times 6\times 6-\dfrac{1}{2}\times 6\times(3x-6)$

$=18-9x+18=-9x+36$

以上より　$y=3x^2$　　$(0\leqq x\leqq 2)$

$y=-3x+18\ (2<x\leqq 3)$

$y=-9x+36\ (3<x\leqq 4)$

(3) $\dfrac{1}{3}\triangle ABC=\dfrac{1}{3}\times 18=6$(cm^2)

$0\leqq x\leqq 2$ のとき

$3x^2=6$ より　$x^2=2$

$0\leqq x\leqq 2$ より　$x=\sqrt{2}$

$3<x\leqq 4$ のとき

$-9x+36=6$ より　$-9x=-30$

$x=\dfrac{10}{3}$

よって，$\sqrt{2}$ 秒後と $\dfrac{10}{3}$ 秒後である。

トップコーチ

動点問題では，動いている点の状況が変わったところで変域を区切るのが鉄則。

① 点 P が辺 AB 上，点 Q が辺 BC 上を動くとき

② 点 P が辺 BC 上，点 Q が辺 BC 上を動くとき

③ 点 P が辺 BC 上を動き，点 Q が点 C にいるとき

x の変域で表せば　①　$0\leqq x\leqq 2$，
②　$2<x\leqq 3$，③　$3<x\leqq 4$　となる。

▶81 (1) $y=\frac{5}{2}x^2$　(2) $y=10x$

(3) $y=300-20x$　(4) $x=6,\ 12$

解説　$30\div2=15$ より，点 P は 15 秒後に点 C に到着する。

$30\div3=10$ より，点 Q は 10 秒後に点 C に到着する。

$20\div5=4$ より，点 R は 4 秒後に点 D に到着する。

$(20+30)\div5=50\div5=10$ より，点 R は 10 秒後に点 A に到着する。

(1) $PQ=3x-2x=x$，$RC=5x$ であるから

$y=\triangle PQR=\frac{1}{2}\times x\times5x$

$y=\frac{5}{2}x^2$

(2) $PQ=x$，高さは 20 であるから

$y=\triangle PQR=\frac{1}{2}\times x\times20$

$y=10x$

(3) $10\leqq x\leqq15$ のとき，Q は C に，R は A に到着している。

$PQ=PC=30-2x$，高さは 20 であるから

$y=\triangle PQR=\triangle PCA=\frac{1}{2}\times(30-2x)\times20$

$y=300-20x$

(4) $0\leqq x\leqq4$ のとき

$\frac{5}{2}x^2=60$ とすると　$x^2=24$

$x=\sqrt{24}=2\sqrt{6}$

$2\sqrt{6}=\sqrt{24}>\sqrt{16}=4$ より，適さない。

$4<x\leqq10$ のとき

$10x=60$ とすると　$x=6$

$10<x\leqq15$ のとき

$300-20x=60$ とすると　$20x=240$

$x=12$

よって，$y=60$ となるとき　$x=6,\ 12$

▶82 (1) $s=\frac{1}{4}t^2$　(2) $s=t-1$

(3) $s=-\frac{1}{4}t^2+t+3$

(4) $t=\frac{11}{4},\ 5$

((3)，(4)の途中経過は解説を参照)

解説　(1) 直線 AC の式を $y=ax+b$ とおく。2 点 A(2, 0)，C(6, 2) を通るから

$$\begin{cases} 2a+b=0 & \cdots① \\ 6a+b=2 & \cdots② \end{cases}$$

②−①より　$4a=2$　$a=\frac{1}{2}$

これを①に代入して　$1+b=0$　$b=-1$

よって，直線 AC の式は　$y=\frac{1}{2}x-1$

また，$L(t,\ 0)$，$M(t+2,\ 0)$ である。

$0\leqq t\leqq2$ のとき，線分 LM 上に点 A があるから，$AM=t+2-2=t$，高さは

$\frac{1}{2}(t+2)-1=\frac{1}{2}t+1-1=\frac{1}{2}t$

よって　$s=\frac{1}{2}\times t\times\frac{1}{2}t$　$s=\frac{1}{4}t^2$

(2) $2\leqq t\leqq4$ のとき，線分 LM は線分 AB に含まれるから，重なった部分は台形となる。

$s=\frac{1}{2}\left\{\left(\frac{1}{2}t-1\right)+\frac{1}{2}t\right\}\times2$

これより　$s=t-1$

(3) $4\leqq t\leqq6$ のとき，線分 LM と線分 AB は線分 LB の部分が重なり，重なった部分は台形となる。

$s=\frac{1}{2}\left\{\left(\frac{1}{2}t-1\right)+2\right\}\times(6-t)$

$=\frac{1}{2}\left(\frac{1}{2}t+1\right)(6-t)$

$=\frac{3}{2}t-\frac{1}{4}t^2+3-\frac{1}{2}t=-\frac{1}{4}t^2+t+3$

よって　$s=-\frac{1}{4}t^2+t+3$

(4) (1)のとき，$\frac{1}{4}t^2=\frac{7}{4}$ より　$t^2=7$

$t=\sqrt{7}$

$0\leqq t\leqq 2$ より，これは適さない。

(2)のとき　$t-1=\frac{7}{4}$　　$t=\frac{11}{4}$

$2\leqq t\leqq 4$ より，これは適する。

(3)のとき　$-\frac{1}{4}t^2+t+3=\frac{7}{4}$

$t^2-4t-5=0$　　$(t+1)(t-5)=0$

$t=-1,\ 5$　　$4\leqq t\leqq 6$ より　$t=5$

以上より　$t=\frac{11}{4},\ 5$

▸83 (1) $y=2$

(2) ㋐ $y=\frac{1}{2}x^2$

㋑ $y=2x$

(3)

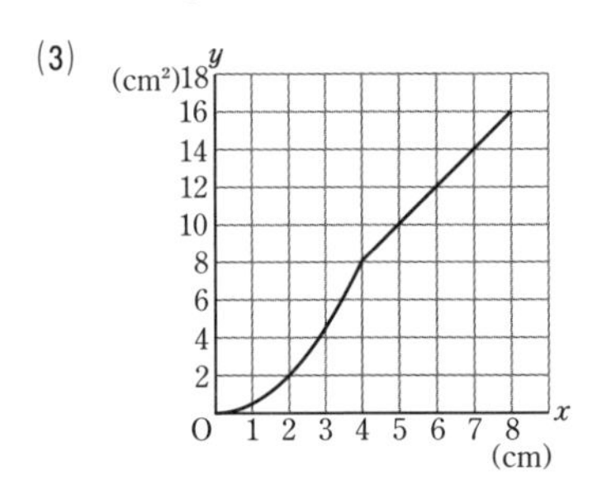

(4) **4.5 cm**

解説 (1) $x=2$ のとき，重なった部分は直角をはさむ 2 辺が 2cm の直角二等辺三角形であるから

$y=\frac{1}{2}\times 2\times 2=2$

(2) ㋐ $0\leqq x\leqq 4$ のとき，図 2 のように，重なった部分は直角をはさむ 2 辺が x cm の直角二等辺三角形であるから

$y=\frac{1}{2}\times x\times x$　　よって　$y=\frac{1}{2}x^2$

㋑ $4\leqq x\leqq 8$ のとき，図 3 のように，重なった部分は直角をはさむ 2 辺が 4cm の直角二等辺三角形と，底辺が $(x-4)$cm，高さが 2cm の平行四辺形を合わせた図形であるから

$y=\frac{1}{2}\times 4\times 4+(x-4)\times 2$

$=8+2x-8=2x$

よって　$y=2x$

(4) 図形イの面積は

$2\times 8+\frac{1}{2}\times 2\times 2=16+2=18(\text{cm}^2)$

図形イの面積の半分は　$18\div 2=9(\text{cm}^2)$

(3)のグラフで，$y=9$ となるのは $4\leqq x\leqq 8$ の場合である。

$2x=9$ より　$x=4.5$

よって，4.5cm 移動させたときである。

第5回 実力テスト

1 (1) ア $y=\frac{3}{2}x^2$　イ $y=-\frac{4}{3}x^2$

ウ $y=-\frac{3}{4}x^2$　エ $y=\frac{2}{3}x^2$

(2) ア ①　イ ④

ウ ③　エ ②

解説 (1) $y=ax^2$ とおく。

ア　$x=4$ のとき $y=24$ であるから

$16a=24$　$a=\frac{3}{2}$

よって　$y=\frac{3}{2}x^2$

イ　直線BCの傾きは，変化の割合から

$\frac{4a-a}{2-(-1)}=\frac{3a}{3}=a<0$

これより，直線BCの式を $y=ax+b$ とおく。ただし，$b<0$ である。

△OBC=4 より　$\frac{1}{2}\times(-b)\times(1+2)=4$

$-3b=8$　$b=-\frac{8}{3}$

$y=ax^2$ と $y=ax-\frac{8}{3}$ はともに点Bを通るから

$a\times(-1)^2=a\times(-1)-\frac{8}{3}$

$2a=-\frac{8}{3}$　$a=-\frac{4}{3}$

よって　$y=-\frac{4}{3}x^2$

ウ　$a>0$ とする。

$-2\leqq x\leqq 3$ のとき，$x=0$ で最小値0をとるから　$m=0$

$-9\leqq x\leqq -5$ のとき，$x=-9$ で最大値 $81a$ をとるから　$M=81a$

$m-M=12$ より　$-81a=12$

$a=-\frac{4}{27}$

これは $a>0$ を満たさないから，適さない。よって，$a<0$ である。

$-2\leqq x\leqq 3$ のとき，$x=3$ で最小値 $9a$ をとるから　$m=9a$

$-9\leqq x\leqq -5$ のとき，$x=-5$ で最大値 $25a$ をとるから　$M=25a$

$m-M=12$ より　$9a-25a=12$

$-16a=12$　$a=-\frac{3}{4}$

よって　$y=-\frac{3}{4}x^2$

エ　x が d から3まで増加したときの変化の割合が2であるから

$\frac{9a-ad^2}{3-d}=2$　$\frac{a(3+d)(3-d)}{3-d}=2$

これより

$3a+ad=2$　…ⓐ

x が -3 から d まで増加したときの変化の割合が -2 であるから

$\frac{ad^2-9a}{d-(-3)}=-2$　$\frac{a(d+3)(d-3)}{d+3}=-2$

これより

$-3a+ad=-2$　…ⓑ

ⓐ−ⓑより　$6a=4$　$a=\frac{2}{3}$

ⓐより　$2+\frac{2}{3}d=2$　$d=0$

よって　$y=\frac{2}{3}x^2$

(2) アとエで，$\frac{3}{2}>\frac{2}{3}$ であるから，①はア，②はエである。

イとウで，$-\frac{4}{3}<-\frac{3}{4}$ であるから，③はウ，④はイである。

つまり，アは①，イは④，ウは③，エは②である。

2 (1) **(2, 20)**　(2) **48**

(3) $\boldsymbol{y=\frac{2}{5}x+12}$

解説 (1) 点Aの座標を $(a,\ a^2)$ とおく。点Cの座標は $(-2,\ 4)$ で，AB∥OC，AB＝OC であるから，点Bの座標は $(a-2,\ a^2+4)$ となる。点Dは辺BCの中点で，x 座標は0であるから

$\frac{a-2+(-2)}{2}=0$　　$a=4$

よって，点Bの座標は (2, 20) である。

(2) 点Dの y 座標は　$\frac{20+4}{2}=12$

平行四辺形OABC＝2△OBC

$=2\times\frac{1}{2}\times12\times(2+2)$

$=12\times4=48$

(3) 四角形OEDC$=48\times\frac{2}{3}=32$

点Eの x 座標を t とすると

四角形OEDC$=\frac{1}{2}\times12\times(2+t)=32$

$6(2+t)=32$　　$2+t=\frac{16}{3}$　　$t=\frac{10}{3}$

点Aの座標は (4, 16)，直線OAの式は $y=4x$ であり，点Eは直線OA上の点であるから，y 座標は

$y=4\times\frac{10}{3}=\frac{40}{3}$

直線DEの式を $y=mx+12$ とおく。

点E$\left(\frac{10}{3},\ \frac{40}{3}\right)$を通るから

$\frac{40}{3}=\frac{10}{3}m+12$　　$40=10m+36$

$10m=4$　　$m=\frac{2}{5}$

よって，直線DEの式は　$y=\frac{2}{5}x+12$

3 (1) $\boldsymbol{a=\frac{1}{4}}$　(2) $\boldsymbol{y=\frac{1}{4}x+\frac{1}{2}}$

(3) $\boldsymbol{\frac{3}{4}}$　(4) $\boldsymbol{(-2,\ 1)}$ と $\boldsymbol{\left(1,\ \frac{1}{4}\right)}$

解説 (1) $y=ax^2$ で，x が -1 から2まで増加するときの変化の割合は，直線ABの傾きに等しいから

$\frac{4a-a}{2-(-1)}=\frac{1}{4}$　　$\frac{3a}{3}=\frac{1}{4}$　　$a=\frac{1}{4}$

(2) A$\left(-1,\ \frac{1}{4}\right)$，B(2, 1) となる。

直線ABの式を $y=\frac{1}{4}x+b$ とおくと，点Bを通るから　$1=\frac{1}{2}+b$　　$b=\frac{1}{2}$

よって，直線ABの式は　$y=\frac{1}{4}x+\frac{1}{2}$

(3) $\triangle\mathrm{OAB}=\frac{1}{2}\times\frac{1}{2}\times(1+2)=\frac{3}{4}$

(4) 直線OAの式は　$y=-\frac{1}{4}x$

点Bを通り直線OAに平行な直線の式を $y=-\frac{1}{4}x+n$ とおく。点Bを通るから

$1=-\frac{1}{2}+n$　　$n=\frac{3}{2}$

よって

$y=-\frac{1}{4}x+\frac{3}{2}$

この直線と y 軸との交点をDとすると

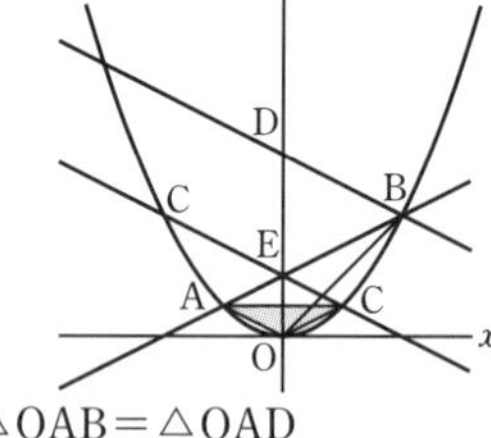

OA∥BD より　△OAB＝△OAD

点Dの座標は$\left(0,\ \frac{3}{2}\right)$で，$\frac{3}{2}\times\frac{1}{3}=\frac{1}{2}$より，

点E$\left(0,\ \frac{1}{2}\right)$をとると，OE$=\frac{1}{3}$OD より

$\triangle\mathrm{OAE}=\frac{1}{3}\triangle\mathrm{OAD}=\frac{1}{3}\triangle\mathrm{OAB}$

点Eを通り，直線OAに平行な直線の式

は，$y=-\frac{1}{4}x+\frac{1}{2}$で，この直線と $y=\frac{1}{4}x^2$ との交点が点Cとなる。

yを消去して　$\frac{1}{4}x^2=-\frac{1}{4}x+\frac{1}{2}$

$x^2=-x+2$　　$x^2+x-2=0$

$(x+2)(x-1)=0$　　$x=-2,\ 1$

$x=-2$ のとき　$y=1$

$x=1$ のとき　$y=\frac{1}{4}$

よって，点Cの座標は

$(-2,\ 1),\ \left(1,\ \frac{1}{4}\right)$

4　(1)　**A(3, 9)，B(12, 0)**

(2)　$\boldsymbol{a=-1+\sqrt{13}}$

解説　(1)　$y=x^2$と $y=-x+12$ から yを消去して　$x^2=-x+12$　　$x^2+x-12=0$

$(x+4)(x-3)=0$　　$x=-4,\ 3$

点Aの x座標は正であるから　$x=3$

よって　A(3, 9)

$y=-x+12$ で，$y=0$ のとき　$x=12$

よって　B(12, 0)

(2)　$P(a,\ a^2)$，$Q(a,\ 0)$ である。

$y=-x+12$ で，$y=a^2$のとき

$a^2=-x+12$　　$x=12-a^2$

よって，$S(12-a^2,\ a^2)$，$R(12-a^2,\ 0)$ となる。△AQR と △AOR は，QR，OR を底辺とすると高さは等しいから，

△AQR$=\frac{1}{2}$△AOR のとき

QR$=\frac{1}{2}$OR となる。これより

$12-a^2-a=\frac{1}{2}(12-a^2)$

$24-2a^2-2a=12-a^2$　　$a^2+2a-12=0$

$a=\frac{-1\pm\sqrt{1^2-1\times(-12)}}{1}=-1\pm\sqrt{13}$

$a>0$ であるから　$a=-1+\sqrt{13}$

5　(1)　**$0\leqq x\leqq 4$ のとき　$y=\frac{1}{2}x^2$**

$4<x\leqq 12$ のとき　$y=8$

$12<x\leqq 16$ のとき　$y=\frac{1}{2}(16-x)^2$

$x>16$ のとき　$y=0$

(2)　$\boldsymbol{x=\sqrt{10},\ 16-\sqrt{10}}$

解説　(1)　$0\leqq x\leqq 4$ のとき

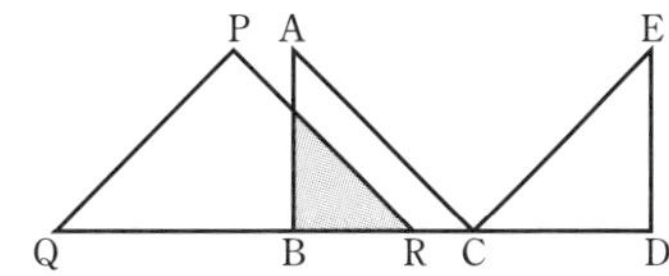

BR$=x$ であるから　$y=\frac{1}{2}x^2$

$4<x\leqq 8$ のとき

次の図で

SB=QB=QR−BR$=8-x$

AS=AB−SB

$=4-(8-x)$

$=x-4$

また

CR=BR−BC$=x-4$

よって，AS=CR となり，△TAS と △UCR は合同な直角二等辺三角形となる。

このとき

$y=$ 四角形TSBC＋△UCR

＝ 四角形TSBC＋△TAS

＝△ABC

$=\frac{1}{2}\times4\times4=8$

よって　$y=8$

$8<x\leqq 12$ のとき

$4<x\leqq 8$ の場合と同様にして

$y=8$

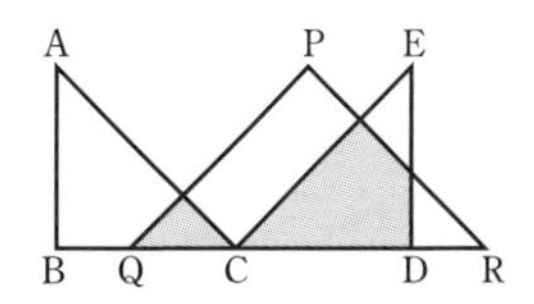

$12<x\leqq16$ のとき

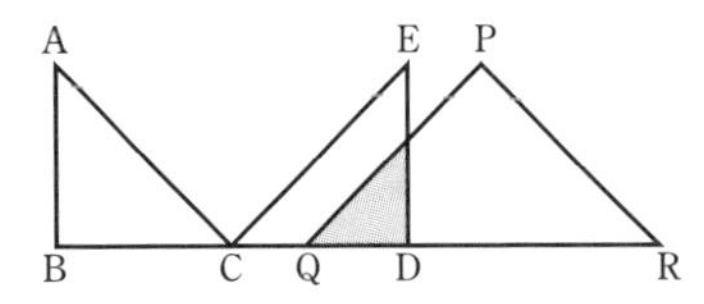

$BQ=BR-QR=x-8$ であるから

$QD=BD-BQ=8-(x-8)=16-x$

よって　$y=\frac{1}{2}(16-x)^2$

$x>16$ のとき

２つの図形は重ならないから　$y=0$

(2)　$0\leqq x\leqq4$ のとき

$\frac{1}{2}x^2=5$ より　$x^2=10$

$0\leqq x\leqq4$ より　$x=\sqrt{10}$

$12<x\leqq16$ のとき

$\frac{1}{2}(16-x)^2=5$ より　$(16-x)^2=10$

$16-x\geqq0$ より　$16-x=\sqrt{10}$

$x=16-\sqrt{10}$

$4<x\leqq12$，$x>16$ のときは，$y=5$ になることはない。

以上より　$x=\sqrt{10}$，$16-\sqrt{10}$

6　相似な図形

84　(1)　ア，ウ

(2)　右の図のようになる。（①～⑧の番号は作図の順序を表すもので，実際の解答には不要である。）

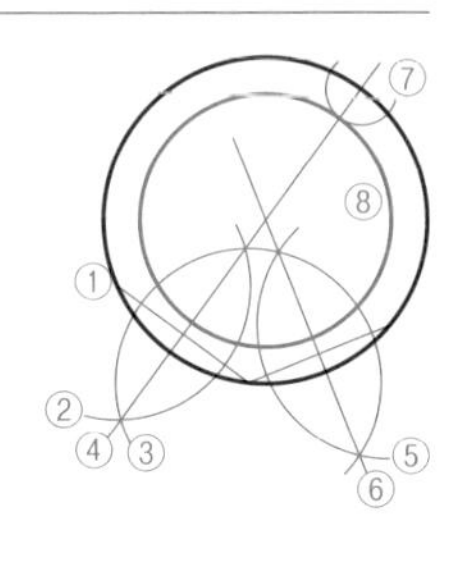

解説　(1)　外周を縮小して内周を作図すると，イとエは木の幅が一定にならない。

(2)　右上の図の①で円周上の３点を結ぶ折れ線をかく。②，③，④と③，⑤，⑥でそれぞれの線分の垂直二等分線を引くと，それらの交点が円の中心となる。④と外周との交点から指定された幅で円⑦をかき，円の中心から④と⑦の交点を通る円⑧をかく。円⑧が求めるものである。

85　(1)　ア　**∠CAE**　　イ　**∠DEB**

ウ　**２組の角がそれぞれ等しい**

(2)　**14cm**

解説　(1)　正三角形の３つの角はすべて60°であることを利用する。

(2)　△AEC∽△BDE より，対応する辺の比は等しいから

EC：DE＝AC：BE

EC＝OC＝21cm であるから

21：DE＝(30－21)：6

9DE＝126　　DE＝14(cm)

86　(1)　△ABD と △CFD において

∠ADB＝∠CDF＝90°　…①

∠BAD＝180°－∠AEF－∠AFE

＝180°－∠FDC－∠CFD＝∠FCD

よって

∠BAD＝∠FCD　…②

①，②より，2組の角がそれぞれ等しいから　△ABD∽△CFD

(2)　△GFE と △GDH において

EF∥AD より，同位角は等しいから

∠GEF＝∠GAD　…①

∠GFE＝∠GDA　…②

DG は ∠D の二等分線であるから

∠GDA＝∠GDH　…③

②，③より

∠GFE＝∠GDH　…④

AG は ∠A の二等分線であるから

∠GAD＝∠GAB　…⑤

AB∥DH より，錯角は等しいから

∠GAB＝∠GHD　…⑥

①，⑤，⑥より

∠GEF＝∠GHD　…⑦

④，⑦より，2組の角がそれぞれ等しいから　△GFE∽△GDH

トップコーチ

＜2つの三角形が相似であるための条件＞

①　3組の辺の比がすべて等しい。

②　2組の辺の比とその間の角がそれぞれ等しい。

③　2組の角の大きさがそれぞれ等しい。

相似の証明問題の大半は，③の「2角相等」を証明させるものである。

87　(1)　8　　(2)　**5 cm**　　(3)　$\frac{15}{8}$ **cm**

解説　(1)　DE∥BC より　△ADE∽△ABC

よって　DE：BC＝AE：AC

$x：12＝6：9$　　$x：12＝2：3$

$3x＝24$　　$x＝8$

(2)　∠DCE＝∠BCA，∠CED＝∠CAB より

△CED∽△CAB

よって　EC：AC＝CD：CB

EC＝$x$cm とすると

$x：(3+7)＝7：(x+9)$

$x(x+9)＝70$　　$x^2+9x-70＝0$

$(x+14)(x-5)＝0$　　$x＝-14,\ 5$

$x>0$ より　$x＝5$　　よって　EC＝5cm

(3)　AB∥DC より，△FAB∽△FCD であるから

FA：FC＝AB：CD＝3：5　…①

FE∥AB より，△CFE∽△CAB であるから

FE：AB＝CF：CA　…②

①より　CF：CA＝5：(5＋3)＝5：8

②より　FE：3＝5：8　　8FE＝15

よって　FE＝$\frac{15}{8}$ (cm)

88　(1)　**3：2**　　(2)　$\frac{8}{5}$ **cm**

(3)　**8倍**

(4)　①　**6 cm**　　②　**3：10**

解説　(1)　AB∥DC より

△FAB∽△FED

FA：FE＝AB：ED＝DC：ED＝3：2

よって　AF：FE＝3：2

(2)　AB∥FG より

EG：GB＝EF：FA　…①

AD∥BC より

EF：AF＝BE：DA＝4：6＝2：3

よって，①より　EG：GB＝2：3

これより　EG：EB＝2：5

5EG＝2BE　　$EG=\frac{2}{5}\times4=\frac{8}{5}$ (cm)

(3)　AB∥DC より

FA：FC＝AE：CD

＝AE：AB＝3：5

これより　AF：AC＝3：8

8AF＝3AC　　$AF=\frac{3}{8}AC$

平行四辺形の対角線は，それぞれの中点で交わるから　$AG=\frac{1}{2}AC$

$FG=AG-AF=\frac{1}{2}AC-\frac{3}{8}AC=\frac{1}{8}AC$

よって　AC＝8FG

(4)　①　BF：FC＝3：2 より

BF：BC＝3：5　　5BF＝3BC

$BF=\frac{3}{5}BC=\frac{3}{5}\times10=6$ (cm)

よって，AB＝BF，∠B＝60° より，

△ABF は正三角形となるから

AF＝6 (cm)

②　直線 AF と直線 DC の交点を G とする。AB∥DG より，錯角は等しいから

∠AGD＝∠GAB＝60°

平行四辺形の対角は等しいから

∠GDA＝∠B＝60°

よって，△GDA は正三角形となり，

GD＝AD＝10(cm)である。

AE∥DG より

PE：PD＝AE：GD　…ⓐ

E は辺 AB の中点であるから

AE＝6÷2＝3 (cm)

よって，ⓐより

EP：PD＝3：10

トップコーチ

平行線の同位角・錯角が等しいことを利用して相似図形を見つけさせる問題では，平行四辺形の内部，外部に「砂時計型」「蝶々型」の相似な三角形が現れる。それらはともに重なり合っているので，必要な三角形を余白にかき出すなどして，対応する辺を明確にすること。

89　(1)　ア　5　　イ　3　　ウ　4
エ　3

(2)　オ　5　　カ　6　　キ　2
ク　2　　ケ　3

(3)　コ　1　　サ　2

解説　(1)　HI∥BC より，

△AHI∽△ABC で，相似比は

HI：BC＝2：6＝1：3

よって　$AH=\frac{1}{3}AB=\frac{5}{3}$　$\cdots\frac{ア}{イ}$

同様に　$AI=\frac{1}{3}AC=\frac{4}{3}$　$\cdots\frac{ウ}{エ}$

(2)　△AHI∽△GHF であるから

IH：FH＝HA：HG

$2:x=\frac{5}{3}:HG$　　$2HG=\frac{5}{3}x$

よって　$HG=\frac{5}{6}x$　$\cdots\frac{オ}{カ}$

△ABC∽△DEF より

BC：EF＝AB：DE＝2：1

6：EF＝2：1　　2EF＝6

よって　EF＝3

$IE=EF-FH-HI=3-x-2=1-x$

△AHI∽△JEI であるから

IA：IJ＝HI：EI

$\frac{4}{3}:IJ=2:(1-x)$　　$2IJ=\frac{4}{3}(1-x)$

$IJ=\frac{2}{3}(1-x)=\frac{2-2x}{3}$　$\cdots\frac{キ-クx}{ケ}$

(3) HI∥GJ のとき

AH：HG＝AI：IJ

$\frac{5}{3}:\frac{5}{6}x=\frac{4}{3}:\frac{2-2x}{3}$

$2:x=2:(1-x)$

$2x=2(1-x)$

$x=1-x$　　$2x=1$　　$x=\frac{1}{2}$

よって　$\mathrm{FH}=\frac{1}{2}$　…$\frac{コ}{サ}$

▶90 (1) **4π cm^3**

(2) ① **$x=12$**

② **$y=-\frac{2}{3}x+12$**

③ **(36, −12)**

解説 (1) 点Cから辺ABに垂線CDを引く。

∠ACB＝∠ADC＝90°

∠BAC＝∠CAD（共通）

よって，△ABC∽△ACDであるから

BC：CD＝AB：AC

$2:\mathrm{CD}=4:2\sqrt{3}$　　$4\mathrm{CD}=4\sqrt{3}$

$\mathrm{CD}=\sqrt{3}$ (cm)

求める体積は

$\frac{1}{3}\pi(\sqrt{3})^2\times\mathrm{AD}+\frac{1}{3}\pi(\sqrt{3})^2\times\mathrm{DB}$

$=\pi(\mathrm{AD}+\mathrm{DB})$

$=\pi\mathrm{AB}=4\pi$ (cm^3)

(別解) CDは，次のようにして求めてもよい。

△ABCの面積を2通りで求めて

$\frac{1}{2}\times\mathrm{AB}\times\mathrm{CD}=\frac{1}{2}\times\mathrm{AC}\times\mathrm{BC}$

$\mathrm{CD}=\frac{\mathrm{AC}\times\mathrm{BC}}{\mathrm{AB}}=\frac{2\sqrt{3}\times2}{4}=\sqrt{3}$ (cm)

(2) ① AE∥OCより　△ADE∽△ODC

AE：OC＝AD：ODであるから

$\mathrm{AE}:x=(18-x):18$

$18\mathrm{AE}=x(18-x)$　　$\mathrm{AE}=\frac{x(18-x)}{18}$

$\mathrm{BE}=\mathrm{AB}-\mathrm{AE}=x-\frac{x(18-x)}{18}$

$=\frac{18x-(18x-x^2)}{18}=\frac{x^2}{18}$

△BCE＝△ADE＋36より

$\frac{1}{2}x\times\frac{x^2}{18}=\frac{1}{2}(18-x)\times\frac{x(18-x)}{18}+36$

両辺を36倍して

$x^3=x(18-x)^2+1296$

$x^3=x^3-36x^2+324x+1296$

$36x^2-324x-1296=0$

$x^2-9x-36=0$　　$(x+3)(x-12)=0$

よって　$x=-3,\ 12$

$x>0$であるから　$x=12$

② 直線CDの傾きは　$\frac{0-12}{18-0}=-\frac{2}{3}$

切片は12であるから，直線CDの式は

$y=-\frac{2}{3}x+12$

③ 点Fのx座標をtとする。

$\mathrm{BE}=\frac{12^2}{18}=\frac{2\times12}{3}=2\times4=8$

$\triangle\mathrm{BCE}=\frac{1}{2}\times12\times8=48$

AE＝AB－BE＝12－8＝4であるから

△AEF＝△BCEとなるとき

$\frac{1}{2}\times4\times(t-12)=48$

$t-12=24$　　$t=36$

点Fのy座標は

$y=-\frac{2}{3}\times36+12=-24+12=-12$

よって，点Fの座標は　(36, −12)

91

(1) ア 2　イ 4　ウ 1　エ 5

(2) $\dfrac{-1+\sqrt{5}}{2}$

解説 (1) 正五角形の１つの内角の大きさは $180°\times(5-2)\div5=108°$

$(180°-108°)\div2=72°\div2=36°$ より

$\angle ABF=\angle BAF=\angle BCF=36°$ となり

$\triangle FAB\backsim\triangle BAC$ …①

$\angle CBF=\angle CBA-\angle FBA$

$=108°-36°=72°$

$\angle CFB=180°-\angle BCF-\angle CBF$

$=180°-36°-72°=72°$

$\angle CBF=\angle CFB$ より，$\triangle CBF$ は $CB=CF$ の二等辺三角形である。

①より　$AB:AC=AF:AB$

$2:x=(x-2):2$　　$x(x-2)=4$

$x^2-2x-4=0$　　…ア，イ

$x=\dfrac{-(-1)\pm\sqrt{(-1)^2-1\times(-4)}}{1}$

$=1\pm\sqrt{5}$

$x>0$ より　$x=1+\sqrt{5}$　　…ウ，エ

(2) $\angle BDC=180°-36°-72°=72°$ より，

$\triangle BCD$ は $BC=BD$ の二等辺三角形で，

$\triangle BCD\backsim\triangle ABC$ となる。

$\triangle DAB$ は $DA=DB$ の二等辺三角形である。

$BC:AB=x:1$ とする。

$AD=BD=BC$ より　$AD:AB=x:1$

よって　$BC:CD=x:(1-x)$

$\triangle BCD\backsim\triangle ABC$ より

$BC:AB=CD:BC$

$x:1=(1-x):x$　　$x^2=1-x$

$x^2+x-1=0$

$x=\dfrac{-1\pm\sqrt{1^2-4\times1\times(-1)}}{2\times1}$

$=\dfrac{-1\pm\sqrt{5}}{2}$

$x>0$ より　$x=\dfrac{-1+\sqrt{5}}{2}$

よって　$\dfrac{BC}{AB}=\dfrac{x}{1}=x=\dfrac{-1+\sqrt{5}}{2}$

トップコーチ

頂角 36°，底角 72° の二等辺三角形の底辺と等辺の長さの比は「黄金比」として知られている。

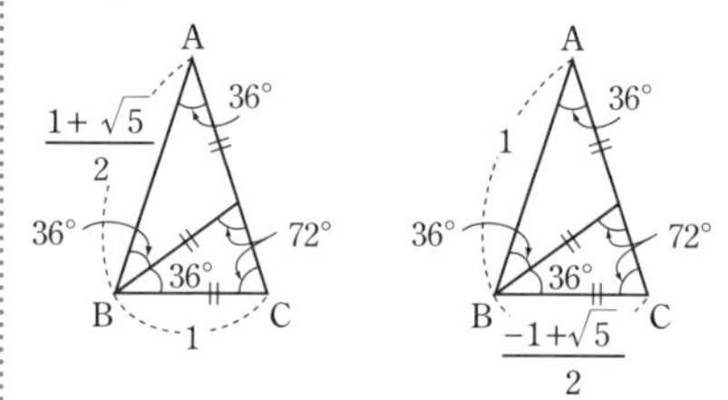

$1:\dfrac{1+\sqrt{5}}{2}=\dfrac{-1+\sqrt{5}}{2}:1=1:1.61803\cdots$

黄金比は右の図のような長方形の辺の比でもある。

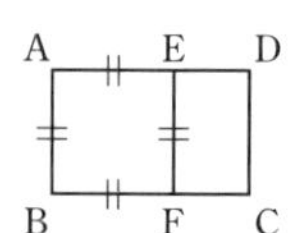

長方形 ABCD∽長方形 DEFC のときの

$AB:BC$　(四角形 ABFE は正方形)

「黄金比」は $x^2-x-1=0$，$x^2+x-1=0$ の解として出てくるので，二等辺三角形の形状とともに，方程式ごと覚えておきたい。

92

(1) **15：7**

(2) ① $\triangle ADF$ と $\triangle CDB$ において

対頂角は等しいから

$\angle ADF=\angle CDB$

$AF\parallel BC$ より，錯角は等しいから

$\angle DAF=\angle DCB$

2 組の角がそれぞれ等しいから

$\triangle ADF\backsim\triangle CDB$

② **13：5**　③ $\dfrac{40}{13}$

解説 (1) ADは∠BACの二等分線であるから　BD：DC＝AB：AC＝9：6＝3：2

これより，BD：BC＝3：5であるから

5BD＝3BC　　$BD=\frac{3}{5}BC=\frac{21}{5}$

BIは∠ABDの二等分線であるから

$AI:ID=AB:BD=9:\frac{21}{5}$

$=45:21=15:7$

(2) ②　BDは∠ABCの二等分線であるから　AD：DC＝AB：BC＝8：5

これより　AC：CD＝13：5

③　BD＝DEより　∠DBC＝∠DEC

AB＝ACと，BDが∠ABCの二等分線であることから

∠DCB＝∠ABC＝2∠DBC

∠DEC＋∠EDC＝∠DCBより

∠EDC＝∠DCB－∠DEC

＝2∠DBC－∠DBC

＝∠DBC＝∠DEC

よって，△CDEはCE＝CDの二等辺三角形である。

②より　8：CD＝13：5

13CD＝40　　$CD=\frac{40}{13}$

よって　$CE=CD=\frac{40}{13}$

トップコーチ

＜角の二等分線の性質＞

右の図において，次のような関係が成り立つ。

①　$a:b=c:d$

②　$x=\sqrt{ab-cd}$

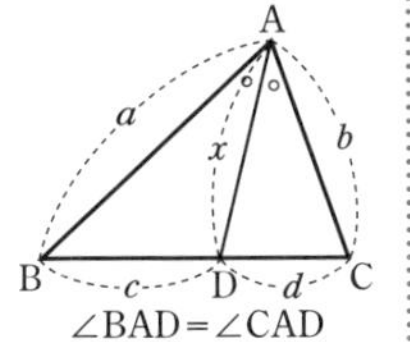

93 (1)　AG∥DFより

△EAG∽△EDF

仮定より，EA＝ADであるから

EG：GF＝EA：AD＝1：1

よって，GはEFの中点であるから

EG＝GF　…①

△BEGと△BFGにおいて

BG＝BG（共通）…②

AG∥DFより　∠EGA＝∠EFD＝90°

よって

∠EGB＝∠FGB＝90°　…③

①，②，③より，2組の辺とその間の角がそれぞれ等しいから　△BEG≡△BFG

よって　BE＝BF

(2) ①　△AEDと△AECにおいて

AE＝AE（共通）…①

仮定より　∠AED＝∠AEC＝90°　…②

AEは∠DACの二等分線であるから

∠DAE＝∠CAE　…③

①，②，③より，1組の辺とその両端の角がそれぞれ等しいから

△AED≡△AEC

よって，点Eは辺DCの中点である。

EF∥DBより　△CEF∽△CDB

CF：FB＝CE：ED＝1：1

よって，点Fは辺BCの中点である。

②　**1**

(3) ①　点Q，RはそれぞれBC，CDの中点なので，中点連結定理から

QR∥BD，$QR=\frac{1}{2}BD$

よって　PS∥QR，PS＝QR

四角形PQRSの1組の対辺が平行でその長さが等しい。

②　$\mathbf{\frac{63}{8}}$ **cm²**

解説 (2) ② ①より　AD＝AC＝8

DB＝AB－AD＝10－8＝2

中点連結定理により

$EF=\frac{1}{2}DB=\frac{1}{2}\times 2=1$

(3) ②　線分 PR と線分 BD の交点を T とする。

TR∥BC より　△DTR∽△DBC

DT：TB＝DR：RC＝1：1

よって，T は線分 BD の中点である。

このとき　$TR=\frac{1}{2}BC=\frac{5}{2}$(cm)

点 P は線分 BA の中点であるから，中点連結定理により

PT∥AD，$PT=\frac{1}{2}AD=\frac{1}{2}\times 4=2$(cm)

よって　$PR=PT+TR=2+\frac{5}{2}=\frac{9}{2}$(cm)

PR∥BC，∠C＝90° より，△RPQ の高さは

$RC=\frac{1}{2}CD=\frac{7}{2}$(cm)

$\triangle RPQ=\frac{1}{2}\times\frac{9}{2}\times\frac{7}{2}=\frac{63}{8}$ (cm²)

①より，PQ∥SR であるから

$\triangle EPQ=\triangle RPQ=\frac{63}{8}$ (cm²)

トップコーチ

<中点連結定理>

△ABC で AM＝MB，AN＝NC ならば

MN∥BC，$MN=\frac{1}{2}BC$

が成り立つ。

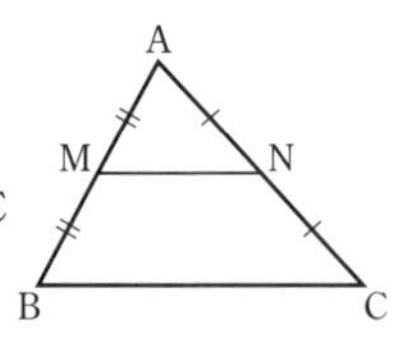

▶94 (1) $x=\frac{15}{7}$　(2) $x=8$

(3) $x=5$　(4) $\frac{15}{2}$ cm

解説 (1) ℓ∥m より　3：(3＋4)＝x：5

$7x=15$　$x=\frac{15}{7}$

(2) ℓ∥m，ℓ∥n より　6：12＝x：16

1：2＝x：16　$2x=16$　$x=8$

(3) 右の図のように平行線を引くと，m∥n より

1：(x－1)

＝1：(1＋3)

$x-1=4$　$x=5$

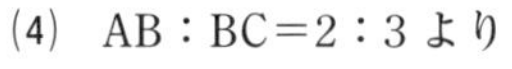

(4) AB：BC＝2：3 より

AC：BC＝5：3　10：BC＝5：3

5BC＝30　BC＝6 (cm)

四角形 BCGF は平行四辺形であるから

FG＝BC＝6 (cm)

FG：GH＝4：5 より

6：GH＝4：5

4GH＝30　$GH=\frac{15}{2}$ (cm)

▶95 25 cm

解説 点 A を通り DC に平行な直線と PQ，BC との交点をそれぞれ R，S とし，BC＝x cm とする。

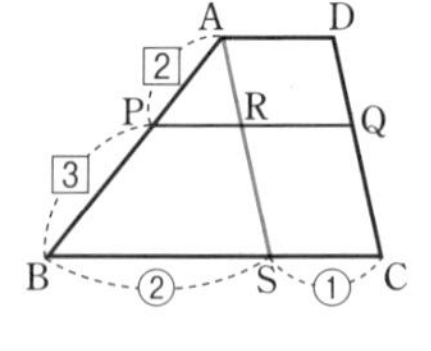

AD：BC＝1：3 より

$AD=RQ=SC=\frac{1}{3}x$，$BS=\frac{2}{3}x$

PR：BS＝AP：AB より

$PR:\frac{2}{3}x=2:5$　　$5PR=\frac{4}{3}x$　　$PR=\frac{4}{15}x$

PR+RQ=PQ より　$\frac{4}{15}x+\frac{1}{3}x=15$

$4x+5x=225$　　$9x=225$　　$x=25$

よって　BC=25 (cm)

96 (1) **$S=9$**

(2) ① **5：2**　② **175：12**

(3) $\frac{3\sqrt{2}}{2}$

(4) ① **7：4**　② $\frac{16}{189}$ **倍**

解説 (1) DE∥BC より，

△ADE∽△ABC で，相似比は

AD：AB=2：3 であるから，面積比は

△ADE：△ABC=$2^2:3^2$

$4:S=4:9$　　よって　$S=9$

(2) ① AD：DB=AE：EC=2：3 より

DE∥BC であるから

BC：DE=AB：AD=5：2

② △DEF の面積を S とする。

BF：FE=BC：DE=5：2 より

BE：FE=7：2　　$\triangle BDE=\frac{7}{2}S$

AB：DB=(2+3)：3=5：3 より

$\triangle ABE=\frac{5}{3}\triangle BDE=\frac{5}{3}\times\frac{7}{2}S=\frac{35}{6}S$

AC：AE=(2+3)：2=5：2 より

$\triangle ABC=\frac{5}{2}\triangle ABE=\frac{5}{2}\times\frac{35}{6}S=\frac{175}{12}S$

よって

$\triangle ABC:\triangle DEF=\frac{175}{12}S:S=175:12$

(3) PQ∥BC より　△APQ∽△ABC

面積比が △APQ：△ABC=1：2 より

相似比は　$AP:AB=\sqrt{1}:\sqrt{2}$

$AP:3=1:\sqrt{2}$　　$\sqrt{2}AP=3$

$AP=\frac{3}{\sqrt{2}}=\frac{3\sqrt{2}}{\sqrt{2}\times\sqrt{2}}=\frac{3\sqrt{2}}{2}$ (cm)

(4) ① △ABC と △BPC は，BC を底辺とすると，面積比は高さの比に等しく，さらに AD：PD に等しいから

AD：PD=△ABC：△BPC

=(1+2+4)：4=7：4

② △ABC の面積を S とし，直線 CP と辺 AB との交点を Q とする。

△ABC：△APB=(1+2+4)：1=7：1

よって　$\triangle APB=\frac{1}{7}S$

AQ：QB=△APC：△BPC

=2：4=1：2

これより

$\triangle PAQ=\frac{1}{3}\triangle APB=\frac{1}{3}\times\frac{1}{7}S=\frac{1}{21}S$

DE∥AQ より　△PDE∽△PAQ

①より，PD：PA=4：3 であるから，

面積比は

$\triangle PDE:\triangle PAQ=4^2:3^2=16:9$

$\triangle PDE=\frac{16}{9}\triangle PAQ=\frac{16}{9}\times\frac{1}{21}S=\frac{16}{189}S$

よって，$\frac{16}{189}$ 倍である。

トップコーチ

<三角形の線分比と面積比>

左下の図で　△ABD：△ACD=BD：DC

右下の図で　△ABE：△ACE=BD：DC

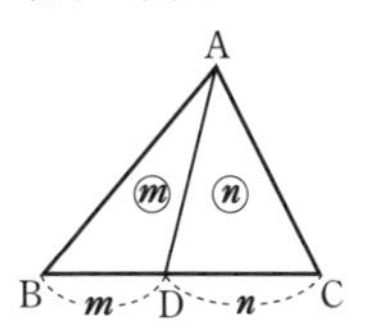

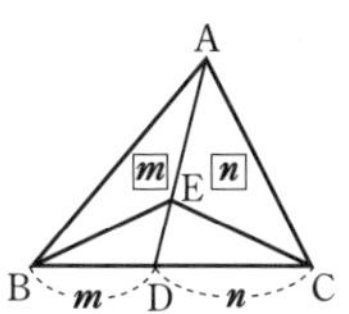

<三角形の面積を 2 等分する直線>

① 右の図で，

BM=CM のとき

△ABM：△ACM

=1：1

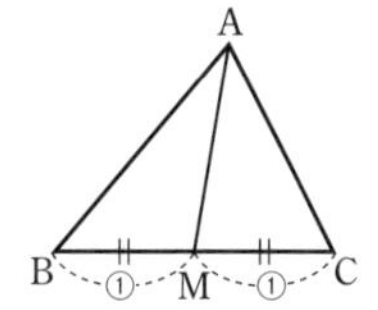

② 右の図で，BM＝CM，
AN∥PM のとき
四角形 ABNP＝△PNC
（座標平面上の図形問題で頻出する形である。）

③ 右の図で，EF∥BC，
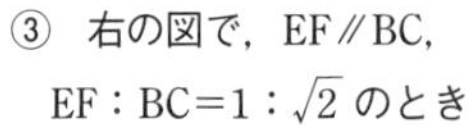
EF：BC＝1：$\sqrt{2}$ のとき
△AEF＝ 四角形 EBCF
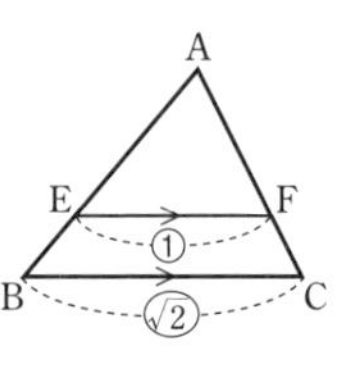

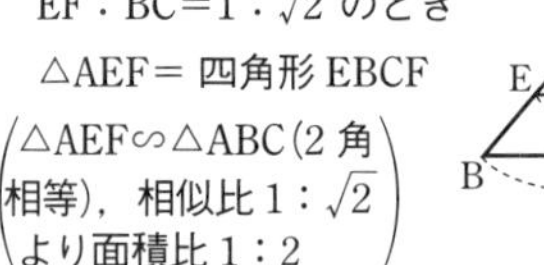
（△AEF∽△ABC（2 角相等），相似比 1：$\sqrt{2}$ より面積比 1：2）

<相似図形の面積比と体積比>
体積が V_1 の三角錐 A-BCD と体積が V_2 の三角錐 E-FGH が相似な立体で，
AB：EF＝m：n のとき

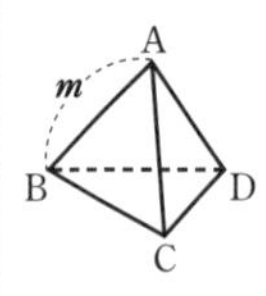

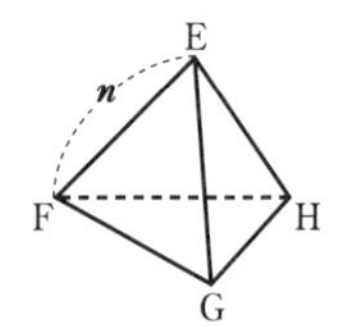

① △BCD：△FGH＝m^2：n^2
（面積比は相似比の 2 乗）
② V_1：V_2＝m^3：n^3
（体積比は相似比の 3 乗）

▶97

(1) ア 4　イ 1　ウ 1　エ 8
(2) オ 2　カ 1　キ 1　ク 2
(3) ケ 1　コ 16

解説 (1) BE′∥DE であるから
AE：E′E＝AD：BD＝4：1　…ア，イ
これより　E′E＝$\frac{1}{4}$AE
AE：EC＝1：2 より　EC＝2AE
よって　E′E：EC＝$\frac{1}{4}$AE：2AE
＝1：8　…ウ，エ
BF：FC＝E′E：EC＝1：8
(2) D′E∥BC であるから
BD′：D′A＝CE：EA＝2：1　…オ，カ
これより　BD′：AB＝2：3
BD′＝$\frac{2}{3}$AB
AB：BD＝3：1 より　BD＝$\frac{1}{3}$AB
DF：FE＝DB：BD′＝$\frac{1}{3}$AB：$\frac{2}{3}$AB
＝1：2　…キ，ク
(3) △FDC の面積を S とすると
BF：FC＝1：8 より
△DBF：△FDC＝1：8 であるから
△DBF＝$\frac{1}{8}S$
DF：FE＝1：2 より
△FDC：△EFC＝1：2 であるから
△EFC＝$2S$
よって　△DBF：△EFC＝$\frac{1}{8}S$：$2S$
＝1：16　…ケ，コ

▶98

(1) **8：3**
(2) ① **3：2**　② **130 cm²**
(3) ① **4：3**　② **$\frac{8}{5}$ cm²**
③ **$\frac{48}{5}$cm²**　④ **15：6：14**

解説 (1) △OCE の面積を S とする。
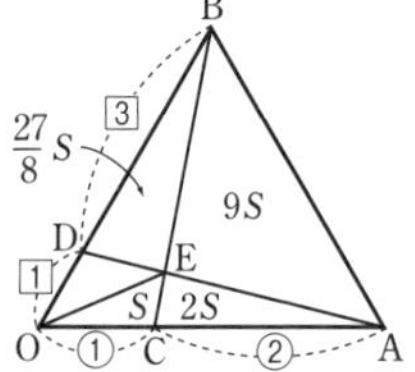

OC：CA＝1：2 より
△OCE：△ACE＝1：2
よって　△ACE＝$2S$
△AOE：△ABE＝OD：DB＝1：3 より
△ABE＝3△AOE＝$3(S+2S)$＝$9S$
△BOE：△ABE＝OC：CA＝1：2 より
△BOE＝$\frac{1}{2}$△ABE＝$\frac{1}{2}\times 9S$＝$\frac{9}{2}S$

$\triangle BDE:\triangle BOE=BD:BO=3:4$ より

$\triangle BDE=\frac{3}{4}\triangle BOE=\frac{3}{4}\times\frac{9}{2}S=\frac{27}{8}S$

よって

$AE:ED=\triangle ABE:\triangle BDE$

$=9S:\frac{27}{8}S=72:27=8:3$

(別解) メネラウスの定理を利用する。

$\frac{AE}{ED}\times\frac{DB}{BO}\times\frac{OC}{CA}=1$ より

$\frac{AE}{ED}\times\frac{3}{4}\times\frac{1}{2}=1$　　$\frac{AE}{ED}=\frac{8}{3}$

よって　$AE:ED=8:3$

(2) ①　$AF:FB=\triangle GCA:\triangle GBC$

$=6:4=3:2$

②　$\triangle GAF:\triangle GAB=AF:AB=3:5$ であるから

$\triangle GAB=\frac{5}{3}\triangle GAF=\frac{5}{3}\times 18=30\ (cm^2)$

$\triangle GAB:\triangle ABC=3:(3+4+6)$

$=3:13$

よって　$\triangle ABC=\frac{13}{3}\triangle GAB=\frac{13}{3}\times 30$

$=130\ (cm^2)$

(3) ①　$\triangle AEF$ の面積を S とする。

$\triangle AEF:\triangle ACF=AE:AC=1:2$ より

$\triangle ACF=2\triangle AEF=2S$

$\triangle BCF:\triangle ACF=BD:DA=2:1$ より

$\triangle BCF=2\triangle ACF=2\times 2S=4S$

$\triangle BAF:\triangle BCF=AE:EC=1:1$ より

$\triangle BAF=\triangle BCF=4S$

$AD:AB=1:3$ であるから

$\triangle ADF=\frac{1}{3}\triangle BAF=\frac{4}{3}S$

よって

$\triangle ADF:\triangle AEF=\frac{4}{3}S:S=4:3$

②　右の図から

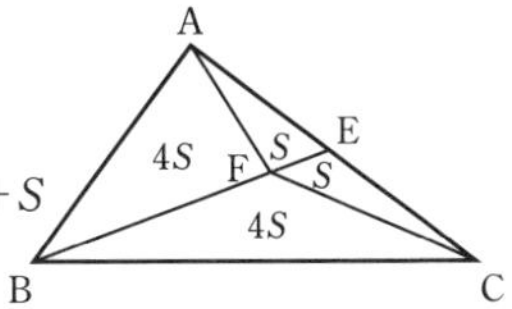

$\triangle ABC$

$=4S+4S+S+S$

$=10S$

また　$\triangle ABC=\frac{1}{2}\times 6\times 8=24\ (cm^2)$

よって　$S=\frac{1}{10}\triangle ABC=\frac{12}{5}\ (cm^2)$

$\triangle BDF=\triangle BAF-\triangle ADF$

$=4S-\frac{4}{3}S=\frac{8}{3}S$

$=\frac{8}{3}\times\frac{12}{5}=\frac{32}{5}\ (cm^2)$

$BD=4cm$，$AE=4cm$ であるから

$\triangle DEF=\triangle BDE-\triangle BDF$

$=\frac{1}{2}\times 6\times 8\times\frac{1}{2}\times\frac{2}{3}-\frac{32}{5}$

$=8-\frac{32}{5}=\frac{8}{5}\ (cm^2)$

③　①より　$\triangle BCF=4S=\frac{48}{5}\ (cm^2)$

④　$AD=2cm$，$AE=4cm$ であるから

$\triangle ADE=\frac{1}{2}\times 2\times 4=4\ (cm^2)$

$\triangle ADE$ と $\triangle DEF$ の面積の比は，DE を底辺と考えると高さの比に等しく，さらに $AG:GF$ に等しい。これより

$AG:GF=\triangle ADE:\triangle DEF$

$=4:\frac{8}{5}=20:8=5:2$

よって　$AG=\frac{5}{7}AF$，$GF=\frac{2}{7}AF$

同様にして

$AH:FH=\triangle ABC:\triangle BCF$

$=24:\frac{48}{5}=5:2$

$AF:FH=3:2$ より　$FH=\frac{2}{3}AF$

以上より

$$AG：GF：FH=\frac{5}{7}AF：\frac{2}{7}AF：\frac{2}{3}AF$$
$$=15：6：14$$

(別解)　チェバの定理を利用する。

$\frac{AD}{DB}\times\frac{BH}{HC}\times\frac{CE}{EA}=1$ より

$\frac{1}{2}\times\frac{BH}{HC}\times\frac{1}{1}=1$

$\frac{BH}{HC}=\frac{2}{1}$　　よって　BH：HC=2：1

以下，メネラウスの定理を利用する。

$\frac{CE}{EA}\times\frac{AF}{FH}\times\frac{HB}{BC}=1$ より

$\frac{1}{1}\times\frac{AF}{FH}\times\frac{2}{3}=1$

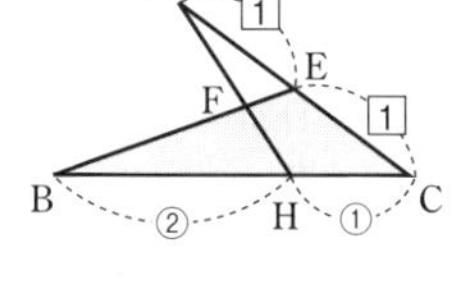

よって

$FH=\frac{2}{3}AF$　…①

$\frac{BH}{HC}\times\frac{CF}{FD}\times\frac{DA}{AB}=1$ より　$\frac{2}{1}\times\frac{CF}{FD}\times\frac{1}{3}=1$

$\frac{CF}{FD}=\frac{3}{2}$

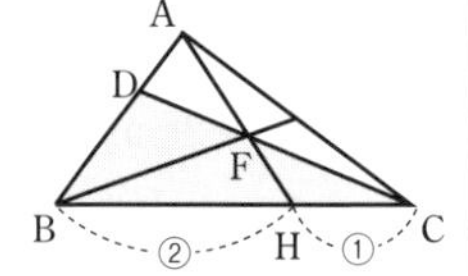

よって

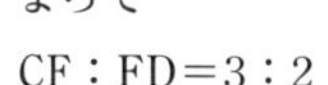

CF：FD=3：2

$\frac{CE}{EA}\times\frac{AG}{GF}\times\frac{FD}{DC}=1$ より

$\frac{1}{1}\times\frac{AG}{GF}\times\frac{2}{5}=1$

$\frac{AG}{GF}=\frac{5}{2}$

AG：GF=5：2

よって

$AG=\frac{5}{7}AF$，$GF=\frac{2}{7}AF$　…②

①，②より

$$AG：GF：FH=\frac{5}{7}AF：\frac{2}{7}AF：\frac{2}{3}AF$$
$$=15：6：14$$

トップコーチ

<メネラウスの定理>

右の図で，

$\frac{AF}{FB}\times\frac{BC}{CD}\times\frac{DG}{GA}=1$

が成り立つ。

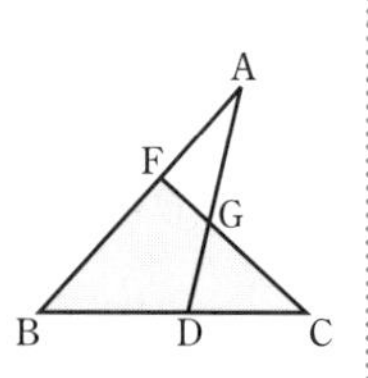

<チェバの定理>

右の図で，

$\frac{AF}{FB}\times\frac{BD}{DC}\times\frac{CE}{EA}=1$

が成り立つ。

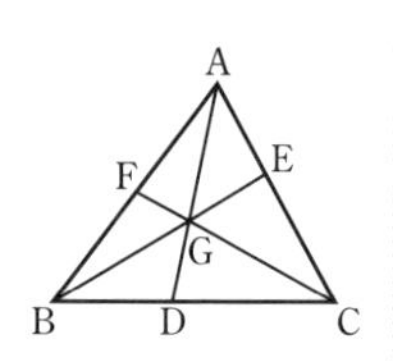

▶99

(1)　**1：6**　　(2)　$\frac{5}{12}$**倍**

(3)　①　**2：3**　　②　$\frac{25}{3}$**倍**　　③　**4：9**

(4)　①　AE∥BC より

AP：CP=AE：CB=1：3

AP：AC=1：4 より　$AP=\frac{1}{4}AC$

M は AC の中点であるから　$AM=\frac{1}{2}AC$

$PM=AM-AP=\frac{1}{2}AC-\frac{1}{4}AC=\frac{1}{4}AC$

よって　AP=PM

②　$\frac{2}{5}a$

解説　(1)　AB∥EC であるから

AF：CF=AB：CE=2：1

$\triangle AFE=\frac{2}{3}\triangle ACE=\frac{2}{3}\times\frac{1}{2}\triangle ACD$

$=\frac{1}{3}\times\frac{1}{2}▱ABCD=\frac{1}{6}▱ABCD$

よって　△AFE：▱ABCD=1：6

(2) 対角線 BD と AF, EF, EC の交点をそれぞれ P, O, Q とする。
F, O はそれぞれ BC, BD の中点であるから，中点連結定理により

$FO /\!/ CD /\!/ AB$, $FO=\frac{1}{2}CD=\frac{1}{2}AB$

これより，$\triangle OFP \backsim \triangle BAP$ となり
$FP:AP=OF:BA=OP:BP=1:2$
平行四辺形 ABCD の面積を S とすると

$\triangle ABP=\frac{2}{3}\triangle ABF=\frac{2}{3}\times\frac{1}{2}\triangle ABC$

$=\frac{1}{3}\times\frac{1}{2}S=\frac{1}{6}S$

$\triangle OFP=\frac{1}{2}\triangle BFP=\frac{1}{2}\times\frac{1}{2}\triangle ABP$

$=\frac{1}{4}\times\frac{1}{6}S=\frac{1}{24}S$

$\triangle ABP\equiv\triangle CDQ$, $\triangle OFP\equiv\triangle OEQ$ であるから，かげの部分の面積の和は

$\frac{1}{6}S\times 2+\frac{1}{24}S\times 2=\frac{1}{3}S+\frac{1}{12}S=\frac{5}{12}S$

よって，$\frac{5}{12}$倍である。

(3) ① $AD /\!/ BC$ より，$\triangle QAD \backsim \triangle QCB$ となるから
$AQ:CQ=AD:CB$
よって　$AQ:QC=2:3$

② $AE=BF$, $DE=BC$ より，
$AD=CF$ となるから
$BC:CF=BC:AD=3:2$
平行四辺形 $ABFE=2\triangle ABF$

$=2\times\frac{5}{3}\triangle ABC=\frac{10}{3}\times\frac{5}{2}\triangle ABQ$

$=\frac{25}{3}\triangle ABQ$

よって，$\frac{25}{3}$倍である。

③ 直線 MN と直線 BF との交点を G とする。

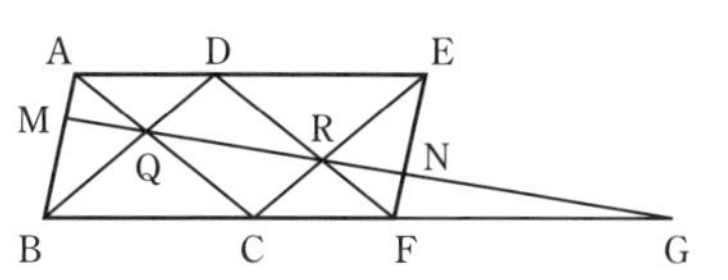

$AD /\!/ CF$, $AD=CF$ より，四角形 ACFD は平行四辺形である。同様にして，四角形 DBCE も平行四辺形である。
$DQ /\!/ RC$, $DR /\!/ QC$ より，四角形 DQCR も平行四辺形となり　$DR=QC$
$\triangle AMQ$ と $\triangle FNR$ において
$AQ=AC-QC=DF-DR=FR$
$\angle AQM=\angle CQR=\angle DRQ=\angle FRN$
$AB /\!/ FE$ より　$\angle AMQ=\angle FNR$
これより，$\angle MAQ=\angle NFR$ となる。
よって，1 組の辺とその両端の角がそれぞれ等しいから　$\triangle AMQ\equiv\triangle FNR$
よって　$AM=FN$　…㋐
$DE /\!/ CF$ より，$\triangle RDE \backsim \triangle RFC$ となるから　$DR:FR=DE:FC=3:2$
$QC /\!/ RF$ より，$\triangle GQC \backsim \triangle GRF$ だから
$GC:GF=QC:RF=DR:RF=3:2$
よって　$GF:FC=2:1$

$FC=\frac{2}{5}BF$ より　$GF=2FC=\frac{4}{5}BF$

$BG=BF+GF=BF+\frac{4}{5}BF=\frac{9}{5}BF$

$NF /\!/ MB$ より，$\triangle GNF \backsim \triangle GMB$ となるから，㋐より
$AM:MB=NF:MB=FG:BG$

$=\frac{4}{5}BF:\frac{9}{5}BF=4:9$

(別解) 直線 AC と直線 EF との交点を G とする。

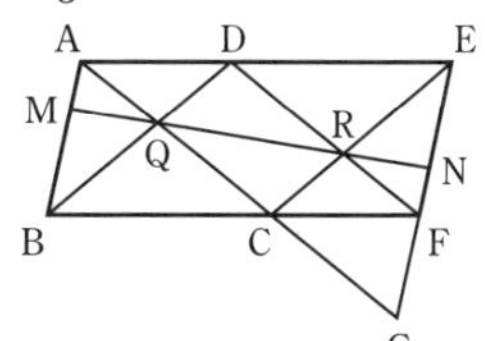

③と同様にして，㋐を得る。

AB∥EF より，△ABN＝△ABF であるから，△ABN の面積は平行四辺形 ABFE の面積の$\frac{1}{2}$となる。②より

$\triangle ABN=\frac{1}{2}\times\frac{25}{3}\triangle ABQ=\frac{25}{6}\triangle ABQ$

よって　$MQ:MN=1:\frac{25}{6}=6:25$

MQ：QN＝6：(25－6)＝6：19

AM∥GN より　△AMQ∽△GNQ

AM＝x とおくと

AM：GN＝MQ：NQ＝6：19 より

$6GN=19x$　　$GN=\frac{19}{6}x$

㋐より，FN＝AM＝x であるから

$GF=GN-FN=\frac{19}{6}x-x=\frac{13}{6}x$

DF∥AG であるから

EF：FG＝ED：DA＝3：2

$EF=\frac{3}{2}FG=\frac{3}{2}\times\frac{13}{6}x=\frac{13}{4}x$

AB＝EF より

$MB=AB-AM=\frac{13}{4}x-x=\frac{9}{4}x$

よって　$AM:MB=x:\frac{9}{4}x=4:9$

(4)　②　①より　△PBA＝△PBM

よって　△ABM＝$2a$

△ABM≡△CDM より　△CDM＝$2a$

ED∥BC より　△QED∽△QCB

QD：QB＝ED：CB＝2：3

QD：BD＝2：5 より　$QD=\frac{2}{5}BD$

M は BD の中点より　$MD=\frac{1}{2}BD$

$MQ=MD-QD=\frac{1}{2}BD-\frac{2}{5}BD=\frac{1}{10}BD$

よって

$MQ:MD=\frac{1}{10}BD:\frac{1}{2}BD=1:5$

$\triangle QMC=\frac{1}{5}\triangle CDM=\frac{2}{5}a$

▶100

(1)　**$\frac{7}{2}$倍**

(2)　①　△FDH と △FBC において

対頂角は等しいから

∠DFH＝∠BFC

AD∥BC より，錯角は等しいから

∠FDH＝∠FBC

2 組の角がそれぞれ等しいから

△FDH∽△FBC

②　**6 cm**

③　**4：3（求める過程は解説を参照）**

(3)　①　**2：3**　　②　**$\frac{24}{5}$ cm**

③　**20 cm²**　　④　**6 cm²**

解説　(1)　AD∥BC より

△ABD＝△ACD

AE∥DC より　△ACD＝△ECD

EC∥BD より　△ECD＝△ECB

よって　△ABD＝△ECB

台形 ABCD の高さを h とすると

$\triangle DBC=\frac{1}{2}\times BC\times h=\frac{1}{2}\times\frac{5}{2}\times AD\times h$

$=\frac{5}{2}\times\frac{1}{2}\times AD\times h=\frac{5}{2}\triangle ABD$

四角形 BECD＝△ECB＋△DBC

$=\triangle ABD+\frac{5}{2}\triangle ABD=\frac{7}{2}\triangle ABD$

よって，$\frac{7}{2}$倍である。

(2)　②　①と同様にして　△EAD∽△ECB

AE：CE＝AD：CB＝8：12＝2：3

AE：AC＝2：5 となるから

5AE＝2AC

$AE=\frac{2}{5}AC=\frac{2}{5}\times 15=6$ (cm)

③　$BG:GE=1:2$ より

$BE:GE=3:2$

よって　$\triangle ABE:\triangle AGE=3:2$

$\triangle AGE=\frac{2}{3}\triangle ABE$

また，F は線分 DE の中点であるから

$\triangle CFE=\frac{1}{2}\triangle CDE$

$AD /\!/ BC$ より　$\triangle ABC=\triangle DBC$

両辺から $\triangle EBC$ の面積を引いて

$\triangle ABE=\triangle CDE$　　これより

$\triangle AGE:\triangle CFE=\frac{2}{3}\triangle ABE:\frac{1}{2}\triangle CDE$

$=4:3$

(3)　①　$AD /\!/ FE /\!/ BC$ より

$AF:FB=AE:EC$

$=AD:BC=4:6=2:3$

②　$FE:BC=AE:AC=2:5$ より

$FE:6=2:5$　　$5FE=12$

$FE=\frac{12}{5}$ (cm)

$EG:AD=CE:CA=3:5$ より

$EG:4=3:5$　　$5EG=12$

$EG=\frac{12}{5}$ (cm)

$FG=FE+EG=\frac{12}{5}+\frac{12}{5}=\frac{24}{5}$ (cm)

③　右の図で

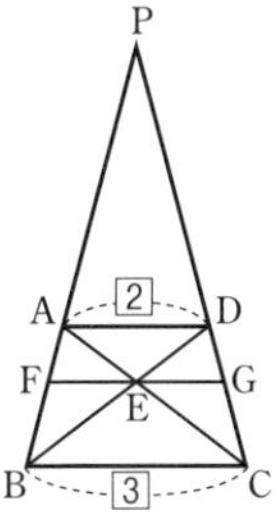

$\triangle PAD \backsim \triangle PBC$

であり，相似比は

$AD:BC=4:6$

$=2:3$

であるから，面積比は

$\triangle PAD:\triangle PBC=2^2:3^2$

$=4:9$

$\triangle PAD$：台形 $ABCD=4:(9-4)$

$=4:5$

$\triangle PAD:25=4:5$

$5\triangle PAD=100$　　$\triangle PAD=20$ (cm²)

④　$\triangle PAD:\triangle ACD=PD:DC=2:1$

であるから

$20:\triangle ACD=2:1$

$2\triangle ACD=20$　　$\triangle ACD=10$ (cm²)

$DC:GC=AC:EC=5:3$ より

$\triangle ACD:\triangle ACG=5:3$

$10:\triangle ACG=5:3$

$5\triangle ACG=30$　　$\triangle ACG=6$ (cm²)

▸101

(1)　①　**4 : 3**　　②　**7 : 3**

③　**13 : 70**

(2)　①　**2 : 1**　　②　**2 : 3**

③　$\mathbf{\frac{55}{6}}$ **cm²**

解説　(1)　①　$AB /\!/ FC$ より

$\triangle GAB \backsim \triangle GCF$

$AG:CG=AB:CF=DC:CF$

よって　$AG:GC=4:3$

②　①より　$BG:GF=AG:GC=4:3$

よって　$BG=\frac{4}{7}BF$

$EB /\!/ FC$ より　$\triangle HEB \backsim \triangle HCF$

$BH:FH=BE:FC$

$=\frac{1}{2}AB:\frac{3}{4}DC=2:3$

$BH:BF=2:5$ より　$BH=\frac{2}{5}BF$

$BH:BG=\frac{2}{5}BF:\frac{4}{7}BF=7:10$

よって　$BH:HG=7:3$

③　正方形 ABCD の面積を S とする。

$\triangle CHG=\frac{3}{10}\triangle BCG=\frac{3}{10}\times\frac{4}{7}\triangle BCF$

$=\frac{6}{35}\times\frac{3}{4}\triangle BCD=\frac{9}{70}\times\frac{1}{2}S=\frac{9}{140}S$

$\triangle AEC=\frac{1}{2}\triangle ABC=\frac{1}{2}\times\frac{1}{2}S=\frac{1}{4}S$

よって

四角形 AEHG＝△AEC－△CHG

$=\frac{1}{4}S-\frac{9}{140}S=\frac{35}{140}S-\frac{9}{140}S$

$=\frac{26}{140}S=\frac{13}{70}S$

これより

四角形 AEHG：正方形 ABCD＝13：70

(2) ① AB∥DF より　△RAB∽△RFD

AR：FR＝AB：FD＝DC：FD

F は CD の中点であるから

AR：RF＝2：1

② AF と GE との交点を M とすると

GM∥DF より　△AMG∽△AFD

GM：DF＝AG：AD＝1：2 より

$\mathrm{GM}=\frac{1}{2}\mathrm{DF}=\frac{1}{2}\times\frac{1}{2}\mathrm{DC}=\frac{1}{4}\mathrm{AB}$

△SAB∽△SMG より

AS：MS＝AB：MG

$=\mathrm{AB}:\frac{1}{4}\mathrm{AB}$

＝4：1

M は AF の中点であるから

AS：SM：MF＝4：1：5

よって

AS：SF＝4：6＝2：3

③ △AEF＝正方形 ABCD－△ABE

－△ADF－△CEF

$=10\times10-\frac{1}{2}\times5\times10-\frac{1}{2}\times10\times5$

$-\frac{1}{2}\times5\times5$

$=100-25-25-\frac{25}{2}$

$=\frac{75}{2}$ (cm²)

①と同様にして　AQ：QE＝2：1

$\triangle\mathrm{AQR}=\frac{2}{3}\triangle\mathrm{AQF}=\frac{2}{3}\times\frac{2}{3}\triangle\mathrm{AEF}$

$=\frac{4}{9}\triangle\mathrm{AEF}$

P は長方形 ABEG の対角線の交点であるから　AP：AE＝1：2

$\triangle\mathrm{APS}=\frac{1}{2}\triangle\mathrm{AES}=\frac{1}{2}\times\frac{2}{5}\triangle\mathrm{AEF}$

$=\frac{1}{5}\triangle\mathrm{AEF}$

よって

四角形 PQRS＝△AQR－△APS

$=\frac{4}{9}\triangle\mathrm{AEF}-\frac{1}{5}\triangle\mathrm{AEF}=\frac{11}{45}\triangle\mathrm{AEF}$

$=\frac{11}{45}\times\frac{75}{2}=\frac{11}{3}\times\frac{5}{2}=\frac{55}{6}$ (cm²)

102

(1) ① **100π cm²**　② **19：74**

(2) ① **15：64**　② **15：128**

解説 (1) ① $361\pi=19^2\pi$ より，底面の半径は 19cm となる。

$169\pi=13^2\pi$ より，断面の円の半径は 13cm となる。

上の面の半径を x cm とすると

$(19-x):(13-x)=(7+14):7=3:1$

$19-x=3(13-x)$　　$19-x=39-3x$

$2x=20$　　$x=10$

よって，上の面の面積は

$\pi\times10^2=100\pi$ (cm²)

② 母線を延長して円錐をつくる。底面の円の半径が 10cm，13cm，19cm の円錐の体積をそれぞれ V_1，V_2，V_3 とすると

$V_1:V_2:V_3=10^3:13^3:19^3$

＝1000：2197：6859

求める円錐台の体積の比は

$(V_2-V_1):(V_3-V_2)$
$=(2197-1000):(6859-2197)$
$=1197:4662=19:74$

(2) ①

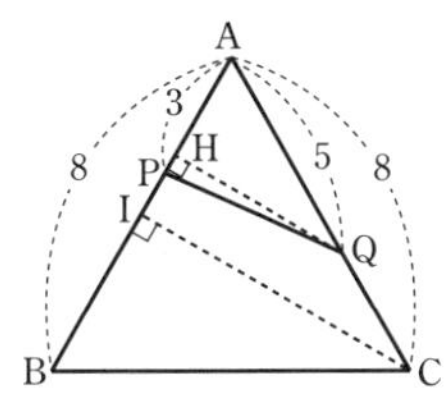

図のように2点Q，Cから
ABに垂線QH，CIを引く。
△AQH∽△ACI
QH：CI＝AQ：AC

$\triangle APQ=AP\times QH\times\frac{1}{2}$

$\triangle ABC=AB\times CI\times\frac{1}{2}$

よって
　△APQ：△ABC
＝AP×AQ：AB×AC
が成り立つ。
　△APQ：△ABC
＝3×5：8×8
＝15：64

②

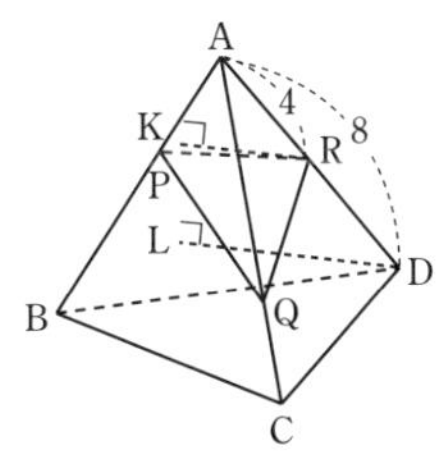

図のように2点R，Dから
△ABC平面に垂線RK，DLを引く。
△ARK∽△ADL
RK：DL＝AR：AD

$(A\text{-}PQR)=\triangle APQ\times RK\times\frac{1}{3}$

$(A\text{-}BCD)=\triangle ABC\times DL\times\frac{1}{3}$

よって
　(A-PQR)：(A-BCD)
＝△APQ×AR：△ABC×AD
＝AP×AQ×AR：AB×AC×AD
が成り立つ。
　(A-PQR)：(A-BCD)
＝3×5×4：8×8×8
＝15×1：64×2
＝15：128

▶103 (1) ① **30**　② $\boldsymbol{y=-3x+15}$

③ $\boldsymbol{y=x-2}$ と $\boldsymbol{y=\frac{1}{3}x+\frac{10}{3}}$

(2) ① **50**　② $\boldsymbol{x=-\frac{2}{3}k+6}$

③ $\boldsymbol{k=\frac{3}{2}}$

(3) ① $\boldsymbol{(1-a,\ (1-a)^2)}$　② **50**

③ $\boldsymbol{a=-5}$

解説 (1) ① 点Aを通りx軸に平行な直線と直線BCとの交点をDとすると，D(8, 9)で，AD＝8－2＝6である。

台形OCDA$=\frac{1}{2}(6+8)\times9=63$

$\triangle OBC=\frac{1}{2}\times8\times6=24$

$\triangle ABD=\frac{1}{2}\times6\times(9-6)=9$

よって　△OAB＝63－24－9＝30

② 線分OBの中点の座標は(4, 3)である。この点と点Aを通る直線の式を$y=ax+b$とおくと

$$\begin{cases}4a+b=3\\2a+b=9\end{cases}$$

これより　$a=-3$，$b=15$
よって，求める直線の式は
$y=-3x+15$

③ 四角形 OABC の面積は

$\triangle OAB + \triangle OBC = 30 + 24 = 54$

3 等分すると　$54 \div 3 = 18$

線分 OC 上に，$\triangle PBC = 18$ となる点 P をとると

$\triangle OPB = \triangle OBC - \triangle PBC$

$= 24 - 18 = 6$

$\frac{1}{2} \times OP \times 6 = 6$ より　$OP = 2$

2 点 P(2, 0)，B(8, 6) を通る直線の式を $y = mx + n$ とおくと

$\begin{cases} 2m + n = 0 \\ 8m + n = 6 \end{cases}$

これより　$m = 1$，$n = -2$

よって　$y = x - 2$

また，線分 OA 上に，$\triangle ABQ = 18$ となる点 Q をとると

$\triangle OBQ = \triangle OAB - \triangle ABQ$

$= 30 - 18 = 12$

$OQ : OA = \triangle OBQ : \triangle OAB$

$= 12 : 30 = 2 : 5$

よって　$OQ = \frac{2}{5}OA$

$2 \times \frac{2}{5} = \frac{4}{5}$，$9 \times \frac{2}{5} = \frac{18}{5}$ より，点 Q の座標は $\left(\frac{4}{5}, \frac{18}{5}\right)$ となる。

2 点 $Q\left(\frac{4}{5}, \frac{18}{5}\right)$，B(8, 6) を通る直線の式を $y = px + q$ とおくと

$\begin{cases} \frac{4}{5}p + q = \frac{18}{5} \\ 8p + q = 6 \end{cases}$

これより　$p = \frac{1}{3}$，$q = \frac{10}{3}$

よって　$y = \frac{1}{3}x + \frac{10}{3}$

以上より，求める直線の式は

$y = x - 2$ と $y = \frac{1}{3}x + \frac{10}{3}$

(2) ① 右の図で

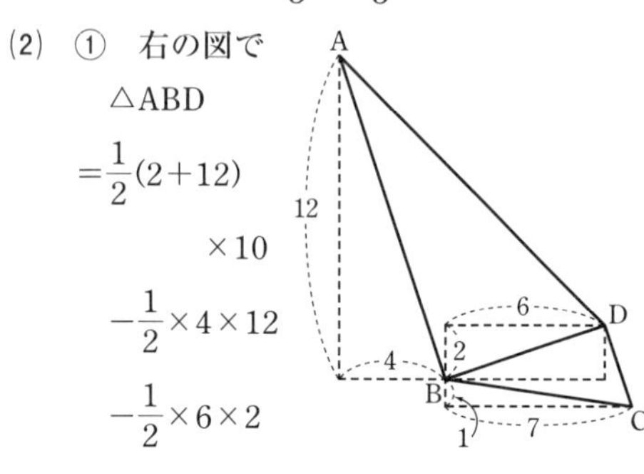

$\triangle ABD$

$= \frac{1}{2}(2 + 12) \times 10 - \frac{1}{2} \times 4 \times 12 - \frac{1}{2} \times 6 \times 2$

$= 70 - 24 - 6 = 40$

$\triangle BCD = \frac{1}{2}(6 + 7) \times 3 - \frac{1}{2} \times 6 \times 2 - \frac{1}{2} \times 7 \times 1$

$= \frac{39}{2} - 6 - \frac{7}{2} = \frac{20}{2} = 10$

よって　四角形 $ABCD = 40 + 10 = 50$

② 直線 AD の式を $y = ax + b$ とおくと

$\begin{cases} -2a + b = 11 \\ 8a + b = 1 \end{cases}$

これより　$a = -1$，$b = 9$

よって　$y = -x + 9$

これと $y = \frac{1}{2}x + k$ から y を消去して

$-x + 9 = \frac{1}{2}x + k$

$-2x + 18 = x + 2k$　　$-3x = 2k - 18$

よって　$x = -\frac{2}{3}k + 6$

③ $50 - 29 = 21$ より，ℓ より上側の面積は 21 である。ℓ と AB，AD との交点をそれぞれ P，Q とすると，②より，点 Q の x 座標は $-\frac{2}{3}k + 6$ である。

直線 AB の式を $y = mx + n$ とおくと

$\begin{cases} -2m + n = 11 \\ 2m + n = -1 \end{cases}$

これより　$m=-3,\ n=5$

よって　$y=-3x+5$

これと $y=\frac{1}{2}x+k$ から y を消去して

$-3x+5=\frac{1}{2}x+k$　　$-6x+10=x+2k$

$-7x=2k-10$　　$x=-\frac{2k-10}{7}$

よって，点 P の x 座標は　$-\frac{2k-10}{7}$

x 座標で考えて

$\frac{AP}{AB}=\left\{-\frac{2k-10}{7}-(-2)\right\}\times\frac{1}{4}$

$=\frac{-2k+10+14}{7}\times\frac{1}{4}=\frac{-k+12}{14}$

$\frac{AQ}{AD}=\left\{-\frac{2}{3}k+6-(-2)\right\}\times\frac{1}{10}$

$=\frac{-2k+24}{3}\times\frac{1}{10}=\frac{-k+12}{15}$

$\triangle APQ=\frac{AP}{AB}\times\frac{AQ}{AD}\times\triangle ABD$ より

$21=\frac{-k+12}{14}\times\frac{-k+12}{15}\times40$

$(k-12)^2=\frac{21\times14\times15}{40}=\frac{21\times7\times3}{4}=\frac{21^2}{2^2}$

$k-12=\pm\frac{21}{2}$　　$k=12\pm\frac{21}{2}$

よって　$k=\frac{45}{2},\ \frac{3}{2}$

ℓ が A を通るとき　$k=12$

ℓ が B を通るとき　$k=-2$

$-2\leqq k\leqq12$ より　$k=\frac{3}{2}$

(3)　①　AB∥CD より，直線 CD と直線 AB の傾きは等しいから，点 D の x 座標を p とおくと

$\frac{p^2-a^2}{p-a}=\frac{4-1}{2-(-1)}$

$\frac{(p+a)(p-a)}{p-a}=1$　　$p+a=1$

よって，$p=1-a$ であるから

$D(1-a,\ (1-a)^2)$

②　①より，傾きは 1 であるから，直線 AB の式を $y=x+b$ とおくと

$4=2+b$ より　$b=2$

よって　$y=x+2$

直線 CD の式を $y=x+c$ とおくと

$a^2=a+c$ より　$c=a^2-a$

よって　$y=x+a^2-a$

$a=-3$ のとき　$C(-3,\ 9),\ D(4,\ 16)$

直線 AB，CD と y 軸との交点 E，F の座標は，それぞれ

$E(0,\ 2),\ F(0,\ 12)$ となる。

四角形 ABDC

$=\triangle AEF+\triangle ACF+\triangle BEF+\triangle BDF$

$=\triangle AEF+\triangle CEF+\triangle BEF+\triangle DEF$

$=\frac{1}{2}\times(12-2)\times(1+3+2+4)=50$

③　四角形 ACFE $=\triangle AEF+\triangle ACF$

$=\triangle AEF+\triangle CEF$

$=\frac{1}{2}(1-a)EF$

四角形 BDFE $=\triangle BEF+\triangle BDF$

$=\triangle BEF+\triangle DEF$

$=\frac{1}{2}(2+1-a)EF$

$=\frac{1}{2}(3-a)EF$

四角形 ACFE：四角形 BDFE＝3：4

であるから

$\frac{1}{2}(1-a)EF:\frac{1}{2}(3-a)EF=3:4$

$(1-a):(3-a)=3:4$

$3(3-a)=4(1-a)$

$9-3a=4-4a$　　$a=-5$

104 (1) ① $4(4-x)$　② x^2
③ 2 cm
(2) ① $5-\sqrt{13}$
② $\dfrac{3\sqrt{13}-8}{7}$ 倍

解説 (1) ① △APD：△ABD
＝AP：AB＝$(4-x)$：4
△APD：(32÷2)＝$(4-x)$：4
4△APD＝$16(4-x)$
よって　△APD＝$4(4-x)$
② PQ∥AC より　△PBQ∽△ABC
相似比は　BP：BA＝x：4
面積比は　△PBQ：△ABC＝x^2：4^2
△PBQ：16＝x^2：16
よって　△PBQ＝x^2
③ PQ∥AC より
BC：QC＝BA：PA＝4：$(4-x)$
△DBC：△DQC＝BC：QC より
16：△DQC＝4：$(4-x)$
4△DQC＝$16(4-x)$
△DQC＝$4(4-x)$
△PQD＝32－△APD－△PBQ－△DQC
＝$32-4(4-x)-x^2-4(4-x)$
＝$8x-x^2$
よって　$12=8x-x^2$
$x^2-8x+12=0$　　$(x-2)(x-6)=0$
$x=2,\ 6$
$0<x<4$ より　$x=2$ (cm)
(2) ① PC を底辺としたときの △PCQ の高さを a，AD を底辺としたときの △QDA の高さを b とすると，BP を底辺としたときの △ABP の高さは $a+b$ となる。BP＝x とおく。
△ABP＝△PCQ より
$\dfrac{1}{2}x(a+b)=\dfrac{1}{2}(4-x)a$
$ax+bx=4a-ax$
$2ax+bx=4a$　…㋐
△PCQ＝△QDA より
$\dfrac{1}{2}(4-x)a=\dfrac{1}{2}\times 3b$
$b=\dfrac{1}{3}a(4-x)$　…㋑
㋑を㋐に代入して
$2ax+\dfrac{1}{3}ax(4-x)=4a$
$a>0$ より両辺を 3 倍して a で割ると
$6x+x(4-x)=12$
$6x+4x-x^2=12$　　$x^2-10x+12=0$
$x=\dfrac{-(-5)\pm\sqrt{(-5)^2-1\times 12}}{1}$
$=5\pm\sqrt{13}$
$0<x<4$ より　BP＝$x=5-\sqrt{13}$
② 台形 ABCD の面積を S とすると
△ABC：△ACD＝4：3 より
△ABC：S＝4：7
△ABC＝$\dfrac{4}{7}S$
△ABP＝$\dfrac{x}{4}$△ABC＝$\dfrac{x}{4}\times\dfrac{4}{7}S=\dfrac{x}{7}S$
△APQ＝S－3△ABP
$=S-\dfrac{3x}{7}S=\left(1-\dfrac{3x}{7}\right)S$
$=\dfrac{7-3(5-\sqrt{13})}{7}S=\dfrac{3\sqrt{13}-8}{7}S$
よって，$\dfrac{3\sqrt{13}-8}{7}$ 倍である。

105 (1) $\dfrac{5}{3}$　(2) $\dfrac{4}{13}$

解説 (1) 右の図で
△BCF：△BAF
＝CE：EA
＝3：1

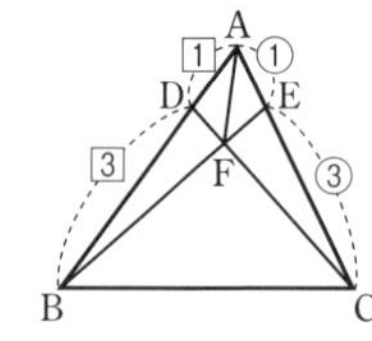

よって　$\triangle BAF=\frac{1}{3}\triangle BCF$

$\triangle BCF : \triangle ACF=BD : DA=3 : 1$

よって　$\triangle ACF=\frac{1}{3}\triangle BCF$

$\triangle ABC=\triangle BCF+\triangle BAF+\triangle ACF$

$=\triangle BCF+\frac{1}{3}\triangle BCF+\frac{1}{3}\triangle BCF$

$=\frac{5}{3}\triangle BCF$

よって，$\frac{5}{3}$倍である。

(2)

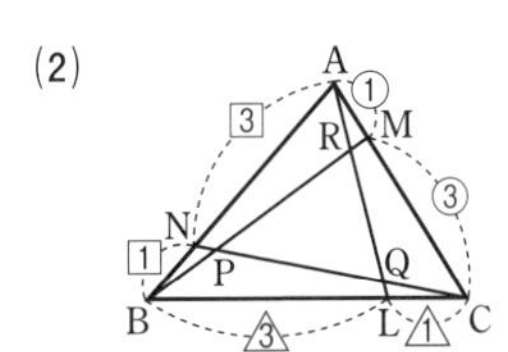

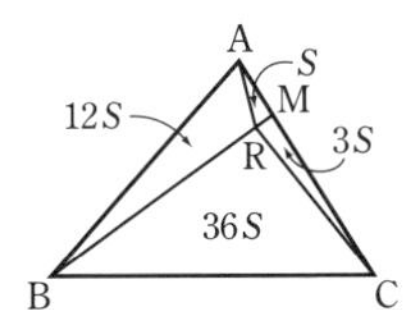

$\triangle AMR$の面積をSとする。

$\triangle AMR : \triangle ACR=AM : AC=1 : 4$

これより　$\triangle ACR=4S$

$\triangle ABR : \triangle ACR=BL : LC=3 : 1$

これより　$\triangle ABR=3\triangle ACR=12S$

$\triangle BCR : \triangle ABR=CM : MA=3 : 1$

これより　$\triangle BCR=3\triangle ABR=36S$

$\triangle ABC=\triangle ACR+\triangle ABR+\triangle BCR$

$=4S+12S+36S=52S$

$\triangle ABR : \triangle ABC=12S : 52S=3 : 13$

よって　$\triangle ABR=\frac{3}{13}\triangle ABC$

同様にして，$\triangle BCP=\triangle CAQ=\frac{3}{13}\triangle ABC$

となるから

$\triangle PQR=\triangle ABC-3\times\frac{3}{13}\triangle ABC$

$=\left(1-\frac{9}{13}\right)\triangle ABC=\frac{4}{13}\triangle ABC$

よって，$\frac{4}{13}$倍である。

第6回　実力テスト

1　(1)　$\triangle HDA$と$\triangle HGE$において

対頂角は等しいから　$\angle AHD=\angle EHG$

$AD /\!/ BC$より，錯角は等しいから

$\angle HAD=\angle HEG$

2組の角がそれぞれ等しいから

$\triangle HDA \backsim \triangle HGE$

(2)　**6 : 7**

解説　(1)　$\triangle FAD \backsim \triangle FBG$，

$\triangle FGB \backsim \triangle DGC$を示してもよい。

(2)　$\triangle FAD \backsim \triangle FBG$より

$AD : BG=AF : BF$　　$8 : BG=6 : (10-6)$

$6BG=32$　　$BG=\frac{16}{3}$ (cm)

$GE=BG+BE=\frac{16}{3}+4=\frac{28}{3}$ (cm)

$\triangle HDA \backsim \triangle HGE$より

$AH : EH=DA : GE$　　$AH : EH=8 : \frac{28}{3}$

よって　$AH : HE=6 : 7$

2　(1)　**6 cm**　　(2)　**8 cm**

(3)　$\mathbf{\frac{24}{7}}$　　(4)　**3 : 5**

解説　(1)　$\triangle AED$と$\triangle ABC$において

$AE : AB=5 : (4+6)=5 : 10=1 : 2$

$AD : AC=4 : (5+3)=4 : 8=1 : 2$

よって　$AE : AB=AD : AC$

また　$\angle EAD=\angle BAC$（共通）

2組の辺の比とその間の角がそれぞれ等しいから　$\triangle AED \backsim \triangle ABC$

$DE : CB=AE : AB=1 : 2$より

$DE : 12=1 : 2$　　$2DE=12$

よって　$DE=6$ (cm)

(2) △ANM と △ABC において

∠NAM＝∠BAC（共通）

仮定より　∠AMN＝∠ACB

2組の角がそれぞれ等しいから

△ANM∽△ABC

AN：AB＝AM：AC より

AN：12＝(12÷2)：9＝6：9

AN：12＝2：3　　3AN＝24

よって　AN＝8 (cm)

(3) AB∥DC より　△PAB∽△PCD

AP：CP＝AB：CD＝6：8＝3：4

CA：CP＝7：4

AB∥PH より　△CAB∽△CPH

AB：PH＝CA：CP＝7：4

6：PH＝7：4　　7PH＝24

よって　PH＝$\frac{24}{7}$

(4) 点 F を通り，AD に平行な直線と AB，AE との交点をそれぞれ P，Q とする。

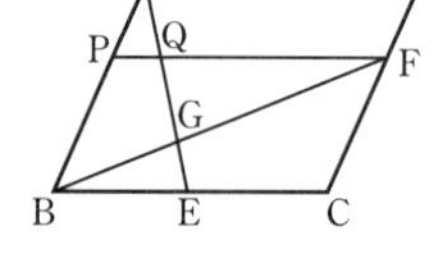

PQ∥BE より　△APQ∽△ABE

PQ：BE＝AP：AB＝DF：DC＝1：3

3PQ＝BE より　PQ＝$\frac{1}{3}$BE

このとき，PF＝BC＝2BE より

QF＝PF－PQ＝2BE－$\frac{1}{3}$BE＝$\frac{5}{3}$BE

BE∥QF より　△GBE∽△GFQ

BG：FG＝BE：FQ

＝BE：$\frac{5}{3}$BE

＝3：5

よって　BG：GF＝3：5

3　$\frac{12}{7}$倍

解説　△FBC の面積を S とする。

△FBA：△FBC＝AE：EC より

△FBA：S＝2：1

△FBA＝2S

よって　△ADF＝$\frac{3}{7}$△FBA＝$\frac{6}{7}S$

△FAC：△FBC＝AD：DB より

△FAC：S＝3：4

4△FAC＝3S

△FAC＝$\frac{3}{4}S$

よって　△AEF＝$\frac{2}{3}$△FAC＝$\frac{1}{2}S$

△ADF：△AEF＝$\frac{6}{7}S$：$\frac{1}{2}S$＝12：7

これより　△ADF＝$\frac{12}{7}$△AEF

よって，$\frac{12}{7}$倍である。

4　(1) **8：1**　(2) **2：45**

解説　(1) 対角線 AC の中点を M とすると，E は CD の中点であるから，中点連結定理により

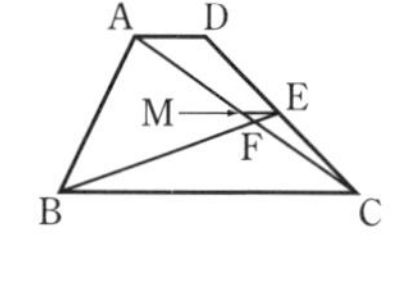

ME∥AD，ME＝$\frac{1}{2}$AD

AD∥BC より，ME∥BC となるから

△BFC∽△EFM　…①

AD：BC＝1：4 より　BC＝4AD

AD＝2ME であるから　BC＝8ME

よって　BC：ME＝8：1

①より　BF：EF＝BC：EM

つまり　BF：FE＝8：1

(2) $AD=a$，台形 ABCD の高さを h とすると，$BC=4a$，△EBC の高さは $\frac{1}{2}h$ となる。

台形 $ABCD=\frac{1}{2}(a+4a)h=\frac{5}{2}ah$

(1)より　△BCE：△CEF＝BE：FE＝9：1

$\triangle CEF=\frac{1}{9}\triangle BCE=\frac{1}{9}\times\frac{1}{2}\times 4a\times\frac{1}{2}h=\frac{1}{9}ah$

△CEF：台形 $ABCD=\frac{1}{9}ah:\frac{5}{2}ah=2:45$

5 (1) **60**　(2) **7：3**

(3) **2：7**　(4) $\mathbf{\frac{112}{15}}$

解説 (1) 四角形 AFCD

$=\triangle AFD+\triangle CFD=\frac{1}{2}\triangle ABD+\frac{1}{2}\triangle CBD$

$=\frac{1}{2}(\triangle ABD+\triangle CBD)$

$=\frac{1}{2}\times$ 台形 $ABCD=\frac{1}{2}\times 120=60$

(2) AC を底辺としたとき，△ABC と △ADC の面積の比は高さの比に等しく，それは BE：ED に等しい。

△ADC＝四角形 AFCD－△AFC

　　＝60－24＝36

△ABC＝台形 ABCD－△ADC

　　＝120－36＝84

BE：ED＝△ABC：△ADC

　　＝84：36＝7：3

(3) F，G は，それぞれ BD，AC の中点であるから，FG∥BC となる。

(2)より　BE：BD＝7：10

BF：BD＝1：2＝5：10 であるから

BF：BE＝5：7

よって　FE：BE＝2：7

FG：BC＝FE：BE＝2：7

(4) G は AC の中点であるから

$\triangle AFG=\triangle CFG=\frac{1}{2}\triangle AFC=12$

(2)，(3)より　BF：FE：ED＝5：2：3

AD∥FG より

AE：EG＝DE：EF＝3：2

$\triangle EFG=\frac{2}{5}\triangle AFG=\frac{2}{5}\times 12=\frac{24}{5}$

FG∥BC より

FH：HC＝FG：BC＝2：7

$\triangle HFG=\frac{2}{9}\triangle CFG=\frac{2}{9}\times 12=\frac{8}{3}$

四角形 EFHG＝△EFG＋△HFG

$=\frac{24}{5}+\frac{8}{3}=\frac{72}{15}+\frac{40}{15}=\frac{112}{15}$

6 (1) $\mathbf{\frac{4}{3}}$　(2) **7：4**

解説 (1) ∠ABC＝∠ECD＝60° より

同位角は等しいから　AB∥EC

QC：AB＝DC：DB であるから

QC：1＝2：(2＋1)　　3QC＝2

$QC=\frac{2}{3}$

よって　$EQ=EC-QC=2-\frac{2}{3}=\frac{4}{3}$

(2) AB∥EQ より　△PAB∽△PQE

$PB:PE=BA:EQ=1:\frac{4}{3}=3:4$

△ABC と △ABE は，AB を底辺とすると高さは等しいから　△ABC＝△ABE

△ABC：△APE＝△ABE：△APE

　　＝BE：PE＝7：4

7 円周角と中心角

▶106 (1) **68°**　(2) **38°**　(3) **20°**
(4) **48°**　(5) **15°**

解説 (1) OA＝OC より
$\angle OAC=\angle OCA=34°$
$\angle x=2\angle OAC=2\times34°=68°$

(2) OA＝OB より　$\angle OAB=27°$
OA＝OC より　$\angle OAC=\angle x$
$2\angle BAC=\angle BOC$ より
$2(27°+\angle x)=130°$
$27°+\angle x=65°$　　$\angle x=65°-27°=38°$

(3) $\angle ACB=\angle AOB\div2=60°\div2=30°$
OC＝OB より　$\angle OCB=\angle OBC=50°$
$\angle x+30°=50°$　　$\angle x=20°$

(4) OA // CB より，錯角は等しいから
$\angle DBC=\angle AOB$
$\angle AOB=2\angle ACB$ であるから
$\angle DBC=2\angle ACB$
$\angle DBC+\angle ACB=\angle ADB$ より
$2\angle ACB+\angle ACB=180°-117°=63°$
$3\angle ACB=63°$　　$\angle ACB=21°$
このとき 49
$\angle AOB=2\angle ACB=2\times21°=42°$
OA＝OB より，$\angle OAB=\angle OBA$ であるから　$\angle OAB=(180°-42°)\div2=69°$
OA // CB より，錯角は等しいから
$\angle OAD=\angle ACB=21°$
よって　$\angle BAC=\angle OAB-\angle OAD$
$=69°-21°=48°$

(5) $\angle BAC=\angle BOP\div2=110°\div2=55°$
$\angle BCP=\angle ABC+\angle BAC$
$=20°+55°=75°$
$\ell // m$ より，錯角は等しいから，ℓ と AP のなす鋭角は 75° となる。
接点を通る半径は接線に垂直であるから
$\angle x+75°=90°$　　$\angle x=90°-75°=15°$

トップコーチ
<円周角の定理>
① 1つの弧に対する円周角の大きさは，その弧に対する中心角の半分である。

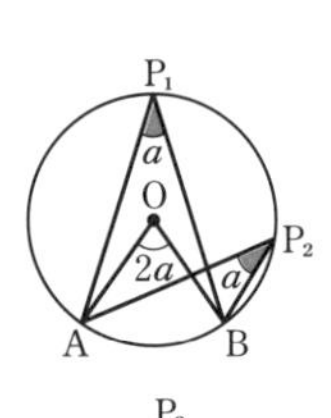

② 同じ弧に対する円周角の大きさは等しい。
③ 半円の弧に対する円周角は 90° である。

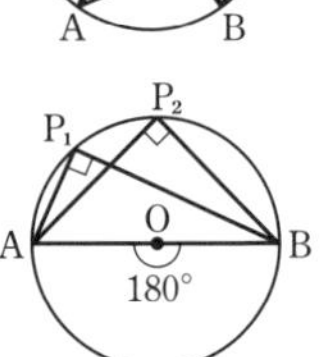

▶107 (1) **$x=32$**　(2) **78°**
(3) **132°**　(4) **40°**

解説 (1) $\angle BFC=\angle BAC=46°$
$\angle CFD=\angle CED=x°$
$\angle BFC+\angle CFD=\angle BFD$ であるから
$46°+x°=78°$
$x°=78°-46°=32°$
よって　$x=32$

(2) $\angle COD=2\angle CBD=2\times14°=28°$
$\angle DOE=2\angle DAE=2\times25°=50°$
よって　$\angle COE=\angle COD+\angle DOE$
$=28°+50°=78°$

(3) 2点 A，C を結ぶ。
$\angle BAC=\angle BEC=27°$
$\angle BCA=\angle BDA=21°$
△ABC の内角の和は 180° であるから
$\angle ABC+27°+21°=180°$
$\angle ABC=180°-27°-21°=132°$

(4) $\angle BAE=180°-(78°+42°)=60°$
$\overset{\frown}{BCD}=\dfrac{2}{3}\overset{\frown}{BCDE}$ であるから
$\angle BAD=\dfrac{2}{3}\angle BAE=\dfrac{2}{3}\times60°=40°$

108 (1) **49°**
(2) **$\angle x=110°$, $\angle y=125°$**
(3) **65°** (4) **$x=55$, $y=70$**

解説 (1) 半円の弧に対する円周角は 90° であるから
$\angle BDC=90°$
円に内接する四角形であるから
$\angle ABC+\angle ADB+\angle BDC=180°$
$\angle ABC+41°+90°=180°$
$\angle ABC=180°-131°=49°$
(2) OA＝OB＝OD より
$\angle OAB=22°$, $\angle OAD=33°$
よって $\angle BAD=22°+33°=55°$
$\angle x=2\angle BAD=2\times55°=110°$
$\angle BAD+\angle y=180°$ より
$\angle y=180°-\angle BAD=180°-55°=125°$
(3) AO∥BC より，錯角は等しいから
$\angle OBC=\angle AOB=50°$
OA＝OB より，$\angle OBA=\angle OAB$ であるから
$\angle OBA=(180°-50°)\div2=65°$
よって $\angle ABC=\angle OBA+\angle OBC$
$=65°+50°=115°$
$\angle ADC+\angle ABC=180°$ より
$\angle ADC=180°-\angle ABC=180°-115°=65°$
(4) $\angle DCF=\angle DAF=30°$
四角形 BCDE は円に内接するから
$\angle BCD+\angle BED=180°$
$\angle BCD=180°-\angle BED=180°-65°=115°$
$\angle BCG=\angle BCD-\angle DCF$
$=115°-30°=85°$
$x°=180°-\angle GBC-\angle BCG$
$=180°-40°-85°=55°$
よって $x=55$
$\angle CGA=\angle DCG+\angle CDG$ より
$x°+y°=30°+95°=125°$
$y°=125°-55°=70°$
よって $y=70$

トップコーチ
<円に内接する四角形>

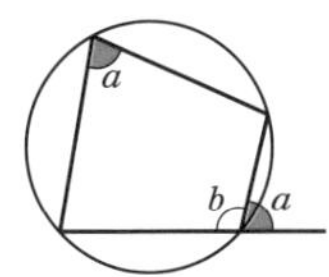

① 円に内接する四角形の向かい合う角の和は 180° である。
② 円に内接する四角形の 1 つの内角は，それに向かい合う内角の，となりにある外角に等しい。

109 (1) **55°** (2) **110°**

解説 (1) $\angle BDC=\angle BAC=39°$
BD は直径であるから $\angle BCD=90°$
$\angle ACD=\angle BCD-\angle BCA$
$=90°-74°=16°$
$\angle x=\angle BDC+\angle ACD$
$=39°+16°=55°$
(2) AB は直径であるから $\angle AEB=90°$
$\angle CEB=\angle AEB-\angle AEC$
$=90°-20°=70°$
$\angle CAB=\angle CEB=70°$ であるから
$\angle EBF+\angle ADE=\angle CAB$ より
$\angle EBF=\angle CAB-\angle ADE$
$=70°-30°=40°$
$\angle AFE=\angle EBF+\angle CEB$
$=40°+70°=110°$

110 **28°**

解説 BE は直径であるから $\angle BCE=90°$
△BCF で $\angle CBD+\angle BCE=\angle BFE$
$\angle CBD=\angle BFE-\angle BCE$
$=118°-90°=28°$
$\angle CAD=\angle CBD=28°$

111 (1) $\angle x=240°$, $\angle y=20°$
(2) 30°
(3) ア 80　イ 26
(4) 50°

解説 (1) 四角形 FAEB に着目する。
∠CBD＝∠CAD＝$\angle y$ であるから，
∠AFB＋∠FAE＋∠FBE＝∠AEB より
$40°+\angle y+\angle y=80°$
$2\angle y=40°$　$\angle y=20°$
∠DAE＋∠ADE＝∠AEB より
$\angle y$＋∠ADE＝80°
∠ADE＝80°－20°＝60°
$\overset{\frown}{AB}$に対する中心角 ∠AOB は
∠AOB＝2∠ADB＝2×60°＝120°
$\angle x=360°-120°=240°$

(2) 同じ弧に対する円周角は等しいから，右の図のように円内に $\angle x$ と等しい角が全部で 3 つある。

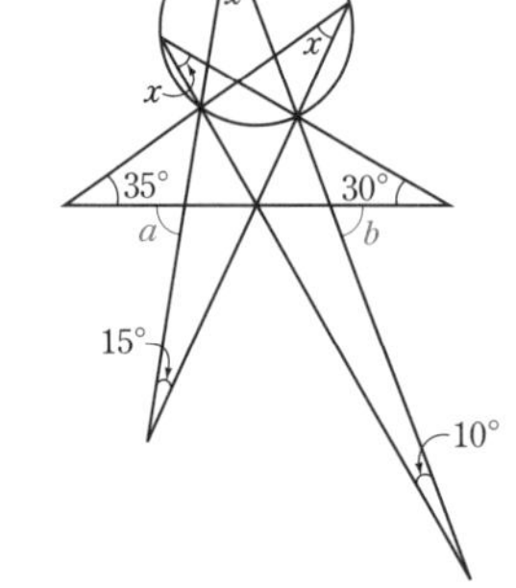

図の $\angle a$，$\angle b$ について
$\angle a=\angle x+35°+15°=\angle x+50°$
$\angle b=\angle x+30°+10°=\angle x+40°$
三角形の内角の和は 180° であるから
$\angle x+\angle a+\angle b=180°$
$\angle x+(\angle x+50°)+(\angle x+40°)=180°$
$3\angle x=90°$　よって　$\angle x=30°$

(3) ∠ACB＝∠ADB＝50° であるから，
AB＝AC より
$a°=180°-2$∠ACB$=180°-2\times50°$
$=180°-100°=80°$
よって　$a=80$
∠ACE＋∠AEC＝∠BAC より
∠ACE＝80°－54°＝26°
$b°$＝∠ACD＝26° より　$b=26$

(4) B と D，D と F を結ぶ。
∠ADB＝∠AOB÷2
＝100°÷2＝50°
∠EDF＝∠EO′F÷2
＝60°÷2＝30°
よって　∠BDF＝180°－∠ADB－∠EDF
＝180°－50°－30°
＝100°
∠DFB＝∠DO′C÷2
＝110°÷2
＝55°
∠DBF＝180°－∠BDF－∠DFB
＝180°－100°－55°
＝25°
$\angle x=2$∠DBF$=2\times25°=50°$

112 (1) 18°　(2) 42°　(3) 24
(4) ア 1　イ 2　ウ 49

解説 (1) $\overset{\frown}{CD}$ は円周を 10 等分したものであるから，$\overset{\frown}{CD}$ に対する中心角は
360°÷10＝36°
よって　∠CAD＝36°÷2＝18°

(2) $\overset{\frown}{AB}$ に対する中心角は
∠AOB$=360°\times\frac{1}{5}=72°$
同様に　∠BOC＝72°
OA＝OB より
∠OBA＝(180°－72°)÷2＝54°
∠OBE＝180°－54°＝126°
$\overset{\frown}{CD}$ に対する中心角は

$\angle COD = 360° \times \frac{1}{6} = 60°$

OC＝OD より

$\angle OCD = (180° - 60°) \div 2 = 60°$

$\angle OCE = 180° - 60° = 120°$

四角形 OBEC の内角の和は 360° であるから

$\angle AED = 360° - \angle OBE - \angle BOC - \angle OCE$

$= 360° - 126° - 72° - 120°$

$= 42°$

(3) △ACD と △BCE において

仮定より　AD＝BE　…①

△ABC は正三角形であるから

AC＝BC　…②

$\overset{\frown}{DC}$ に対する円周角は等しいから

∠DAC＝∠EBC　…③

①，②，③より，2 組の辺とその間の角がそれぞれ等しいから　△ACD≡△BCE

よって　∠ACD＝∠BCE　…④

△ABC は正三角形であるから

∠ABC＝60°

$\overset{\frown}{AD} : \overset{\frown}{DC} = 2 : 3$ より　$\overset{\frown}{AD} : \overset{\frown}{AC} = 2 : 5$

弧の長さの比と円周角の大きさの比は等しいから

∠ABD：∠ABC＝2：5

よって，5∠ABD＝2∠ABC より

$\angle ABD = \frac{2}{5} \times 60° = 24°$　…⑤

$\overset{\frown}{AD}$ に対する円周角は等しいから

∠ACD＝∠ABD　…⑥

④，⑤，⑥より

∠BCE＝∠ABD＝24°

(4) AD∥BC より，同位角は等しいから

$x° = \angle EBC$

円周角の大きさの比と弧の長さの比は等しいから

$x : y = \angle EBC : \angle ACD$

$= \overset{\frown}{EDC} : \overset{\frown}{AED}$

$= 1 : 2$　…ア，イ

これより　$y = 2x$　…①

$\angle EAC = \angle EBC = x°$ で，△ACF の内角の和は 180° であるから

$x° + y° + 33° = 180°$

①より　$x° + 2x° = 147°$

$3x° = 147°$　　$x° = 49°$

よって　$x = 49$　…ウ

トップコーチ

<弧の長さと円周角>

1 つの円において，弧の長さと円周角は比例する。したがって，弧の長さが 2 倍になれば，円周角の大きさも 2 倍になる。しかし，弦の長さと円周角の大きさは比例しないので注意する。円周角が 2 倍になっても弦の長さは 2 倍にはならない。

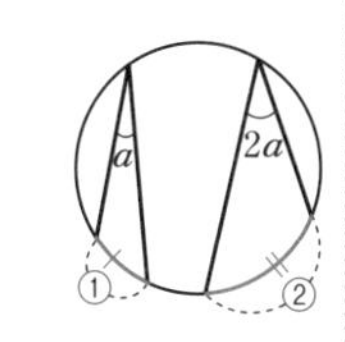

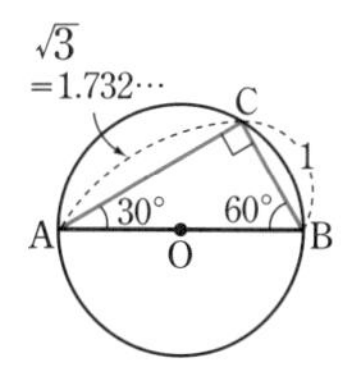

113 (1) AO の延長と円との交点を E とする。

A は接点であるから

∠EAB＝90°

∠CAB が鋭角のとき (図 1)

∠ACE＝90° であるから

図 1

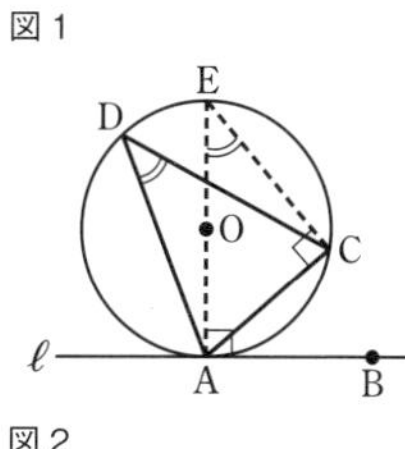

図 2

図３

$\angle CEA$
$=180°-\angle ACE$
$-\angle CAE$
$=90°-\angle CAE$
$=\angle CAB$
$\angle CEA=\angle CDA$
であるから
$\angle CAB=\angle CDA$
$\angle CAB$ が直角のとき（**図２**）
AC は直径であるから　$\angle CDA=90°$
よって　$\angle CAB=\angle CDA$
$\angle CAB$ が鈍角のとき（**図３**）
$\overset{\frown}{CE}$ に対する円周角は等しいから
$\angle CAE=\angle CDE$
また，$\angle EAB=\angle EDA=90°$ であるから
$\angle CAB=\angle CAE+\angle EAB$
$=\angle CDE+\angle EDA=\angle CDA$

(2)　$\boldsymbol{\angle x=150°}$，$\boldsymbol{\angle y=75°}$

(3)　**52°**

(4)　①　**3：2**　　②　**63°**

解説　(2)　$\angle x=2\angle QAR=2\times75°=150°$
OQ＝OR より
$\angle OQR=(180°-\angle x)\div2$
$=(180°-150°)\div2$
$=30°\div2=15°$
点 Q は接点であるから　$PQ\perp OQ$
よって　$\angle y=\angle OQP-\angle OQR$
$=90°-15°=75°$
（別解）　接弦定理により
$\angle y=\angle QAR=75°$

(3)　接弦定理により
$\angle BAT=\angle BTS=20°$
$\angle BAS=\angle BST=32°$
よって　$\angle TAS=\angle BAT+\angle BAS$
$=20°+32°=52°$

(4)　①　AC は直径であるから
$\angle AQC=90°$
$\angle ACQ=180°-90°-36°=54°$
弧の長さの比と円周角の大きさの比は等しいから
$\overset{\frown}{AQ}:\overset{\frown}{QC}=54:36=3:2$

②　BC は直径であるから　$\angle BPC=90°$
$\angle PBC=\angle x$ とする。
接弦定理により　$\angle QPC=\angle x$
$\angle PAC+\angle PCB=\angle QPC$ より
$\angle PCB=\angle QPC-\angle PAC$
$=\angle x-36°$
$\triangle PBC$ の内角の和は 180° であるから
$\angle x+(\angle x-36°)+90°=180°$
$2\angle x=126°$　　$\angle x=63°$
よって　$\angle PBC=63°$

トップコーチ

<弦と半径>
弦の垂直二等分線は円の中心を通る。

<円と接線>
①円の接線は，接点を通る半径に垂直である。
②円外の１点から円に引いた２本の接線の長さは等しい。

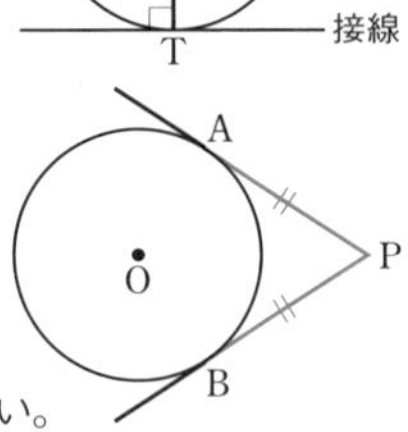

PA＝PB

<接弦定理>
接線と接点を通る弦が作る角は，その角の内部にある弧に対する円周角に等しい。

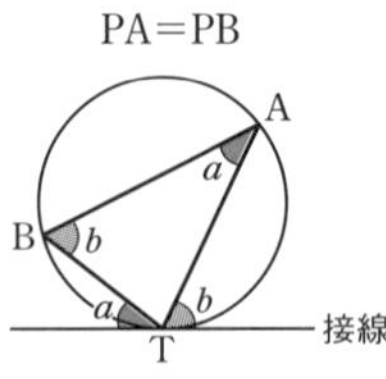

114 (1) AC∥OX，AB⊥OX より

∠QAB＝90°

よって，△APQ は直角三角形で，M は斜辺 PQ の中点であるから，点 A は M を中心とする直径 PQ の円の周上にある。

これより，AM＝PM＝QM となる。

∠MOX＝∠x とすると，AC∥OX より，錯角は等しいから　∠MQA＝∠x

AM＝QM より　∠MAQ＝∠x

∠AMO＝∠MQA＋∠MAQ＝2∠x

OA＝PM＝AM より，△AOM は二等辺三角形であるから

∠AOM＝∠AMO＝2∠x

∠XOY＝∠AOM＋∠MOX

＝2∠x＋∠x

＝3∠x

よって，ℓ は ∠XOY を 3 等分する線の 1 つである。

(2) ① **15°**

② △PBC は直角三角形で，M は斜辺 BC の中点であるから，点 P は M を中心とする直径 BC の円周上にある。

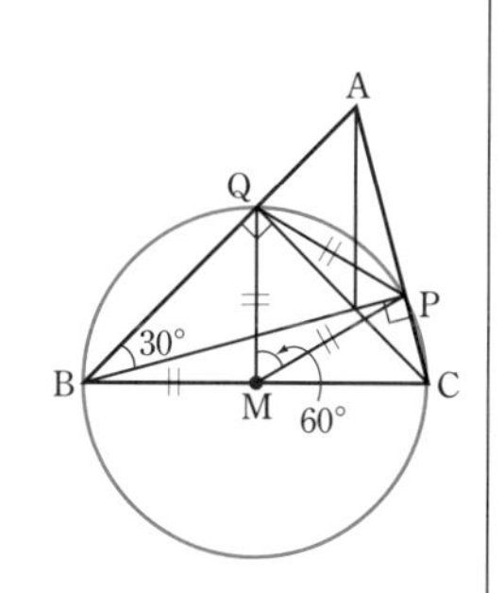

∠BQC＝90° であるから，点 Q も同じ円周上にある。半径は等しいから

PM＝QM＝BM　…㋐

中心角 ∠PMQ の大きさは，円周角 ∠PBQ の 2 倍であるから

∠PMQ＝2∠PBQ＝2×30°＝60°

よって，△MPQ は正三角形である。

これより　PQ＝PM

㋐より　PQ＝BM

解説 (2) ① ∠APR＝∠AQR＝90° であるから，点 P，Q は AR を直径とする円周上にある。

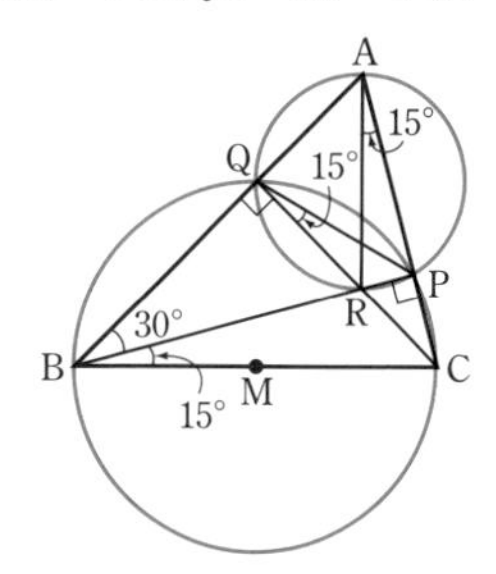

∠BPC

＝∠BQC

＝90°

であるから点 P，Q は BC を直径とする円周上にある。

$\overset{\frown}{\text{PC}}$ に対する円周角は等しいから

∠PQC＝∠PBC＝15°

$\overset{\frown}{\text{PR}}$ に対する円周角は等しいから

∠PAR＝∠PQR＝15°

トップコーチ

次のような四角形は円に内接する。

①向かい合う内角の和が 180° の四角形(図 1 で)

∠a＋∠b＝180°

図 1

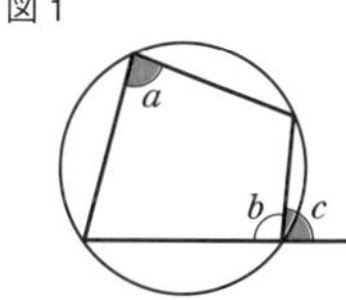

② 1 つの内角がそれに向かい合う内角のとなりにある外角に等しい四角形(図 1 で)

∠a＝∠c

③図 2 のような 2 つの角が等しい四角形

∠a＝∠b

図 2

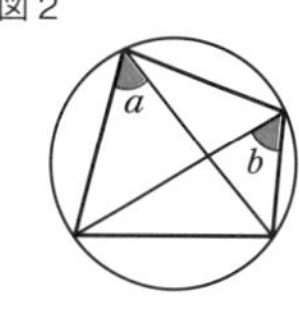

▶115 (1) ① $\dfrac{1+\sqrt{5}}{2}$　② $\dfrac{3-\sqrt{5}}{2}$

③ **1**

(2) ① **3 cm**　② **5：8**

解説 (1) ① $\angle COB = 2\angle CAB$

$= 2\times 18° = 36°$

$OB=OC$ より

$\angle OBC = \angle OCB$

$= (180°-36°)\div 2 = 72°$

CP は ∠OCB の二等分線であるから

$\angle OCP = \angle BCP = 72°\div 2 = 36°$

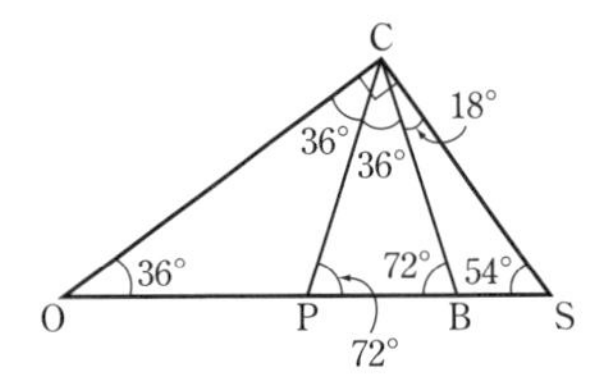

$\angle CPB = 180°-36°-72° = 72°$

$\angle CBP = \angle CPB = 72°$ より

$PC=BC=1$

$\angle COP = \angle OCP = 36°$ より

$PO=PC=1$

円 O の半径を x とすると　$BP = x-1$

$\angle BOC = \angle BCP = 36°$

$\angle OBC = \angle CBP = 72°$ であるから

$\triangle OBC \backsim \triangle CBP$

OB：CB＝BC：BP より

$x:1=1:(x-1)$　　$x(x-1)=1$

$x^2-x-1=0$

$x = \dfrac{-(-1)\pm\sqrt{(-1)^2-4\times1\times(-1)}}{2\times1}$

$= \dfrac{1\pm\sqrt{5}}{2}$

$x>0$ より　$x = \dfrac{1+\sqrt{5}}{2}$

② CS は接線であるから　$\angle OCS = 90°$

$\angle PCS = \angle OCS - \angle OCP$

$= 90°-36° = 54°$

$\angle PSC = 180° - \angle OCS - \angle COS$

$= 180°-90°-36° = 54°$

よって，$PS=PC=1$ となるから

$BS = OS - OB = OP + PS - OB$

$= 1+1-\dfrac{1+\sqrt{5}}{2} = \dfrac{3-\sqrt{5}}{2}$

③ $PO=PC$

$=PS=1$ より，

点 P を中心とする半径 1 の円が，△OSC の外接円である。

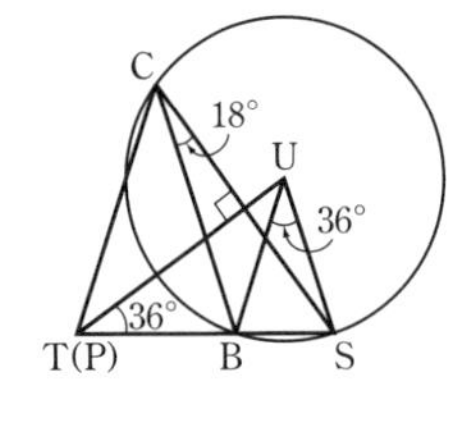

これより，T は P と一致する。

$TS=TC=1$，$US=UC$ より，TU は線分 SC の垂直二等分線であるから

$\angle UTS = 72°\div 2 = 36°$

$\angle BCS = \angle OCS - \angle OCB$

$= 90°-72° = 18°$

$\angle BUS = 2\angle BCS = 2\times18° = 36°$

△UBS は，UB＝US の二等辺三角形であるから

$\angle USB = (180°-36°)\div 2 = 72°$

$\angle TUS = 180° - \angle UTS - \angle UST$

$= 180°-36°-72° = 72°$

よって，△TUS は TU＝TS の二等辺三角形であるから

$TU=TS=1$

(2) ① △ABC と △ODE において，AB は直径であるから　$\angle ACB = 90°$

これより　$\angle ACB = \angle OED = 90°$

AD は ∠CAB の二等分線であるから

$\angle CAB = 2\angle BAD$

また，円周角の定理により

$\angle BOD = 2\angle BAD$

よって　$\angle CAB = \angle EOD$

2 組の角がそれぞれ等しいから

$\triangle ABC \backsim \triangle ODE$

ゆえに，BC：DE＝AB：OD より

6：DE＝10：5　　10DE＝30

よって　DE＝3(cm)

② AD は ∠CAB の二等分線であるから

BG：GC＝AB：AC＝10：8＝5：4

これより　BC：GC＝9：4

9GC＝4BC　　$GC=\frac{4}{9}\times6=\frac{8}{3}$ (cm)

△ABC∽△ODE より

AC：OE＝AB：OD

8：OE＝10：5　　10OE＝40

OE＝4 (cm)

△ABC と △FBE において

∠ACB＝∠FEB＝90°,

∠ABC＝∠FBE（共通）より

△ABC∽△FBE

BA：BF＝BC：BE より

10：BF＝6：(5－4)

6BF＝10　　$BF=\frac{5}{3}$ (cm)

よって　$BF:GC=\frac{5}{3}:\frac{8}{3}=5:8$

▶116 (1) 9：20　(2) $\frac{1}{5}$倍

解説 (1) 円外の点から円に引いた 2 本の接線で，その点から接点までの距離は等しいから，BD＝BE＝x とおくと

CF＝CE＝5－x，AF＝AD＝4－x

AF＋CF＝AC であるから

$4-x+5-x=3$　　$-2x=-6$　　$x=3$

△BED：△ABC＝(BD×BE)：(BA×BC)

＝(3×3)：(4×5)＝9：20

(2) CF＝CE＝2 であるから

△CEF：△ABC＝(CE×CF)：(CB×CA)

＝(2×2)：(5×3)＝4：15

よって　△CEF＝$\frac{4}{15}$△ABC

AF＝AD＝1 であるから

△ADF：△ABC＝(AD×AF)：(AB×AC)

＝(1×1)：(4×3)＝1：12

よって　△ADF＝$\frac{1}{12}$△ABC

△DEF＝△ABC－△BED－△CEF－△ADF

$=\left(1-\frac{9}{20}-\frac{4}{15}-\frac{1}{12}\right)$△ABC

$=\frac{60-27-16-5}{60}$△ABC

$=\frac{12}{60}$△ABC＝$\frac{1}{5}$△ABC

よって，$\frac{1}{5}$倍である。

トップコーチ

＜1 角を共有する三角形の面積比＞

右の図において

△ADC＝$\frac{AC}{AE}$△ADE

△ABC＝$\frac{AB}{AD}$△ADC

これより

△ABC＝$\frac{AB}{AD}\times\frac{AC}{AE}$△ADE

よって

△ABC：△ADE＝(AB×AC)：(AD×AE)

▶117 (1)

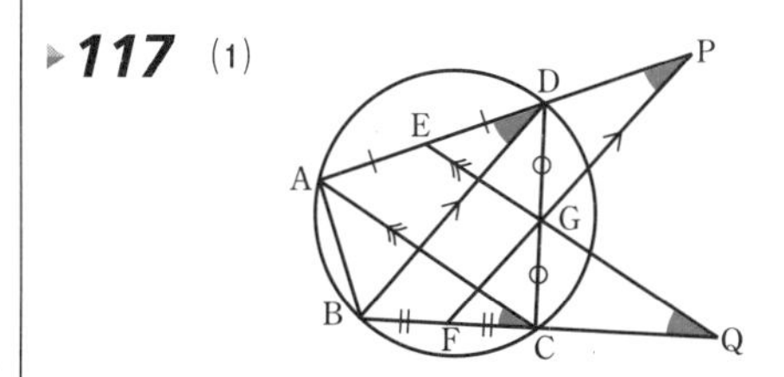

点 B と点 D を結ぶ。また，点 A と点 C を結ぶ。△BCD において中点連結定理より

FG∥BD
平行線の同位角は等しいので
∠APF＝∠ADB
$\overset{\frown}{AB}$ の円周角であるから
∠ADB＝∠ACB
△ACD において中点連結定理より
EG∥AC
平行線の同位角は等しいので
∠ACB＝∠BQE
よって　∠APF＝∠BQE

(2) ①　△PAS と △PBR において
∠PSA＝∠PRB＝90°　…㋐
円の中心を C，点 B を通る円の直径を BT とする。

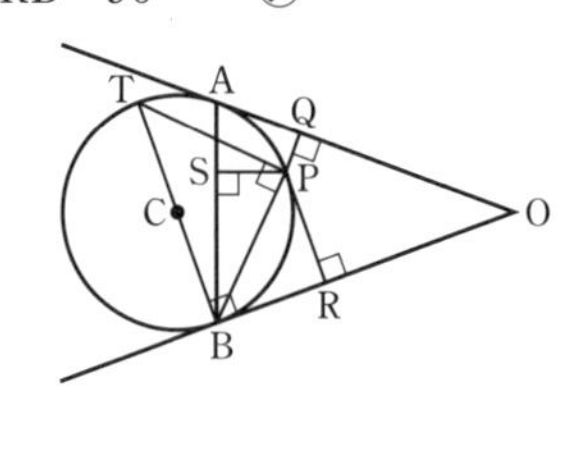

∠BPT＝90°，∠RBT＝90° であるから
∠PBR＝90°－∠PBT
∠PAS＝∠PTB
　　＝180°－90°－∠PBT
　　＝90°－∠PBT＝∠PBR
よって　∠PAS＝∠PBR　…㋑
㋐，㋑より，2 組の角がそれぞれ等しいから　△PAS∽△PBR
②　①より　PS：PR＝PA：PB　…㋒
①と同様にして，△PBS∽△PAQ となるから　PS：PQ＝PB：PA
つまり　PQ：PS＝PA：PB　…㋓
㋒，㋓より　PS：PR＝PQ：PS
よって　PS^2＝PQ×PR

(3) ①　△ODP と △ODR において
OD＝OD（共通）　…㋐
円の半径は等しいから　OP＝OR　…㋑
接点を通る半径は接線に垂直であるから
∠OPD＝∠ORD＝90°　…㋒
㋐，㋑，㋒より直角三角形で斜辺と他の 1 辺がそれぞれ等しいから
△ODP≡△ODR
②　①と同様にして　△OER≡△OEQ
∠ODP＝∠ODR より
∠BDE＝2∠ODB
∠OER＝∠OEQ より
∠CED＝2∠OEC
四角形 DBCE の内角の和は 360° であるから
∠B＋∠BDE＋∠CED＋∠C＝360°
60°＋2∠ODB＋2∠OEC＋60°＝360°
∠ODB＋∠OEC＝120°
よって　∠OEC＝120°－∠ODB
∠EOC＝180°－∠C－∠OEC
　　＝180°－60°－(120°－∠ODB)
　　＝∠ODB
よって　∠ODB＝∠EOC　…㋓
△ODB と △EOC において
∠OBD＝∠ECO＝60°　…㋔
㋓，㋔より，2 組の角がそれぞれ等しいから　△ODB∽△EOC

(4) ①　△ABE と △DBC において，弧 BC に対する円周角は等しいから
∠BAE＝∠BDC　…㋐
仮定と弧 CD に対する円周角は等しいことより　∠ABE＝∠DAC＝∠DBC
2 組の角がそれぞれ等しいから
△ABE∽△DBC
よって　AE：DC＝AB：DB
つまり　AE：CD＝AB：BD
②　△CDF と △BDA において
弧 AD に対する円周角は等しいから

$\angle FCD = \angle ABD$ …㋑

㋐と仮定より

$\angle BDC = \angle BAE = \angle ADF$

これより

$\angle CDF = \angle BDC + \angle BDF$

$= \angle ADF + \angle BDF$

$= \angle BDA$ …㋒

㋑，㋒より，2組の角がそれぞれ等しいから　$\triangle CDF \backsim \triangle BDA$

③　①より $AE : CD = AB : BD$ であるから

$AE \times BD = CD \times AB$

$AE = \dfrac{CD \times AB}{BD}$ …㋓

$\triangle CDF \backsim \triangle BDA$ より

$CF : BA = CD : BD$

$CF \times BD = AB \times CD$

$CF = \dfrac{AB \times CD}{BD}$ …㋔

㋓，㋔より

$AE = CF$ …㋕

$\triangle OAE$ と $\triangle OCF$ において

半径は等しいから

$OA = OC$ …㋖

$\triangle OAC$ は二等辺三角形であるから

$\angle OAE = \angle OCF$ …㋗

㋕，㋖，㋗より，2組の辺とその間の角がそれぞれ等しいから

$\triangle OAE \equiv \triangle OCF$

よって　$OE = OF$

解説　(2)　①　接弦定理により

$\angle PBR = \angle PAS$ としてもよい。

トップコーチ

円と相似な三角形の組み合わされた問題で，辺の長さを求めるときに使われる定理に，「方べきの定理」というのがある。「方べきの定理」には次の3つのタイプがある。

①

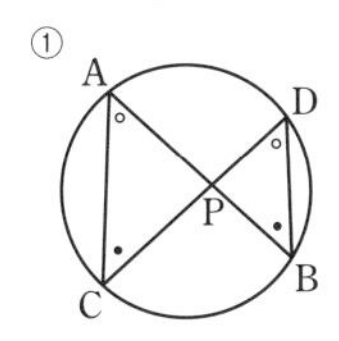

$\triangle PAC \backsim \triangle PDB$（2角相等）

$PA : PD = PC : PB$ より

$PA \times PB = PC \times PD$

②

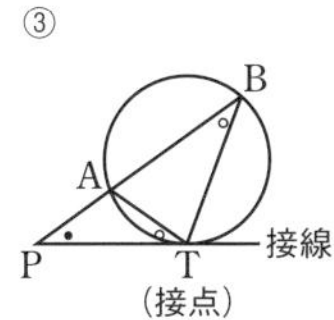

$\triangle PAD \backsim \triangle PCB$（2角相等）

$PA : PC = PD : PB$ より

$PA \times PB = PC \times PD$

③

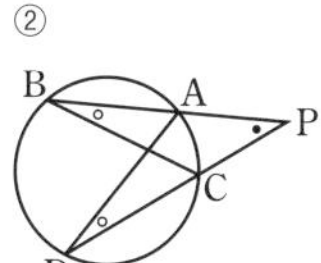

$\triangle PAT \backsim \triangle PTB$（2角相等）

$PA : PT = PT : PB$ より

$PA \times PB = PT^2$

以上より，次のように「方べきの定理」を使うことができる。

①

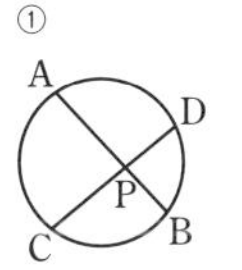

$PA \times PB = PC \times PD$

②

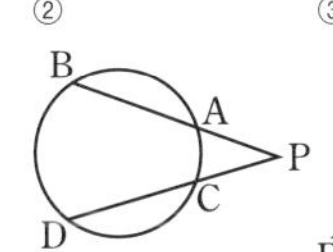

$PA \times PB = PC \times PD$

③

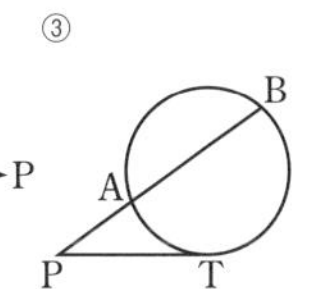

$PA \times PB = PT^2$

第７回 実力テスト

1 (1) **15°** (2) **35°** (3) **35°**
(4) **$\angle x=56°$, $\angle y=22°$**

解説 (1) $\angle DOE+\angle COE+230°=360°$
$2\angle x+50°\times 2+230°=360°$
$2\angle x=30°$ $\angle x=15°$

(2) B と C を結ぶと $\angle CBE=\angle CAE=55°$
半円の弧に対する円周角は 90° であるから
$\angle CBD=90°$
$\angle CBE+\angle EBD=\angle CBD$ より
$55°+\angle x=90°$ $\angle x=35°$

(3) $\angle BAC=\angle BFC$, $\angle CED=\angle CFD$ であるから
$\angle BAC+\angle CED=\angle BFD$
$\angle x+15°=50°$ $\angle x=35°$

(4) $\angle DCE=\angle DBE=\angle y$
四角形 ABFC に着目して
$\angle BAC+\angle ABF+\angle ACF=\angle BFC$ より
$34°+\angle y+\angle y=78°$
$2\angle y=44°$ $\angle y=22°$
$\angle CEF+\angle ECF=\angle BFC$ より
$\angle x+22°=78°$ $\angle x=56°$

2 (1) **21°** (2) **63°** (3) **70°**
(4) **74°**

解説 (1) 円に内接する四角形の向かい合う内角の和は 180° であるから
$\angle BAD+\angle BCD=180°$
$\angle BAD=180°-115°=65°$
OA＝OD より $\angle OAD=\angle ODA=44°$
$\angle OAB=\angle BAD-\angle OAD$
$=65°-44°=21°$
OA＝OB より $\angle x=\angle OAB=21°$

(2) OB＝OD より $\angle OBD=\angle ODB=34°$
$\angle OBA=\angle ABD-\angle OBD$
$=61°-34°=27°$
OA＝OB より $\angle OAB=\angle OBA=27°$
AC は直径であるから $\angle ABC=90°$
$\angle x=180°-\angle ABC-\angle OAB$
$=180°-90°-27°=63°$

(3) $\angle ACB=\angle ADB=30°$
$\angle DPC=\angle DBC+\angle ACB=25°+30°=55°$
DC＝DP より $\angle DCP=\angle DPC=55°$
$\angle PDC=180°-55°\times 2=70°$
$\angle x=\angle BDC=70°$

(4) OD // BC より，錯角は等しいから
$\angle OCB=\angle COD=32°$
OC＝OD より
$\angle OCD=(180°-\angle COD)\div 2$
$=(180°-32°)\div 2=74°$
$\angle BCD=\angle OCB+\angle OCD$
$=32°+74°=106°$
四角形 ABCD は円に内接するから
$\angle BAD+\angle BCD=180°$
$\angle BAD+106°=180°$
$\angle x=\angle BAD=180°-106°=74°$

3 **57°**

解説 $\angle AED=33°$ より，中心角は
$\angle AOD=33°\times 2=66°$
$\angle BOD=180°-66°=114°$
よって，円周角 $\angle BCD$ は
$\angle BCD=114°\div 2=57°$

4 **$\angle x=35°$, $\angle y=20°$**

解説 $\overset{\frown}{PQ}$ に対する円周角は等しいから
$\angle x=\angle PBQ=35°$
$\angle PBQ$ の中心角は $\angle POQ=35°\times 2=70°$

点Pは接点であるから　$OP \perp \ell$

よって　$\angle y = 180° - 90° - \angle POQ$

$= 90° - 70° = 20°$

5　(1)　**5：7**　　(2)　**75°**

解説　(1)　$\overset{\frown}{CD}$に対する円周角を $\angle x$, $\overset{\frown}{AD}$に対する円周角を $\angle y$ とする。

図のように点E，Fをとる。

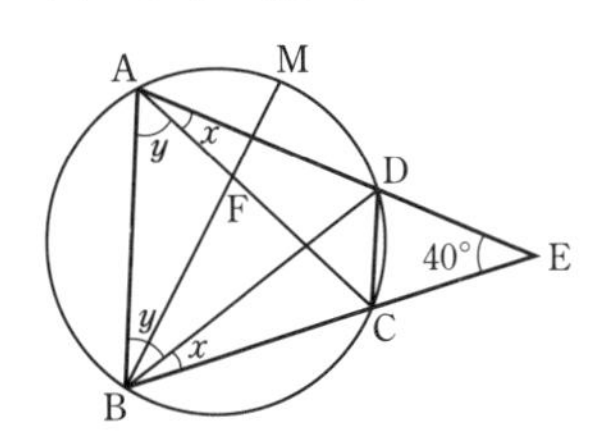

$\overset{\frown}{AB} = 3\overset{\frown}{CD}$であるから

$\angle ADB = 3\angle x$

$\angle ADB = \angle DBE + \angle DEB$ より

$3\angle x = \angle x + 40°$　　$2\angle x = 40°$

$\angle x = 20°$

$\overset{\frown}{AD} = \overset{\frown}{BC}$より　$\angle ABD = \angle BAC = \angle y$

$\angle DBC = \angle DAC = \angle x = 20°$ であるから

$\angle EBA = \angle EAB = \angle y + 20°$

△EABは二等辺三角形となるから

$\angle EBA = (180° - 40°) \div 2 = 70°$

よって　$\angle y + 20° = 70°$　　$\angle y = 50°$

弧の長さの比と円周角の大きさの比は等しいから

$\overset{\frown}{AMD} : \overset{\frown}{DCB} = \angle ABD : \angle DAB$

$= \angle y : (\angle x + \angle y)$

$= 50° : 70° = 5 : 7$

(2)　$\overset{\frown}{AM} = \overset{\frown}{MD}$より，$\angle ABM = \angle MBD$ であるから

$\angle ABM = \angle ABD \div 2 = 50° \div 2 = 25°$

$\angle AFM = \angle ABF + \angle BAF = 25° + 50° = 75°$

6　(1)　△ABFと△BCGにおいて

四角形ABCDは正方形であるから

$\angle ABF = \angle BCG = 90°$　…①

$AB = BC$　…②

仮定より　$BF = CG$　…③

①，②，③より，2組の辺とその間の角がそれぞれ等しいから　$\triangle ABF \equiv \triangle BCG$

よって　$\angle FAB = \angle GBC = \angle HBF$

$\angle AHB = \angle HBF + \angle HFB$

$= \angle FAB + \angle AFB$

$= 180° - \angle ABF$

$= 180° - 90° = 90°$

よって　$\angle AHB = 90°$

(2)　**3cm**　　(3)　**45°**

解説　(2)　正方形の対角線は垂直に交わるから　$\angle AOB = 90°$

よって，点OはABを直径とする円周上の点である。

(1)より，$\angle AHB = 90°$ であるから，点Hも同じ円周上にある。点Eは直径ABの中点であるから，この円の中心である。

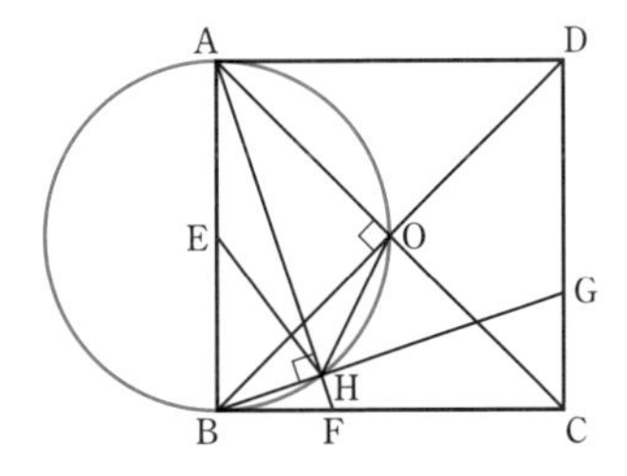

直径は$AB = 6$cmであるから，半径は

$6 \div 2 = 3$(cm)

よって　$EH = 3$cm

(3)　四角形ABHOの外接円で，$\overset{\frown}{OA}$に対する円周角は等しいから

$\angle AHO = \angle ABO = 45°$

8 三平方の定理

118 (1) △DBF と △ABC において

仮定より

DF＝AC …①

四角形 ABDE は正方形であるから

DB＝AB …②

∠BDF＝∠BAC＝90° …③

①，②，③より，2 組の辺とその間の角がそれぞれ等しいから △DBF≡△ABC

これより，∠DBF＝∠ABC となる。

∠CBF＝∠DBF＋∠DBC

＝∠ABC＋∠DBC

＝∠ABD＝90°

よって，∠CBF は直角である。

(2) (1)より，面積について，△DBF＝△ABC であるから

四角形 CBFE＝△DBF＋四角形 ECBD

＝△ABC＋四角形 ECBD

＝正方形 ABDE

(3) (1)より BF＝BC＝a

EF＝ED＋DF＝AB＋AC＝$c+b$

EC＝EA−AC＝AB−AC＝$c-b$

四角形 CBFE＝△BCF＋△ECF

$$=\frac{1}{2}a^2+\frac{1}{2}(c+b)(c-b)$$

$$=\frac{1}{2}(a^2+c^2-b^2)$$

また 正方形 ABDE＝c^2

(2)より $\frac{1}{2}(a^2+c^2-b^2)=c^2$

$a^2+c^2-b^2=2c^2$

よって $a^2=b^2+c^2$

トップコーチ

「三平方の定理」は「ピタゴラスの定理」とも呼ばれ，直角三角形の 3 辺の長さの関係を表したものである。紀元前から知られている有名な定理であるが，この定理を用いることにより，地球と太陽との距離も計算できる，非常に重要な定理である。

<三平方の定理>

右の図において，

$a^2+b^2=c^2$が成り立つ。

「三平方の定理」の証明法は数多くあるが，最もシンプルなものの 1 つは，次のようになる。

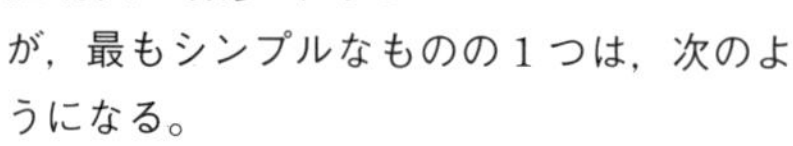

四角形 ABCD は 1 辺 $(a+b)$ の正方形であるから，その面積は

$(a+b)^2$

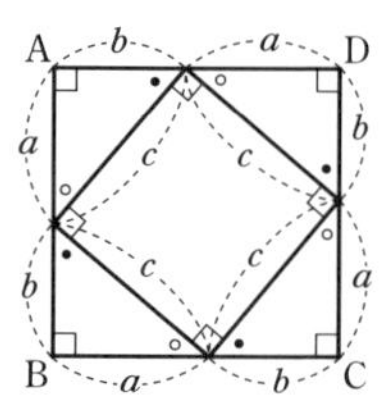

また，四角形 ABCD の面積は，図より

$\frac{ab}{2}\times4+c^2=2ab+c^2$ と表せる。

よって $(a+b)^2=2ab+c^2$

$a^2+2ab+b^2=2ab+c^2$

$a^2+b^2=c^2$

119 (1) $x=\frac{2\pm\sqrt{2}}{2}$ (2) $2\sqrt{10}$

(3) $\sqrt{2}+1$

解説 (1) 直角二等辺三角形の等しい辺と斜辺の長さの比は $1:\sqrt{2}$ であるから，長方形の 2 辺の長さは，$\sqrt{2}x$，$\frac{4-2x}{\sqrt{2}}$ となる。4 つの長方形の面積の和が正方形の面積の$\frac{1}{4}$であるから

$\sqrt{2}x\times\frac{4-2x}{\sqrt{2}}\times 4=4^2\times\frac{1}{4}$

$x(4-2x)=1$　　$4x-2x^2=1$

$2x^2-4x+1=0$

解の公式により

$x=\frac{-(-4)\pm\sqrt{(-4)^2-4\times2\times1}}{2\times2}=\frac{4\pm\sqrt{8}}{4}$

$=\frac{4\pm2\sqrt{2}}{4}=\frac{2\pm\sqrt{2}}{2}$

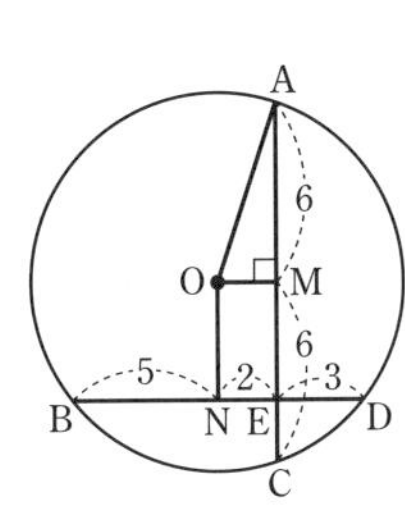

(2)　線分 AC の中点を M，線分 BD の中点を N とすると，OM，ON はそれぞれ AC，BD の垂直二等分線である。

$AM=\frac{1}{2}AC=\frac{1}{2}\times12=6$

$BN=\frac{1}{2}BD=\frac{1}{2}\times(7+3)=5$

$NE=BE-BN=7-5=2$

$AC\perp BD$ より，四角形 ONEM は長方形であるから　$OM=NE=2$

△OAM において，三平方の定理により

$OA^2=OM^2+AM^2=2^2+6^2=40$

$OA>0$ より　$OA=\sqrt{40}=2\sqrt{10}$

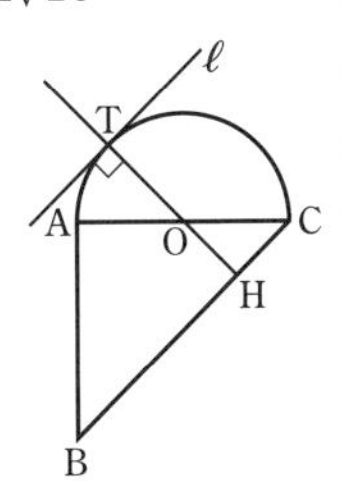

(3)　辺 BC に平行な半円の接線 ℓ を引き，接点を T とする。線分 AC の中点を O，直線 TO と線分 BC との交点を H とする。

$TO\perp\ell$，$\ell /\!/ BC$ より，$TH\perp BC$ であるから，TH は辺 BC を底辺としたときの △TBC の高さである。点 P が点 T の位置にあるとき，△PBC の面積は最大となる。

$BC=\sqrt{2}AB=2\sqrt{2}$

$OT=OA=\frac{1}{2}AC=\frac{1}{2}\times2=1$

また，$\angle OCH=45°$，$OC=1$ であるから，

$OH:OC=1:\sqrt{2}$ より

$\sqrt{2}OH=1$　　$OH=\frac{1}{\sqrt{2}}$

よって，求める面積の最大値は

$\frac{1}{2}\times BC\times TH=\frac{1}{2}\times2\sqrt{2}\times\left(1+\frac{1}{\sqrt{2}}\right)$

$=\sqrt{2}+1$

▶120

(1)　①　**2：3**　　②　$\mathbf{9\sqrt{5}}$

(2)　①　$\mathbf{\sqrt{15}}$　　②　$\mathbf{\frac{\sqrt{15}}{2}}$

③　$\mathbf{7+\frac{\sqrt{15}}{2}}$

(3)　①　$\mathbf{\frac{5}{16}}$ **倍**　　②　$\mathbf{\frac{1+k^2}{4k^2}}$ **倍**

(4)　①　$\mathbf{4\sqrt{6}}$　　②　$\mathbf{\frac{63\sqrt{6}}{5}}$

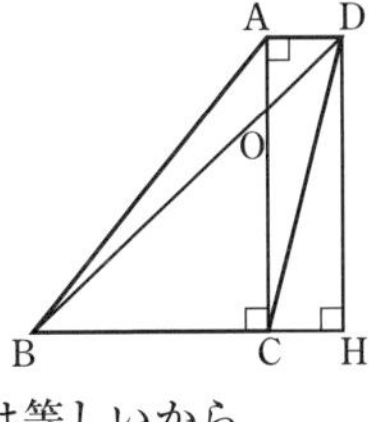

解説　(1)　①　点 D から辺 BC の延長上に垂線 DH を下ろす。△OAD と △DHB おいて，

$AD /\!/ BH$ より，錯角は等しいから

$\angle ODA=\angle DBH$

$\angle OAD=\angle DHB=90°$

よって，△OAD∽△DHB となり

$AO:DO=HD:BD$

$=6:9=2:3$

②　三平方の定理により

$BH^2+HD^2=BD^2$

$BH^2=BD^2-HD^2=9^2-6^2=45$

$BH>0$ より　$BH=\sqrt{45}=3\sqrt{5}$

よって，台形ABCDの面積は

$\frac{1}{2}(AD+BC)\times AC=\frac{1}{2}\times BH\times AC$

$=\frac{1}{2}\times 3\sqrt{5}\times 6=9\sqrt{5}$

(2) ① 点Aから辺BCに垂線AMを下ろすと，AB＝AEより

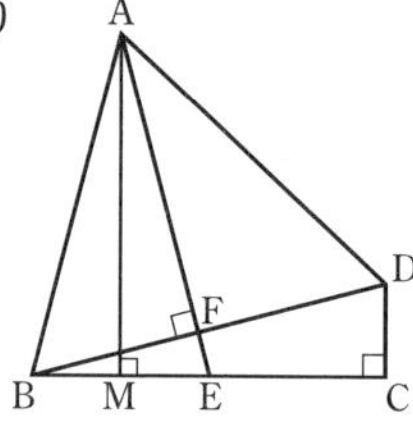

△ABM

≡△AEM

よって，Mは

BEの中点で

ME＝1

∠AEM＝∠BEF(共通)，

∠AME＝∠BFE＝90°より

△AME∽△BFE …㋐

よって ∠MAE＝∠FBE＝∠CBD

∠AME＝∠BCD＝90°

AE＝BD＝4

これより △AME≡△BCD …㋑

よって AM＝BC

△AMEにおいて，三平方の定理により

$AM^2+ME^2=AE^2$

$AM^2=AE^2-ME^2=4^2-1^2=15$

AM＞0より $AM=\sqrt{15}$

よって $BC=\sqrt{15}$

② ㋐より AM：BF＝AE：BE

$\sqrt{15}$：BF＝4：2＝2：1

$2BF=\sqrt{15}$　　$BF=\frac{\sqrt{15}}{2}$

③ ㋐より ME：FE＝AE：BE

1：FE＝2：1　　2FE＝1

$FE=\frac{1}{2}$

$AF=AE-FE=4-\frac{1}{2}=\frac{7}{2}$

㋑より CD＝ME＝1

四角形ABCD＝△ABD＋△BCD

$=\frac{1}{2}\times BD\times AF+\frac{1}{2}\times BC\times CD$

$=\frac{1}{2}\times 4\times\frac{7}{2}+\frac{1}{2}\times\sqrt{15}\times 1=7+\frac{\sqrt{15}}{2}$

(3) 右の図のように点B′，Eをとる。

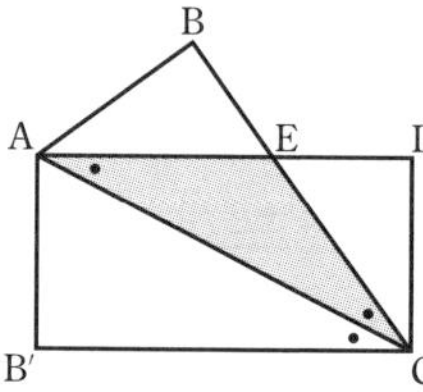

△ABC≡△AB′C

より

∠BCA＝∠B′CA

AD∥B′Cより ∠B′CA＝∠EAC

よって，∠ECA＝∠EACであるから

AE＝EC

△CDEにおいて，三平方の定理により

$CD^2+DE^2=EC^2$

$AB^2+(BC-AE)^2=AE^2$

$AB^2+BC^2-2\times BC\times AE+AE^2=AE^2$

これより　$AE=\frac{AB^2+BC^2}{2BC}$

△ACE：長方形ABCD

$=\left(\frac{1}{2}\times EC\times AB\right):(AB\times BC)=AE:2BC$

$=\frac{AB^2+BC^2}{2BC}:2BC=(AB^2+BC^2):4BC^2$

$\triangle ACE=\frac{AB^2+BC^2}{4BC^2}\times$長方形ABCD

① AB：BC＝1：2のとき

BC＝2ABであるから

$\frac{AB^2+BC^2}{4BC^2}=\frac{AB^2+4AB^2}{16AB^2}=\frac{5}{16}$

よって，$\frac{5}{16}$倍である。

② AB：BC＝1：kのとき

BC＝kABであるから

$\frac{AB^2+BC^2}{4BC^2}=\frac{AB^2+k^2AB^2}{4k^2AB^2}=\frac{1+k^2}{4k^2}$

よって，$\frac{1+k^2}{4k^2}$倍である。

(4) ① 点 A，D から BC へそれぞれ垂線 AM，DN を下ろす。

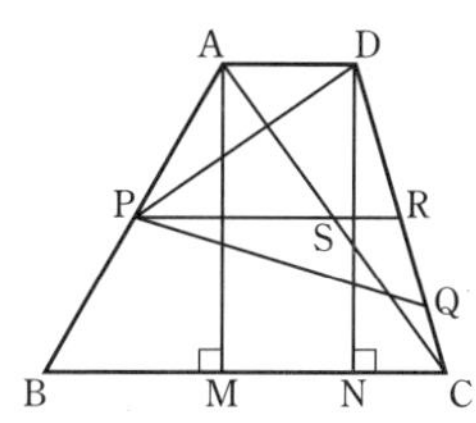

BM$=x$ とすると

CN$=$BC$-$BM$-$MN$=9-x-3=6-x$

△ABM において，三平方の定理から

$AM^2=AB^2-BM^2$

$=(4\sqrt{7})^2-x^2=112-x^2$

△DCN において，三平方の定理から

$DN^2=CD^2-CN^2$

$=10^2-(6-x)^2=64+12x-x^2$

AM$=$DN より

$112-x^2=64+12x-x^2$

$12x=48$　　$x=4$

よって　$AM^2=112-4^2=96$

AM>0 より　AM$=\sqrt{96}=4\sqrt{6}$

② 線分 DC の中点を R，AC と PR との交点を S とすると

$PR=PS+SR=\frac{1}{2}BC+\frac{1}{2}AD$

$=\frac{9}{2}+\frac{3}{2}=\frac{12}{2}=6$

四角形 APQD と四角形 PBCQ の周の長さが等しいとき，AP$=$PB，PQ は共通であるから

AD$+$DQ$=$BC$+$CQ

$3+DQ=9+(10-DQ)$

$3+DQ=19-DQ$　　$2DQ=16$

よって　DQ$=8$

$DR=\frac{1}{2}DC=\frac{1}{2}\times10=5$ であるから

RQ$=$DQ$-$DR$=8-5=3$

△PRD：△PRQ$=$DR：RQ$=5:3$

これより　$\triangle PRQ=\frac{3}{5}\triangle PRD$

四角形 APQD

$=\triangle APD+\triangle PRD+\triangle PRQ$

$=\triangle APD+\triangle PRD+\frac{3}{5}\triangle PRD$

$=\triangle APD+\frac{8}{5}\triangle PRD$

$=\frac{1}{2}\times3\times2\sqrt{6}+\frac{8}{5}\times\frac{1}{2}\times6\times2\sqrt{6}$

$=3\sqrt{6}+\frac{48\sqrt{6}}{5}=\frac{63\sqrt{6}}{5}$

▶121

(1) $\boldsymbol{x=1}$

(2) ① $\boldsymbol{2\sqrt{2}x}$　　② $\boldsymbol{x=\frac{3}{2}}$

③ $\boldsymbol{x=-2+\sqrt{17}}$

解説 (1) AB と DE との交点を P とする。

EN∥DC，ED∥NC より，△PME，△PBD，△AMN はすべて直角二等辺三角形である。

M は AB の中点であるから

AM$=$MB$=$MP$+$PB$=$EM$+$BD

$=x+\sqrt{2}$

よって，MN$=$AM$=x+\sqrt{2}$ となるから

EN$=$EM$+$MN$=x+x+\sqrt{2}=2x+\sqrt{2}$

ED$=$EP$+$PD$=\sqrt{2}x+\sqrt{2}\times\sqrt{2}$

$=\sqrt{2}x+2$

四角形 CNED はひし形であるから

EN$=$ED　　$2x+\sqrt{2}=\sqrt{2}x+2$

$(2-\sqrt{2})x=2-\sqrt{2}$

よって　$x=1$

(2) ① 点 A から辺 BC に垂線 AM を下ろす。

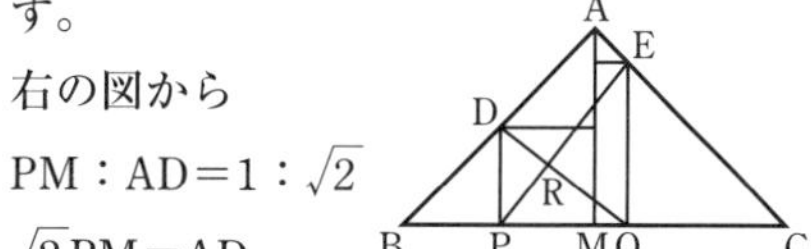

右の図から

PM：AD$=1:\sqrt{2}$

$\sqrt{2}$PM$=$AD

$PM=\frac{1}{\sqrt{2}}AD=\frac{\sqrt{2}}{2}AD$

同様にして，$QM=\frac{\sqrt{2}}{2}AE$ であるから

$PQ=PM+QM$

$=\frac{\sqrt{2}}{2}(AD+AE)=\frac{\sqrt{2}}{2}(3x+x)$

$=\frac{\sqrt{2}}{2}\times 4x=2\sqrt{2}x$

② △BPD と △CQE は直角二等辺三角形であるから

$DP+EQ=BP+CQ=BC-PQ$

$=13\sqrt{2}-2\sqrt{2}x$

四角形 DPQE の面積が 30 cm^2 のとき

$\frac{1}{2}(DP+EQ)\times PQ=30$

$\frac{1}{2}(13\sqrt{2}-2\sqrt{2}x)\times 2\sqrt{2}x=30$

$26x-4x^2=30$　　$2x^2-13x+15=0$

$(x-5)(2x-3)=0$　　$x=5,\ \frac{3}{2}$

$0<AD<13$ より　$0<x<\frac{13}{3}$

よって　$x=\frac{3}{2}$

③ DQ と EP の交点を R とすると

$\angle QDP=180°-\angle DPQ-\angle DQP$

$=90°-\angle DQP$

$DQ\perp EP$ より　$\angle PRQ=90°$

$\angle RPQ=180°-\angle PRQ-\angle RQP$

$=90°-\angle DQP$

よって　$\angle QDP=\angle EPQ$

$\angle DPQ=\angle PQE=90°$

これより　$\triangle DPQ \backsim \triangle PQE$

$DP:PQ=PQ:QE$

$DP\times QE=PQ^2$

$DP=\frac{DB}{\sqrt{2}}=\frac{13-3x}{\sqrt{2}}$，$QE=\frac{EC}{\sqrt{2}}=\frac{13-x}{\sqrt{2}}$

であるから

$\frac{13-3x}{\sqrt{2}}\times\frac{13-x}{\sqrt{2}}=(2\sqrt{2}x)^2$

$\frac{169-52x+3x^2}{2}=8x^2$

$13x^2+52x-169=0$

$x^2+4x-13=0$

$x=\frac{-2\pm\sqrt{2^2-1\times(-13)}}{1}=-2\pm\sqrt{17}$

$0<x<\frac{13}{3}$ より　$x=-2+\sqrt{17}$

▶122 (1) $\frac{2\sqrt{3}}{3}$ 倍

(2) ① $9\sqrt{3}$　② $6\sqrt{3}-9$

解説 (1) 1 本の針金の長さを $12x$ とする。ただし，$x>0$ とする。

$12x\div 3=4x$ より，正三角形の 1 辺の長さは $4x$ である。高さを h とすると

$4x:h=2:\sqrt{3}$ より　$2h=4\sqrt{3}x$

$h=2\sqrt{3}x$

よって，面積は　$\frac{1}{2}\times 4x\times 2\sqrt{3}x=4\sqrt{3}x^2$

$12x\div 4=3x$ より，正方形の 1 辺の長さは $3x$ であるから，面積は

$(3x)^2=9x^2$

$12\div 6=2x$ より，正六角形の 1 辺の長さは $2x$ である。この正六角形の面積は，1 辺の長さが $2x$ である正三角形を 6 個合わせたものになる。正三角形の高さは $\sqrt{3}x$ となるから，正六角形の面積は

$\frac{1}{2}\times 2x\times\sqrt{3}x\times 6=6\sqrt{3}x^2$

円の半径を r とすると　$2\pi r=12x$ より

$r=\frac{6}{\pi}x$

円の面積は　$\pi r^2=\pi\times\left(\frac{6}{\pi}x\right)^2=\frac{36}{\pi}x^2$

$4\sqrt{3}=\sqrt{48}$, $6\sqrt{3}=\sqrt{108}$ であるから,

$48<81<108$ より　$\sqrt{48}<\sqrt{81}<\sqrt{108}$

よって　$4\sqrt{3}<9<6\sqrt{3}$

$\dfrac{36}{\pi}\fallingdotseq\dfrac{36}{3.14}>11.4\cdots>11$, $11^2=121>108$ より

$6\sqrt{3}<\dfrac{36}{\pi}$

これより，面積が2番目に大きいのは正六角形で，2番目に小さいのは正方形である。

よって　$6\sqrt{3}x^2\div 9x^2=\dfrac{6\sqrt{3}}{9}=\dfrac{2\sqrt{3}}{3}$(倍)

(2)　① 点Aから辺BCに垂線AMを下ろすと，MはBCの中点で

$\angle BAM=\angle CAM=60°$

$AM:AB=1:2$ より　$AM:6=1:2$

$2AM=6$　　$AM=3$

$AM:BM=1:\sqrt{3}$ より

$3:BM=1:\sqrt{3}$

$BM=3\sqrt{3}$　　$BC=2BM=6\sqrt{3}$

よって　$\triangle ABC=\dfrac{1}{2}\times 6\sqrt{3}\times 3=9\sqrt{3}$

② 円Oの半径を r とする。

$\triangle OAB+\triangle OBC+\triangle OCA=\triangle ABC$ より

$\dfrac{1}{2}\times 6r+\dfrac{1}{2}\times 6\sqrt{3}r+\dfrac{1}{2}\times 6r=9\sqrt{3}$

$6r+3\sqrt{3}r=9\sqrt{3}$　　$2r+\sqrt{3}r=3\sqrt{3}$

$(2+\sqrt{3})r=3\sqrt{3}$

両辺に $2-\sqrt{3}$ をかけて

$(2-\sqrt{3})(2+\sqrt{3})r=(2-\sqrt{3})\times 3\sqrt{3}$

$(4-3)r=6\sqrt{3}-9$

よって　$r=6\sqrt{3}-9$

トップコーチ

特別な直角三角形については，辺の比や角の大きさを暗記しておくことが大切。

① 角度↔3辺の比…「三角定規型」

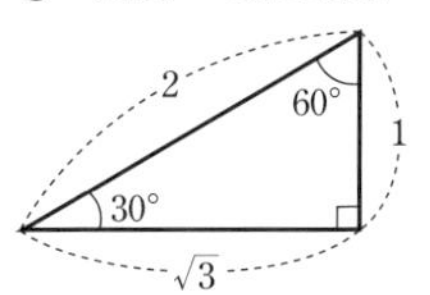

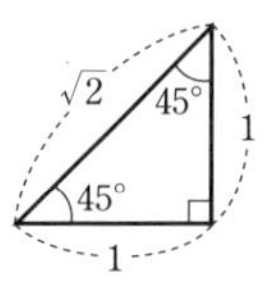

② 3辺の比が整数…「ピタゴラスの数の三角形」

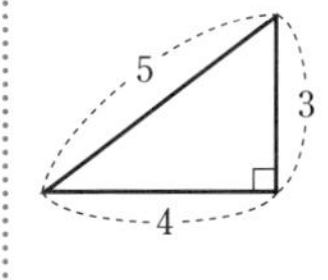

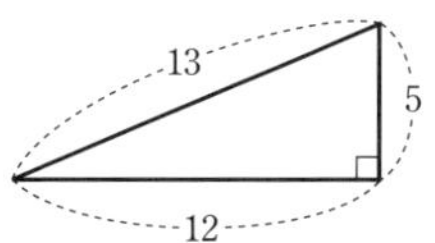

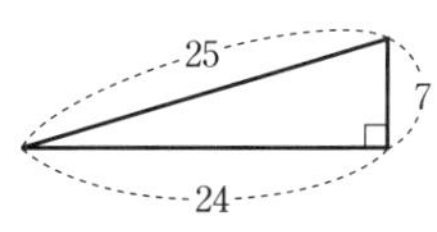

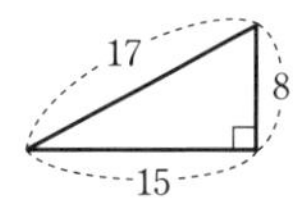

③ 「入試に頻出する三角形」

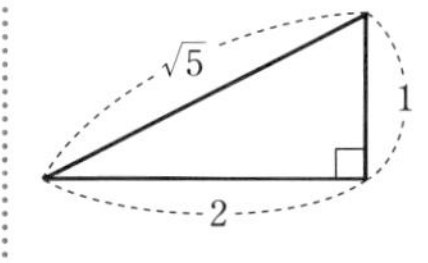

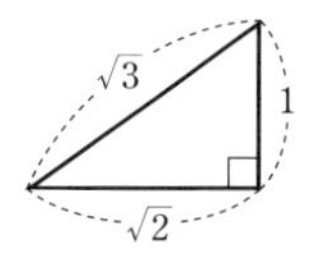

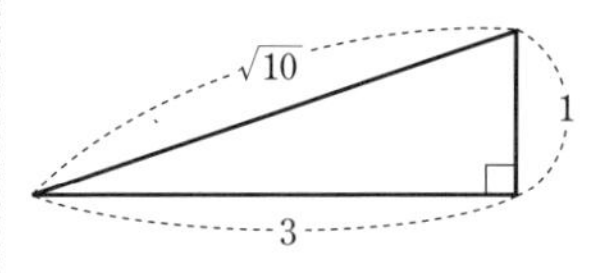

④ 「角の二等分線でできる三角形」

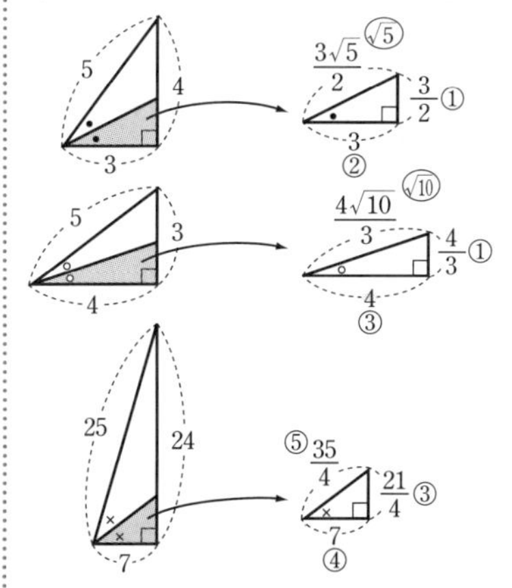

▶123 (1) ① $\dfrac{2\sqrt{6}}{3}$ cm

② $(2\sqrt{3}-2)$ cm

(2) ① $2\sqrt{13}$ ② $2\sqrt{7}$

③ $\dfrac{3\sqrt{13}}{2}$ ④ $\dfrac{9\sqrt{3}}{4}$

(3) ① $\dfrac{\sqrt{42}}{3}$ ② $\dfrac{2\sqrt{3}}{3}$

③ $\dfrac{4\sqrt{3}}{15}$

(4) ① $\dfrac{5\sqrt{3}}{3}$ ② $\sqrt{43}$

③ $43\sqrt{3}$

 (1) ① $\angle ABC=(180°-30°)\div 2$

$=75°$

$\angle ABD=75°-45°=30°$

よって，△ABD は DA＝DB の二等辺三角形である。

点 D から辺 AB に垂線 DE を下ろすと，点 E は辺 AB の中点となるから

$AE=2\sqrt{2}\div 2=\sqrt{2}$ (cm)

$AD:AE=2:\sqrt{3}$ より

$\sqrt{3}AD=2AE$

$AD=\dfrac{2\sqrt{2}}{\sqrt{3}}=\dfrac{2\sqrt{2}\times\sqrt{3}}{\sqrt{3}\times\sqrt{3}}=\dfrac{2\sqrt{6}}{3}$ (cm)

② 点 C から線分 BD に垂線 CH を下ろす。

$\angle HDC=\angle DAE+\angle DBE$

$=30°+30°=60°$

$CD:CH=2:\sqrt{3}$ より

$2CH=\sqrt{3}CD$ $CH=\dfrac{\sqrt{3}}{2}CD$

また，△BHC は直角二等辺三角形であるから，$CH:BC=1:\sqrt{2}$ より

$BC=\sqrt{2}CH=\sqrt{2}\times\dfrac{\sqrt{3}}{2}CD$

$=\dfrac{\sqrt{6}}{2}\left(2\sqrt{2}-\dfrac{2\sqrt{6}}{3}\right)=2\sqrt{3}-2$ (cm)

(2) ① $PD:AD=1:\sqrt{3}$ より

$AD=\sqrt{3}PD=3\sqrt{3}$ $CD=2+3=5$

△ACD において，三平方の定理により

$AC^2=AD^2+CD^2=(3\sqrt{3})^2+5^2$

$=27+25=52$

$AC>0$ より $AC=\sqrt{52}=2\sqrt{13}$

② $CP:BC=1:\sqrt{3}$ より

$BC=\sqrt{3}CP=2\sqrt{3}$

点 B から AD に垂線 BE を下ろす。

△ABE において，三平方の定理により

$AB^2=AE^2+BE^2=(3\sqrt{3}-2\sqrt{3})^2+5^2$

$=(\sqrt{3})^2+5^2=3+25=28$

$AB>0$ より $AB=\sqrt{28}=2\sqrt{7}$

③ 直線 CD について点 A と対称な点を A′ とすると，

$\angle A'PD=\angle BPC=60°$

であるから，3 点 A′，P，B は同一直線上にある。AA′∥BC より

$AQ:CQ=AA':CB$

$=(2\times 3\sqrt{3}):2\sqrt{3}=3:1$

$AQ:AC=3:4$ より

$4AQ=3AC$ $AQ=\dfrac{3}{4}AC=\dfrac{3\sqrt{13}}{2}$

④ $\triangle APQ:\triangle APC=AQ:AC=3:4$

$4\triangle APQ=3\triangle APC$ より

$\triangle APQ=\dfrac{3}{4}\triangle APC=\dfrac{3}{4}\times\dfrac{1}{2}\times 2\times 3\sqrt{3}$

$=\dfrac{9\sqrt{3}}{4}$

(3) ① $CD:BC=1:\sqrt{3}$ より $\sqrt{3}CD=BC$

$CD=\frac{1}{\sqrt{3}}BC=\frac{1}{\sqrt{3}}\times\sqrt{6}=\sqrt{2}$

$CD:BD=1:2$ より

$BD=2CD=2\sqrt{2}$

G は BD の中点であるから

$GD=\frac{1}{2}BD=\sqrt{2}$

$\angle GDE=30^\circ$, $\angle DGE=90^\circ$ であるから

$DE:GD=2:\sqrt{3}$ より

$\sqrt{3}DE=2GD$

$DE=\frac{2}{\sqrt{3}}\times\sqrt{2}=\frac{2\sqrt{6}}{3}$

△CDE において，三平方の定理により

$CE^2=CD^2+DE^2=(\sqrt{2})^2+\left(\frac{2\sqrt{6}}{3}\right)^2$

$=2+\frac{24}{9}=\frac{42}{9}$

$CE>0$ より $CE=\sqrt{\frac{42}{9}}=\frac{\sqrt{42}}{3}$

② △GBF≡△GDE より，

$BF=DE=\frac{2\sqrt{6}}{3}$ であるから

$\triangle BFE=\frac{1}{2}\times BF\times CD$

$=\frac{1}{2}\times\frac{2\sqrt{6}}{3}\times\sqrt{2}=\frac{2\sqrt{3}}{3}$

③ $FC=BC-BF=\sqrt{6}-\frac{2\sqrt{6}}{3}=\frac{\sqrt{6}}{3}$

$HE:HC=DE:BC=\frac{2\sqrt{6}}{3}:\sqrt{6}=2:3$

より $EH:EC=2:5$

△GDE≡△GBF より，EG=FG であるから

$\triangle EGH=\frac{1}{2}\triangle EFH=\frac{1}{2}\times\frac{2}{5}\triangle EFC$

$=\frac{1}{5}\triangle EFC$

四角形 GFCH＝△EFC－△EGH

$=\triangle EFC-\frac{1}{5}\triangle EFC=\frac{4}{5}\triangle EFC$

$=\frac{4}{5}\times\frac{1}{2}\times\frac{\sqrt{6}}{3}\times\sqrt{2}=\frac{4\times2\sqrt{3}}{30}=\frac{4\sqrt{3}}{15}$

(4) ① $\angle ADB=2\angle APB=2\times60^\circ=120^\circ$

点 D から辺 AB に垂線 AM を下ろすと，

AD＝BD より △ADM≡△BDM となり

$\angle ADM=\frac{1}{2}\angle ADB=60^\circ$

$AD:AM=2:\sqrt{3}$ より

$\sqrt{3}AD=2AM$

$AD=\frac{2}{\sqrt{3}}AM=\frac{2}{\sqrt{3}}\times\frac{5}{2}=\frac{5\sqrt{3}}{3}$

② ①と同様にして

$AE=\frac{2}{\sqrt{3}}\times\frac{1}{2}AC=\frac{8}{\sqrt{3}}=\frac{8\sqrt{3}}{3}$

$\angle DAB=30^\circ$, $\angle EAC=30^\circ$ より

$\angle DAE=\angle DAB+\angle BAC+\angle CAE$

$=30^\circ+60^\circ+30^\circ=120^\circ$

点 E から直線 DA に垂線 EH を下ろす。

$AH:AE=1:2$ より

$2AH=AE$ $AH=\frac{1}{2}AE=\frac{4\sqrt{3}}{3}$

$DH=AD+AH=\frac{5\sqrt{3}}{3}+\frac{4\sqrt{3}}{3}=3\sqrt{3}$

また，$AH:EH=1:\sqrt{3}$ より

$EH=\sqrt{3}AH=\sqrt{3}\times\frac{4\sqrt{3}}{3}=4$

△EDH において，三平方の定理により

$DE^2=DH^2+EH^2=(3\sqrt{3})^2+4^2$

$=27+16=43$

$DE>0$ より $DE=\sqrt{43}$

③ 2円の交点のうち，A 以外の点を F とし，直線 FD と △APB の外接円との交点を S，直線 FE と △ARC の外接円との交点を T とする。

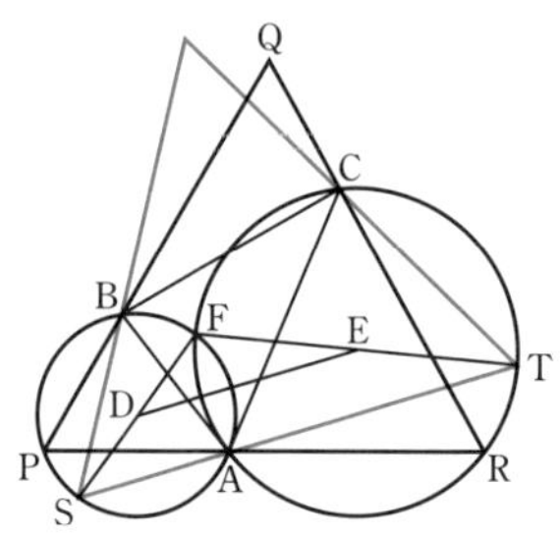

このとき，FS，FT はそれぞれの円の直径であるから

$\angle FAS=\angle FAT=90°$

よって，点 A は直線 ST 上にある。

円周角の定理により

$\angle FPA=\angle FSA$，$\angle FRA=\angle FTA$

よって　$\triangle FPR \backsim \triangle FST$

△PQR の面積が最大となるのは，PR の長さが最大となるとき，すなわち，FP の長さが最大となるときである。それは，FP が直径となるときであるから，PR は ST と一致するとき最大となる。点 D，E はそれぞれ FS，FT の中点であるから，中点連結定理により

$DE /\!/ ST$，$DE=\dfrac{1}{2}ST$

よって　$PR=ST=2DE=2\sqrt{43}$

△PQR の高さを h とすると

$PQ : h=2:\sqrt{3}$ より　$2h=\sqrt{3}PQ$

$h=\dfrac{\sqrt{3}}{2}PQ=\dfrac{\sqrt{3}}{2}PR$

$\triangle PQR=\dfrac{1}{2}\times PR\times h=\dfrac{\sqrt{3}}{4}PR^2$

$=\dfrac{\sqrt{3}}{4}\times 4\times 43=43\sqrt{3}$

124 (1) ① $2\sqrt{3}$　② $(8+4\sqrt{3})\pi$

(2) ① $\dfrac{2\sqrt{3}}{3}$　② $75°$

③ $\sqrt{6}-\sqrt{2}$　④ $\dfrac{\sqrt{21}}{3}$

解説 (1) ① △ABC において

$\angle BAC=180°-90°-75°=15°$

$\angle BOC=2\angle BAC=2\times 15°=30°$

よって　$OC : OD=2:\sqrt{3}$

$OC=8\div 2=4$ であるから

$4 : OD=2:\sqrt{3}$　$2OD=4\sqrt{3}$

よって　$OD=2\sqrt{3}$

② $CD : OC=1:2$ より

$CD : 4=1:2$　$2CD=4$

$CD=2$

また，$AD=4+2\sqrt{3}$ であるから

$AC^2=AD^2+CD^2=(4+2\sqrt{3})^2+2^2$

$=16+16\sqrt{3}+12+4$

$=32+16\sqrt{3}$

求める円の面積は

$\pi\left(\dfrac{AC}{2}\right)^2=\pi\times\dfrac{AC^2}{4}=\pi\times\dfrac{32+16\sqrt{3}}{4}$

$=(8+4\sqrt{3})\pi$

(2) ① $AC : DC=BC : 2BC=1:2$，$\angle DCA=60°$ であるから，△DAC は $\angle DAC=90°$ の直角三角形となる。

$\angle EAC=90°$ より，EC は円 O の直径であるから　$\angle EBC=90°$

弧 BC に対する円周角は等しいから

$\angle BEC=\angle BAC=60°$

よって　$BE : BC=1:\sqrt{3}$

$BE : 2=1:\sqrt{3}$

$\sqrt{3}BE=2$

$BE=\dfrac{2}{\sqrt{3}}=\dfrac{2\sqrt{3}}{3}$

② 点Aを中心とする半径ABの円をかくと，∠BFC＝30°，∠BAC＝60°であるから　∠BAC＝2∠BFC
よって，∠BFCは中心角∠BACに対する円周角であるから，点Fはこの円周上にある。
これより，AF＝AC＝2となる。
∠FAC＝90°より，△AFCは直角二等辺三角形であるから　∠AFC＝45°
∠AFB＝∠AFC＋∠BFC
　　＝45°＋30°＝75°

③ 点FからDBに垂線FHを下ろす。

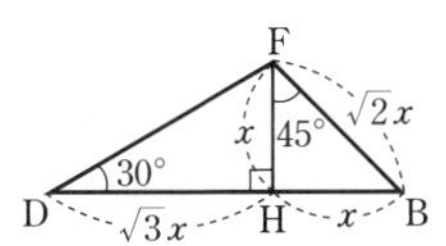

∠DFB＝180°－∠AFB
　　＝180°－75°＝105°
∠DFH＝180°－90°－∠FDH
　　＝90°－30°＝60°
∠BFH＝∠DFB－∠DFH
　　＝105°－60°＝45°
FH＝xとおくと，HB＝x，DH＝$\sqrt{3}x$である。DH＋HB＝DBより
$\sqrt{3}x+x=2$　　$(\sqrt{3}+1)x=2$
両辺に$\sqrt{3}-1$をかけて
$(\sqrt{3}-1)(\sqrt{3}+1)x=2(\sqrt{3}-1)$
$2x=2(\sqrt{3}-1)$　　$x=\sqrt{3}-1$
よって　BF$=\sqrt{2}x=\sqrt{2}(\sqrt{3}-1)$
$=\sqrt{6}-\sqrt{2}$

④ 点BからADに垂線BNを下ろす。

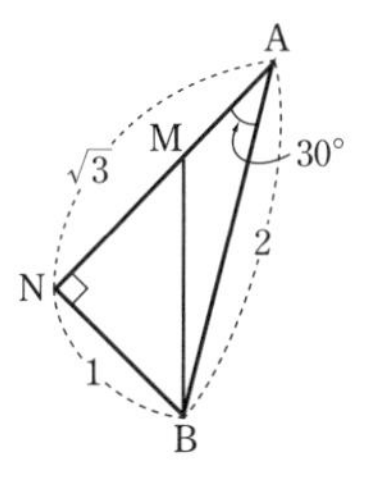

AB＝2，
∠BAN＝90°－60°
　＝30°より
AN＝$\sqrt{3}$，BN＝1
∠EBA＝90°－60°＝30°であるから
∠EAB＝∠EBA＝30°より　AE＝BE
MはAEの中点であるから
$AM=\frac{1}{2}AE=\frac{1}{2}\times\frac{2\sqrt{3}}{3}=\frac{\sqrt{3}}{3}$
$MN=AN-AM=\sqrt{3}-\frac{\sqrt{3}}{3}=\frac{2\sqrt{3}}{3}$
$BM^2=BN^2+MN^2$
$=1^2+\left(\frac{2\sqrt{3}}{3}\right)^2=1+\frac{4}{3}=\frac{7}{3}$
BM＞0より　$BM=\sqrt{\frac{7}{3}}=\frac{\sqrt{21}}{3}$

トップコーチ
2種類の三角定規の他に，有名角の直角三角形として，15°-75°-90°がある。3辺の比は次のようになる。

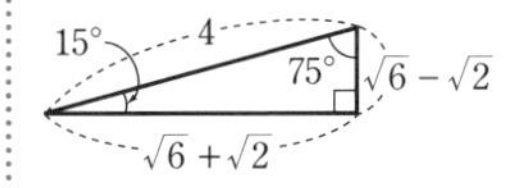

(1)②はこの比を使うとAB＝8より
AC$=2(\sqrt{6}+\sqrt{2})$
よって，ACを直径とする円の面積は
$(\sqrt{6}+\sqrt{2})^2\pi=(8+4\sqrt{3})\pi$と求められる。

▶125　(1)　$\frac{11}{2}$　　(2)　$10\sqrt{3}$
(3)　60°　　(4)　(例) 3，5，7

解説 (1)　BD＝xとおくと　CD$=8-x$
△ABDにおいて，三平方の定理から

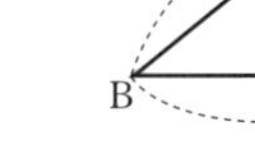

$AD^2=AB^2-BD^2=7^2-x^2=49-x^2$
△ACDにおいて，三平方の定理から
$AD^2=AC^2-CD^2=5^2-(8-x)^2$
$=25-(64-16x+x^2)=-x^2+16x-39$
これより　$49-x^2=-x^2+16x-39$
$16x=88$　　よって　BD$=x=\frac{11}{2}$

(2) $AD^2=49-\left(\dfrac{11}{2}\right)^2=49-\dfrac{121}{4}$

$=\dfrac{196-121}{4}=\dfrac{75}{4}$

$AD>0$ より　$AD=\sqrt{\dfrac{75}{4}}=\dfrac{5\sqrt{3}}{2}$

$\triangle ABC=\dfrac{1}{2}\times BC\times AD=\dfrac{1}{2}\times 8\times\dfrac{5\sqrt{3}}{2}$

$=10\sqrt{3}$

(3) $DC=BC-BD=8-\dfrac{11}{2}=\dfrac{5}{2}$

$DC:CA:AD=\dfrac{5}{2}:5:\dfrac{5\sqrt{3}}{2}=1:2:\sqrt{3}$

よって　$\angle C=60°$

(4) $\angle C=60°$ より，次の図のように正三角形 AEC をかくと，$BE=8-5=3$，$AE=5$，$AB=7$ より，3 辺の長さはすべて整数で

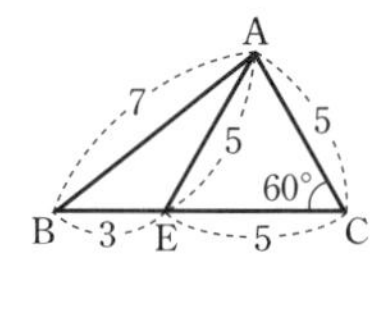

$\angle AEB=180°-\angle AEC$

$=180°-60°$

$=120°$

よって，求める三角形の 3 辺の長さは，3，5，7 となる。

トップコーチ

3 辺の長さが与えられた三角形の面積の求め方は必ず身につけておくこと。

$h^2=c^2-x^2$

$=b^2-(a-x)^2$

これより

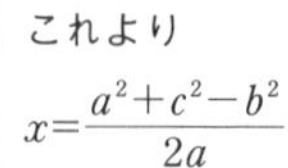

$x=\dfrac{a^2+c^2-b^2}{2a}$

$h=\sqrt{c^2-x^2}$ に x の値を代入して h を求める。

$\triangle ABC=\dfrac{1}{2}ah$ より面積を計算する。

▶126

(1) ① **67.5°**　② **$1+\sqrt{2}$**

③ **$\dfrac{4+3\sqrt{2}}{2}$**　④ **$4+2\sqrt{2}$**

(2) **3 cm²**

解説 (1) ① 正八角形に外接する円を考える。弧 CDF は円周の $\dfrac{3}{8}$ であるから

$\angle FAC=360°\times\dfrac{3}{8}\times\dfrac{1}{2}=67.5°$

② 弧 BCD は円周の $\dfrac{2}{8}=\dfrac{1}{4}$ であるから

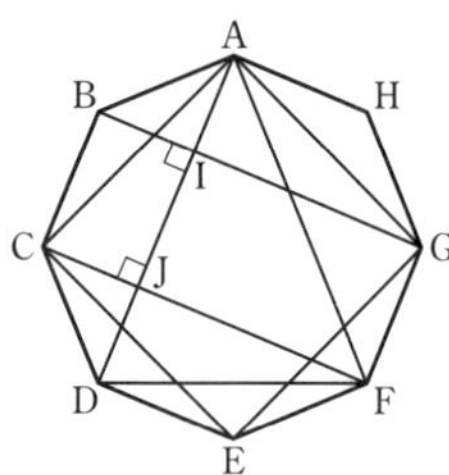

$\angle BAD$

$=360°\times\dfrac{1}{4}\times\dfrac{1}{2}$

$=45°$

同様にして　$\angle ABG=45°$

AD と BG との交点を I とすると

$\angle AIB=180°-\angle BAD-\angle ABG$

$=180°-45°-45°$

$=90°$

よって，$AD\perp BG$ となるから，$\triangle ABI$ は $\angle AIB=90°$ の直角二等辺三角形である。

$AB=\sqrt{2}$ より　$AI=BI=1$

同様にして，AD と CF との交点を J とすると，$AD\perp CF$，$JD=1$ となる。

$IJ=BC=\sqrt{2}$ であるから

台形 $ABCD=\dfrac{1}{2}\{\sqrt{2}+(1+\sqrt{2}+1)\}\times 1$

$=\dfrac{1}{2}(2+2\sqrt{2})$

$=1+\sqrt{2}$

③ ②より，$AD\perp FJ$，$AD=2+\sqrt{2}$，$FJ=FC-CJ=1+\sqrt{2}$ であるから

$\triangle ADF=\frac{1}{2}(2+\sqrt{2})(1+\sqrt{2})$

$=\frac{1}{2}(2+2\sqrt{2}+\sqrt{2}+2)$

$=\frac{4+3\sqrt{2}}{2}$

④　正方形ACEGの面積は

$AC^2=AJ^2+CJ^2=(1+\sqrt{2})^2+1^2$

$=1+2\sqrt{2}+2+1=4+2\sqrt{2}$

(2)　$360°\div 12=30°$

正十二角形の面積は，右の図の三角形の面積の12倍であるから

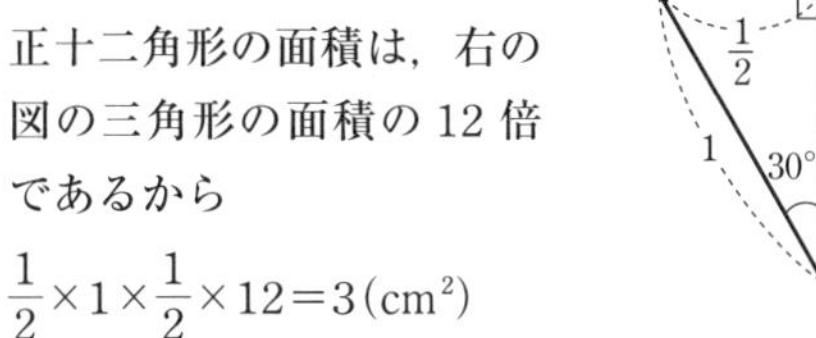

$\frac{1}{2}\times 1\times\frac{1}{2}\times 12=3(\text{cm}^2)$

▶127

(1)　$\left(1+\sqrt{2}+\frac{\sqrt{5}}{2}\right)\pi$

(2)　$5-\sqrt{3}-\frac{2}{3}\pi$（図は解説を参照）

解説　(1)　点Eを中心とする半径AE=2，中心角90°のおうぎ形の弧の長さと，点Dを中心とする半径$DF=\sqrt{1^2+2^2}=\sqrt{5}$，中心角90°のおうぎ形の弧の長さと，図の点F′を中心とする半径$F'A'=\sqrt{2^2+2^2}=2\sqrt{2}$，中心角90°のおうぎ形の弧の長さを合わせたものが求める長さである。よって

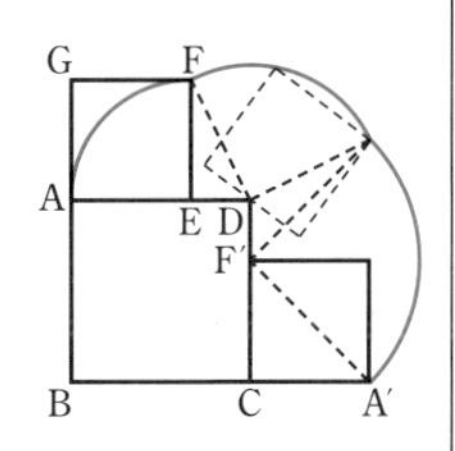

$2\pi\times 2\times\frac{90}{360}+2\pi\times\sqrt{5}\times\frac{90}{360}$

$+2\pi\times 2\sqrt{2}\times\frac{90}{360}$

$=\pi+\frac{\sqrt{5}}{2}\pi+\sqrt{2}\pi=\left(1+\sqrt{2}+\frac{\sqrt{5}}{2}\right)\pi$

(2)　円Oの周が通らないのは，右の図のかげの部分である。

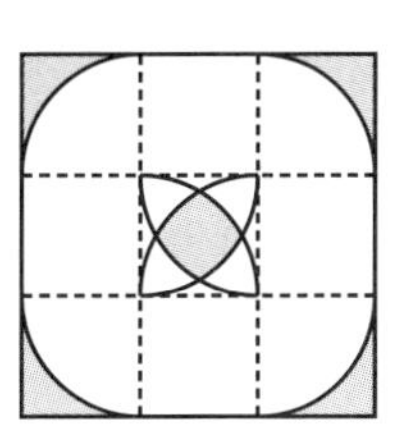

四隅の4つの部分を合わせた面積は

$2\times 2-\pi\times 1^2=4-\pi$

右の図で，

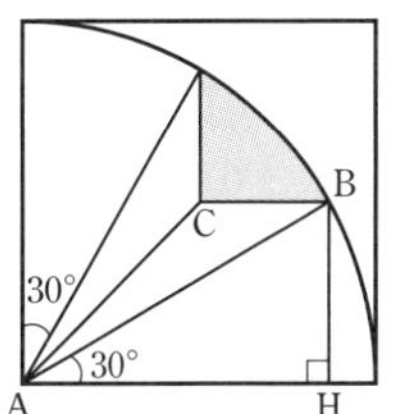

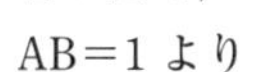

AB=1より

$AH=\frac{\sqrt{3}}{2}$，$BH=\frac{1}{2}$

$\angle CAH=45°$ より

$BC=\frac{\sqrt{3}}{2}-\frac{1}{2}$

$=\frac{\sqrt{3}-1}{2}$

よって，中央の部分の面積は，半径1，中心角30°のおうぎ形の面積から△ABCの面積の2倍を引き，4倍したものである。

$\left(\pi\times 1^2\times\frac{30}{360}-\frac{1}{2}\times\frac{\sqrt{3}-1}{2}\times\frac{1}{2}\times 2\right)\times 4$

$=\frac{\pi}{3}-\sqrt{3}+1$

ゆえに，求める面積は

$4-\pi+\frac{\pi}{3}-\sqrt{3}+1=5-\sqrt{3}-\frac{2}{3}\pi$

▶128

(1)　①　△ACFと△GCAにおいて

∠ACF=∠GCA（共通）　…㋐

$AC:GC=\sqrt{2}:2$

$CF:CA=1:\sqrt{2}=\sqrt{2}:2$

よって

$AC:GC=CF:CA$　…㋑

㋐，㋑より，2組の辺の比とその間の角がそれぞれ等しいから　△ACF∽△GCA

②　$45°-2a°$　　③　$\frac{9}{40}$ cm²

(2) ① $\sqrt{2}$　② $\sqrt{3}$　③ $\sqrt{6}$

解説 (1) ② $\angle CAD=45°$

①より　$\angle CAF=\angle CGA=\angle DAG=a°$

よって　$\angle FAG=45°-\angle CAF-\angle DAG$

$=45°-2a°$

③ 右の図より

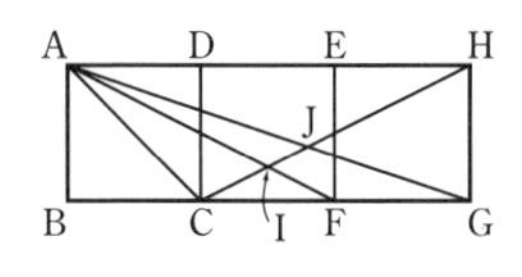

$AI:FI$

$=HA:CF$

$=3:1$

$AJ:GJ=HA:CG=3:2$

よって

$\triangle AIJ=\triangle AFG\times\dfrac{AI}{AF}\times\dfrac{AJ}{AG}$

$=\dfrac{1}{2}\times1\times1\times\dfrac{3}{4}\times\dfrac{3}{5}=\dfrac{9}{40}(cm^2)$

(2) ① $AB=AC=1$ であるから

$AD=\sqrt{1^2+1^2}=\sqrt{2}$

② $AE=AD=\sqrt{2}$，$AB=1$ であるから

$AF=\sqrt{(\sqrt{2})^2+1^2}=\sqrt{2+1}=\sqrt{3}$

③ $AF=AG=\sqrt{3}$，$AH=AI=\sqrt{4}$，

$AJ=AK=\sqrt{5}$，$AL=AM=\sqrt{6}$

▶129 (1) **$\angle DCB=15°$，$BC=2$**

(2) **22.5°**

解説 (1) 点Cから直線ABに垂線CHを下ろす。

$\triangle ACH$ は

$\angle CAH=45°$ の直角

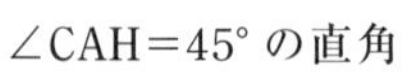

二等辺三角形であるから

$CH:AC=1:\sqrt{2}$

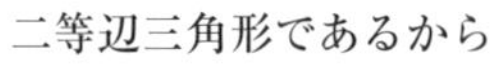

$\sqrt{2}CH=AC=\sqrt{6}$

$CH=\dfrac{\sqrt{6}}{\sqrt{2}}=\sqrt{3}$

$BH=AH-AB=CH-AB$

$=\sqrt{3}-(\sqrt{3}-1)=1$

$BC^2=BH^2+CH^2=1+3=4$

$BC>0$ より　$BC=\sqrt{4}=2$

$BH:BC:CH=1:2:\sqrt{3}$

よって　$\angle BCH=30°$

$\angle DCB=\angle ACH-\angle BCH$

$=45°-30°$

$=15°$

(2) 図のように，長方形の上側に1辺の長さ1の正方形FDCEをつくる。

$CF=\sqrt{2}$

$AF=AD+DF$

$=(\sqrt{2}-1)+1$

$=\sqrt{2}$

よって，$\triangle FAC$ は $CF=AF$ の二等辺三角形で，$\angle AFC=45°$ であるから

$\angle FAC=(180°-45°)\div2=135°\div2=67.5°$

$\angle BAC=90°-67.5°=22.5°$

トップコーチ

角度つき直角三角形としては，高校入試で扱われるのはこの22.5°-67.5°-90° までである。まとめると次のようになる。

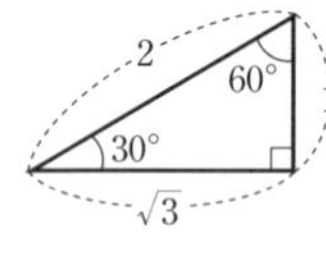

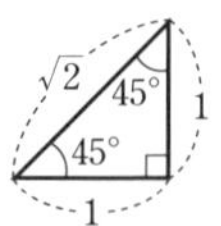

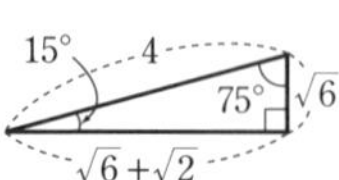

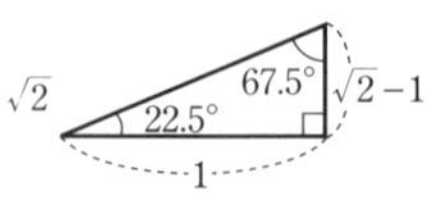

▶130 (1) ① $\sqrt{13}$ **cm** ② $\dfrac{325}{36}\pi$ **cm²**

(2) ① **AP**$=4\sqrt{7}$ **cm,**

PQ$=\dfrac{8\sqrt{21}}{3}$ **cm**

② $16\sqrt{3}$ **cm²**

③ $\dfrac{160\sqrt{3}}{9}$ **cm²**

解説 (1) ① 点Aから BC に垂線 AH を下ろす。△ABC の面積に着目して

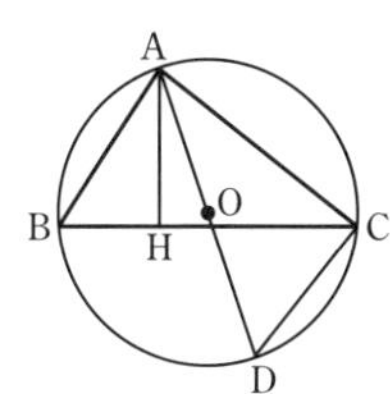

$\dfrac{1}{2}\times 6\times AH=9$　　$AH=3$

△ACH において，三平方の定理から

$CH^2=AC^2-AH^2=5^2-3^2=16$

$CH>0$ より　$CH=\sqrt{16}=4$

$BH=BC-CH=6-4=2$

△ABH において，三平方の定理から

$AB^2=AH^2+BH^2=3^2+2^2=13$

$AB>0$ より　$AB=\sqrt{13}$ (cm)

② 直線 AO と円 O との交点のうち，A 以外の点を D とする。

弧 AC に対する円周角は等しいから

$\angle ABH=\angle ADC$

AD は直径であるから

$\angle AHB=\angle ACD=90°$

よって，$\triangle ABH\backsim\triangle ADC$ となり

$AB:AD=AH:AC$

$\sqrt{13}:AD=3:5$　　$3AD=5\sqrt{13}$

$AD=\dfrac{5\sqrt{13}}{3}$

よって，円 O の半径は $\dfrac{5\sqrt{13}}{6}$ となり，

円 O の面積は

$\pi\left(\dfrac{5\sqrt{13}}{6}\right)^2=\dfrac{25\times 13}{36}\pi=\dfrac{325}{36}\pi$ (cm²)

(2) ① 点 A から BC に垂線 AM を下ろすと，M は BC の中点となるから

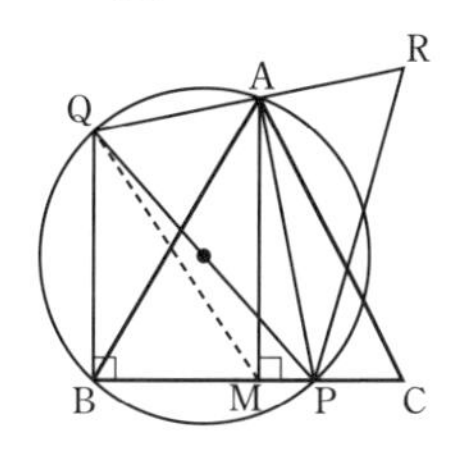

$BM=\dfrac{1}{2}BC=\dfrac{1}{2}\times 12=6$

$MP=BP-BM=8-6=2$

$\angle AMB=90°$，$\angle ABM=60°$ より

$BM:AM=1:\sqrt{3}$

$AM=\sqrt{3}BM=6\sqrt{3}$

△AMP において，三平方の定理から

$AP^2=AM^2+MP^2=(6\sqrt{3})^2+2^2$

$=108+4=112$

$AP>0$ より　$AP=\sqrt{112}=4\sqrt{7}$ (cm)

弧 AP に対する円周角は等しいから

$\angle PQA=\angle PBA=60°$

PQ は直径であるから　$\angle PAQ=90°$

これより　$PQ:AP=2:\sqrt{3}$

$\sqrt{3}PQ=2AP$

$PQ=\dfrac{2}{\sqrt{3}}\times 4\sqrt{7}=\dfrac{8\sqrt{21}}{3}$ (cm)

② PQ は直径であるから　$\angle PBQ=90°$

△BPQ において，三平方の定理から

$BQ^2=PQ^2-BP^2=\left(\dfrac{8\sqrt{21}}{3}\right)^2-8^2$

$=\dfrac{64\times 21}{9}-64=64\left(\dfrac{7}{3}-1\right)$

$=64\times\dfrac{4}{3}=\dfrac{256}{3}$

$BQ>0$ より

$BQ=\sqrt{\dfrac{256}{3}}=\dfrac{16}{\sqrt{3}}=\dfrac{16\sqrt{3}}{3}$

AM∥QB であるから

$\triangle ABQ=\triangle MBQ=\frac{1}{2}\times\frac{16\sqrt{3}}{3}\times 6$

$=16\sqrt{3}$ (cm²)

③ AM と BR との交点を N とすると AN∥QB，A は QR の中点であるから N は BR の中点となる。

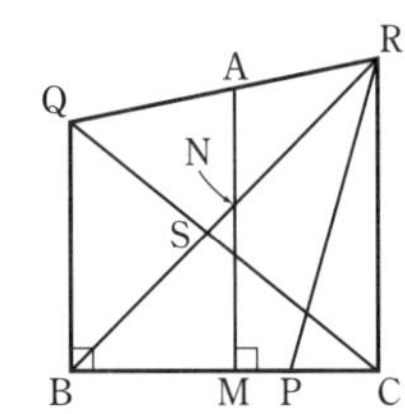

M は BC の中点であるから，中点連結定理により，NM∥RC となる。

よって　∠PCR＝90°

PC＝BC－BP＝12－8＝4,

$PR=PQ=\frac{8\sqrt{21}}{3}$ であるから

$CR^2=PR^2-PC^2=\frac{64\times 21}{9}-16$

$=\frac{16(4\times 21-9)}{9}=\frac{16\times 75}{9}$

CR＞0 より　$CR=\sqrt{\frac{16\times 75}{9}}=\frac{20\sqrt{3}}{3}$

CR∥BQ より

$CS:QS=CR:QB=\frac{20\sqrt{3}}{3}:\frac{16\sqrt{3}}{3}$

$=5:4$

$\triangle SBC=\triangle QBC\times\frac{5}{9}$

$=\frac{1}{2}\times 12\times\frac{16\sqrt{3}}{3}\times\frac{5}{9}=\frac{160\sqrt{3}}{9}$ (cm²)

トップコーチ

<外接円の半径>

△ABC において AB＝c，AC＝b，頂点 A から辺 BC に下ろした垂線 AH の長さを h とすると，△ABC の外接円の半径 r は次のように求めることができる。

直径 AD をとると △ABH と △ADC において，弧 AC の円周角より

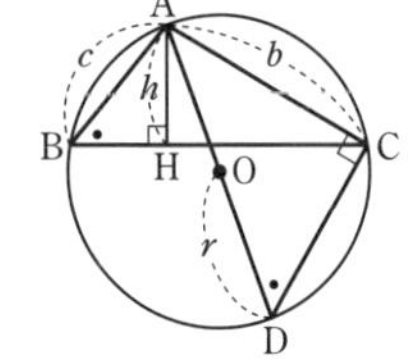

∠ABH＝∠ADC

∠AHB＝∠ACD＝90°

であるから　△ABH∽△ADC

よって，AB：AD＝AH：AC より

$c:2r=h:b$　　$2hr=bc$　　$r=\frac{bc}{2h}$

▶131

(1) ① $\frac{7}{2}$ **cm**　② $\frac{28}{5}$ **cm**

③ $\frac{392}{75}$ **cm²**

(2) ① **BH＝24，PH＝12**

② **180**　③ $\sqrt{65}$

解説 (1) ① 半円 O の半径を x cm とする。△OCD は ∠ODC＝90° の直角三角形であるから

$OC^2=OD^2+CD^2$

$(x+9)^2=x^2+12^2$

$x^2+18x+81=x^2+144$　　$18x=63$

$x=\frac{7}{2}$

② 接弦定理により　∠CDB＝∠CAD

また，∠BCD＝∠DCA (共通) であるから

△BCD∽△DCA

DB：AD＝BC：DC＝9：12＝3：4

また，△ABD は ∠ADB＝90° の直角三角形であるから，

AD：AB＝4：5 となる。

AB＝$2x$＝7 であるから

AD：7＝4：5　　5AD＝28

$AD=\frac{28}{5}$ (cm)

③ DB：$\frac{28}{5}$＝3：4 より　4DB＝$\frac{84}{5}$

DB＝$\frac{21}{5}$

AE は ∠DAB の二等分線であるから

DE：EB＝AD：AB＝4：5

$\triangle ADE = \triangle ADB \times \frac{4}{9}$

$= \frac{1}{2} \times AD \times DB \times \frac{4}{9}$

$= \frac{1}{2} \times \frac{28}{5} \times \frac{21}{5} \times \frac{4}{9} = \frac{392}{75}$ (cm²)

(2) ① OP⊥QH より　OP∥BH

円 O の半径は　30÷2＝15

OP：BH＝QO：QB より

15：BH＝(10＋15)：(10＋30)

15：BH＝25：40＝5：8

5BH＝120　　BH＝24

$QP^2 = QO^2 - PO^2 = 25^2 - 15^2$

$= 625 - 225 = 400$

QP＞0 より　QP＝$\sqrt{400}$＝20

QP：PH＝QO：OB より

20：PH＝25：15＝5：3

5PH＝60　　PH＝12

② AO：QO＝15：25＝3：5 より

$\triangle PAB = 2\triangle PAO = 2 \times \frac{3}{5} \triangle PQO$

$= \frac{6}{5} \times \frac{1}{2} \times QP \times PO = \frac{3}{5} \times 20 \times 15$

＝180

③ △HQB の内接円と QB, BH, HQ との接点をそれぞれ C, D, E とし，BC＝x とする。

このとき　BD＝BC＝x

EH＝DH＝24－x

QH＝QP＋PH＝20＋12＝32 より

CQ＝EQ＝32－(24－x)＝x＋8

CQ＋BC＝40 より　(x＋8)＋x＝40

2x＝32　　x＝16

これより，CO＝BC－OB＝16－15＝1

△QBH の面積に着目して

$\frac{1}{2}(QB + BH + HQ) \times IC = \triangle QBH$

$\frac{1}{2}(40 + 24 + 32) \times IC = \frac{1}{2} \times 24 \times 32$

48IC＝24×16　　IC＝$\frac{24 \times 16}{48}$＝8

△ICO において，三平方の定理により

$IO^2 = IC^2 + CO^2 = 8^2 + 1^2 = 65$

IO＞0 より　IO＝$\sqrt{65}$

トップコーチ

<内接円の半径>

△ABC の 3 辺の長さと面積がわかれば，△ABC の内接円の半径を求めることができる。

△ABC＝S, BC＝a, AC＝b, AB＝c, 内接円の半径を r とおくと

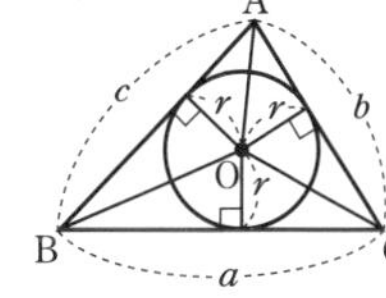

$S = \frac{ar}{2} + \frac{br}{2} + \frac{cr}{2} = \frac{1}{2}(a+b+c)r$

よって　$r = \frac{2S}{a+b+c}$

とくに，直角三角形においては，3 辺の長さがわかれば次のようにして求めることもできる。右の図より

$a - r + b - r = c$

$2r = a + b - c$

$r = \frac{a+b-c}{2}$

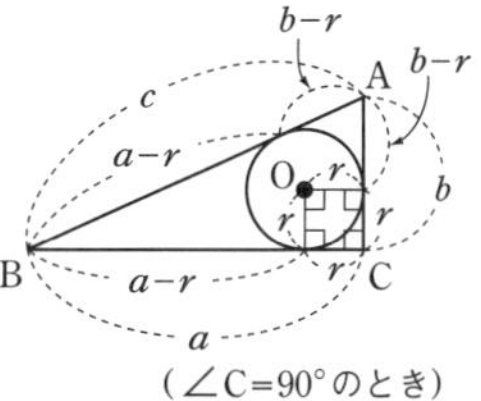

▶132 (1) ① **57.5**

② $\boldsymbol{R=\dfrac{b^2}{2a}}$, $\boldsymbol{r=\dfrac{b^2-a^2}{2a}}$

③ $\boldsymbol{\sqrt{3}:\sqrt{5}}$

(2) ① $\boldsymbol{\sqrt{5}}$

② $\boldsymbol{2\sqrt{13}}$　③ $\boldsymbol{8-4\sqrt{3}}$

(3) ① **1**　② $\boldsymbol{3:2\sqrt{3}}$

解説 (1) ① ACの中点をOとする。

$\angle \text{OEB}=90^\circ$

であるから

$\angle \text{AOE}$

$=\angle \text{OEB}+\angle \text{DBA}$

$=90^\circ+25^\circ=115^\circ$

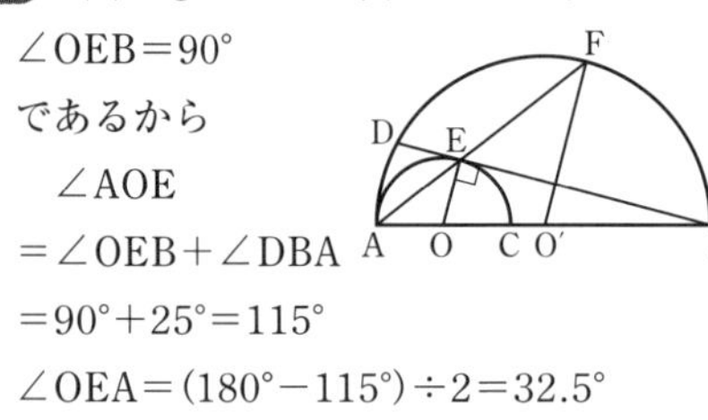

$\angle \text{OEA}=(180^\circ-115^\circ)\div 2=32.5^\circ$

よって　$\angle \text{DEA}=90^\circ-32.5^\circ=57.5^\circ$

② △OBEにおいて，三平方の定理により

$\text{OB}^2=\text{OE}^2+\text{BE}^2$　$(r+a)^2=r^2+b^2$

$r^2+2ar+a^2=r^2+b^2$

$2ar=b^2-a^2$　$r=\dfrac{b^2-a^2}{2a}$

$2R=a+2r=a+\dfrac{b^2-a^2}{a}$

$=\dfrac{a^2+b^2-a^2}{a}=\dfrac{b^2}{a}$

よって　$R=\dfrac{b^2}{2a}$

③ ABの中点をO′とする。

△AOEと△AO′Fは二等辺三角形で

$\angle \text{AEO}=\angle \text{EAO}=\angle \text{AFO}'$

よって，OE∥O′Fとなり

$\text{AO}:\text{AO}'=\text{AE}:\text{AF}=2:5$

$r:R=2:5$　$5r=2R$

②より　$5\times\dfrac{b^2-a^2}{2a}=2\times\dfrac{b^2}{2a}$

$5b^2-5a^2=2b^2$　$3b^2=5a^2$

$a>0$，$b>0$ より，両辺の平方根をとると　$\sqrt{3}b=\sqrt{5}a$　$a:b=\sqrt{3}:\sqrt{5}$

よって　$\text{BC}:\text{BE}=a:b=\sqrt{3}:\sqrt{5}$

(2) ① 右の図のように点F，G，H，Iをとる。

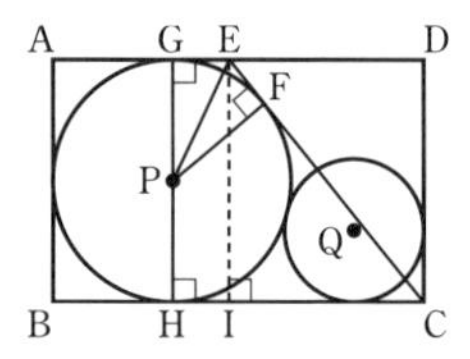

$\text{EG}=x$ とすると　$\text{FE}=\text{EG}=x$

$\text{HC}=\text{CF}=5-x$　…㋐

△CDEにおいて，三平方の定理により

$\text{DE}^2=\text{CE}^2-\text{CD}^2=5^2-4^2=9$

$\text{DE}>0$ より　$\text{DE}=\sqrt{9}=3$

よって　$\text{HC}=\text{HI}+\text{IC}=x+3$　…㋑

㋐，㋑より　$5-x=x+3$

$2x=2$　$x=1$

円Pの半径は　$4\div 2=2$

$\text{PE}^2=\text{PG}^2+\text{EG}^2=2^2+1^2=5$

$\text{PE}>0$ より　$\text{PE}=\sqrt{5}$

② $\text{AD}=\text{AG}+\text{GE}+\text{ED}=2+1+3=6$

$\text{BD}^2=\text{AB}^2+\text{AD}^2=4^2+6^2=52$

$\text{BD}>0$ より　$\text{BD}=\sqrt{52}=2\sqrt{13}$

③ 円Qの半径を r とすると，右の図から

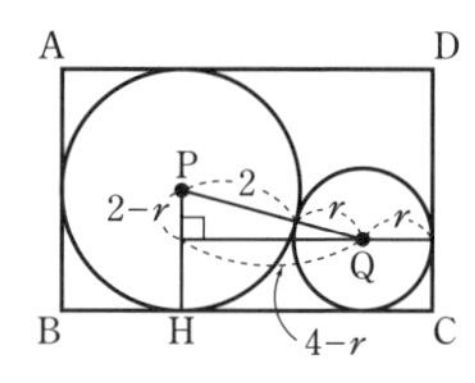

$0<r<2$

$(2-r)^2+(4-r)^2=(2+r)^2$ より

$4-4r+r^2+16-8r+r^2=4+4r+r^2$

$r^2-16r+16=0$

$r=\dfrac{-(-8)\pm\sqrt{(-8)^2-1\times16}}{1}$

$=8\pm\sqrt{48}=8\pm4\sqrt{3}$

$0<r<2$ より　$r=8-4\sqrt{3}$

(3) ① 点DからOAに垂線DHを下ろす。

円Dの半径をrとする。

$OD=OS-DS=4-r$であるから，

△DOHにおいて

$DH^2=OD^2-OH^2=(4-r)^2-r^2=16-8r$

また，△DCHにおいて

$DH^2=DC^2-CH^2=(2+r)^2-(2-r)^2$

$=4+4r+r^2-(4-4r+r^2)=8r$

よって　$16-8r=8r$　　$r=1$

② 点EからOAに垂線EKを下ろす。

EK∥DHより　$EK:DH=CE:CD$

①より　$CD=CE+DE=2+1=3$

$DH^2=8$，$DH>0$より　$DH=2\sqrt{2}$

よって　$EK:2\sqrt{2}=2:3$

$3EK=4\sqrt{2}$　　$EK=\frac{4\sqrt{2}}{3}$

また，$CK:CH=CE:CD$より

$CK:(OC-OH)=2:3$

$CK:1=2:3$　　$3CK=2$　　$CK=\frac{2}{3}$

これより　$OK=OC-CK=2-\frac{2}{3}=\frac{4}{3}$

$OE^2=OK^2+EK^2=\frac{16}{9}+\frac{32}{9}=\frac{48}{9}$

$OE>0$より　$OE=\sqrt{\frac{48}{9}}=\frac{4\sqrt{3}}{3}$

△GCF∽△GEOより

$CG:EG=FC:OE=2:\frac{4\sqrt{3}}{3}=3:2\sqrt{3}$

▶133

(1) ア　**5**　　イ　$\frac{32}{5}$

(2) ①　$\frac{75}{4}$ **cm²**

②　$\frac{128-32\sqrt{7}}{3}$ **cm²**

(3) ①　$10(\sqrt{2}-1)$ **cm**

②　$10(3-2\sqrt{2})$ **cm**

③　$150(3\sqrt{2}-4)$ **cm²**

④　$100(2-\sqrt{2})$ **cm²**

解説 (1) 点EからBCに垂線EHを下ろし，点DからCAに垂線DGを下ろす。

$BE=x$ cmとすると，

$\angle B=60°$であるから，

$BH=\frac{1}{2}x$，$EH=\frac{\sqrt{3}}{2}x$となる。

また　$DE=AE=AB-BE=12-x$

$DH=BC-DC-BH$

$=12-4-\frac{1}{2}x=8-\frac{1}{2}x$

△DEHにおいて，三平方の定理により

$DE^2=DH^2+EH^2$

$(12-x)^2=\left(8-\frac{1}{2}x\right)^2+\left(\frac{\sqrt{3}}{2}x\right)^2$

$144-24x+x^2=64-8x+\frac{1}{4}x^2+\frac{3}{4}x^2$

$16x=80$　　$x=5$　…ア

同様に，$CF=y$ cmとすると，△DCGは$\angle DCG=60°$の直角三角形であるから

$CG=2$，　$DG=2\sqrt{3}$，　$DF=AF=12-y$，

$FG=y-2$となるから，△FDGにおいて，三平方の定理により

$DF^2=FG^2+DG^2$

$(12-y)^2=(y-2)^2+(2\sqrt{3})^2$

$144-24y+y^2=y^2-4y+4+12$

$20y=128$　　$y=\frac{32}{5}$　…イ

(2) ①　$\angle ADE=\angle CBE=90°$，

$\angle AED=\angle CEB$より　$\angle EAD=\angle ECB$

また，$AD=CB$であるから，

$\triangle ADE\equiv\triangle CBE$となり　$AE=CE$

AE$=x$ cm とすると　BE$=8-x$

△BCE において，三平方の定理により

$BE^2+BC^2=CE^2$　　$(8-x)^2+6^2=x^2$

$64-16x+x^2+36=x^2$

$16x=100$　　$x=\frac{25}{4}$

よって，求める面積は

$\triangle AEC=\frac{1}{2}\times\frac{25}{4}\times6=\frac{75}{4}$ (cm^2)

② $BD^2=CD^2-BC^2=8^2-6^2=28$

BD＞0 より　$BD=\sqrt{28}=2\sqrt{7}$

$AD=AB-BD=8-2\sqrt{7}$

DE$=x$ cm とすると　AE$=6-x$

△ADE において，三平方の定理により

$DE^2=AD^2+AE^2$

$x^2=(8-2\sqrt{7})^2+(6-x)^2$

$x^2=64-32\sqrt{7}+28+36-12x+x^2$

$12x=128-32\sqrt{7}$

$x=\frac{32-8\sqrt{7}}{3}$

よって，求める面積は

$\triangle CDE=\frac{1}{2}\times8\times\frac{32-8\sqrt{7}}{3}$

$=\frac{128-32\sqrt{7}}{3}$ (cm^2)

(3) ① AE$=x$ cm とする。

$\angle A=90°$，$\angle AEH=45°$ より　$EH=\sqrt{2}x$

AH＋HD＝AD で，AH＝AE，HD＝EH であるから

$x+\sqrt{2}x=10$　　$(\sqrt{2}+1)x=10$

両辺に $(\sqrt{2}-1)$ をかけて

$(\sqrt{2}-1)(\sqrt{2}+1)x=10(\sqrt{2}-1)$

よって　$AE=x=10(\sqrt{2}-1)$ (cm)

② $\angle AEH=45°$ より　$\angle BEI=45°$

$\angle FIG=\angle BIE=\angle BEI=45°$

よって，△BEI，△FGI は直角二等辺三角形となる。

$BI=BE=AB-AE$

$=10-10(\sqrt{2}-1)=20-10\sqrt{2}$

$EI=\sqrt{2}BI=20\sqrt{2}-20$

$CG=GF=FI=EF-EI$

$=10-(20\sqrt{2}-20)$

$=30-20\sqrt{2}=10(3-2\sqrt{2})$ (cm)

③ $DH=\sqrt{2}AE=\sqrt{2}\cdot10(\sqrt{2}-1)$

$=20-10\sqrt{2}$ であるから

四角形 EIGH＝ 台形 HGCD－△FGI

$=\frac{1}{2}\{20-10\sqrt{2}+10(3-2\sqrt{2})\}\times10$

$-\frac{1}{2}\{10(3-2\sqrt{2})\}^2$

$=5(50-30\sqrt{2})-50(9-12\sqrt{2}+8)$

$=250-150\sqrt{2}-850+600\sqrt{2}$

$=450\sqrt{2}-600$

$=150(3\sqrt{2}-4)$ (cm^2)

④ 四角形 HEGD＝2△HDG

$=2\times\frac{1}{2}\times(20-10\sqrt{2})\times10$

$=100(2-\sqrt{2})$ (cm^2)

トップコーチ

<折り返し図形と相似>

(3) 右の図において，HG を折り目として折り返したとき，点 D が辺 AB 上の点 E に移ったとすると，図より

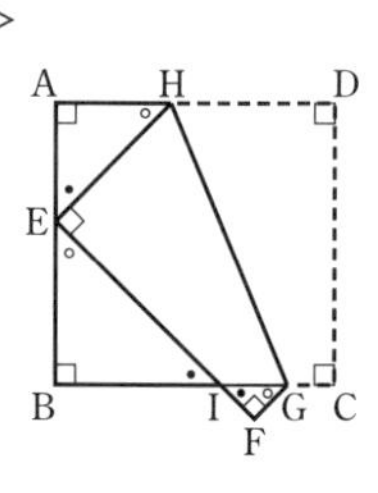

△AEH∽△BIE∽△FIG である。

▶134

(1) $12\sqrt{5}$ cm²

(2) $\sqrt{5}$ cm

(3) $\dfrac{21\sqrt{5}}{10}$ cm

(4) $3\sqrt{5}$ cm

解説 (1) 点 A から BC に垂線 AH を引く。

BH$=x$, AH$=h$ とおく。

三平方の定理より

$h^2=9^2-x^2=7^2-(8-x)^2$

$81-x^2=49-(64-16x+x^2)$

$81-x^2=49-64+16x-x^2$

$16x=81-49+64$

$16x=96$

$x=6$

$h^2=9^2-6^2$

$h=\sqrt{81-36}$

$=\sqrt{45}$

$=3\sqrt{5}$

$\triangle \mathrm{ABC}=\dfrac{1}{2}\times 8\times 3\sqrt{5}$

$=12\sqrt{5}$ (cm²)

(2) **131** のトップコーチの公式より，円 I の半径を r cm とする。

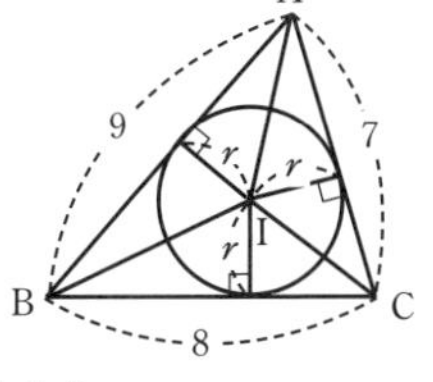

$\triangle \mathrm{ABC}=\dfrac{1}{2}r(9+8+7)$ より

$\dfrac{1}{2}r\times 24=12\sqrt{5}$

$r=\sqrt{5}$ (cm)

(3) 点 O を通る直線 AD を引く。

△ABH∽△ADC(2 角相等)

であるから

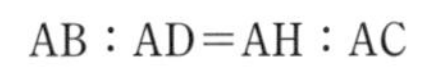

AB：AD＝AH：AC

$9：\mathrm{AD}=3\sqrt{5}：7$

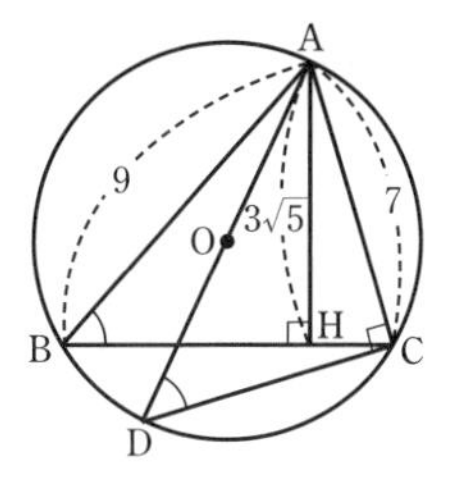

$\mathrm{AD}=\dfrac{9\times 7}{3\sqrt{5}}=\dfrac{21}{\sqrt{5}}$

$=\dfrac{21\sqrt{5}}{5}$

よって　$\mathrm{AO}=\dfrac{1}{2}\mathrm{AD}$

$=\dfrac{21\sqrt{5}}{10}$ (cm)

(4)

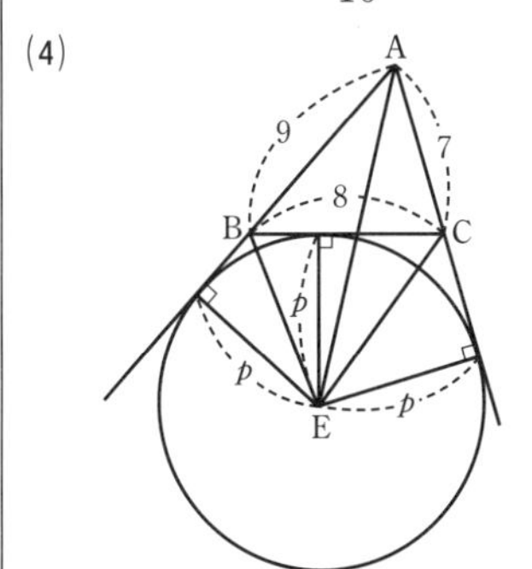

円 E の半径を p cm とする。

△ABC＝△ABE＋△ACE－△BCE

$12\sqrt{5}=\dfrac{1}{2}\times 9\times p+\dfrac{1}{2}\times 7\times p$

$-\dfrac{1}{2}\times 8\times p$

$\dfrac{9+7-8}{2}\times p=12\sqrt{5}$

$4p=12\sqrt{5}$

$p=3\sqrt{5}$ (cm)

▶135

(1) ① **60°**　② **150°**
　③ **60°**　④ **10**

(2) ア **135**　イ $\dfrac{5\sqrt{2}}{2}\pi$

(3) ① ㋐ $\dfrac{30}{7}$　㋑ **32：49**
　② $5\sqrt{2}$

解説 (1) ① $\angle$CAD は弧 CD に対する円周角であるから

$\angle\text{CAD}=120°\div2=60°$

② AB は直径であるから　$\angle\text{ACB}=90°$

$\angle\text{AEB}=\angle\text{ACE}+\angle\text{CAE}$

$=90°+60°=150°$

③ 点 F を中心とする円で，点 E を含まない弧 AB に対する中心角は

$150°\times2=300°$

よって

$\angle\text{AFB}$

$=360°-300°=60°$

④ $\triangle$FAB は正三角形であるから，この円の半径 FA は　FA=AB=10

(2) $\angle\text{QAB}=\angle a$，$\angle\text{QBA}=\angle b$ とする。

$\angle\text{APB}=90°$ であるから

$2\angle a+2\angle b+90°=180°$

$2\angle a+2\angle b=90°$　　$\angle a+\angle b=45°$

$\angle\text{AQB}=180°-(\angle a+\angle b)$

$=180°-45°=135°$　…ア

3 点 A，Q，B を通る円の中心を O とする。円 O において，点 Q を含まない弧 AB に対する中心角は

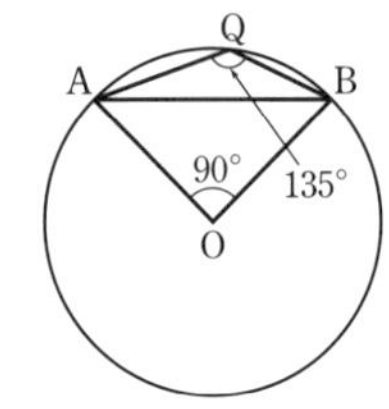

$135°\times2=270°$

よって　$\angle\text{AOB}=360°-270°=90°$

また，$\angle\text{OAB}=45°$ であるから

$\text{OA}:\text{AB}=1:\sqrt{2}$

AB=10 より　$\text{OA}:10=1:\sqrt{2}$

$\sqrt{2}\text{OA}=10$　　$\text{OA}=\dfrac{10}{\sqrt{2}}=5\sqrt{2}$

よって，求める長さは

$2\pi\times5\sqrt{2}\times\dfrac{90}{360}=\dfrac{5\sqrt{2}}{2}\pi$　…イ

(3) ① $\text{AP}^2=\text{AB}^2-\text{BP}^2=10^2-6^2=64$

AP>0 より　$\text{AP}=\sqrt{64}=8$

PD は $\angle$APB の二等分線であるから

$\text{AC}:\text{CB}=\text{AP}:\text{BP}=8:6=4:3$

$\text{AB}:\text{CB}=7:3$ より

$\text{CB}=\dfrac{3}{7}\text{AB}=\dfrac{3}{7}\times10=\dfrac{30}{7}$　…㋐

$\angle\text{APD}=90°\div2=45°$ より

$\angle\text{AOD}=2\angle\text{APD}=90°$

$\triangle\text{BCD}=\dfrac{1}{2}\times\text{BC}\times\text{OD}=\dfrac{1}{2}\times\dfrac{30}{7}\times5$

$=\dfrac{75}{7}$

$\triangle\text{ABP}=\dfrac{1}{2}\times\text{AP}\times\text{BP}=\dfrac{1}{2}\times8\times6=24$

$\triangle\text{ACP}=\triangle\text{ABP}\times\dfrac{4}{7}=24\times\dfrac{4}{7}=\dfrac{96}{7}$

$\triangle\text{BCP}=\triangle\text{ABP}\times\dfrac{3}{7}=24\times\dfrac{3}{7}=\dfrac{72}{7}$

$\triangle\text{PDB}=\triangle\text{BCP}+\triangle\text{BCD}$

$=\dfrac{72}{7}+\dfrac{75}{7}=\dfrac{147}{7}=21$

$\triangle\text{ACP}:\triangle\text{PDB}=\dfrac{96}{7}:21$

$=96:147$

$=32:49$　…㋑

② AP の中点を M とする。MQ は AP の垂直二等分線であるから　QA=QP

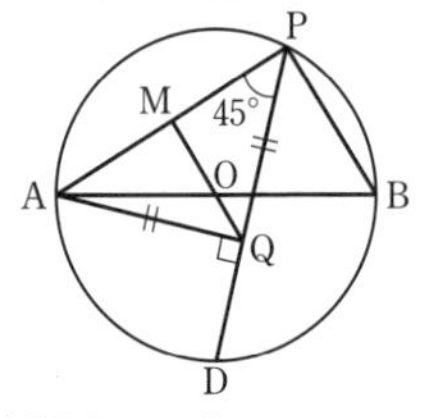

よって　$\angle\text{QAP}=\angle\text{QPA}=45°$

これより，$\angle\text{AQD}=45°\times2=90°$

であるから，点 Q は AD を直径とする円周上の点である。

AO=DO=5，$\angle\text{AOD}=90°$ より，この円の直径は　$\text{AD}=5\sqrt{2}$

トップコーチ

点Pが点Aから点Bまで，ある曲線上を動く問題では，∠APBの大きさは，60°，90°，120°，135°，150°，…とある。

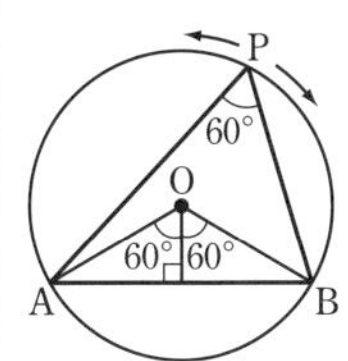

∠APB＝60°のとき

$AO=\frac{\sqrt{3}}{3}AB$

∠APB＝135°のとき

$AO=\frac{\sqrt{2}}{2}AB$

図から明らかなように，点Pの軌跡(動いたあとの曲線)は，線分ABと点Pが動く円の半径とが，三角定規型の直角三角形の辺の比で関係付けられるよう設定されている。しっかり構造を理解しておくこと。

136 (1) ① $y=x+\frac{15}{4}$

② $\left(-\frac{1}{2},\ \frac{13}{4}\right)$　③ $2\sqrt{6}$

(2) ① (6，12)　② 9

③ $y=\frac{4}{3}x-6$

④ $\frac{11+2\sqrt{10}}{3}$

(3) ① A(0，12)，B(−16，0)，C(5，0)，$D\left(\frac{100}{31},\ \frac{132}{31}\right)$

② Q(−4，0)

直線DP：$y=-\frac{1}{3}x+\frac{16}{3}$

③ 5：8

解説 (1) ① 辺QRの垂直二等分線の式を$y=ax+b$とおく。

直線QRの傾きが−1であるから

$a\times(-1)=-1$　　$a=1$

点$P\left(\frac{5}{2},\ \frac{25}{4}\right)$を通るから

$\frac{25}{4}=1\times\frac{5}{2}+b$　　$b=\frac{15}{4}$

よって　$y=x+\frac{15}{4}$

② 2点Q，Rのx座標をそれぞれq，rとする。xがqからrまで増加するときの変化の割合は

$\frac{r^2-q^2}{r-q}=\frac{(r+q)(r-q)}{r-q}=q+r$

これは直線QRの傾きに等しいから

$q+r=-1$

辺QRの中点のx座標は　$\frac{q+r}{2}=-\frac{1}{2}$

中点は，①で求めた直線上にあるから，

y座標は　$y=-\frac{1}{2}+\frac{15}{4}=\frac{13}{4}$

よって　$\left(-\frac{1}{2},\ \frac{13}{4}\right)$

③ 辺QRの中点をMとすると

$MP^2=\left\{\frac{5}{2}-\left(-\frac{1}{2}\right)\right\}^2+\left(\frac{25}{4}-\frac{13}{4}\right)^2$

$=3^2+3^2=18$

MP＞0より　$MP=\sqrt{18}=3\sqrt{2}$

PQ：MP＝2：$\sqrt{3}$より

$\sqrt{3}PQ=2MP$

$PQ=\frac{2}{\sqrt{3}}\times3\sqrt{2}=\frac{6\sqrt{2}\times\sqrt{3}}{\sqrt{3}\times\sqrt{3}}=2\sqrt{6}$

(2) ① 円Aの半径をaとすると，x軸，y軸に接することから，中心Aの座標は$(a,\ a)$となる。

点 A は $y=\frac{1}{3}x^2$ 上の点であるから

$a=\frac{1}{3}a^2$　　$a^2-3a=0$　　$a(a-3)=0$

$a=0,\ 3$　　$a>0$ より　$a=3$

よって，A(3, 3) となる。

これより，直線 ℓ の式は　$y=6$

円 B の半径を b とすると，ℓ と y 軸に接することから，中心 B の座標は

$(b,\ b+6)$ となる。

点 B は $y=\frac{1}{3}x^2$ 上の点であるから

$b+6=\frac{1}{3}b^2$　　$b^2-3b-18=0$

$(b+3)(b-6)=0$　　$b=-3,\ 6$

$b>0$ より　$b=6$

よって，B(6, 12) となる。

② 直線 m と y 軸との交点を M とする。直線 MA は直線 m と y 軸のなす角の二等分線であるから，点 B も直線 MA 上にある。直線 AB の式を $y=px+q$ とおくと，A(3, 3)，B(6, 12) を通るから

$$\begin{cases} 3p+q=3 \\ 6p+q=12 \end{cases}$$

これを解いて　$p=3,\ q=-6$

よって

$y=3x-6$

また，点 M の座標は $(0,\ -6)$ となる。

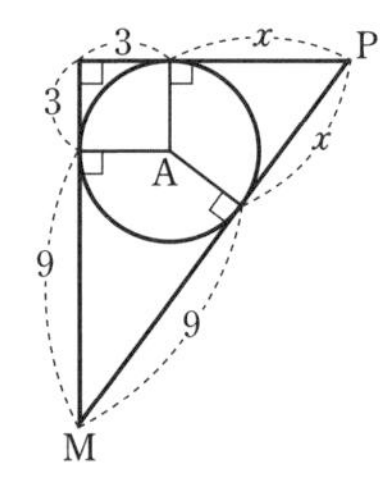

直線 ℓ 上で，点 P から円 A の接点までの長さを x とすると，直線 ℓ の式は $y=6$ であるから，上の図より

$(x+3)^2+(3+9)^2=(x+9)^2$

$x^2+6x+9+144=x^2+18x+81$

$12x=72$　　$x=6$

よって，点 P の x 座標は　$3+6=9$

③ 切片が -6 であるから，直線 m の式を $y=kx-6$ とおく。点 P(9, 6) を通るから　　$6=9k-6$　　$9k=12$

$k=\frac{4}{3}$　　よって　$y=\frac{4}{3}x-6$

④ 求める円の半径を r とすると，中心 C は直線 MA 上にあるから，その座標は $C(r,\ 3r-6)$　で，$AC=r+3$ となる。

三平方の定理により

$(r-3)^2+\{(3r-6)-3\}^2=(r+3)^2$

$r^2-6r+9+9r^2-54r+81=r^2+6r+9$

$9r^2-66r+81=0$　　$3r^2-22r+27=0$

$$r=\frac{-(-11)\pm\sqrt{(-11)^2-3\times27}}{3}$$

$$=\frac{11\pm\sqrt{40}}{3}=\frac{11\pm2\sqrt{10}}{3}$$

$r>3$ より　$r=\frac{11+2\sqrt{10}}{3}$

(3) ① 点 C の座標を $(c,\ 0)$ とおくと，$BC=21$ より，点 B の座標は $(c-21,\ 0)$ となる。

△OAC において，三平方の定理から

$OA^2=AC^2-OC^2=169-c^2$

△OAB において，三平方の定理から

$OA^2=AB^2-OB^2=400-(c-21)^2$

$=400-(c^2-42c+441)$

$=-c^2+42c-41$

よって　$169-c^2=-c^2+42c-41$

$42c=210$　　$c=5$

このとき　$OA^2=169-25=144$

$OA>0$ より　$OA=\sqrt{144}=12$

また　$c-21=5-21=-16$

よって，A(0，12)，B(−16，0)，C(5，0) となる。

20+11=31 より，点 D の x 座標は

$\frac{20}{31}\times OC=\frac{20}{31}\times 5=\frac{100}{31}$

y 座標は　$\frac{11}{31}\times OA=\frac{11}{31}\times 12=\frac{132}{31}$

よって　$D\left(\frac{100}{31},\ \frac{132}{31}\right)$

② 点 Q の座標を $(q,\ 0)$ とおく。

$AD=\frac{20}{31}\times AC=\frac{20}{31}\times 13=\frac{260}{31}$

QD=AD より　$QD^2=AD^2$

D から x 軸に垂線 DH を引く。△DQH で，三平方の定理により

$\left(\frac{100}{31}-q\right)^2+\left(\frac{132}{31}\right)^2=\left(\frac{260}{31}\right)^2$

よって　$(100-31q)^2=260^2-132^2$

右辺を計算すると

$260^2-132^2=4^2(65^2-33^2)$

$=4^2(65+33)(65-33)=4^2\times 98\times 32$

$=4^2\times(49\times 2)\times(2\times 16)=4^2\times 7^2\times 2^2\times 4^2$

$=(4\times 7\times 2\times 4)^2=224^2$

ゆえに　$(100-31q)^2=224^2$

$100-31q=\pm 224$　$-31q=-100\pm 224$

$q=\frac{324}{31},\ -4$

$-16<q<5$ より　$q=-4$

よって，Q(−4，0) となる。

直線 AQ の式は　$y=3x+12$

直線 DP は線分 AQ の垂直二等分線であるから，直線 DP の傾きを a とすると

$a\times 3=-1$　　$a=-\frac{1}{3}$

直線 DP の式を $y=-\frac{1}{3}x+b$ とおくと，AQ の中点 (−2，6) を通るから

$6=\frac{2}{3}+b$　　$b=\frac{16}{3}$

よって，直線 DP の式は

$y=-\frac{1}{3}x+\frac{16}{3}$

③ 直線 AB の式は　$y=\frac{3}{4}x+12$

これと直線 DP の式から y を消去して

$\frac{3}{4}x+12=-\frac{1}{3}x+\frac{16}{3}$

$9x+144=-4x+64$

$13x=-80$　　$x=-\frac{80}{13}$

x 座標に着目して

$AP:AB=\frac{80}{13}:16=5:13$

よって　$AP:PB=5:(13-5)=5:8$

137　(1) ① $\sqrt{6}$ cm　② $\frac{2\sqrt{3}}{3}$ cm

③ 2：3：1

(2) ア 200　イ $\frac{300}{13}$

(3) ① 4cm²　② $\frac{\sqrt{2}}{3}$ cm³

③ $\frac{\sqrt{2}}{4}$ cm

(4) ① $\frac{\sqrt{143}}{2}$　② $r=\frac{7\sqrt{429}}{195}$

解説　(1) ① $CE^2=CA^2+AE^2$

$=AB^2+BC^2+AE^2=1^2+1^2+2^2=6$

CE>0 より　$CE=\sqrt{6}$ (cm)

② CP=x cm とする。

△ACP において

$AP^2=AC^2-CP^2=(\sqrt{2})^2-x^2=2-x^2$

△AEP において

$AP^2=AE^2-EP^2=2^2-(\sqrt{6}-x)^2$

$=4-(6-2\sqrt{6}x+x^2)$

$=-2+2\sqrt{6}x-x^2$

よって　$2-x^2=-2+2\sqrt{6}x-x^2$

$2\sqrt{6}x=4$　　$x=\frac{2}{\sqrt{6}}=\frac{2\sqrt{6}}{6}=\frac{\sqrt{6}}{3}$

$AP^2=2-\left(\frac{\sqrt{6}}{3}\right)^2=2-\frac{2}{3}=\frac{4}{3}$

$AP>0$ より　$AP=\sqrt{\frac{4}{3}}=\frac{2\sqrt{3}}{3}$(cm)

③　$EQ=y$ cm とする。

△FCQ において

$FQ^2=FC^2-CQ^2=BC^2+BF^2-CQ^2$

$=1^2+2^2-(\sqrt{6}-y)^2$

$=5-(6-2\sqrt{6}y+y^2)$

$=-1+2\sqrt{6}y-y^2$

△FEQ において

$FQ^2=FE^2-EQ^2=1-y^2$

よって　$-1+2\sqrt{6}y-y^2=1-y^2$

$2\sqrt{6}y=2$　　$y=\frac{1}{\sqrt{6}}=\frac{\sqrt{6}}{6}$

$PQ=CE-CP-EQ=\sqrt{6}-\frac{\sqrt{6}}{3}-\frac{\sqrt{6}}{6}$

$=\frac{6\sqrt{6}-2\sqrt{6}-\sqrt{6}}{6}=\frac{3\sqrt{6}}{6}=\frac{\sqrt{6}}{2}$

$CP:PQ:QE=\frac{\sqrt{6}}{3}:\frac{\sqrt{6}}{2}:\frac{\sqrt{6}}{6}$

$=2:3:1$

(2)　$AH^2=OA^2-OH^2=13^2-12^2$

$=169-144=25$

$AH>0$ より　$AH=\sqrt{25}=5$

H は正方形 ABCD の対角線の交点であるから

$AC=2AH=2\times5=10$

正方形 ABCD の面積は

$10\times10\div2=50$ (cm²)

よって，求める体積は

$\frac{1}{3}\times50\times12=200$(cm³)　…ア

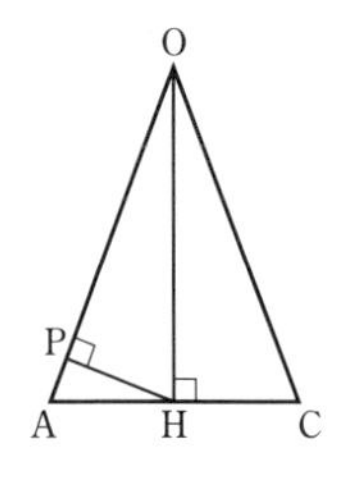

△PBD は PB＝PD の二等辺三角形であるから，

△PBD の面積が最小となるのは，PH⊥OA のときである。このとき，△PHA∽△HOA であるから

$PH:HO=HA:OA$

$PH:12=5:13$　　$13PH=60$

$PH=\frac{60}{13}$

よって，△PBD の面積の最小値は

$\frac{1}{2}\times10\times\frac{60}{13}=\frac{300}{13}$ (cm²)　…イ

(3)　①　もとの正方形の対角線の長さは

$2\sqrt{2}\times\sqrt{2}=4$ (cm)

正四角錐の側面について，1cm の辺を底辺としたときの高さは

$(4-1)\div2=\frac{3}{2}$ (cm)

よって，求める表面積は

$\left(\frac{1}{2}\times1\times\frac{3}{2}\right)\times4+1\times1=3+1=4$ (cm²)

②　正四角錐の高さを h とすると

$\left(\frac{1}{2}\right)^2+h^2=\left(\frac{3}{2}\right)^2$　　$h^2=\frac{9}{4}-\frac{1}{4}=\frac{8}{4}=2$

$h>0$ より　$h=\sqrt{2}$

よって，求める体積は

$\frac{1}{3}\times1\times1\times\sqrt{2}=\frac{\sqrt{2}}{3}$ (cm³)

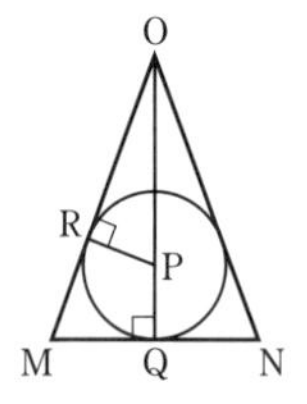

③　正四角錐の底面にない頂点を O とし，底面の正方形 ABCD で辺 AB，CD の中点をそれぞれ M，N とする。

また，正四角錐に内接する球の中心をP，底面との接点をQ，△OABとの接点をRとし，球の半径をr cmとする。

△OPR∽△OMQより

OP：OM＝PR：MQ

OQ＝$h=\sqrt{2}$ より　OP＝$\sqrt{2}-r$

よって　$(\sqrt{2}-r):\frac{3}{2}=r:\frac{1}{2}$

$\frac{3}{2}r=\frac{1}{2}(\sqrt{2}-r)$　　$3r=\sqrt{2}-r$

$4r=\sqrt{2}$　　$r=\frac{\sqrt{2}}{4}$(cm)

(別解)　トップコーチと同様に考えると

$\frac{1}{3}\times$(表面積)$\times$(球の半径)＝(体積)

となる。

$\frac{1}{3}\times4\times r=\frac{\sqrt{2}}{3}$ より　$r=\frac{\sqrt{2}}{4}$(cm)

(4)　①　$AM=\frac{1}{2}AB=\frac{7}{2}$，$CN=\frac{1}{2}CD=1$

△ACDはAC＝ADの二等辺三角形で，Nは CDの中点であるから　AN⊥CD

$AN^2=AC^2-CN^2=7^2-1^2=48$

AN＞0より　$AN=\sqrt{48}=4\sqrt{3}$

BC＝BD＝7であるから，同様にして $BN=4\sqrt{3}$ となる。

△ANBはAN＝BNの二等辺三角形で，MはABの中点であるから　MN⊥AB

よって

$MN^2=AN^2-AM^2$

$=(4\sqrt{3})^2-\left(\frac{7}{2}\right)^2=48-\frac{49}{4}=\frac{143}{4}$

MN＞0より　$MN=\sqrt{\frac{143}{4}}=\frac{\sqrt{143}}{2}$

②　AM⊥MC，AM⊥MDより，AM⊥△MDCとなる。体積について

四面体ABCD

＝三角錐AMCD＋三角錐BMCD

$=\frac{1}{3}\times\left(\frac{1}{2}\times CD\times MN\right)\times AM\times2$

$=\frac{1}{3}\times\frac{1}{2}\times2\times\frac{\sqrt{143}}{2}\times\frac{7}{2}\times2=\frac{7\sqrt{143}}{6}$

球Sの中心をOとする。

△ABCと△ABDは，1辺の長さが7の正三角形で，高さhは

$7:h=2:\sqrt{3}$ より　$2h=7\sqrt{3}$

$h=\frac{7\sqrt{3}}{2}$

よって，面積は　$\frac{1}{2}\times7\times\frac{7\sqrt{3}}{2}=\frac{49\sqrt{3}}{4}$

三角錐OABC＝三角錐OABD

$=\frac{1}{3}\times\frac{49\sqrt{3}}{4}\times r=\frac{49\sqrt{3}}{12}r$

△ACDと△BCDは二等辺三角形で，CDを底辺としたときの高さは，①より $AN=4\sqrt{3}$ であるから，面積は

$\frac{1}{2}\times2\times4\sqrt{3}=4\sqrt{3}$

三角錐OACD＝三角錐OBCD

$=\frac{1}{3}\times4\sqrt{3}\times r=\frac{4\sqrt{3}}{3}r$

四面体ABCDの体積は，点OとA，B，C，Dを結んでできる4つの三角錐の体積の和に等しいから

$\frac{49\sqrt{3}}{12}r\times2+\frac{4\sqrt{3}}{3}r\times2=\frac{7\sqrt{143}}{6}$

$49\sqrt{3}r+16\sqrt{3}r=7\sqrt{143}$

$65\sqrt{3}r=7\sqrt{143}$

$r=\frac{7\sqrt{143}}{65\sqrt{3}}=\frac{7\sqrt{429}}{195}$

トップコーチ

<三角錐に内接する球の半径>

三角錐 ABCD に内接する球 O の半径を r とする。
三角錐 ABCD の体積は，4 つの三角錐 OABC，OACD，OABD，OBCD の体積の和に等しいから
(三角錐 ABCD の体積)
$=\frac{1}{3}\times r\times$ (三角錐 ABCD の表面積)

138 (1) ① $6\sqrt{6}$ ② $\frac{800\sqrt{6}}{27}$

(2) 22 cm

(3) ① $2\sqrt{17}$ cm ② $8\sqrt{3}$ cm^2

(4) ① $R=\frac{3+2\sqrt{3}}{3}$

② $h=\frac{6+2\sqrt{6}}{3}$

解説 (1) ① 円錐の高さを h cm とする。

$h^2+6^2=(6\sqrt{7})^2$ より

$h^2=252-36=216$

$h>0$ より　$h=\sqrt{216}=6\sqrt{6}$ (cm)

② 円柱の半径を r cm，高さを x cm とする。

$r:6=5:9$ より　$9r=30$

$r=\frac{10}{3}$

$x:6\sqrt{6}=4:9$ より　$9x=24\sqrt{6}$

$x=\frac{8\sqrt{6}}{3}$

よって，求める円柱の体積は

$\pi\times\left(\frac{10}{3}\right)^2\times\frac{8\sqrt{6}}{3}=\frac{800\sqrt{6}}{27}\pi$ (cm^3)

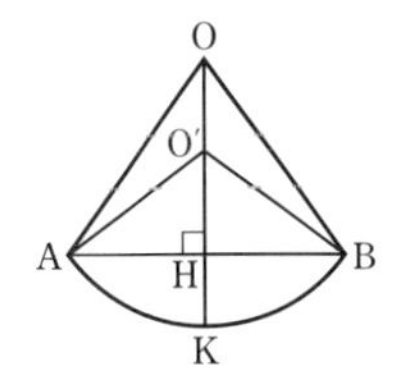

(2) 円錐の底面の円周は

$2\pi\times20\times\frac{216}{360}$

$=40\pi\times\frac{3}{5}=24\pi$

底面の円の半径を r cm とすると，

$2\pi r=24\pi$ より　$r=12$

半球の中心を O′ とすると

$O'H^2=O'A^2-AH^2=15^2-12^2$

$=225-144=81$

$O'H>0$ より　$O'H=\sqrt{81}=9$

$OH^2=OA^2-AH^2=20^2-12^2$

$=400-144=256$

$OH>0$ より　$OH=\sqrt{256}=16$

$OK=OO'+O'K=OH-O'H+O'K$

$=16-9+15=22$ (cm)

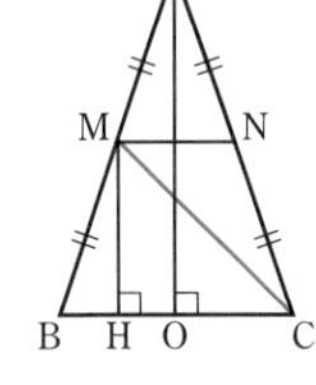

(3) ① 点 P が点 C の位置にあるとき，MP の長さは最大となる。点 M から BC に垂線 MH を下ろす。また，点 A から BC に垂線 AO を下ろす。

$BH:BO=BM:BA=1:2$ より

$BH:4=1:2$　　$2BH=4$

よって　$BH=2$

$CH=BC-BH=4\times2-2=6$

$MH:AO=BM:BA=1:2$ より

$MH:8\sqrt{2}=1:2$　　$2MH=8\sqrt{2}$

よって　$MH=4\sqrt{2}$

△MHC において，三平方の定理により

$MC^2=MH^2+CH^2=(4\sqrt{2})^2+6^2$

$=32+36=68$

$MC>0$ より　$MC=\sqrt{68}=2\sqrt{17}$

よって，MP の長さの最大値は

$2\sqrt{17}$ cm である。

② 点 P が弧 BC の中点の位置にあるとき，△MPN の面積は最大となる。

MN の中点を L とすると

$LO=MH=4\sqrt{2}$，$OP=4$ より

$LP^2=LO^2+OP^2=(4\sqrt{2})^2+4^2$

$=32+16=48$

$LP>0$ より　$LP=\sqrt{48}=4\sqrt{3}$

中点連結定理により　$MN=\dfrac{1}{2}BC=4$

よって

$\triangle MPN=\dfrac{1}{2}\times MN\times LP$

$=\dfrac{1}{2}\times 4\times 4\sqrt{3}=8\sqrt{3}$ (cm²)

(4) ① 大円の中心を O，小円の中心を P，Q，S とする。

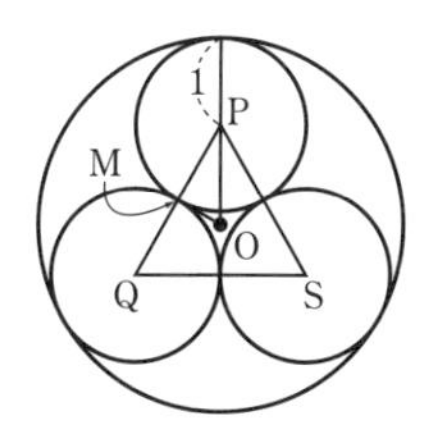

△PQS は 1 辺の長さが 2 の正三角形である。

PQ の中点を M とすると，$OM\perp PQ$，$PM=1$，$\angle OPM=30°$ であるから，

$OP:PM=2:\sqrt{3}$ より　$OP:1=2:\sqrt{3}$

$\sqrt{3}OP=2$　　$OP=\dfrac{2}{\sqrt{3}}=\dfrac{2\sqrt{3}}{3}$

よって　$R=1+\dfrac{2\sqrt{3}}{3}=\dfrac{3+2\sqrt{3}}{3}$

② 4 つの球の中心を P，Q，R，S とすると，三角錐 PQRS は正四面体である。球の半径は 1 であるから，正四面体の高さを k とすると，円柱の高さ h は

$h=1+k+1=2+k$

RS の中点を N とする。

△PRS において

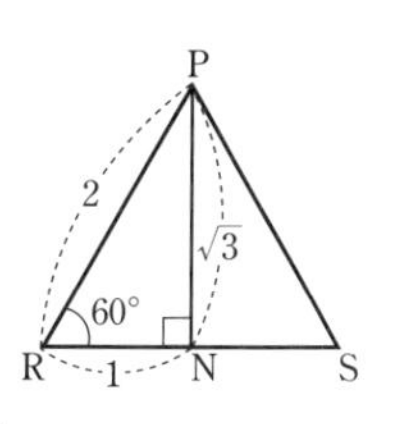

$PN\perp RS$，

$\angle PRS=60°$，

$PR=2$ より

$PN=\sqrt{3}$ となる。

同様にして　$QN=\sqrt{3}$

点 P から QN に垂線 PH を下ろす。

$QH=x$ とすると，

△PQH において

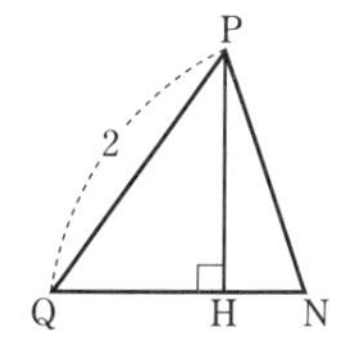

$PH^2=PQ^2-QH^2$

$=2^2-x^2=4-x^2$

△PNH において

$PH^2=PN^2-NH^2=(\sqrt{3})^2-(\sqrt{3}-x)^2$

$=3-(3-2\sqrt{3}x+x^2)=2\sqrt{3}x-x^2$

よって　$4-x^2=2\sqrt{3}x-x^2$

$2\sqrt{3}x=4$　　$x=\dfrac{2}{\sqrt{3}}=\dfrac{2\sqrt{3}}{3}$

このとき

$PH^2=4-\left(\dfrac{2\sqrt{3}}{3}\right)^2=4-\dfrac{4}{3}=\dfrac{8}{3}$

$PH>0$ より　$PH=k=\sqrt{\dfrac{8}{3}}=\dfrac{2\sqrt{6}}{3}$

よって，求める円柱の高さ h は

$h=2+\dfrac{2\sqrt{6}}{3}=\dfrac{6+2\sqrt{6}}{3}$

139 (1) ① **体積 $\dfrac{\sqrt{35}}{3}\pi$ cm³**

表面積 7π cm²

② ㋐ **$2\sqrt{7}$ cm**　㋑ **$\dfrac{12\sqrt{3}}{5}$ cm**

(2) ① **半径 2 cm**

体積 $\dfrac{16\sqrt{2}}{3}\pi$ cm³

② **$3\sqrt{7}$ cm**

(3) ① **$\sqrt{5}$**　② **1**　③ **$\dfrac{15}{2}$**

(4) **$\dfrac{22}{5}$**

解説 (1) ① 円錐の高さを h cm とする。
$1^2+h^2=6^2$ より　$h^2=36-1=35$
$h>0$ より　$h=\sqrt{35}$
よって，円錐の体積は
$\frac{1}{3}\times\pi\times1^2\times\sqrt{35}=\frac{\sqrt{35}}{3}\pi$ (cm³)
展開図における側面のおうぎ形の弧の長さは，底面の円周に等しいから
$2\pi\times1=2\pi$
よって，円錐の表面積は
$\frac{1}{2}\times2\pi\times6+\pi\times1^2=6\pi+\pi=7\pi$ (cm²)

② ㋐ 展開図における側面のおうぎ形の中心角を $x°$ とすると
$2\pi\times6\times\frac{x}{360}=2\pi$　　$x=60$

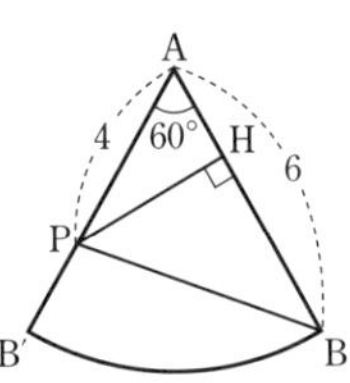

右の図で，巻きつけた糸の長さは，BP の長さである。
点 P から AB に垂線 PH を下ろすと，
AH：AP＝1：2 より　AH＝2cm
AH：PH＝1：$\sqrt{3}$ より　PH＝$2\sqrt{3}$ cm
また　BH＝6−2＝4 (cm)
よって
$BP^2=BH^2+PH^2=4^2+(2\sqrt{3})^2$
$=16+12=28$
BP＞0 より　$BP=\sqrt{28}=2\sqrt{7}$ (cm)

㋑ 右の図で，AQ を底辺としたときの △APQ と △ABQ の高さはそれぞれ 2cm，3cm である。

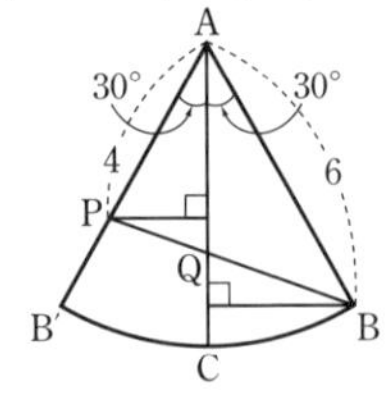

△APQ＋△ABQ＝△APB より
$\frac{1}{2}\times AQ\times2+\frac{1}{2}\times AQ\times3=\frac{1}{2}\times6\times2\sqrt{3}$
$5AQ=12\sqrt{3}$　　$AQ=\frac{12\sqrt{3}}{5}$ (cm)

(2) ① 底面の半径を r cm とすると，底面の円周と側面のおうぎ形の弧の長さは等しいから
$2\pi r=2\pi\times6\times\frac{120}{360}$　　$r=2$ (cm)
円錐の高さを h とすると
$h^2=6^2-2^2=36-4=32$
$h>0$ より　$h=\sqrt{32}=4\sqrt{2}$
よって，円錐の体積は
$\frac{1}{3}\times\pi\times2^2\times4\sqrt{2}=\frac{16\sqrt{2}}{3}\pi$ (cm³)

② 右の図のように，点 C から AO の延長上に垂線 CH を下ろす。

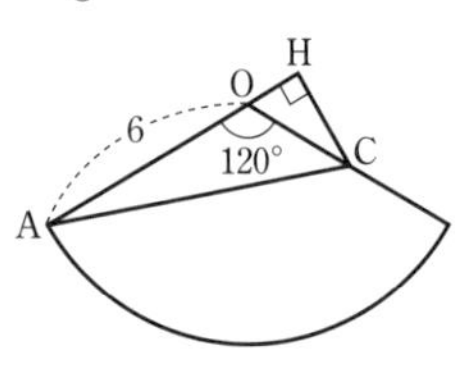

OC＝3，∠COH＝60° であるから
$OH=\frac{3}{2}$，$CH=\frac{3\sqrt{3}}{2}$ となる。
A と C を結ぶ最短の線は直線であるから，求める長さは，線分 AC の長さで
$AC^2=AH^2+CH^2=\left(6+\frac{3}{2}\right)^2+\left(\frac{3\sqrt{3}}{2}\right)^2$
$=\left(\frac{15}{2}\right)^2+\left(\frac{3\sqrt{3}}{2}\right)^2=\frac{225+27}{4}$
$=\frac{252}{4}=63$
AC＞0 より　$AC=\sqrt{63}=3\sqrt{7}$ (cm)

(3) ① 右の図から

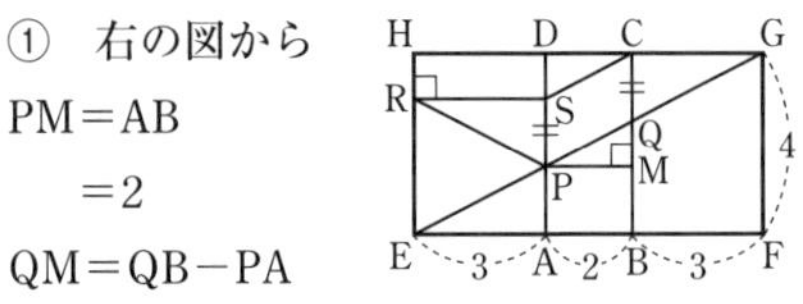

PM＝AB
＝2
QM＝QB−PA
$=4\times\frac{5}{8}-4\times\frac{3}{8}=\frac{5}{2}-\frac{3}{2}=1$

$PQ^2=PM^2+QM^2=2^2+1^2=5$

$PQ>0$ より　$PQ=\sqrt{5}$

② 線分 PD 上に，PS＝QC となる点 S をとると　PQ∥SC

点 S から EH に下ろした垂線が EH と交わる点が R となる。

RH＝SD＝PD－PS

$=4\times\frac{5}{8}-4\times\frac{3}{8}=\frac{5}{2}-\frac{3}{2}=1$

③ 点 P を通り面 DHGC に平行な面で直方体を切り，次の図のように点 L，M，N をとる。

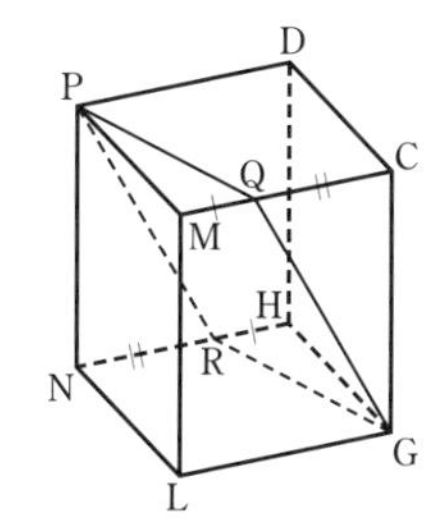

このとき

RH＝QM＝1，

$CQ=NR=\frac{3}{2}$

であるから，3 点 P，Q，G を通る平面でこの直方体は合同な 2 つの立体に切断される。よって，求める体積は

$\frac{1}{2}\times CD\times DP\times DH=\frac{1}{2}\times2\times\frac{5}{2}\times3=\frac{15}{2}$

(4) 側面の展開図は，次のようになる。

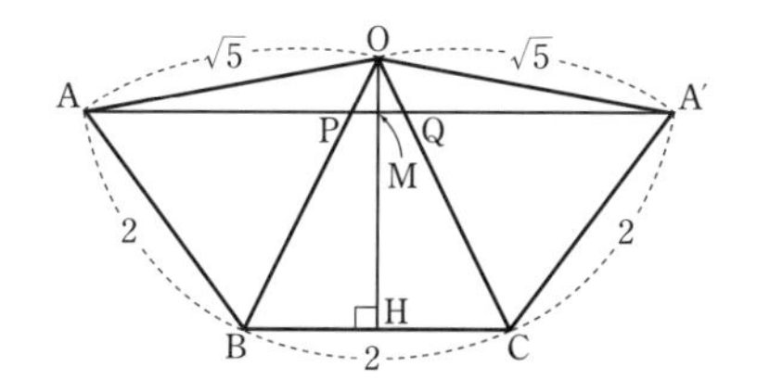

AP＋PQ＋QA′ が最小となるとき，展開図では A，P，Q，A′ は同一直線上にあり，PQ∥BC となる。

点 O から BC に垂線 OH を下ろし，OH と PQ の交点を M とする。OB＝OC より，H は BC の中点，M は PQ の中点となる。

△OAB≡△OCB より　∠OBA＝∠OBC

PQ∥BC より，錯角は等しいから

∠OBC＝∠APB

よって，∠OBA＝∠APB となるから，

AP＝AB＝2 である。

同様にして，A′Q＝2 となる。

△OBH において，三平方の定理により

$OH^2=OB^2-BH^2=(\sqrt{5})^2-1^2=4$

$OH>0$ より　$OH=\sqrt{4}=2$

よって，BH：OH＝1：2 であるから

PM：OM＝1：2

これより，$PM=x$ とおくと，$OM=2x$ となる。

△OAM において，三平方の定理により

$OM^2+AM^2=OA^2$

$(2x)^2+(2+x)^2=(\sqrt{5})^2$

$4x^2+4+4x+x^2=5$

$5x^2+4x-1=0$

解の公式により

$x=\frac{-4\pm\sqrt{4^2-4\times5\times(-1)}}{2\times5}$

$=\frac{-4\pm\sqrt{36}}{10}$

$=\frac{-4\pm6}{10}$

よって　$x=\frac{1}{5}$，-1

$x>0$ より　$x=\frac{1}{5}$

$PQ=2PM=\frac{2}{5}$ であるから，求める最小値は

$AP+PQ+QA'=2+\frac{2}{5}+2=\frac{22}{5}$

(別解)　PQ の長さは，次のように，相似を利用して求めることもできる。

△ABP∽△OAB より

BP：AB＝AB：OA

BP：2＝2：$\sqrt{5}$　　$\sqrt{5}$BP＝4

BP＝$\dfrac{4}{\sqrt{5}}$＝$\dfrac{4\sqrt{5}}{5}$

OP＝OB－BP＝$\sqrt{5}-\dfrac{4\sqrt{5}}{5}=\dfrac{\sqrt{5}}{5}$

PQ：BC＝OP：OB＝$\dfrac{\sqrt{5}}{5}$：$\sqrt{5}$＝1：5

PQ：2＝1：5　　5PQ＝2

よって　PQ＝$\dfrac{2}{5}$

トップコーチ

立体の表面を通る最短経路を求める問題では，立体の「展開図」をかき，始点と終点を直線で結んだ線分が求める最短経路となる。円錐の側面を通る最短経路は，側面のおうぎ形の中心角がポイントとなるため，「角度↔辺の長さ」から「三角定規型」の直角三角形が隠れているのが定番。また，角錐の側面を通る最短経路は，相似三角形が現れるので，相似と三平方の定理で処理をする。

▶140

(1)　①　**$3\sqrt{11}$**　　②　**$\sqrt{2}$**

③　**$\dfrac{20\sqrt{2}}{3}$**

(2)　①　㋐　**$2\sqrt{6}$ cm**

㋑　**$\dfrac{\sqrt{6}}{2}$ cm**

②　**6π cm^2**

(3)　①　**10 cm**

②　**PQ＝5 cm，PS＝$\sqrt{31}$ cm**

③　㋐　**$\sqrt{85}$ cm**

㋑　**$9\sqrt{21}$ cm^2**

(1)　①　切断面 PQDA は台形で，

PQ＝2，AD＝4
である。また，
∠OPA＝90°，
∠AOP＝60°，
OP＝2 より，

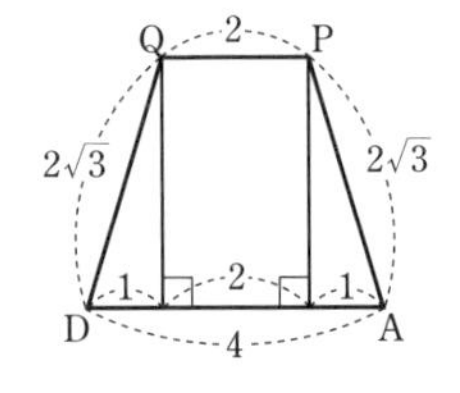

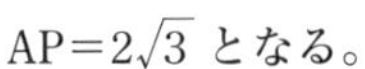
AP＝$2\sqrt{3}$ となる。

同様にして，DQ＝$2\sqrt{3}$ となり，切断面は等脚台形である。この台形の高さを h とすると

$h^2+1^2=(2\sqrt{3})^2$　　$h^2=12-1=11$

$h>0$ より　$h=\sqrt{11}$

よって，求める面積は

$\dfrac{1}{2}\times(2+4)\times\sqrt{11}=3\sqrt{11}$

②　△OBD において　OB＝OD＝4，
BD＝$\sqrt{\text{AB}^2+\text{AD}^2}=\sqrt{16+16}=4\sqrt{2}$ より
OB：OD：BD＝1：1：$\sqrt{2}$
よって，△OBD は OB＝OD の直角二等辺三角形である。
∠PBD＝45°，PB＝2 より，求める垂線の長さを x とおくと

x：PB＝1：$\sqrt{2}$　　x：2＝1：$\sqrt{2}$

$\sqrt{2}x=2$　　$x=\dfrac{2}{\sqrt{2}}=\dfrac{2\sqrt{2}}{2}=\sqrt{2}$

③　正四角錐 O-ABCD の高さは，②で求めた高さの 2 倍で，$2\sqrt{2}$ であるから，体積は

$\dfrac{1}{3}\times4\times4\times2\sqrt{2}=\dfrac{32\sqrt{2}}{3}$

BC，PQ，AD の中点をそれぞれ L，M，N とする。

OL＝ON＝$2\sqrt{3}$，
OM＝$\sqrt{3}$ である。点 O から MN に垂線

OH を下ろし，MH$=y$ とする。
△OHM において
$\mathrm{OH}^2=(\sqrt{3})^2-y^2=3-y^2$
①より，MN$=\sqrt{11}$ であるから，
△OHN において
$\mathrm{OH}^2=(2\sqrt{3})^2-(\sqrt{11}-y)^2$
$=12-(11-2\sqrt{11}y+y^2)$
$=1+2\sqrt{11}y-y^2$
よって　$3-y^2=1+2\sqrt{11}y-y^2$
$2\sqrt{11}y=2$　　$y=\frac{1}{\sqrt{11}}$
$\mathrm{OH}^2=3-\left(\frac{1}{\sqrt{11}}\right)^2=3-\frac{1}{11}=\frac{32}{11}$
OH>0 より　$\mathrm{OH}=\sqrt{\frac{32}{11}}=\frac{4\sqrt{2}}{\sqrt{11}}$
よって，四角錐 O-PQDA の体積は
$\frac{1}{3}\times3\sqrt{11}\times\frac{4\sqrt{2}}{\sqrt{11}}=4\sqrt{2}$
これより，求める立体の体積は
$\frac{32\sqrt{2}}{3}-4\sqrt{2}=\frac{20\sqrt{2}}{3}$
(別解)　点 P を通り BC に垂直な面と，点 Q を通り BC に垂直な面で切断して，3 つの立体に分けて考える。
中央の部分は △LMN を底面とする高さ 2 の三角柱で，残りの 2 つの四角錐は，隣り合う 2 辺の長さが 1 と 4 の長方形が底面で，高さは $\sqrt{2}$ である。
よって，求める体積は
$\left(\frac{1}{2}\times4\times\sqrt{2}\right)\times2+\left(\frac{1}{3}\times1\times4\times\sqrt{2}\right)\times2$
$=4\sqrt{2}+\frac{8\sqrt{2}}{3}=\frac{20\sqrt{2}}{3}$
また，トップコーチの公式を使うと
$\left(\frac{1}{2}\times4\times\sqrt{2}\right)\times\frac{2+4+4}{3}=\frac{20\sqrt{2}}{3}$

(2)　①　㋐　辺 BC の中点を M，点 A から底面に垂線 AH を下ろす。点 H は線分 DM 上の点である。

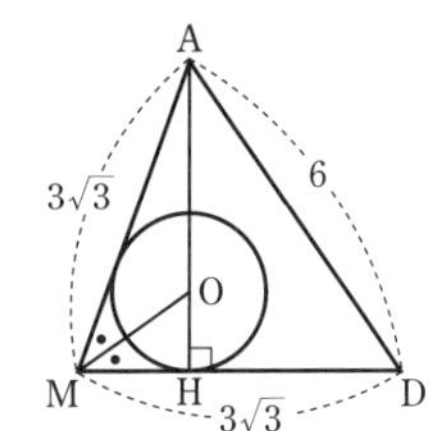

△ABC は正三角形であるから，AB$=6$ より，
BM$=3$，AM$=3\sqrt{3}$ となる。
同様に，DM$=3\sqrt{3}$ である。
DH$=x$ とすると，△ADH において
$\mathrm{AH}^2=\mathrm{AD}^2-\mathrm{DH}^2=36-x^2$
△AMH において
$\mathrm{AH}^2=\mathrm{AM}^2-\mathrm{MH}^2$
$=(3\sqrt{3})^2-(3\sqrt{3}-x)^2$
$=27-(27-6\sqrt{3}x+x^2)$
$=6\sqrt{3}x-x^2$
よって　$36-x^2=6\sqrt{3}x-x^2$
$6\sqrt{3}x=36$　　$x=\frac{6}{\sqrt{3}}=\frac{6\sqrt{3}}{3}=2\sqrt{3}$
$\mathrm{AH}^2=36-(2\sqrt{3})^2=36-12=24$
AH>0 より　$\mathrm{AH}=\sqrt{24}=2\sqrt{6}$ (cm)

㋑　球の中心を O とする。
∠AMO$=$∠HMO であるから，MO は ∠AMH の二等分線である。
AO：OH$=$AM：MH
$=3\sqrt{3}:(3\sqrt{3}-2\sqrt{3})=3:1$
よって　$\mathrm{OH}=\frac{1}{4}\mathrm{AH}=\frac{\sqrt{6}}{2}$ (cm)

②　立方体を 3 点 A，F，H を通る平面で切断するとき，切り口は正三角形 AFH，切り取られる球の切断面は，

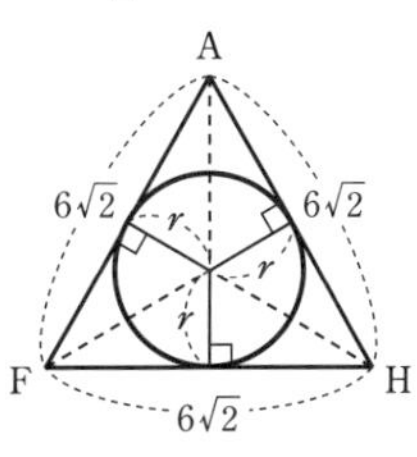

正三角形AFHに内接する円となる。
正三角形AFHの1辺の長さは
$FH=\sqrt{6^2+6^2}=6\sqrt{2}$,
高さは $(6\sqrt{2}\div2)\times\sqrt{3}=3\sqrt{6}$
求める切断面の円の半径を r とすると,
正三角形AFHの面積に着目して
$\frac{1}{2}\times6\sqrt{2}\times r\times3=\frac{1}{2}\times6\sqrt{2}\times3\sqrt{6}$
よって　$r=\sqrt{6}$
ゆえに,切断面の面積は
$\pi(\sqrt{6})^2=6\pi$ (cm²)

(3) ① △ADJは,AD=6cm,DJ=8cm,
∠ADJ=90°の直角三角形であるから
$AJ^2=AD^2+DJ^2=6^2+8^2=100$
AJ>0より　$AJ=\sqrt{100}=10$ (cm)

② 図のように,正六角柱に底面が1辺3cmの正三角形で高さが8cmである正三角柱2つをつけ加えて,底面がひし形である四角柱にする。

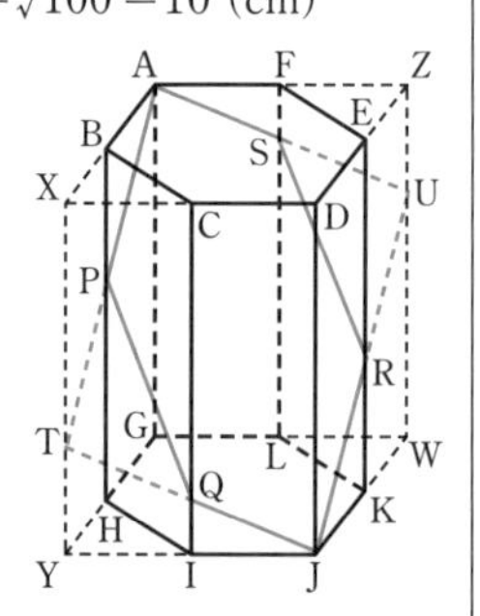

上の図で,P,QはそれぞれTA,TJの中点であるから,中点連結定理により
$PQ=\frac{1}{2}AJ=\frac{1}{2}\times10=5$ (cm)
BFの中点をMとする。
∠BAF=120°,AB=AFより
BF⊥AM,∠BAM=60°
$AB:BM=2:\sqrt{3}$ より　$2BM=\sqrt{3}AB$
$BF=2BM=\sqrt{3}\times3=3\sqrt{3}$
点QからPHに垂線PNを下ろす。
PQ=5,NQ=3より
$PN=\sqrt{5^2-3^2}=\sqrt{16}=4$
QI=NH=8−3−4=1
△ASF≡△JQIより　SF=QI=1
$PS^2=BF^2+(BP-SF)^2$
$=(3\sqrt{3})^2+(3-1)^2=27+4=31$
PS>0より　$PS=\sqrt{31}$ (cm)

③ ㋐ BP=x cmとすると,XT=$2x$,
TY=$8-2x$であるから
$SF=QI=\frac{1}{2}TY=4-x$
$PS^2=BF^2+(BP-SF)^2$ より
$6^2=(3\sqrt{3})^2+\{x-(4-x)\}^2$
$36=27+(2x-4)^2$
$(2x-4)^2=9$　　$2x-4=\pm3$
$2x=4\pm3$　　$x=\frac{7}{2},\ \frac{1}{2}$
BP≧2より　$BP=x=\frac{7}{2}$
$SF=QI=4-x=4-\frac{7}{2}=\frac{1}{2}$
$SQ^2=FC^2+(CI-SF-QI)^2$
$=6^2+\left(8-\frac{1}{2}-\frac{1}{2}\right)^2$
$=36+49=85$
SQ>0より　$SQ=\sqrt{85}$ (cm)

㋑ P,Q,R,SはそれぞれAT,TJ,JU,UAの中点であるから

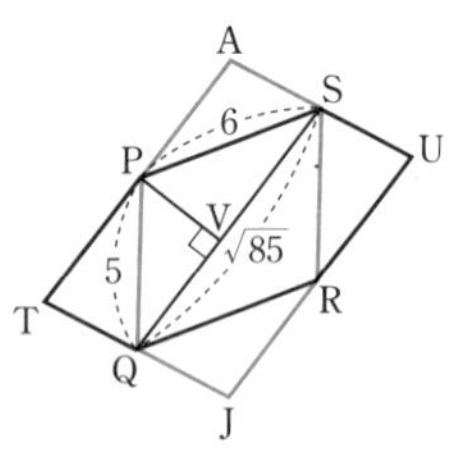

$PQ=SR=\frac{1}{2}AJ=5$
$AT=UJ=SQ=\sqrt{85}$
$AP=JR=\frac{\sqrt{85}}{2}$

点Pから QS に垂線 PV を下ろす。

$QV=y$ cm とすると，△PQV において

$PV^2=PQ^2-QV^2=25-y^2$

△PSV において

$PV^2=PS^2-SV^2=36-(\sqrt{85}-y)^2$

$=36-(85-2\sqrt{85}y+y^2)$

$=-49+2\sqrt{85}y-y^2$

よって　$25-y^2=-49+2\sqrt{85}y-y^2$

$2\sqrt{85}y=74$　　$y=\frac{37}{\sqrt{85}}$

$PV^2=25-\left(\frac{37}{\sqrt{85}}\right)^2$

$=\frac{2125}{85}-\frac{1369}{85}=\frac{756}{85}$

$PV>0$ より　$PV=\sqrt{\frac{756}{85}}=\frac{6\sqrt{21}}{\sqrt{85}}$

求める六角形の面積は台形 APQS の面積の 2 倍であるから

$\frac{1}{2}\times\left(\frac{\sqrt{85}}{2}+\sqrt{85}\right)\times\frac{6\sqrt{21}}{\sqrt{85}}\times 2$

$=\frac{3\sqrt{85}}{2}\times\frac{6\sqrt{21}}{\sqrt{85}}=9\sqrt{21}$ (cm²)

トップコーチ

(1)③の立体は，「屋根型立体」で，

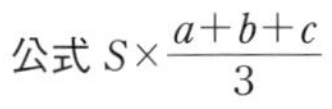

公式 $S\times\frac{a+b+c}{3}$

(図参照)を利用して求めることができる。

第8回 実力テスト

1　$12(\sqrt{3}-\sqrt{2})$

解説　$BC^2=AC^2-AB^2=26^2-10^2$

$=(26+10)(26-10)=36\times 16$

$BC>0$ より　$BC=\sqrt{36\times 16}=6\times 4=24$

△CFG∽△CAB で，面積比は 2:4=1:2 であるから，相似比は

$CG:CB=\sqrt{1}:\sqrt{2}=1:\sqrt{2}$

よって　$CG=\frac{1}{\sqrt{2}}CB=\frac{\sqrt{2}}{2}\times 24=12\sqrt{2}$

同様に，△CHI∽△CAB で，面積比は 3:4 であるから相似比は

$CI:CB=\sqrt{3}:\sqrt{4}=\sqrt{3}:2$

よって　$CI=\frac{\sqrt{3}}{2}CB=\frac{\sqrt{3}}{2}\times 24=12\sqrt{3}$

よって　$GI=CI-CG$

$=12\sqrt{3}-12\sqrt{2}$

$=12(\sqrt{3}-\sqrt{2})$

2　$\frac{30}{11}$

解説　円Oの半径を r とする。点DからABに垂線DHを下ろすと

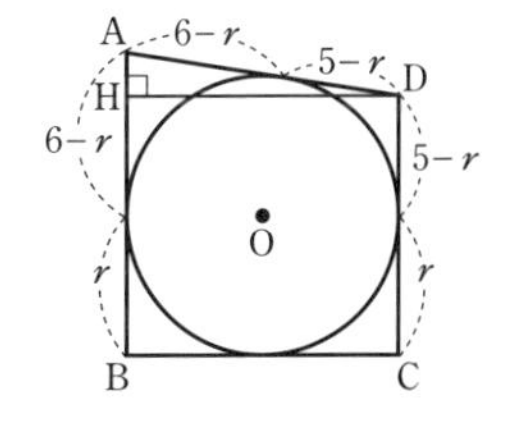

$AH=AB-DC$

$=6-5=1$

$DH=2r$,　$AD=(6-r)+(5-r)=11-2r$

であるから，三平方の定理により

$AH^2+DH^2=AD^2$　　$1^2+(2r)^2=(11-2r)^2$

$1+4r^2=121-44r+4r^2$

$44r=120$　　$r=\frac{120}{44}=\frac{30}{11}$

3 $x=18$

解説 点Cから直線ABに垂線CHを下ろすと

$\angle CBH=180°-150°=30°$

$CH:BC=1:2$ より

$2CH=BC \quad CH=\frac{1}{2}BC$

$\triangle ABC$ の面積が27であるから

$\frac{1}{2}\times AB\times CH=27$

$\frac{1}{2}\times(2x-18)\times\frac{1}{2}\times(x-12)=27$

$(x-9)(x-12)=54 \quad x^2-21x+54=0$

$(x-3)(x-18)=0 \quad x=3,\ 18$

$BC=x-12>0$ より，$x>12$ であるから

$x=18$

4 (1) $\frac{15\sqrt{3}}{4}$ (2) **120°**

解説 (1) 点Aから直線BCに垂線AHを下ろす。

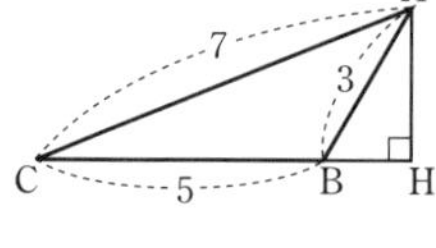

$BH=x$ とすると，$\triangle ABH$ において

$AH^2=AB^2-BH^2=9-x^2$

$\triangle ACH$ において

$AH^2=AC^2-CH^2=49-(5+x)^2$

$=49-(25+10x+x^2)$

$=24-10x-x^2$

よって $9-x^2=24-10x-x^2$

$10x=15 \quad x=\frac{3}{2}$

$AH^2=9-\left(\frac{3}{2}\right)^2=\frac{36}{4}-\frac{9}{4}=\frac{27}{4}$

$AH>0$ より $AH=\sqrt{\frac{27}{4}}=\frac{3\sqrt{3}}{2}$

$S=\frac{1}{2}\times BC\times AH=\frac{1}{2}\times5\times\frac{3\sqrt{3}}{2}=\frac{15\sqrt{3}}{4}$

(2) $BH:AB:AH=\frac{3}{2}:3:\frac{3\sqrt{3}}{2}$

$=1:2:\sqrt{3}$

よって，$\angle ABH=60°$ であるから

$\angle ABC=180°-60°=120°$

5 (1) $6\sqrt{3}$ (2) $\frac{\sqrt{3}}{3}$

(3) $\frac{6\sqrt{21}}{7}$ (4) $\frac{4\sqrt{3}}{3}$

解説 (1) $\angle BAC=60°$ より

$AE:BE=1:\sqrt{3}$

$BE=\sqrt{3}AE=3\sqrt{3}$

よって，$\triangle ABC$ の面積は

$\frac{1}{2}\times AC\times BE=\frac{1}{2}\times(3+1)\times3\sqrt{3}=6\sqrt{3}$

(2) $\triangle AEF \backsim \triangle ADC$，$\triangle ADC \backsim \triangle BEC$ より $\triangle AEF \backsim \triangle BEC$

$AE:BE=FE:CE$ より

$3:3\sqrt{3}=FE:1$

$3\sqrt{3}FE=3 \quad FE=\frac{1}{\sqrt{3}}=\frac{\sqrt{3}}{3}$

(3) $BC^2=BE^2+EC^2=(3\sqrt{3})^2+1^2=28$

$BC>0$ より $BC=\sqrt{28}=2\sqrt{7}$

(1)より $\frac{1}{2}\times BC\times AD=6\sqrt{3}$

$\frac{1}{2}\times2\sqrt{7}\times AD=6\sqrt{3}$

$AD=\frac{6\sqrt{3}}{\sqrt{7}}=\frac{6\sqrt{21}}{7}$

(4) $\angle BAC=60°$ より

$AE:AB=1:2 \quad AB=2AE=6$

$BF=BE-FE=3\sqrt{3}-\frac{\sqrt{3}}{3}=\frac{8\sqrt{3}}{3}$

$\triangle ABF$ の面積に着目して

$\frac{1}{2}\times AB\times FG=\frac{1}{2}\times BF\times AE$

$6FG=\frac{8\sqrt{3}}{3}\times3 \quad 6FG=8\sqrt{3}$

$FG=\frac{8\sqrt{3}}{6}=\frac{4\sqrt{3}}{3}$

6 $\frac{3\sqrt{5}}{5}$

解説 $y=-\frac{1}{2}x+\frac{3}{2}$ と x 軸との交点を A，y 軸との交点を B とする。

$y=0$ のとき

$0=-\frac{1}{2}x+\frac{3}{2}$ より　$x=3$

$x=0$ のとき

$y=\frac{3}{2}$

よって，A(3，0)，B$\left(0,\ \frac{3}{2}\right)$となる。

$AB^2=OA^2+OB^2=3^2+\left(\frac{3}{2}\right)^2=\frac{45}{4}$

AB>0 より

$AB=\sqrt{\frac{45}{4}}=\frac{3\sqrt{5}}{2}$

△OAB の面積に着目して

$\frac{1}{2}\times AB\times OH=\frac{1}{2}\times OA\times OB$

$\frac{3\sqrt{5}}{2}OH=3\times\frac{3}{2}$

$OH=\frac{9}{3\sqrt{5}}=\frac{3}{\sqrt{5}}=\frac{3\sqrt{5}}{5}$

7 (1) **60°**　(2) $\mathbf{2\sqrt{6}}$
(3) $\mathbf{4\sqrt{3}+12}$

解説 (1) AE＝AF，∠A＝30° より

∠AEF＝(180°−30°)÷2＝75°

CD＝CE，∠C＝90° より

∠CED＝45°

∠DEF＝180°−∠AEF−∠CED
＝180°−75°−45°
＝60°

(2) DC＝4，∠EDC＝45°，∠C＝90° より，
DE＝$4\sqrt{2}$ となる。

(1)より，∠DEF＝60°，∠DHE＝90° であるから　DE：DH＝2：$\sqrt{3}$

$4\sqrt{2}$：DH＝2：$\sqrt{3}$　　2DH＝$4\sqrt{6}$

よって　DH＝$2\sqrt{6}$

(3) BF＝BD，∠B＝60° より

∠BFD＝(180°−60°)÷2＝60°

∠AFE＝∠AEF＝75°

∠DFE＝180°−∠BFD−∠AFE
＝180°−60°−75°＝45°

よって　FH＝DH＝$2\sqrt{6}$

EH：DE＝1：2 より　2EH＝DE

$EH=\frac{1}{2}DE=2\sqrt{2}$

$\triangle DEF=\frac{1}{2}\times EF\times DH$

$=\frac{1}{2}\times(2\sqrt{2}+2\sqrt{6})\times2\sqrt{6}$

$=4\sqrt{3}+12$

8 ア $\sqrt{7}$　イ 1　ウ 2

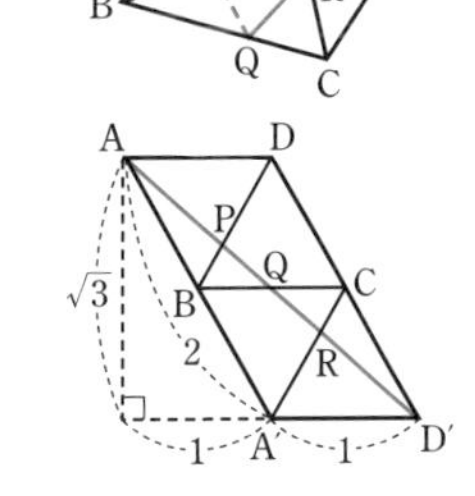

解説 正四面体の各面は正三角形であるから，見取図と展開図は右の図のようになる。

AP＋PQ＋QR＋RD の最小値は，右の図の線分 AD′ の長さで

$\sqrt{(\sqrt{3})^2+2^2}$

$=\sqrt{7}$　…ア

△PAB∽△PD′D であるから

BP：PD＝AB：D′D＝1：2　…イ：ウ

9 (1) ア 六　イ 6

(2) $26\ \text{cm}^3$　(3) $18\ \text{cm}^3$

解説 (1) 立体Pは，次の図のようになる。

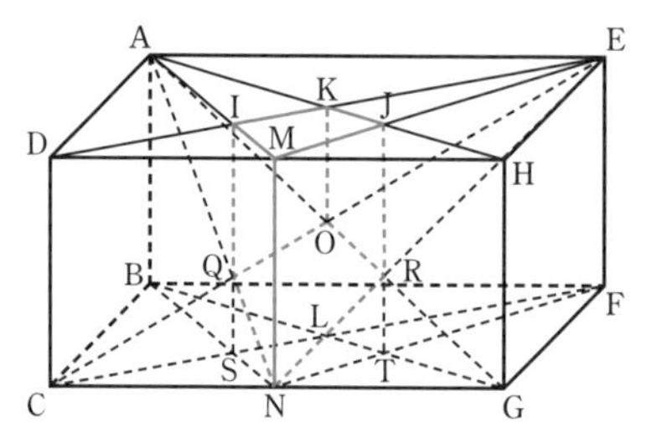

立体Pは，六面体である。 …ア

M，Kは，それぞれHD，HAの中点であるから，中点連結定理により

$KM /\!/ AD$，$KM=\frac{1}{2}AD=3$ (cm)

$\triangle IKM \backsim \triangle IDA$ であるから

$KI:DI=KM:DA=1:2$

同様に，$\triangle JKM \backsim \triangle JHE$ であるから

$KJ:HJ=KM:HE=1:2$

よって，$KI:ID=KJ:JH=1:2$

となるから

$IJ /\!/ DH$，$IJ=\frac{1}{3}DH=4$ (cm)

以上より，四角形IMJKの対角線は垂直に交わり，その面積は

$\frac{1}{2}\times3\times4=6$ (cm^2) …イ

(2) 四角柱IMJK-SNTLの体積は

$6\times6=36$ (cm^3)

ここから取り除く部分は，三角錐O-CGLから三角錐Q-CNSと三角錐R-GNTを取り除いたものである。

$LN=KM=3$，$OL=\frac{1}{2}KL=3$ より，

三角錐O-CGLの体積は

$\frac{1}{3}\times\left(\frac{1}{2}\times12\times3\right)\times3=18$ (cm^3)

三角錐Q-CNSと三角錐R-GNTは合同である。CNを底辺としたときの△SCNの高さをhとすると

$h:BC=NS:NB=MI:MA=1:3$

$3h=BC$ より　$h=\frac{1}{3}BC=2$

$QS:AB=NS:NB=1:3$

$3QS=AB$ より　$QS=\frac{1}{3}AB=2$

よって，三角錐Q-CNSの体積は

$\frac{1}{3}\times\left(\frac{1}{2}\times6\times2\right)\times2=4$ (cm^3)

よって，求める体積は

$36-(18-4\times2)=36-10=26$ (cm^3)

(3)

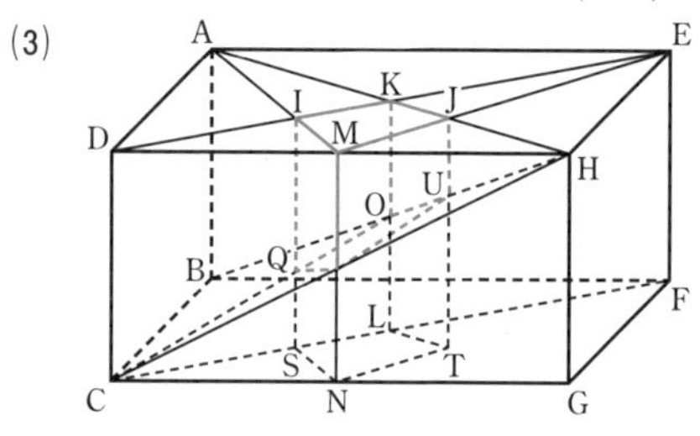

四角柱IMJK-SNTLは，面MKLNについて対称で，Pと四角錐H-ABCDとの共通部分は，MNの中点とKLの中点を頂点としてもつ。

$JU:KO=HJ:HK=2:3$

$3JU=2KO$ より　$JU=\frac{2}{3}KO=2$

よって，$JU=QS$，$UT=IQ$ となるから，求める体積は，四角柱IMJK-SNTLの体積の$\frac{1}{2}$で

$36\times\frac{1}{2}=18$ (cm^3)

9 標本調査

141 (1) よくない

(理由) 体育館に来る人は，ふつう運動の好きな人であり，そのような特定の人にのみアンケートをしても，母集団の正しい意見とすることはできない。

(2) よくない

(理由) 市電に乗る人は，ふつうその市電を必要としている人であるから，そのような特定の人にのみ調査をしても，正しい標本の選び方にはならない。

142 (1) **1.5%** (2) **105 個**

解説 (1) $\frac{3}{200}\times100=\frac{3}{2}=1.5(\%)$

(2) $7000\times\frac{3}{200}=35\times3=105$(個)

143 **およそ 900 個**

解説 緑色の豆の個数と黒色の豆の個数の比は3回の平均から 27：3 と類推できる。

求める緑色の豆の個数を x 個とすると，次の比例式が成り立つ。

$x:100=27:3$

$x:100=9:1$

よって，$x=900$ より

およそ 900 個

第9回 実力テスト

1 **2000 個**

解説 取り出された白い豆は，5回で

$40+39+44+36+41=200$(個)

取り出された黒い豆は，5回で

$1+2+3+2+2=10$(個)

白い豆と黒い豆の個数の比は

$200:10=20:1$

これより，白い豆は黒い豆のおよそ 20 倍入っていると推定される。

よって，白い豆の個数は

$100\times20=2000$(個)と推定される。

2 **7 個**

解説 2000 回のうち，白玉が出た割合は

$(164+183+174+181)\div2000$

$=702\div2000=\frac{702}{2000}$

よって，白玉の個数は，

$20\times\frac{702}{2000}=\frac{702}{100}=7.02$

より，7個と推定される。

3 (1) $\frac{9}{20}$ (2) **135 個**

解説 (1) $\frac{18}{40}=\frac{9}{20}$

(2) 300 個のうちの $\frac{9}{20}$ が白と考えられるから $300\times\frac{9}{20}=135$(個)

4 (1) **25 : 2** (2) **2500 尾**

解説 (1) 求める比は，標本での比に等しいと考えられるから $300:24=25:2$

(2) 養殖場全体の魚の数を x 尾とすると

$x:200=25:2$ $2x=5000$

よって $x=2500$(尾)

総合問題

▶144 (1) $\frac{1}{18}$ (2) $\frac{1}{12}$

解説 (1) $2x-3y=1$ より

$-3y=-2x+1$

$y=\frac{2x-1}{3}$ …①

x, y は 1 から 6 までの整数であるから，①を満たすのは

$x=2$ のとき $y=1$，$x=5$ のとき $y=3$

の 2 通りである。

よって，求める確率は

$\frac{2}{36}=\frac{1}{18}$

(2) $xy-3x-2y+4=0$ より

$x(y-3)-2(y-3)-6+4=0$

$(x-2)(y-3)=2$ …①

$x-2$	-2	-1	1	2
$y-3$	-1	-2	2	1

これより，x, y を求める。

x	0	1	3	4
y	2	1	5	4

x, y は 1 から 6 までの整数であるから，①を満たすのは 3 通りである。

よって，求める確率は

$\frac{3}{36}=\frac{1}{12}$

▶145 (1) **300g** (2) $\boldsymbol{p=450}$，$\boldsymbol{q=150}$
(3) $\boldsymbol{r=200}$ **(途中経過は解説を参照)**

解説 (1) x g の水を加えるとすると

$(600+x)\times\frac{6}{100}=600\times\frac{9}{100}$

$3600+6x=5400$ $6x=1800$

よって $x=300$

(2) 食塩水の量に着目して

$p+q=600$ …①

食塩の量に着目して

$p\times\frac{9}{100}+q\times\frac{5}{100}=600\times\frac{8}{100}$ …②

②より $9p+5q=4800$ …②′

②′−①×5 より

$4p=1800$ $p=450$

これを①に代入して

$450+q=600$

よって $q=150$

(3) はじめの操作後の食塩水の濃度は

$(600-r)\times\frac{9}{100}\div600\times100$

$=\frac{3(600-r)}{200}$ (%)

2 回目の操作後の食塩水の濃度が 4% であるから，食塩の量に着目して

$(600-r)\times\frac{3(600-r)}{200\times100}=600\times\frac{4}{100}$

$(600-r)^2=200^2\times2^2$

$600-r>0$ より

$600-r=200\times2$

よって $r=200$

トップコーチ

食塩水を扱った文章題は，1 次方程式，連立方程式，2 次方程式とあるが，ここではその全パターンが小問(1)，(2)，(3)でそれぞれ問われている。問題文中の操作や手順に関する表現をよく読んで，解法をしっかり整理しておくこと。

146 (1) ① $\frac{7}{18}$ ② $\frac{5}{36}$ ③ $\frac{11}{12}$

(2) ① $\frac{5}{36}$ ② $\frac{7}{36}$

解説 (1) ① $ax=b$ より $x=\frac{b}{a}$

これが整数となるのは

$a=1$ のとき $b=1, 2, 3, 4, 5, 6$

$a=2$ のとき $b=2, 4, 6$

$a=3$ のとき $b=3, 6$

$a=4$ のとき $b=4$

$a=5$ のとき $b=5$

$a=6$ のとき $b=6$

合わせて 14 通りあるから，求める確率は

$\frac{14}{36}=\frac{7}{18}$

② $x^2+ax-b=0$ が，$x=1$ を解にもつとき

$1^2+a-b=0$

$b=a+1$

a	1	2	3	4	5
b	2	3	4	5	6

よって，求める確率は $\frac{5}{36}$

③ 2 直線が交わらない，つまり，平行な場合を考える。

$\frac{b}{a}=2$ より $b=2a$

a	1	2	3
b	2	4	6

よって，交わる場合は

$36-3=33$（通り）

であるから，求める確率は

$\frac{33}{36}=\frac{11}{12}$

(2) ① $x^2-ax+b=0$ が $x=1$ を解にもつとき

$1^2-a+b=0$

$b=a-1$

a	2	3	4	5	6
b	1	2	3	4	5

よって，求める確率は

$\frac{5}{36}$

② $x^2-ax+b=0$ の解を $x=m, n$ とする。ただし，$m \leqq n$ とする。

$(x-m)(x-n)=0$

$x^2-(m+n)x+mn=0$

よって $m+n=a,\ mn=b$

a, b は 1 から 6 までの整数であるから

$m+n>0,\ mn>0$

よって，$m>0,\ n>0$ となる。

$b=1$ のとき $m=1, n=1, a=2$

$b=2$ のとき $m=1, n=2, a=3$

$b=3$ のとき $m=1, n=3, a=4$

$b=4$ のとき $m=1, n=4, a=5$

$m=2, n=2, a=4$

$b=5$ のとき $m=1, n=5, a=6$

$b=6$ のとき $m=2, n=3, a=5$

（$m=1, n=6, a=7$ は適さない。）

合わせて 7 通りあるから，求める確率は $\frac{7}{36}$

147 (1) ① **5通り** ② **21通り**
(2) **32通り**

解説 (1) n 個並んでいるときの，消す方法の数をx_nとすると，問題文から

$x_1=1$，$x_2=2$，$x_3=3$

① 最初に1個消す場合，残り3個の消し方はx_3通りであり，最初に2個消す場合，残り2個の消し方はx_2通りであるから

$x_4=x_3+x_2=3+2=5$ (通り)

② 同様にして

$x_5=x_4+x_3=5+3=8$ (通り)

$x_6=x_5+x_4=8+5=13$ (通り)

$x_7=x_6+x_5=13+8=21$ (通り)

(2) n 個並んでいるときの，消す方法の数をy_nとする。

$y_1=1$

2個並んでいる場合は，最初に1個消す場合，残り1個の消し方はy_1通りであり，2個全部を消す場合が1通りであるから

$y_2=y_1+1=1+1=2$ (通り)

同様にして

$y_3=y_2+y_1+1$
$=2+1+1$
$=4$ (通り)

$y_4=y_3+y_2+y_1+1$
$=4+2+1+1$
$=8$ (通り)

$y_5=y_4+y_3+y_2+y_1+1$
$=8+4+2+1+1$
$=16$ (通り)

$y_6=y_5+y_4+y_3+y_2+y_1+1$
$=16+8+4+2+1+1$
$=32$ (通り)

148 $\boldsymbol{b=2\sqrt{2}}$，$\boldsymbol{k=\sqrt{2}}$

解説 $x=k$ が解であるから，代入して

$$\begin{cases} k^2+ak+b=0 & \cdots① \\ k^2+k+a=0 & \cdots② \\ ak^2+(2-a)k+(2-b)=0 & \cdots③ \end{cases}$$

①＋③より

$(a+1)k^2+2k+2=0$ …④

④－②×2より

$(a-1)k^2+2-2a=0$

$(a-1)k^2-2(a-1)=0$

よって

$(a-1)(k^2-2)=0$ …⑤

$a=1$ のとき，②より

$k^2+k+1=0$ …②′

$k>0$ より，$k^2+k+1>0$ であるから，②′を満たす k は存在しない。

ゆえに，⑤より

$k^2-2=0$

$k=\pm\sqrt{2}$

$k>0$ より　$k=\sqrt{2}$

このとき，②より

$2+\sqrt{2}+a=0$

よって　$a=-2-\sqrt{2}$

①より　$2+(-2-\sqrt{2})\sqrt{2}+b=0$

ゆえに　$b=2\sqrt{2}$

149 (1) 解説を参照

(2) $y=-\frac{3}{2}x+\frac{3}{2}$　(3) $a=\frac{\sqrt{10}}{5}$

解説 (1) $y=x^2$ と $y=x$ から

$x^2=x$　$x^2-x=0$

$x(x-1)=0$

よって　$x=0,\ 1$

これより　P(1, 1)

$y=\frac{1}{2}x^2$ と $y=x$ から　$\frac{1}{2}x^2=x$

$x^2=2x$　$x^2-2x=0$

$x(x-2)=0$

よって　$x=0,\ 2$

これより　Q(2, 2)

$y=x^2$ と $y=-\frac{1}{2}x$ から　$x^2=-\frac{1}{2}x$

$2x^2=-x$　$2x^2+x=0$

$x(2x+1)=0$

よって　$x=0,\ -\frac{1}{2}$

これより　$R\left(-\frac{1}{2},\ \frac{1}{4}\right)$

$y=\frac{1}{2}x^2$ と $y=-\frac{1}{2}x$ から　$\frac{1}{2}x^2=-\frac{1}{2}x$

$x^2=-x$　$x^2+x=0$　$x(x+1)=0$

よって　$x=0,\ -1$

これより　$S\left(-1,\ \frac{1}{2}\right)$

直線 PR の傾きは

$$\frac{\frac{1}{4}-1}{-\frac{1}{2}-1}=\frac{1-4}{-2-4}=\frac{-3}{-6}=\frac{1}{2}$$

直線 QS の傾きは

$$\frac{\frac{1}{2}-2}{-1-2}=\frac{1-4}{-2-4}=\frac{-3}{-6}=\frac{1}{2}$$

2 直線 PR, QS は，傾きが等しいから

PR∥QS

(2) PR の中点を M, QS の中点を N とする。

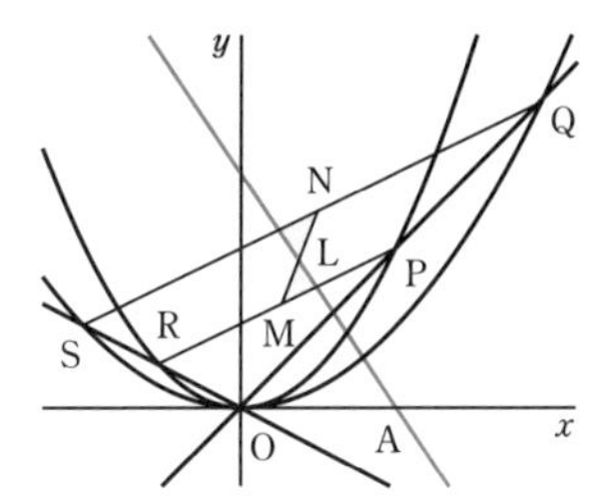

PM＋QN＝MR＋NS であるから，台形 PMNQ と台形 MRSN の面積は等しい。

さらに，MN の中点を L とすると，図の青色の 2 つの三角形は合同で，面積は等しいから，直線 AL は台形 PQSR の面積を 2 等分する。

$\left\{1+\left(-\frac{1}{2}\right)\right\}\div 2=\frac{1}{4}$, $\left(1+\frac{1}{4}\right)\div 2=\frac{5}{8}$ より

$M\left(\frac{1}{4},\ \frac{5}{8}\right)$

$\{2+(-1)\}\div 2=\frac{1}{2}$, $\left(2+\frac{1}{2}\right)\div 2=\frac{5}{4}$ より

$N\left(\frac{1}{2},\ \frac{5}{4}\right)$

$\left(\frac{1}{4}+\frac{1}{2}\right)\div 2=\frac{3}{8}$, $\left(\frac{5}{8}+\frac{5}{4}\right)\div 2=\frac{15}{16}$ より

$L\left(\frac{3}{8},\ \frac{15}{16}\right)$

直線 AL の式を $y=mx+n$ とおくと，

A(1, 0) を通るから

$m+n=0$　…①

$L\left(\frac{3}{8},\ \frac{15}{16}\right)$ を通るから

$\frac{3}{8}m+n=\frac{15}{16}$　…②

①−②より　$\frac{5}{8}m=-\frac{15}{16}$　$m=-\frac{3}{2}$

①より　$n=-m=\frac{3}{2}$

よって，求める直線の式は　$y=-\frac{3}{2}x+\frac{3}{2}$

(3) $y=ax^2$ と $y=x$ から　$ax^2=x$

$x(ax-1)=0$　　$a>0$ より　$x=0,\ \dfrac{1}{a}$

これより　$\mathrm{T}\left(\dfrac{1}{a},\ \dfrac{1}{a}\right)$

$y=ax^2$ と $y=-\dfrac{1}{2}x$ から　$ax^2=-\dfrac{1}{2}x$

$2ax^2+x=0$　　$x(2ax+1)=0$

$a>0$ より　$x=0,\ -\dfrac{1}{2a}$

これより　$\mathrm{U}\left(-\dfrac{1}{2a},\ \dfrac{1}{4a}\right)$

直線 TU の傾きは

$$\frac{\dfrac{1}{4a}-\dfrac{1}{a}}{-\dfrac{1}{2a}-\dfrac{1}{a}}=\frac{1-4}{-2-4}=\frac{-3}{-6}=\frac{1}{2}$$

よって　PR∥TU

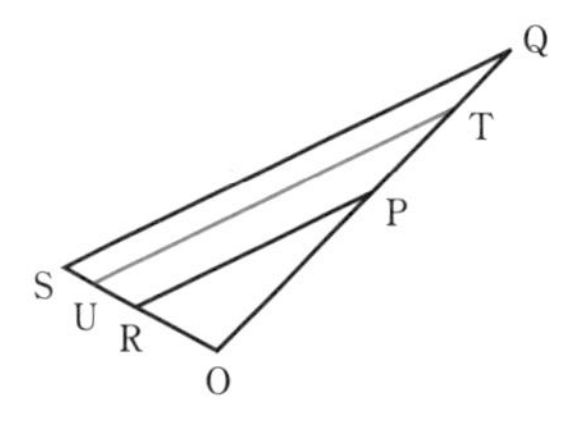

ここで，P は OQ の中点であるから

OP：OQ＝1：2

よって　$\triangle$OPR：$\triangle$OQS＝1^2：2^2＝1：4

$\triangle$OPR：台形 PQSR＝1：3

直線 TU が台形 PQSR の面積を 2 等分するから

$\triangle$OPR：台形 PTUR＝1：$\dfrac{3}{2}$＝2：3

すなわち　$\triangle$OPR：$\triangle$OTU＝2：5

よって　OP：OT＝$\sqrt{2}$：$\sqrt{5}$

x 座標に着目して考えると

$1:\dfrac{1}{a}=\sqrt{2}:\sqrt{5}$　　$\dfrac{\sqrt{2}}{a}=\sqrt{5}$

ゆえに　$a=\dfrac{\sqrt{2}}{\sqrt{5}}=\dfrac{\sqrt{10}}{5}$

▸150

(1) $\dfrac{2}{3}$

(2) $\dfrac{2}{9}$

(3) $\dfrac{7}{36}$

解説 (1) 表をかいて数えあげる。

a	1	2	3	4	5	6
$a-3$	-2	-1	0	1	2	3
b	4〜6	1〜6	1〜6	1〜6	4〜6	なし

合わせて　3＋6×3＋3＝24（通り）

よって，求める確率は

$\dfrac{24}{36}=\dfrac{2}{3}$

(2) $\sqrt{a^2+b^2}<4$ より　$a^2+b^2<16$

a	1	2	3	4	5	6
b	1〜3	1〜3	1，2	なし	なし	なし

合わせて　3×2＋2＝8（通り）

よって，求める確率は

$\dfrac{8}{36}=\dfrac{2}{9}$

(3) $y=ax+b$ で，$y=-1$ のとき

$ax+b=-1$

$x=-\dfrac{b+1}{a}$

$-3\leqq-\dfrac{b+1}{a}\leqq-2$ のとき，

$y=ax+b$ は 2 点 $(-3,\ -1)$，$(-2,\ -1)$ を結ぶ線分を通る。

a	1	2	3	4	5	6
b	1，2	3〜5	5，6	なし	なし	なし

合わせて　2＋3＋2＝7（通り）

よって，求める確率は　$\dfrac{7}{36}$

151 (1) ア 1　イ 6
(2) ウ $\frac{1}{2}$　エ $\frac{13}{2}$
(3) オ 0　カ 10
(4) キ 1　ク 2

解説 (1) 2点A，Bは $y=x^2$ 上の点であるから，A$(-2,\ 4)$，B$(3,\ 9)$ となる。
直線 $y=mx+n$ 上の点でもあるから

$$\begin{cases} -2m+n=4 & \cdots③ \\ 3m+n=9 & \cdots④ \end{cases}$$

④－③より　$5m=5$　　$m=1$　…ア
これを③に代入して
　$-2+n=4$　　$n=6$　…イ

(2) 線分ABの中点が円の中心である。
$\left(\frac{-2+3}{2},\ \frac{4+9}{2}\right)$ より，中心の座標は
$\left(\frac{1}{2},\ \frac{13}{2}\right)$　…(ウ，エ)

(3) 線分ABは直径であるから，
$\angle ADB=90°$ となる。
点Dの座標を $(0,\ t)$ とおくと，直線ADの傾きは　$\frac{t-4}{0-(-2)}=\frac{t-4}{2}$
直線BDの傾きは　$\frac{t-9}{0-3}=-\frac{t-9}{3}$
$AD\perp BD$ より　$\frac{t-4}{2}\times\left(-\frac{t-9}{3}\right)=-1$
$(t-4)(t-9)=6$　　$t^2-13t+36=6$
$t^2-13t+30=0$　　$(t-3)(t-10)=0$
$t=3,\ 10$
図より，C$(0,\ 3)$，D$(0,\ 10)$　…(オ，カ)

(4) 点Eの座標は $(0,\ 6)$ である。
$\triangle ACE=\frac{1}{2}\times(6-3)\times 2=3$
$\triangle BDE=\frac{1}{2}\times(10-6)\times 3=6$
よって
$\triangle ACE:\triangle BDE=3:6=1:2$　…キ：ク

152 1辺の長さ $4\sqrt{13}$，面積 $16\sqrt{133}$

解説 $BI=x$ とおく。
$AI^2=AB^2+BI^2=64+x^2$
$IG^2=IF^2+FG^2=(20-x)^2+144$
四角形AIGJはひし形であるから
$AI=IG$　　すなわち　$AI^2=IG^2$
よって　$64+x^2=(20-x)^2+144$
$64+x^2=400-40x+x^2+144$
$40x=480$　　ゆえに　$x=12$
このとき　$AI^2=64+144=208$
$AI>0$ であるから，ひし形の1辺の長さは
$AI=\sqrt{208}=4\sqrt{13}$
また，$AC^2=AB^2+BC^2=64+144=208$ より
$AG^2=AC^2+CG^2=208+400=608$
$AG>0$ より　$AG=\sqrt{608}=4\sqrt{38}$
AGとIJの交点をMとすると，ひし形の2本の対角線はそれぞれの中点で垂直に交わるから　$AG\perp IM$，$AM=GM$
$AM=\frac{1}{2}AG=2\sqrt{38}$ であるから
$IM^2=AI^2-AM^2=208-152=56$
$IM>0$ より　$IM=\sqrt{56}=2\sqrt{14}$
よって　$IJ=2IM=4\sqrt{14}$
ゆえに，求めるひし形の面積は
$\frac{1}{2}AG\times IJ=\frac{1}{2}\times 4\sqrt{38}\times 4\sqrt{14}=16\sqrt{133}$

153 (1) $\frac{1}{48}$　(2) $\frac{1}{6}$　(3) $\frac{2}{9}$

解説 (1) 頂点Aを出発して4秒後に頂点Mに到達するから，y 座標は常に減り続けることになる。

$$A\xrightarrow{\frac{1}{2}}C\xrightarrow{\frac{1}{3}}G\xrightarrow{\frac{1}{4}}J\xrightarrow{\frac{1}{2}}M$$

よって，求める確率は　$\frac{1}{2}\times\frac{1}{3}\times\frac{1}{4}\times\frac{1}{2}=\frac{1}{48}$

(2) A→(C または D)と移動する確率は 1 であるから，y 座標が 4 から 3 になる確率は 1 である。

C→(F または G)，D→(G または H)と移動する確率はどちらも $\frac{2}{3}$ であるから，y 座標が 3 から 2 になる確率は　$\frac{2}{3}$

F→J，H→K と移動する確率はどちらも $\frac{1}{2}$ で，G→(J または K)と移動する確率は $\frac{2}{4}=\frac{1}{2}$ である。したがって，y 座標が 2 から 1 になる確率は　$\frac{1}{2}$

J→M，K→M と移動する確率はどちらも $\frac{1}{2}$ であるから，y 座標が 1 から 0 になる確率は　$\frac{1}{2}$

したがって，4 秒後に頂点 M に到達する確率は

$1\times\frac{2}{3}\times\frac{1}{2}\times\frac{1}{2}=\frac{1}{6}$

(3) y 座標が 3，2，1 のいずれか 1 か所で 1 回だけ水平方向に移動すると，5 秒後に初めて頂点 M に到達する。

したがって，求める確率は

$$1\times\left(1-\frac{2}{3}\right)\times\frac{2}{3}\times\frac{1}{2}\times\frac{1}{2}$$

$$+1\times\frac{2}{3}\times\left(1-\frac{1}{2}\right)\times\frac{1}{2}\times\frac{1}{2}$$

$$+1\times\frac{2}{3}\times\frac{1}{2}\times\left(1-\frac{1}{2}\right)\times\frac{1}{2}$$

$$=\frac{1}{18}+\frac{1}{12}+\frac{1}{12}$$

$$=\frac{8}{36}=\frac{2}{9}$$

▶154

(1) $\boldsymbol{x=4\sqrt{2}}$

(2) $\boldsymbol{y=\frac{12-\sqrt{6}}{2}}$

解説 (1) 水槽のもとの水面の高さを $h$cm とすると

$\pi x^2h+\pi\times2^2\times12=\pi x^2(h+1.5)$

$\pi x^2h+48\pi=\pi x^2h+1.5\pi x^2$

よって　$1.5\pi x^2=48\pi$

両辺を 2 倍してから π でわると

$3x^2=96$

$x^2=32$

$x>0$ より　$x=\sqrt{32}=4\sqrt{2}$

(2) 鉄の棒の太い部分が 29−21=8(cm)沈むから

$\pi x^2h+\pi\times2^2\times21+\pi y^2\times8$

$=\pi x^2(h+3y-6)$

両辺を π でわって，$x^2=32$ を代入すると

$32h+84+8y^2=32h+96y-192$

$8y^2-96y+276=0$

$2y^2-24y+69=0$

解の公式により

$$y=\frac{-(-12)+\sqrt{(-12)^2-2\times69}}{2}$$

$$=\frac{12\pm\sqrt{6}}{2}$$

$y=\frac{12+\sqrt{6}}{2}$ のとき，$y=6+\frac{\sqrt{6}}{2}>6$ であるから　$y^2>36$

よって，$y^2>x^2$ より $y>x$ となり，鉄の棒が水槽より太くなるから不適。

よって　$y=\frac{12-\sqrt{6}}{2}$

▶155 (1) $0 \leqq x \leqq 10$ (2) $y=\frac{\sqrt{3}}{2}x^2$

(3) $\frac{41}{4}$ 倍

解説 (1) DF：EF＝1：2 より

10：EF＝1：2　　EF＝20cm

△ABC は毎秒 2cm の速さで動くから，点 C が点 F の位置に着くのは

20÷2＝10(秒後)

よって，$0 \leqq x \leqq 10$ となる。

(2) AC と DE との交点を P とする。

∠ACB＝∠DFE＝60° であるから，

AC∥DF，△PEC∽△DEF となる。

x 秒後に，EC＝$2x$ となり，PC＝x，

PE＝$\sqrt{3}x$ となる。

△PEC＝$\frac{1}{2}$×PC×PE より

$y=\frac{\sqrt{3}}{2}x^2$

(3) $x=7$ のとき　EC＝2×7＝14

CF＝20－14＝6

四角形 ACFD は平行四辺形であるから

AD＝CF＝6

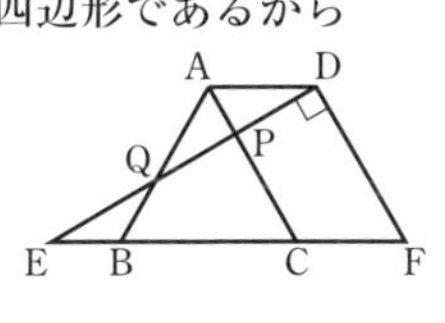

EB＝EC－BC

＝14－10

＝4

AB と DE の交点を Q とすると，

△QEB∽△QDA より

EQ：DQ＝EB：DA＝4：6＝2：3

DE＝$\sqrt{3}$DF＝$10\sqrt{3}$ より

△DEF＝$\frac{1}{2}$×DF×DE＝$\frac{1}{2}\times10\times10\sqrt{3}$

＝$50\sqrt{3}$

△QEB＝△DEF×$\frac{\text{EB}}{\text{EF}}\times\frac{\text{EQ}}{\text{ED}}$

＝$50\sqrt{3}\times\frac{4}{20}\times\frac{2}{5}=4\sqrt{3}$

四角形 PQBC＝△PEC－△QEB

＝$\frac{1}{2}\times7\times7\sqrt{3}-4\sqrt{3}$

(EC＝14 より，PC＝7 であるから)

＝$\frac{49\sqrt{3}}{2}-\frac{8\sqrt{3}}{2}=\frac{41\sqrt{3}}{2}$

$x=2$ のとき，(2)の式に代入して，

$y=\frac{\sqrt{3}}{2}\times2^2=2\sqrt{3}$ より

$\frac{41\sqrt{3}}{2}\div2\sqrt{3}=\frac{41\sqrt{3}}{4\sqrt{3}}=\frac{41}{4}$ (倍)

▶156 (1) 4 通り (2) 12 通り

(3) 最小 $2\sqrt{19}$ cm，最大 14 cm

解説 (1) 正六角形の他の頂点を，図のようにB，C，D，E，F とする。1 回反射した後，ある頂点で止まるのは，次の場合である。

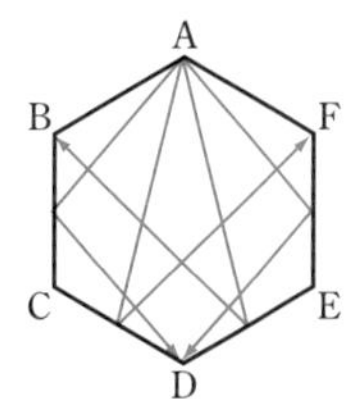

辺 BC で反射して点 D で止まる。

辺 CD で反射して点 F で止まる。

辺 DE で反射して点 B で止まる。

辺 EF で反射して点 D で止まる。

よって，全部で 4 通りである。

(2) 反射した光を辺について対称にかくと，光は直進するから，正六角形を辺について対称にかき広げていくと，次の図のようになる。

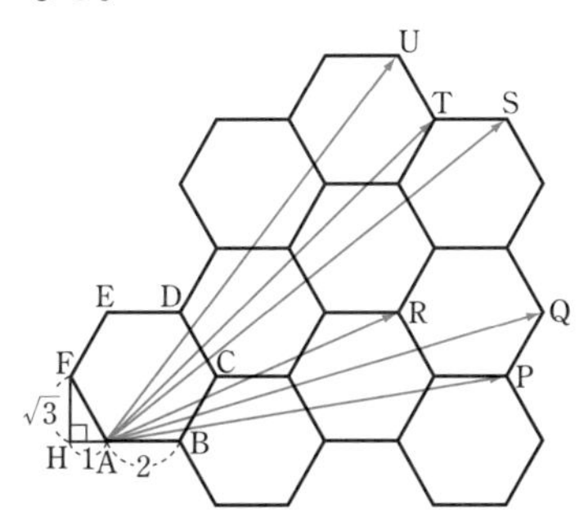

辺を3回通って頂点で止まるのは，最初に辺BCを通る場合が図のP，Q，Rの3通り，辺CDを通る場合がS，T，Uの3通りである。
同様にして，辺DE，EFを通る場合も3通りずつあるから，全部で
$3\times4=12$（通り）

(3) 前ページの図で，$AH=1$，$HF=\sqrt{3}$ である。
最小となるのはRで止まるときで
$AR^2=8^2+(2\sqrt{3})^2=64+12=76$
$AR>0$ より
$AR=\sqrt{76}=2\sqrt{19}$ (cm)
最大となるのはSで止まるときで
$AS^2=11^2+(5\sqrt{3})^2=196$
$AS>0$ より
$AS=\sqrt{196}=14$ (cm)

157 (1) △EFGにおいて，点Bは辺EFの中点，点Cは辺EGの中点であるから，中点連結定理により
$BC /\!/ FG$，$BC=\frac{1}{2}FG$
点Hは線分FGの中点であるから
$FH=\frac{1}{2}FG=BC$
四角形ABCDは平行四辺形であるから
$AD=BC$
よって　$AD=FH$
また，$AD /\!/ BC$，$BC /\!/ FG$ より
$AD /\!/ FH$
1組の対辺が平行で，その長さが等しいから，四角形AFHDは平行四辺形である。

(2) **66°**

解説 (2) 平行四辺形の対角は等しいから　$\angle BCD=81^\circ$
$\angle BCE=81^\circ-33^\circ$
$=48^\circ$

A E D 81° 33° B C

△BCEは，$BC=CE$ の二等辺三角形であるから　$\angle CBE=(180^\circ-48^\circ)\div2$
$=132^\circ\div2=66^\circ$

158 (1) △ABCと△FEDにおいて
弧ABに対する円周角は等しいから
$\angle ACB=\angle ADB$
対頂角は等しいから　$\angle ADB=\angle FDE$
よって　$\angle ACB=\angle FDE$　…㋐
弧BCに対する円周角は等しいから
$\angle BAC=\angle BDC$
$CD /\!/ EF$ より，同位角は等しいから
$\angle BDC=\angle EFD$
よって　$\angle BAC=\angle EFD$　…㋑
㋐，㋑より，2組の角がそれぞれ等しいから　△ABC∽△FED

(2) ① $\mathbf{\frac{3\sqrt{10}}{2}}$ **cm**　② $\mathbf{\frac{27}{2}}$ **cm²**

解説 (2) ① $CD /\!/ EF$ より
$CD:EF=BC:BE$
$3:EF=6:(6+9)$　　$6EF=45$
$EF=\frac{15}{2}$ (cm)
(1)より　$AB:FE=BC:ED$
$AB:\frac{15}{2}=6:3\sqrt{10}$　　$3\sqrt{10}AB=45$
$AB=\frac{15}{\sqrt{10}}=\frac{15\times\sqrt{10}}{\sqrt{10}\times\sqrt{10}}=\frac{15\sqrt{10}}{10}$
$=\frac{3\sqrt{10}}{2}$ (cm)

② △ABC と △FED の相似比は

$BC : ED = 6 : 3\sqrt{10} = 2 : \sqrt{10}$

面積比は

$\triangle ABC : \triangle FED = 2^2 : (\sqrt{10})^2$

$= 4 : 10 = 2 : 5$

$\triangle FED = \frac{1}{2} \times EF \times CE = \frac{1}{2} \times \frac{15}{2} \times 9 = \frac{135}{4}$

$\triangle ABC : \frac{135}{4} = 2 : 5$ より

$5\triangle ABC = \frac{135}{2}$

$\triangle ABC = \frac{27}{2}$ (cm^2)

(別解) AB を底辺としたときの △ABC の高さを h cm とする。CE⊥EF より，EF を底辺としたときの △DEF の高さは CE＝9cm であるから

$h : 9 = BC : ED = 6 : 3\sqrt{10}$

$3\sqrt{10}h = 54$　　$h = \frac{18}{\sqrt{10}}$

$\triangle ABC = \frac{1}{2} \times \frac{3\sqrt{10}}{2} \times \frac{18}{\sqrt{10}}$

$= \frac{27}{2}$ (cm^2)

159 (1) △PQH と △SPB において

$\angle PHQ = \angle SBP = 90°$　…①

△PQR∽△ABC より　∠QPR＝∠BAC

また，∠PAQ＋∠AQP＝∠QPB より

$\angle AQP = \angle QPB - \angle PAQ$

$= \angle QPB - \angle QPR = \angle BPS$

よって　∠HQP＝∠BPS　…②

①，②より，2 組の角がそれぞれ等しいから　△PQH∽△SPB

(2) **$BS = \frac{8}{3}$，$RS = \frac{68}{3}$，$RT = \frac{425}{21}$**

解説 (2) △AHP と △ABC において，

∠PAH＝∠CAB(共通)，

∠AHP＝∠ABC＝90° であるから

△AHP∽△ABC

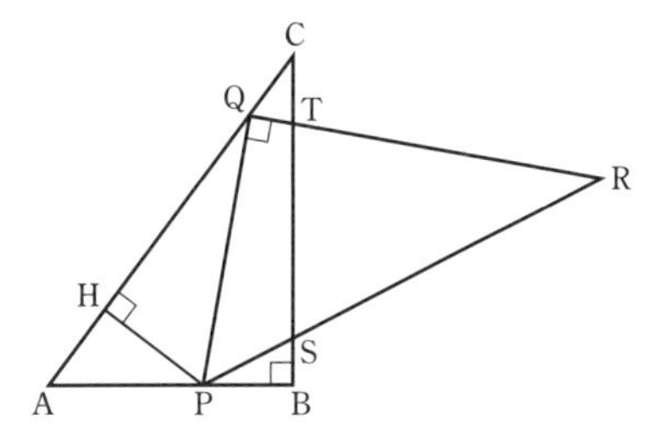

HP : BC＝AP : AC より

HP : 20＝10 : 25　　HP : 20＝2 : 5

5HP＝40　　よって　HP＝8

△PQH∽△SPB より

HP : BS＝QH : PB

8 : BS＝15 : (15−10)

8 : BS＝3 : 1　　3BS＝8

よって　$BS = \frac{8}{3}$

△PQR∽△ABC より

RP : CA＝PQ : AB

RP : 25＝17 : 15　　15RP＝25×17

$RP = \frac{25 \times 17}{15} = \frac{5 \times 17}{3} = \frac{85}{3}$

また，△PQH∽△SPB より

PQ : SP＝QH : PB であるから

17 : SP＝15 : 5

17 : SP＝3 : 1

$3SP = 17$　　$SP = \frac{17}{3}$

$RS = RP - SP = \frac{85}{3} - \frac{17}{3} = \frac{68}{3}$

△PQR∽△ABC より

QR : BC＝PQ : AB であるから

QR : 20＝17 : 15　　15QR＝20×17

$QR=\frac{20\times17}{15}=\frac{4\times17}{3}=\frac{68}{3}$

△AHP∽△ABC より

AH：AB＝AP：AC であるから

AH：15＝10：25

AH：15＝2：5

5AH＝30　　AH＝6

CQ＝CA－QH－AH

　＝25－15－6＝4

RT＝x とおくと

$TQ=QR-x=\frac{68}{3}-x$

△QCT と △SRT において

∠QCT＝∠SRT，∠CTQ＝∠RTS より，

△QCT∽△SRT であるから

CT：RT＝CQ：RS

CT：x＝4：$\frac{68}{3}$　　CT：x＝12：68

CT：x＝3：17　　17CT＝$3x$

$CT=\frac{3x}{17}$

TS＝BC－BS－CT

$=20-\frac{8}{3}-\frac{3x}{17}=\frac{52}{3}-\frac{3x}{17}$

△QCT∽△SRT であるから

TQ：TS＝CQ：RS より

$\left(\frac{68}{3}-x\right):\left(\frac{52}{3}-\frac{3x}{17}\right)=3:17$

$52-\frac{9x}{17}=\frac{1156}{3}-17x$

$\frac{289}{17}x-\frac{9}{17}x=\frac{1156}{3}-\frac{156}{3}$

$\frac{280}{17}x=\frac{1000}{3}$

$x=\frac{1000}{3}\times\frac{17}{280}=\frac{25}{3}\times\frac{17}{7}=\frac{425}{21}=RT$

(RT を求める別解)

点 T から SR に垂線 TD を引く。

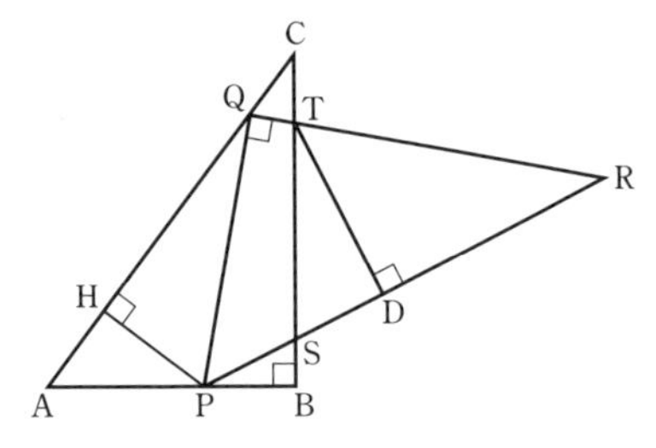

△TDR と △ABC において

∠TDR＝∠ABC＝90°，∠TRD＝∠ACB

より　△TDR∽△ABC

RT＝$5x$ とおくと

TD：AB＝RT：CA より

TD：15＝$5x$：25

TD：15＝x：5

5TD＝$15x$

よって　TD＝$3x$

DR：BC＝RT：CA より

DR：20＝$5x$：25

DR：20＝x：5

5DR＝$20x$

よって　DR＝$4x$

△PBS と △TDS において

∠PBS＝∠TDS＝90°，∠PSB＝∠TSD

より　△PBS∽△TDS

PB：TD＝BS：DS より

$5:3x=\frac{8}{3}:\left(\frac{68}{3}-4x\right)$

$8x=\frac{340}{3}-20x$　　$28x=\frac{340}{3}$

$x=\frac{340}{3\times28}=\frac{85}{3\times7}=\frac{85}{21}$

よって　$RT=5x=\frac{425}{21}$

▶160 (1) $a=\frac{6}{25}$ (2) $\left(0,\ \frac{28}{3}\right)$

(3) $-\frac{20}{9}$ (4) $\frac{260\sqrt{13}}{9}\pi$

解説 (1) $y=ax^2$ のグラフは y 軸について対称であるから，線分 QR の中点 M は y 軸上にある。

QR$=10$ より　QM$=$MR$=5$

$\mathrm{PM}^2=\mathrm{PQ}^2-\mathrm{QM}^2=13^2-5^2=144$

PM>0 より　$\mathrm{PM}=\sqrt{144}=12$

OM$=$OP$-$PM$=18-12=6$ より，

M$(0,\ 6)$，R$(5,\ 6)$ となる。

$y=ax^2$ は点 R を通るから

$6=25a$　　よって　$a=\frac{6}{25}$

(2) QT は∠PQR の二等分線であるから

PS：SM$=$PQ：QM$=13：5$

PM：SM$=18：5$ となるから

$18\mathrm{SM}=5\mathrm{PM}$　　$\mathrm{SM}=\frac{5}{18}\times12=\frac{10}{3}$

$\mathrm{OS}=\mathrm{OM}+\mathrm{SM}=6+\frac{10}{3}=\frac{28}{3}$

よって，点 S の座標は　$\left(0,\ \frac{28}{3}\right)$

(3) 直線 QT は点 S を通るから，その式を $y=mx+\frac{28}{3}$ とおく。点 Q$(-5,\ 6)$ を通るから　$6=-5m+\frac{28}{3}$　　$5m=\frac{10}{3}$　　$m=\frac{2}{3}$

よって，直線 QT の式は　$y=\frac{2}{3}x+\frac{28}{3}$

点 R を通り，直線 QT に平行な直線の式を $y=\frac{2}{3}x+b$ とおく。

点 R$(5,\ 6)$ を通るから

$6=\frac{10}{3}+b$　　$b=\frac{8}{3}$

よって，この直線の式は　$y=\frac{2}{3}x+\frac{8}{3}$

放物線とこの直線の，R 以外の交点が U である。放物線と直線 RU の式から y を消去して

$\frac{6}{25}x^2=\frac{2}{3}x+\frac{8}{3}$

両辺を 75 倍して　$18x^2=50x+200$

$9x^2-25x-100=0$

解の 1 つは $x=5$ であるから

$(x-5)(9x+20)=0$

よって，$x=5,\ -\frac{20}{9}$ となるから，点 U の x 座標は　$-\frac{20}{9}$

(4) 点 K$(8,\ 6)$ をとると　QK$=$PQ$=13$

二等辺三角形の頂角の二等分線は，底辺を垂直に 2 等分するから，直線 QT と直線 PK の交点を H とすると

$\frac{0+8}{2}=4,\ \frac{18+6}{2}=12$ より　H$(4,\ 12)$

$\mathrm{PH}^2=(4-0)^2+(12-18)^2=16+36=52$

PH>0 より　$\mathrm{PH}=\sqrt{52}=2\sqrt{13}$

$\mathrm{QS}^2=\{0-(-5)\}^2+\left(\frac{28}{3}-6\right)^2$

$=25+\frac{100}{9}=\frac{325}{9}$

QS>0 より　$\mathrm{QS}=\sqrt{\frac{325}{9}}=\frac{5\sqrt{13}}{3}$

よって，求める体積は

$\frac{1}{3}\times\pi\times\mathrm{PH}^2\times(\mathrm{QH}-\mathrm{SH})$

$=\frac{1}{3}\times\pi\times\mathrm{PH}^2\times\mathrm{QS}=\frac{1}{3}\pi\times52\times\frac{5\sqrt{13}}{3}$

$=\frac{260\sqrt{13}}{9}\pi$

▶161 (1) ア　$\frac{8}{3}$

(2) イ　$\frac{4\sqrt{10}}{3}$　　ウ　8

解説 (1) O, C を結ぶと，△ABC は直角二等辺三角形であるから，△OAC, △OBC も直角二等辺三角形となる。

$OA=4\sqrt{5}\div 2=2\sqrt{5}$ であるから

$AC=BC=\sqrt{2}\,OA=2\sqrt{10}$

△ABD において，∠ADB=90° より

$AD^2=AB^2-BD^2=(4\sqrt{5})^2-4^2$

$=80-16=64$

AD>0 より　$AD=\sqrt{64}=8$

∠ADC=∠ABC=45°

∠CDE=180°−∠ADB−∠ADC

=180°−90°−45°

=45°

よって，∠ADC=∠CDE となり，DC は∠ADE の二等分線である。

DE：DA=EC：CA より

$DE:8=EC:2\sqrt{10}$

$8EC=2\sqrt{10}DE$　　$EC=\dfrac{\sqrt{10}}{4}DE$

△BCE において，∠BCE=90° より

$BE^2=BC^2+EC^2$

$(BD+DE)^2=BC^2+\left(\dfrac{\sqrt{10}}{4}DE\right)^2$

DE=x cm とすると

$(4+x)^2=(2\sqrt{10})^2+\dfrac{5}{8}x^2$

$16+8x+x^2=40+\dfrac{5}{8}x^2$　$\dfrac{3}{8}x^2+8x-24=0$

$3x^2+64x-192=0$

解の公式により

$x=\dfrac{-32\pm\sqrt{32^2-3\times(-192)}}{3}$

$=\dfrac{-32\pm\sqrt{32(32+3\times 6)}}{3}$

$=\dfrac{-32\pm 4\sqrt{2}\times 5\sqrt{2}}{3}=\dfrac{-32\pm 40}{3}$

$x>0$ より　$x=\dfrac{8}{3}$　…ア

(2) AG=5 より

GD=AD−AG=8−5=3

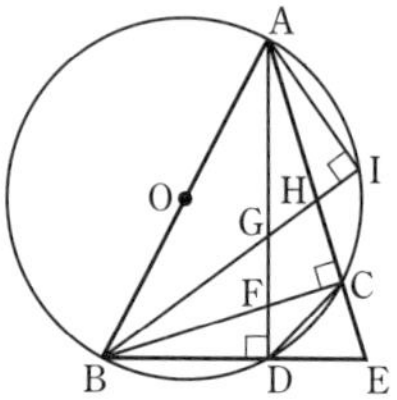

$BG^2=BD^2+DG^2$

$=4^2+3^2=25$

BG>0 より

$BG=\sqrt{25}=5$

AG=BG=5

であるから　∠GAB=∠GBA

また，∠CAB=∠CBA=45° より

∠CAD=∠IBC=∠IAC

よって，AH は∠GAI の二等分線である。

∠AIG=∠BDG=90°，AG=BG,

∠AGI=∠BGD より　△AIG≡△BDG

これより　AI=BD=4，GI=GD=3

GH：HI=AG：AI=5：4 より

GI：HI=9：4　　9HI=4GI

$HI=\dfrac{4}{9}GI=\dfrac{4}{9}\times 3=\dfrac{4}{3}$

△AHI において，∠AIH=90° より

$AH^2=AI^2+HI^2=4^2+\left(\dfrac{4}{3}\right)^2$

$=16+\dfrac{16}{9}=\dfrac{160}{9}$

AH>0 より

$AH=\sqrt{\dfrac{160}{9}}=\dfrac{4\sqrt{10}}{3}$ (cm)　…イ

$CH=AC-AH=2\sqrt{10}-\dfrac{4\sqrt{10}}{3}=\dfrac{2\sqrt{10}}{3}$

BI=BG+GI=5+3=8

$BH=BI-HI=8-\dfrac{4}{3}=\dfrac{20}{3}$

よって　$BI:BH=8:\dfrac{20}{3}=6:5$

∠BCH=90° であるから

$\triangle BCI=\triangle BCH\times\dfrac{6}{5}$

$=\dfrac{1}{2}\times 2\sqrt{10}\times\dfrac{2\sqrt{10}}{3}\times\dfrac{6}{5}$

$=8\ (cm^2)$　…ウ

▸162　(1)　3　　(2)　1

解説　(1)　線分 CF について，点 M と対称な点を N とすると，点 N は辺 FG の中点である。このとき，FN＝1 であるから

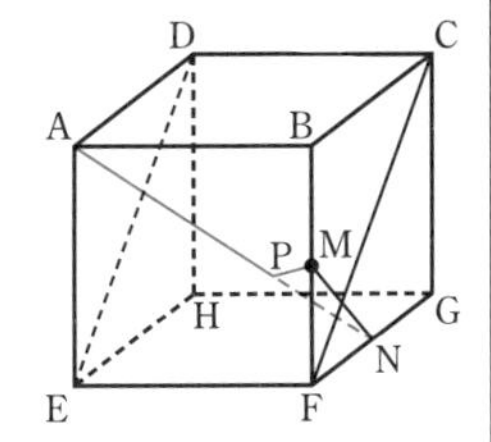

$AN^2=AE^2+EN^2$

$=AE^2+EF^2+FN^2$

$=2^2+2^2+1^2$

$=9$

AN＞0 より　$AN=\sqrt{9}=3$

PM＝PN であるから

AP＋PM＝AP＋PN≧AN＝3

よって，AP＋PM の長さの最小値は 3 である。

(2)　MN∥BG，BG∥AH より　MN∥AH

よって，3 点 A，M，N を通る平面上に点 H はある。

点 N から AH に垂線 NI を下ろす。

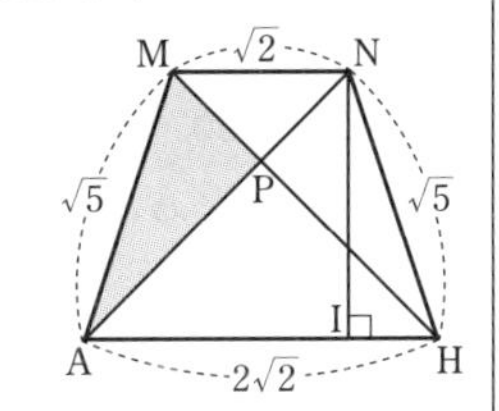

$MA=NH=\sqrt{2^2+1^2}=\sqrt{5}$ より，四角形 MAHN は MN∥AH の等脚台形である。

$AH=2\sqrt{2}$，$MN=\sqrt{2}$ より

$HI=\frac{1}{2}(AH-MN)=\frac{\sqrt{2}}{2}$

$NI^2=NH^2-HI^2=5-\frac{1}{2}=\frac{9}{2}$

NI＞0 より　$NI=\sqrt{\frac{9}{2}}=\frac{3\sqrt{2}}{2}$

AP：NP＝AH：NM＝2：1 より

AP：AN＝2：3

$\triangle APM=\frac{2}{3}\triangle ANM$

$=\frac{2}{3}\times\frac{1}{2}\times\sqrt{2}\times\frac{3\sqrt{2}}{2}=1$

(別解)　点 P は平面 AFGD 上の点であるから，右の図で，

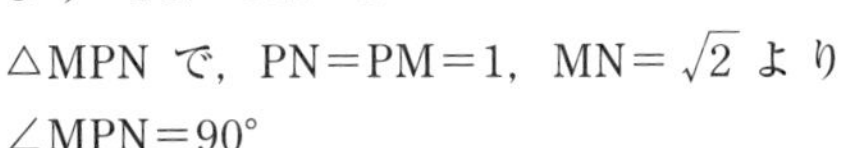

AD：FN＝2：1 より

AP：PN＝2：1

右下の図で，

AN＝3，

AN：PN＝3：1

より　PN＝PM＝1

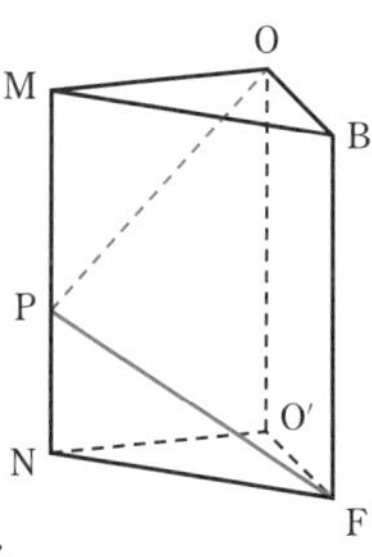

△MPN で，PN＝PM＝1，$MN=\sqrt{2}$ より

∠MPN＝90°

よって　$\triangle APM=\frac{1}{2}\times AP\times MP$

$=\frac{1}{2}\times(3-1)\times1=1$

▸163　(1)　4　　(2)　8

解説　△OMB を底面とする三角柱で考える。また，EG と FH の交点を O′ とする。

(1)　右の図の三角柱の側面で，折れ線 OPF を含む部分の展開図は次のようになる。

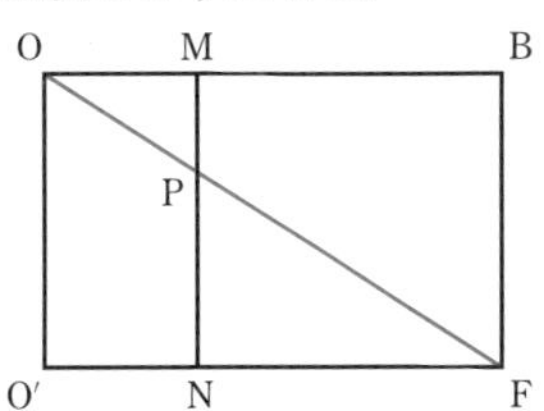

FP＋PO が最小になるのは，点 P が線分 OF 上にあるときである。

辺 AD の中点を L とすると，OL＝3，
ML＝AL－AM＝3－2＝1，OL⊥ML であるから

$OM^2=OL^2+ML^2=9+1=10$

OM＞0 より　$OM=\sqrt{10}$

$MB^2=MA^2+AB^2$

$=2^2+6^2$

$=40$

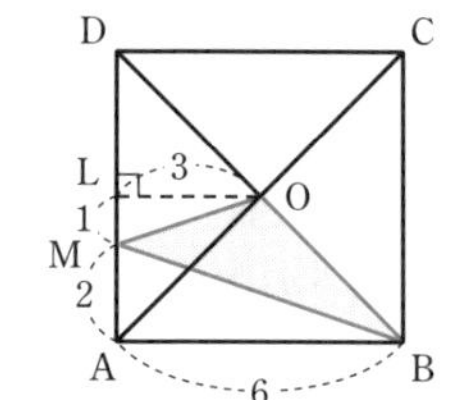

MB＞0 より

$MB=\sqrt{40}=2\sqrt{10}$

よって

$OM:MB=\sqrt{10}:2\sqrt{10}$

$=1:2$

ゆえに　OM：FN＝1：2

△OMP∽△FNP より

MP：NP＝OM：FN＝1：2 であるから

$NP=\dfrac{2}{1+2}MN=\dfrac{2}{3}\times6=4$

(2) 四面体 FNPO と四面体 FNPO′ は，△FNP を底面と考えると，高さが等しいから，体積も等しい。

$\triangle FNO'=\triangle BMO$

$=\triangle BMD-\triangle OMD$

$=\dfrac{1}{2}\times MD\times AB-\dfrac{1}{2}\times MD\times OL$

$=\dfrac{1}{2}\times(6-2)\times6-\dfrac{1}{2}\times(6-2)\times3$

$=12-6=6$

よって，求める体積は

$\dfrac{1}{3}\times\triangle FNO'\times NP=\dfrac{1}{3}\times6\times4=8$

164 (1) $\dfrac{\pi}{2}-\dfrac{3\sqrt{3}}{4}$　(2) $\dfrac{\pi}{3}+\dfrac{\sqrt{3}}{2}-\dfrac{3}{2}$

解説 (1) 図形 S は，下の展開図の青色の部分である。

正三角形の高さは，1 辺の長さの $\dfrac{\sqrt{3}}{2}$ 倍であるから，求める面積は

$\left(\pi\times1^2\times\dfrac{60}{360}\right.$

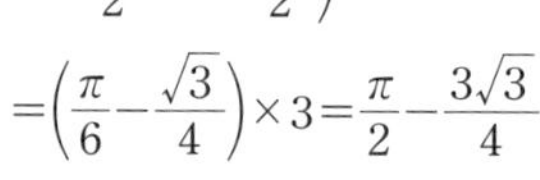

$\left.-\dfrac{1}{2}\times1\times\dfrac{\sqrt{3}}{2}\right)\times3$

$=\left(\dfrac{\pi}{6}-\dfrac{\sqrt{3}}{4}\right)\times3=\dfrac{\pi}{2}-\dfrac{3\sqrt{3}}{4}$

(2) 図形 T は，右の展開図の青色の部分である。

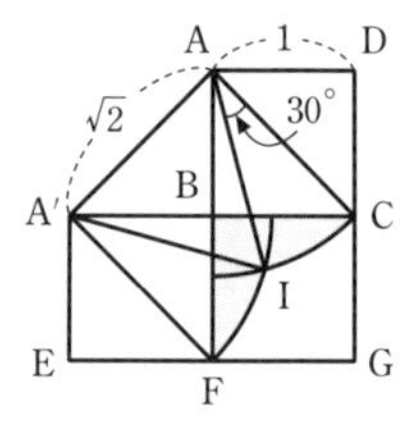

△AA′I は，1 辺の長さが $\sqrt{2}$ の正三角形であるから

$\angle A'AI=60°$

$\angle A'AC=\angle A'AB+\angle BAC$

$=45°+45°=90°$

よって

$\angle IAC=\angle A'AC-\angle A'AI$

$=90°-60°=30°$

正三角形の高さは，1 辺の長さの $\dfrac{\sqrt{3}}{2}$ 倍であるから，求める面積は

扇形 AIC×2＋△AA′I－△ABC×3

$=\pi(\sqrt{2})^2\times\dfrac{30}{360}\times2+\dfrac{1}{2}\times\sqrt{2}\times\left(\sqrt{2}\times\dfrac{\sqrt{3}}{2}\right)$

$-\dfrac{1}{2}\times1\times1\times3$

$=\dfrac{\pi}{3}+\dfrac{\sqrt{3}}{2}-\dfrac{3}{2}$

▸165 $4\sqrt{39}\,\mathrm{cm}^2$

解説　△OAB において，三平方の定理により　$OB^2=OA^2+AB^2=144+16=160$

$OB>0$ より　$OB=\sqrt{160}=4\sqrt{10}$

正六角形 ABCDEF の対角線 AD，BE，CF の交点を M とする。正三角形 ABM の高さは 1 辺の長さの $\dfrac{\sqrt{3}}{2}$ 倍であるから

$4\times\dfrac{\sqrt{3}}{2}=2\sqrt{3}$

よって

$AC=2\sqrt{3}\times2=4\sqrt{3}$

△OAC において，三平方の定理により

$OC^2=OA^2+AC^2=144+48=192$

$OC>0$ より　$OC=\sqrt{192}=8\sqrt{3}$

点 O から直線 BC に垂線を下ろし，直線 BC との交点を H とする。

$BH=x$ として，OH^2 を，△OHB，△OHC において三平方の定理を用いて表すと

$OH^2=OB^2-BH^2=OC^2-CH^2$

すなわち　$(4\sqrt{10})^2-x^2=(8\sqrt{3})^2-(x+4)^2$

$160-x^2=192-x^2-8x-16$

$8x=16$　　よって　$x=2$

このとき

$OH^2=(4\sqrt{10})^2-x^2=160-4=156$

$OH>0$ より

$OH=\sqrt{156}=2\sqrt{39}$

よって，求める面積は

$\triangle OBC=\dfrac{1}{2}\times BC\times OH=\dfrac{1}{2}\times4\times2\sqrt{39}$

$=4\sqrt{39}\,(\mathrm{cm}^2)$

▸166

(1)　$\dfrac{16+8\sqrt{5}}{3}$

(2)　①　$\sqrt{3}a^2$　　②　$\dfrac{1}{6}a^3$

③　$\dfrac{3+\sqrt{3}}{4}a^2$　　④　$\dfrac{5}{48}a^3$

(3)　①　$2\sqrt{6}$　　②　3

③　$r=\dfrac{3\sqrt{6}-3}{5}$

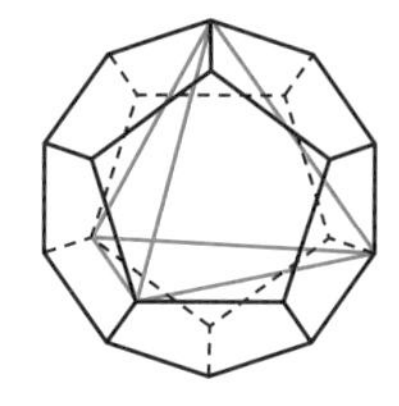

解説　(1)　正四面体は，右の図の青い線のようになる。

この正四面体の 1 辺の長さは，右下の図の青い線でかかれた正方形の対角線の長さに等しい。その正方形の 1 辺の長さは，正十二面体の面である正五角形の対角線の長さであり，**91**(1)より，

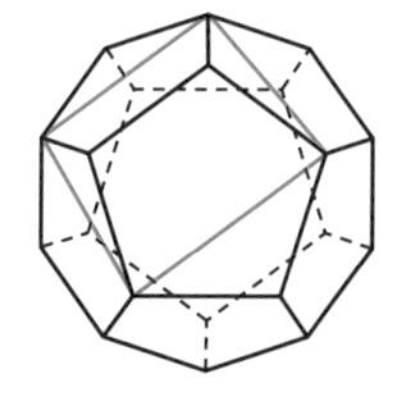

$1+\sqrt{5}$ である。よって，正四面体の 1 辺の長さは $\sqrt{2}(1+\sqrt{5})$ となる。

1 辺の長さが x である正四面体 OABC において，点 O から底面 ABC に垂線 OH を下ろすと，直角三角形の合同条件により，△OAH，△OBH，△OCH は合同となる。

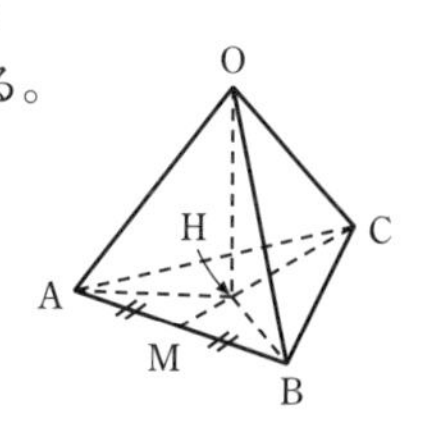

さらに，△HAB，△HBC，△HCA も合同となり，△HAB は，HA＝HB，

∠HAB＝60°÷2＝30° の二等辺三角形となる。

辺 AB の中点を M とすると，AB⊥HM で

$AM:AH=\sqrt{3}:2$

$\sqrt{3}\text{AH}=2\text{AM}$ より

$\text{AH}=\dfrac{2}{\sqrt{3}}\text{AM}=\dfrac{2}{\sqrt{3}}\times\dfrac{x}{2}=\dfrac{x}{\sqrt{3}}$

直角三角形 OAH において，三平方の定理により

$\text{OH}=\sqrt{\text{OA}^2-\text{AH}^2}=\sqrt{x^2-\dfrac{x^2}{3}}$

$=\sqrt{\dfrac{2}{3}x^2}=\dfrac{\sqrt{6}}{3}x$

よって，正四面体 OABC の体積 V は

$V=\dfrac{1}{3}\times\triangle\text{ABC}\times\text{OH}$

$=\dfrac{1}{3}\times\dfrac{1}{2}\times x\times x\times\dfrac{\sqrt{3}}{2}\times\dfrac{\sqrt{6}}{3}x=\dfrac{\sqrt{2}}{12}x^3$

$x=\sqrt{2}(1+\sqrt{5})$ であるから

$V=\dfrac{\sqrt{2}}{12}\{\sqrt{2}(1+\sqrt{5})\}^3$

$=\dfrac{\sqrt{2}}{12}\times2\sqrt{2}\times(1+\sqrt{5})^3$

$=\dfrac{1}{3}(1+\sqrt{5})^2(1+\sqrt{5})=\dfrac{1}{3}(6+2\sqrt{5})(1+\sqrt{5})$

$=\dfrac{1}{3}(16+8\sqrt{5})=\dfrac{16+8\sqrt{5}}{3}$

(2) ① 正八面体の1辺の長さを b とする。

b は立方体の面(正方形)の対角線の長さの $\dfrac{1}{2}$ であるから　$b=\dfrac{\sqrt{2}}{2}a$

1辺の長さが b である正三角形の高さは $\dfrac{\sqrt{3}}{2}b$ であるから，面積は

$\dfrac{1}{2}\times b\times\dfrac{\sqrt{3}}{2}b=\dfrac{\sqrt{3}}{4}b^2$　…㋐

よって，求める正八面体の表面積は

$\dfrac{\sqrt{3}}{4}b^2\times8=2\sqrt{3}b^2=2\sqrt{3}\times\left(\dfrac{\sqrt{2}}{2}a\right)^2$

$=2\sqrt{3}\times\dfrac{1}{2}a^2=\sqrt{3}a^2$

② 右の図で，四角形 ABCD は正方形であるから

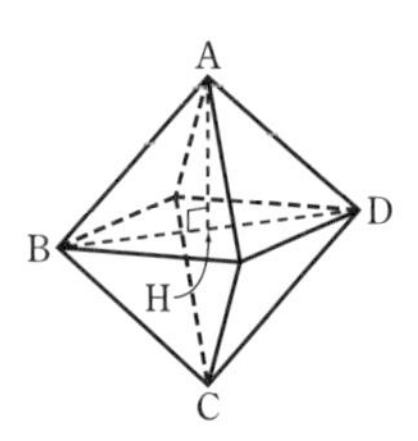

$\text{AH}=\dfrac{1}{2}\text{BD}=\dfrac{\sqrt{2}}{2}b$

底面が1辺の長さ b の正方形で，高さが $\dfrac{\sqrt{2}}{2}b$ である正四角錐の体積は

$\dfrac{1}{3}\times b^2\times\dfrac{\sqrt{2}}{2}b=\dfrac{\sqrt{2}}{6}b^3$　…㋑

求める正八面体の体積は，㋑の2倍で

$\dfrac{\sqrt{2}}{6}b^3\times2=\dfrac{\sqrt{2}}{3}\times\left(\dfrac{\sqrt{2}}{2}a\right)^3$

$=\dfrac{\sqrt{2}}{3}\times\dfrac{2\sqrt{2}}{8}a^3=\dfrac{1}{6}a^3$

③ $c=\dfrac{1}{2}b$ とする。

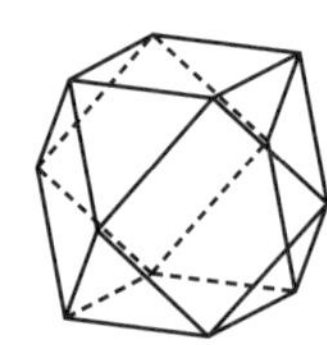

正八面体の各辺の中点を頂点とする立体は，右の図のようになる。これは，正八面体から，底面が1辺の長さ c の正方形で，高さが $\dfrac{\sqrt{2}}{2}c$ の正四角錐を6個切り取ったもので，1辺の長さが c の正方形が6面，1辺の長さが c の正三角形が8面からなる十四面体である。

㋐と同様にして，正三角形の面積は，$\dfrac{\sqrt{3}}{4}c^2$ となる。$c=\dfrac{1}{2}b=\dfrac{1}{2}\times\dfrac{\sqrt{2}}{2}a=\dfrac{\sqrt{2}}{4}a$ より，求める表面積は

$c^2\times6+\dfrac{\sqrt{3}}{4}c^2\times8=6c^2+2\sqrt{3}c^2$

$=(6+2\sqrt{3})\left(\dfrac{\sqrt{2}}{4}a\right)^2=\dfrac{(6+2\sqrt{3})\times2}{16}a^2$

$=\dfrac{3+\sqrt{3}}{4}a^2$

④　正八面体から切り取る正四角錐の体積は，㋑と同様にして$\frac{\sqrt{2}}{6}c^3$である。

よって，求める体積は

$\frac{1}{6}a^3-\frac{\sqrt{2}}{6}c^3\times 6=\frac{1}{6}a^3-\sqrt{2}\left(\frac{\sqrt{2}}{4}a\right)^3$

$=\frac{1}{6}a^3-\frac{4}{64}a^3=\frac{1}{6}a^3-\frac{1}{16}a^3$

$=\frac{5}{48}a^3$

(3)　①　△ACD，△BCD は正三角形で，M は CD の中点であるから，CD＝6 より

CM＝3，AM＝BM＝$3\sqrt{3}$

△ABM において，MH＝x とおく。

△AMH において

$AH^2=AM^2-MH^2=(3\sqrt{3})^2-x^2$

$=27-x^2$

△ABH において

$AH^2=AB^2-BH^2=6^2-(3\sqrt{3}-x)^2$

$=36-(27-6\sqrt{3}x+x^2)$

$=9+6\sqrt{3}x-x^2$

よって　$27-x^2=9+6\sqrt{3}x-x^2$

$6\sqrt{3}x=18$　　$x=\frac{3}{\sqrt{3}}=\sqrt{3}$

これより　$AH^2=27-(\sqrt{3})^2=24$

AH＞0 より　$AH=\sqrt{24}=2\sqrt{6}$

②　①より　$\frac{AM}{MH}=\frac{3\sqrt{3}}{\sqrt{3}}=3$

③　△ACD と △BCD に接する 2 個の球は，△ABM 上の点で接するから，半径 r の球は四面体 ABCM の 4 つの面と接することになる。この球の中心を O とする。

$\triangle ABC=\frac{1}{2}\times 6\times 3\sqrt{3}=9\sqrt{3}$

$\triangle BCM=\triangle ACM=\frac{1}{2}\triangle ABC=\frac{9\sqrt{3}}{2}$

$\triangle ABM=\frac{1}{2}\times 3\sqrt{3}\times 2\sqrt{6}=9\sqrt{2}$

四面体 O-ABC，O-BCM，O-ACM，O-ABM の体積の和は

$\frac{1}{3}(\triangle ABC+\triangle BCM+\triangle ACM+\triangle ABM)r$

$=\frac{1}{3}\left(9\sqrt{3}+\frac{9\sqrt{3}}{2}+\frac{9\sqrt{3}}{2}+9\sqrt{2}\right)r$

$=\frac{1}{3}(18\sqrt{3}+9\sqrt{2})r$

$=(6\sqrt{3}+3\sqrt{2})r$　…㋐

四面体 A-BCM の体積は

$\frac{1}{3}\times\frac{9\sqrt{3}}{2}\times 2\sqrt{6}$

$=3\sqrt{18}=9\sqrt{2}$　…㋑

㋐と㋑は等しいから

$(6\sqrt{3}+3\sqrt{2})r=9\sqrt{2}$

$(2\sqrt{3}+\sqrt{2})r=3\sqrt{2}$

両辺に $(2\sqrt{3}-\sqrt{2})$ をかけて

$\{(2\sqrt{3})^2-(\sqrt{2})^2\}r=3\sqrt{2}(2\sqrt{3}-\sqrt{2})$

$10r=6\sqrt{6}-6$

よって　$r=\frac{3\sqrt{6}-3}{5}$

トップコーチ

＜正四面体に関する公式＞

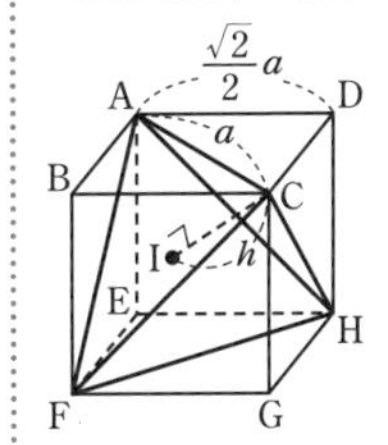

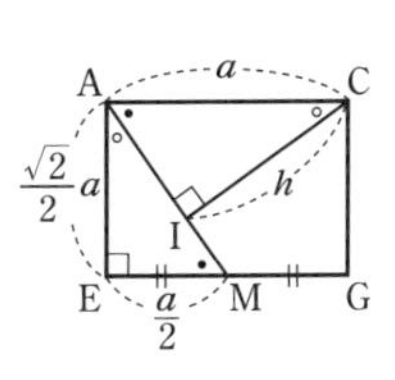

立方体 ABCD-EFGH の各面の対角線を 1 辺とする正四面体 ACFH において，

AC＝a，C から面 AFH に下ろした垂線 CI の長さを h，正四面体の体積を V とする。また，EG の中点を M とすると

$AM=\sqrt{\left(\frac{1}{2}\right)^2+\left(\frac{\sqrt{2}}{2}\right)^2}a=\frac{\sqrt{3}}{2}a$

△AEM∽△CIA（2 角相等）であるから，

CA：CI＝AM：AE＝$\sqrt{3}$：$\sqrt{2}$ より

$h=a\times\frac{\sqrt{2}}{\sqrt{3}}=\frac{\sqrt{6}}{3}a$

$V=\frac{1}{3}\times$（立方体 ABCD-EFGH の体積）

$=\frac{1}{3}\times\left(\frac{\sqrt{2}}{2}a\right)^3=\frac{\sqrt{2}}{12}a^3$

<正八面体に関する公式>

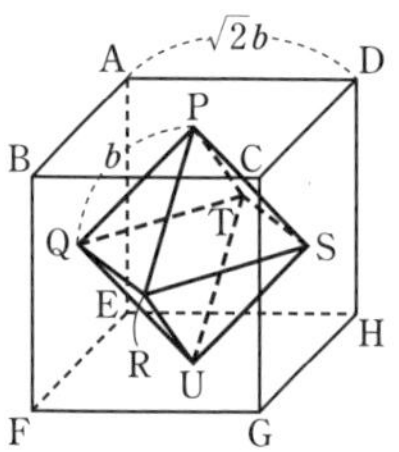

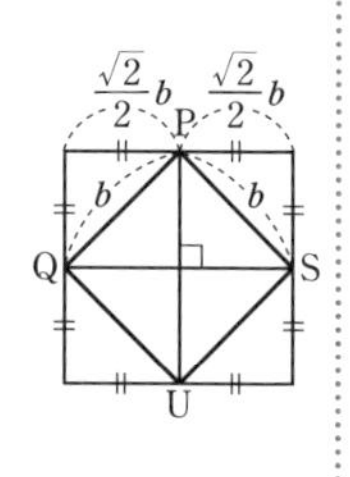

立方体 ABCD-EFGH の各面の対角線の交点を結んでできる正八面体 PQRSTU において，PQ＝b，体積を V' とすると，(2)②より

$V'=\frac{1}{6}\times$（立方体 ABCD-EFGH の体積）

$=\frac{1}{6}\times(\sqrt{2}b)^3=\frac{\sqrt{2}}{3}b^3$

167 (1) ① $\frac{2\sqrt{3}}{3}r$ ② $R=\frac{\sqrt{21}}{3}r$

③ $28\sqrt{21}\pi$

(2) ① $\frac{4\sqrt{2}}{3}$

② EH＝$\sqrt{2}$

∠PFQ＝120°

∠AGB＝150°

③ $\frac{12-4\sqrt{3}}{3}$

④ (イ) **（理由は解説を参照）**

解説 (1) ① 2 球の中心を O とし，正六角柱を中心 O を通り底面に平行な平面で切断する。図のように正六角柱のとなり合った頂点を A，B とする。

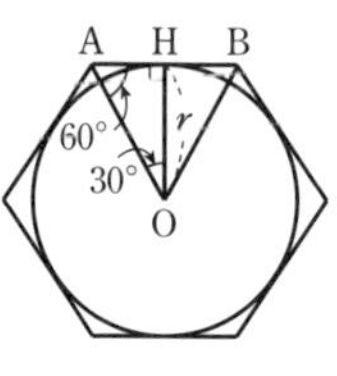

また辺 AB と円 O の交点を H とすると，H は AB の中点である。△OAB は正三角形で，△AOH は 30°-60°-90° の直角三角形である。OH＝r であるから

$AB=OA=\frac{2}{\sqrt{3}}r=\frac{2\sqrt{3}}{3}r$

②

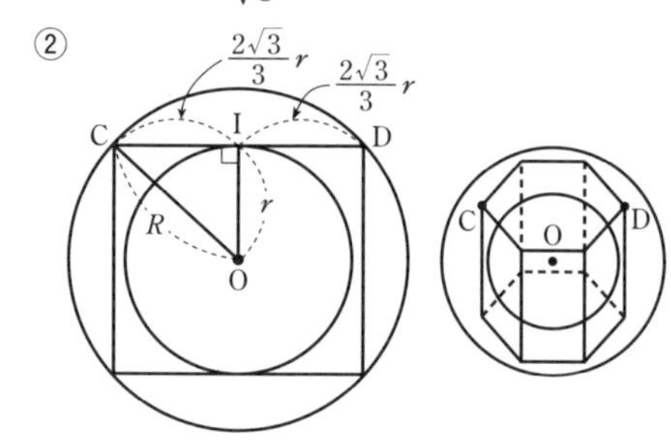

図のように正六角柱の 2 頂点 C，D と球の中心 O を通る平面で立体全体を切断する。

線分 CD の中点を点 I とすると，△COI において三平方の定理より

$R=\sqrt{\left(\frac{2\sqrt{3}}{3}r\right)^2+r^2}$

$=\sqrt{\frac{12}{9}r^2+r^2}$

$=\sqrt{\frac{21}{9}r^2}$

よって $R=\frac{\sqrt{21}}{3}r$

③ $R=\frac{\sqrt{21}}{3}r$ に $R=7$ を代入して

$\frac{\sqrt{21}}{3}r=7$

$r=\frac{21}{\sqrt{21}}=\sqrt{21}$

$V=\frac{4}{3}\pi r^3$ に $r=\sqrt{21}$ を代入して

$V=\frac{4}{3}\pi\times\sqrt{21}^{\,3}$

$=\frac{4}{3}\pi\times 21\sqrt{21}$

$=28\sqrt{21}\,\pi$

(2) ① もとの正四角錐において，頂点 P から底面の正方形 ABCD に下ろした垂線を PI とする。

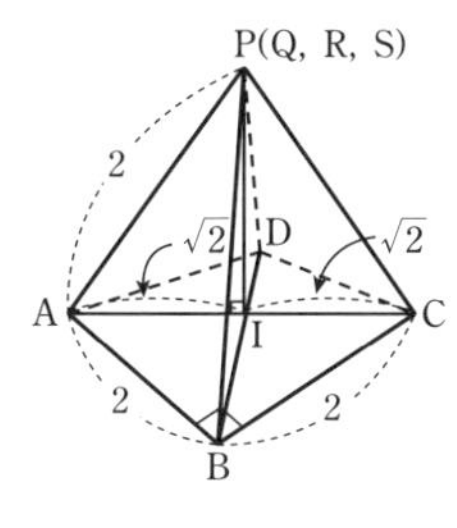

△ABC は直角二等辺三角形であるから，

AB＝2 より　AI＝BI＝$\sqrt{2}$

PA＝2 より

PI＝$\sqrt{2^2-(\sqrt{2})^2}=\sqrt{2}$

よって，もとの正四角錐の体積は

$\frac{1}{3}\times2\times2\times\sqrt{2}=\frac{4\sqrt{2}}{3}$

②

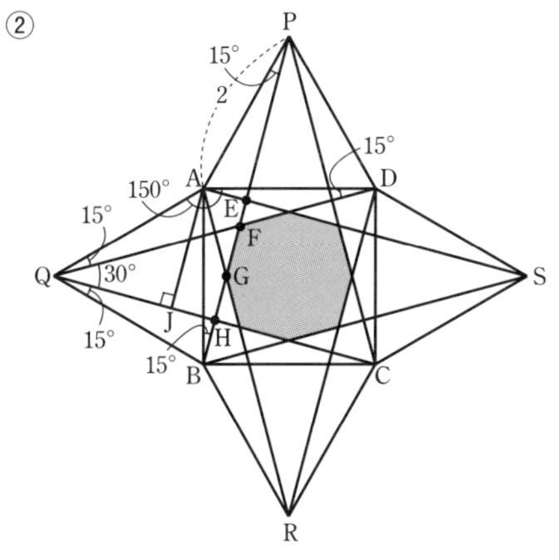

△AQD は頂角 150° の二等辺三角形であるから

∠AQD＝∠ADQ＝15°

同様にして

∠BQC＝15° より

∠CQD＝30°

点 A から直線 CQ に垂線 AJ を引く。

△AQJ は直角二等辺三角形である。

ここで ∠BAJ＝∠ABP＝15° であるから

AJ∥PB

また，四角形 AQCS は平行四辺形であるから

AJ＝EH

よって

EH＝$\frac{2}{\sqrt{2}}=\sqrt{2}$

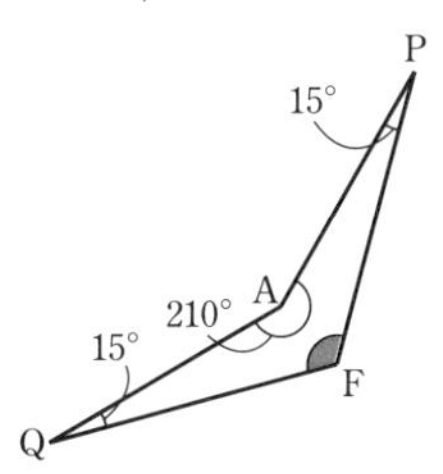

∠PFQ＝360°－(210°＋15°＋15°)

＝360°－240°

＝120°

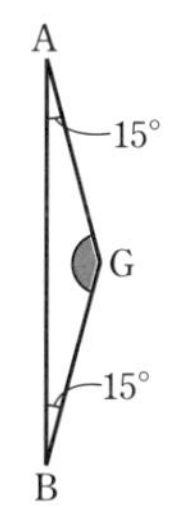

∠AGB＝180°－(15°＋15°)

＝180°－30°

＝150°

③

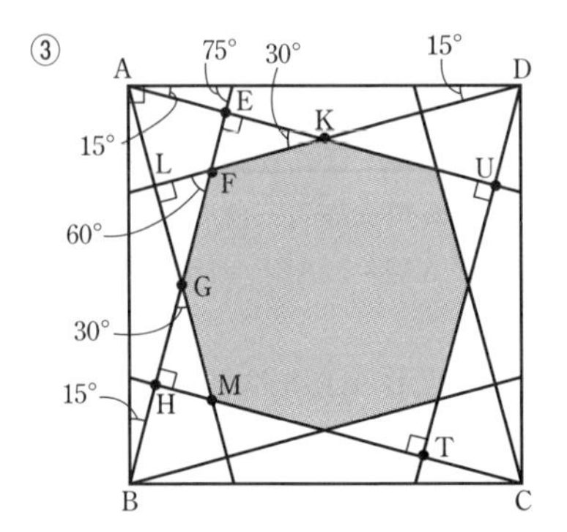

図のように交点を K, L, M, T, U とおくと，求めるかげのついた部分は正八角形であり，これは，正方形 EHTU から 30°-60°-90° の直角三角形 EFK と合同な三角形を 4 つ取り除いた図形である。

EF：FG：GH＝1：2：$\sqrt{3}$ より

$$EF=EH\times\frac{1}{1+2+\sqrt{3}}$$

$$=\sqrt{2}\times\frac{1}{3+\sqrt{3}}$$

$$=\frac{\sqrt{2}}{3+\sqrt{3}}\times\frac{3-\sqrt{3}}{3-\sqrt{3}}$$

$$=\frac{3\sqrt{2}-\sqrt{6}}{9-3}$$

$$=\frac{3\sqrt{2}-\sqrt{6}}{6}$$

よって

（かげの部分の面積）

$$=\sqrt{2}\times\sqrt{2}$$

$$-\frac{1}{2}\times\frac{3\sqrt{2}-\sqrt{6}}{6}\times\frac{\sqrt{3}(3\sqrt{2}-\sqrt{6})}{6}\times 4$$

$$=2-\frac{(3\sqrt{2}-\sqrt{6})^2\times\sqrt{3}}{18}$$

$$=2-\frac{(18-6\sqrt{12}+6)\times\sqrt{3}}{18}$$

$$=2-\frac{24\sqrt{3}-36}{18}$$

$$=2-\frac{4\sqrt{3}-6}{3}$$

$$=\frac{6-4\sqrt{3}+6}{3}$$

$$=\frac{12-4\sqrt{3}}{3}$$

④ 線分 PF 上に点 W を △AFW が正三角形となるようにとる。

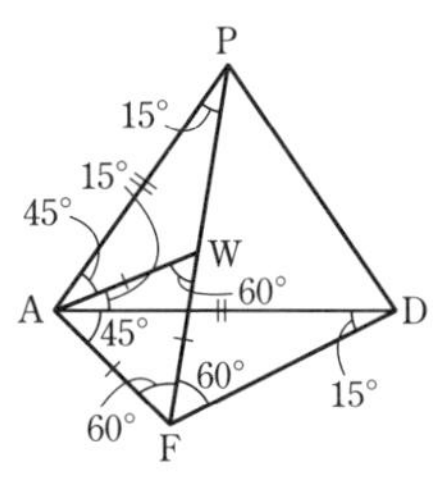

△PAW≡△DAF

（1 辺両端角相等）

よって

AF＋DF＝WF＋PW＝PF

よって，(イ)が成り立つ。